普通高等教育新工科·智能制造系列规划教材

智能运维与健康管理

主　编　陈雪峰

副主编　訾艳阳

参　编　高金吉　　江志农　　何清波　　雷亚国　　严如强
　　　　李巍华　　邱伯华　　何　晓　　史铁林　　轩建平
　　　　杨申仲　　褚福磊　　冯　坤　　王　宇　　陈景龙
　　　　刘一龙　　翟　智　　贺王鹏　　史红卫　　宫保贵
　　　　马小骏　　魏元雷　　徐小力

机械工业出版社

本书是在《中国制造 2025》计划的指导下与中国科协智能制造学会联合体推进《智能制造领域人才培养方案》的背景下，在机械工程学会的组织下编写的。本书面向高端装备全寿命周期安全运行的工程需求，重点讲解了故障机理分析、早期故障预示、智能维护与健康管理的基本原理、实现方法和关键技术，介绍了数控装备、石化、船舶、高铁以及航天航空等重要领域智能运维与健康管理的典型应用，旨在培养学生具有智能运维与健康管理的基本知识以及系统思维能力、项目管理能力和跨学科智能制造的沟通能力。

　　本书结合了作者团队在复杂高端装备故障诊断与健康管理方面累积的几十年研究成果与最新研究进展，在多个典型行业应用经验的基础上，深入浅出且系统性地讲解了智能运维与健康管理的基础知识与关键技术。

　　本书可作为高等院校相关专业高年级本科生和研究生的专业教材与参考书，也可供从事相关行业高端装备安全、健康管理与故障诊断等方向的科学研究与工程技术人员参考。

图书在版编目（CIP）数据

智能运维与健康管理/陈雪峰主编. —北京：机械工业出版社，2018.10
（2024.6 重印）

普通高等教育新工科. 智能制造系列规划教材
ISBN 978-7-111-61033-5

Ⅰ.①智…　Ⅱ.①陈…　Ⅲ.①智能制造系统-设备管理-高等学校-教材
Ⅳ.①TH166

中国版本图书馆 CIP 数据核字（2018）第 225547 号

机械工业出版社（北京市百万庄大街 22 号　邮政编码 100037）
策划编辑：舒　恬　责任编辑：舒　恬　王勇哲　邓海平　余　皞
责任校对：王明欣　封面设计：张　静
责任印制：常天培
固安县铭成印刷有限公司印刷
2024 年 6 月第 1 版第 8 次印刷
184mm×260mm·20 印张·493 千字
标准书号：ISBN 978-7-111-61033-5
定价：55.00 元

前　言

为贯彻落实中国科协"加快培养新一代信息技术人才，解决新一代信息技术人才紧缺问题"的精神，中国科协智能制造学会联合体与中国机械工程学会启动了智能制造领域紧缺人才的培养工作。2018 年 2 月 7 日，中国机械工程学会等组织在京召开了以"智能制造人才培养'大学加课'"为主题的研讨会，会议要求相关高校面向工科专业编写智能制造的普适性教材，本书的建设工作由此起步。

《中国制造 2025》指出："基于信息物理系统的智能装备、智能工厂等智能制造正在引领制造方式变革"。为深入实施《中国制造 2025》，根据国家制造强国建设领导小组的统一部署，教育部、人力资源和社会保障部、工业和信息化部等联合编制了《制造业人才发展规划指南》，坚持育人为本，大力推进培养智能制造等领域的人才。

智能制造是将物联网、大数据、云计算等新一代信息技术与设计、生产、管理、运维、服务等制造活动的各个环节融合，具有信息深度自感知、智慧优化自决策、精准控制自执行、运维监控自诊断等功能的先进制造过程、系统与模式的总称。"智能运维与健康管理"作为产品全生命周期智能制造的一种新模式，其基础是机械状态监测与故障诊断的理论及技术，研究对象是产品全生命周期链中窗口期最长的运行服役阶段。在 2018 年 8 月 10 日召开的第十六届全国设备故障诊断学术会议的"故障诊断研究的新春天"主题沙龙中，经研讨得出：重大装备的智能运维与健康管理，已经成为符合制造业两化融合的未来运行安全保障，是制造服务融合的新范式。

本书的编写团队包含了多名国内本领域具有雄厚研究基础的知名学者与行业专家，虽编写时间紧迫，他们却依然贯彻人才培养至上的理念，以极大的热情投入教材编写工作，并融入了其最新的研究成果。本书编写过程中，编写人员遵循全国机械类教学指导委员会所倡导的"新工科"教材编写精神，注重教材的知识关联与问题空间构建。本书由基础知识篇、工程应用篇两大板块构成，在应用领域进行了精心选择，对象不仅包括石化行业、数控机床等故障诊断经典领域，也涵盖了作为我国制造业名片的大型民用客机与高铁等新兴领域。本课程旨在教授学生智能运维与健康管理的基本知识，引导学生构思兼顾社会、安全、环境等因素的综合方案，培养学生建立具有工程情怀的严谨观、安全观与可持续发展观，以及系统思维、项目管理、跨学科智能制造沟通与管理的能力。

本书由西安交通大学陈雪峰任主编，西安交通大学訾艳阳任副主编。第 1 章由西安交通大学陈雪峰和王宇编写；第 2 章由上海交通大学何清波和清华大学褚福磊编写；第 3 章由西安交通大学訾艳阳、陈景龙和贺王鹏编写；第 4 章由西安交通大学雷亚国编写；第 5 章由西安交通大学严如强和华南理工大学李巍华编写；第 6 章由中国机械工程学会杨申仲和北京信息科技大学徐小力编写；第 7 章由华中科技大学史铁林和轩建平编写；第 8 章由北京化工大学高金吉、江志农和冯坤编写；第 9 章由西安交通大学訾艳阳、中国船舶工业系统工程研究院邱伯华和何晓编写；第 10 章由西安交通大学刘一龙和中国中车股份有限公司宫保贵编写；第 11 章由西安交通大学陈雪峰和翟智、中国商用飞机有限责任公司马小骏和魏元雷、中国航天科工集团一院测控公司史红卫编写。

本书是在中国科协智能制造学会联合体的指导下，由中国机械工程学会组织编写的普通高等教育新工科·智能制造系列规划教材之一。中国科协智能制造学会联合体致力于增强我国智能制造技术创新能力、促进我国制造业向中高端迈进。中国机械工程学会是中国科协智能制造学会联合体成员单位和秘书处单位，是我国成立较早、规模最大的工科学会之一，是我国机械行业非常重要的对外交流渠道，承担了行业和政府部门委托的大量合作任务，担负着学术交流、人才培养和对外交流等多项工作。在本书编写过程中，中国机械工程学会常务副理事长张彦敏对本书高度重视，多次与相关领导协调，为确保本书编写和推广工作的顺利进行提供了重要的支持；中国机械工程学会继续教育处副处长王玲多次精心安排相关领域专家研讨，为编写工作的高效、高质推进和完成付出了巨大的精力；中国机械工程学会综合技术处副处长杨丽在系列教材编写的前期调研和组织协调上，给予了大力支持；西安电子科技大学陈改革老师为本书第 9 章的编写提供了很大的帮助。同时，本书的出版也得到了机械工业出版社的大力支持和悉心编校。在此一并表示衷心的感谢。

本书可供机械类、电气类等工科专业本科生或研究生选用，亦可供企业工程师或相关研究人员参考。选用本教材的学校可根据培养方案和教学计划，按照 16 ~ 48 学时设置课程，工程应用篇可以根据不同专业的需求选讲。为方便教学，本书亦提供了教学计划、课件、视频等配套资源，供授课教师参考，欢迎选用本书作教材的教师登录 www.cmpedu.com 注册下载。

由于本书涉及的学科与内容广泛，很多相关技术与应用仍处于发展和完善阶段，同时由于作者水平有限，书中难免有错误与不妥之处，敬请各位读者与专家批评指正。

编　者

目　录

前　言

基础知识篇

第1章　绪论 …………………………………… 2

1.1　引言 ……………………………………… 2

1.2　机械状态监测与故障诊断 …………… 6

1.3　智能运维与健康管理 ………………… 14

1.4　本书培养目标与"新工科"计划、
高等工程教育专业认证的关系 …… 24

本章小结 ……………………………………… 26

参考文献 ……………………………………… 26

第2章　典型故障机理分析方法 ………… 28

2.1　重大装备典型故障 …………………… 29

2.2　故障机理分析的动力学基础 ……… 35

2.3　典型故障动力学分析及实例 ……… 41

本章小结 ……………………………………… 51

思考题与习题 ………………………………… 51

参考文献 ……………………………………… 51

第3章　基于特征提取的故障诊断 ……… 53

3.1　特征提取技术概述 …………………… 54

3.2　故障诊断内积匹配诊断原理 ……… 55

3.3　基于小波的特征提取方法 ………… 60

3.4　基于小波的稀疏特征提取 ………… 71

本章小结 ……………………………………… 80

思考题与习题 ………………………………… 80

参考文献 ……………………………………… 81

第4章　大数据驱动的智能故障诊断 … 83

4.1　工业大数据概述 ……………………… 84

4.2　工业大数据质量改善 ………………… 89

4.3　大数据健康监测 ……………………… 92

4.4　大数据智能诊断 ……………………… 97

4.5　大数据驱动的健康管理案例 ……… 103

本章小结 ……………………………………… 108

思考题与习题 ………………………………… 108

参考文献 ……………………………………… 109

第5章　融入新一代人工智能的智能
运维 …………………………………… 111

5.1　新一代人工智能概述 ………………… 112

5.2　深度神经网络 ………………………… 113

5.3　迁移学习 ……………………………… 124

5.4　深度迁移学习及其特征挖掘 ……… 128

本章小结 ……………………………………… 133

思考题与习题 ………………………………… 134

参考文献 ……………………………………… 134

第6章　设备安全智能监控 ……………… 137

6.1　设备工程精益管理 …………………… 138

6.2　设备安全智能检测监控 …………… 146

6.3　典型行业的智能运维应用 ………… 158

本章小结 ……………………………………… 159

思考题与习题 ………………………………… 160

参考文献 ……………………………………… 160

工程应用篇

第7章　加工过程智能运维 ……………… 162

7.1　加工过程智能运维概述 …………… 162

7.2　加工过程智能运维系统架构 ……… 162

7.3　加工过程智能运维关键技术 ……… 174

7.4　加工过程智能运维系统实施典型
案例 ………………………………………… 189

本章小结 ……………………………… 198

思考题与习题 …………………………… 198

参考文献 ………………………………… 198

第 8 章　石化装备智能运维 ………… 200

8.1　石化装备智能运维概述 …………… 200

8.2　石化装备智能运维系统架构 ……… 201

8.3　石化装备智能运维关键技术 ……… 203

8.4　石化装备智能运维应用实例 ……… 225

本章小结 ………………………………… 232

思考题与习题 …………………………… 232

参考文献 ………………………………… 232

第 9 章　船舶智能运维与健康管理 … 233

9.1　智慧船舶概述 ……………………… 233

9.2　船舶智能运维与健康管理系统架构 … 234

9.3　船舶智能运维与健康管理关键技术及

应用案例 ……………………………… 238

9.4　全球智慧船舶系统 ………………… 243

本章小结 ………………………………… 251

思考题与习题 …………………………… 251

参考文献 ………………………………… 251

第 10 章　高铁故障预测与健康管理 …… 252

10.1　高铁故障预测与健康管理概述 ……… 252

10.2　系统架构 …………………………… 253

10.3　牵引电动机故障诊断与健康管理

关键技术 ……………………………… 257

10.4　牵引电动机故障诊断与健康管理的

系统实现 ……………………………… 264

本章小结 ………………………………… 274

思考题与习题 …………………………… 275

参考文献 ………………………………… 275

第 11 章　航天航空健康管理 ………… 276

11.1　航天航空健康管理概述 …………… 276

11.2　空天发动机健康管理 ……………… 277

11.3　直升机健康管理 …………………… 287

11.4　民用客机故障预测与健康管理

系统 …………………………………… 294

本章小结 ………………………………… 310

思考题与习题 …………………………… 310

参考文献 ………………………………… 310

基础知识篇

第1章

绪　　论

1.1　引　　言

　　制造业是国民经济的主体，是立国之本、兴国之器、强国之基，高端制造业更是一个国家核心竞争力的重要标志，是战略性新兴产业的重要一环，是制造业价值链的高端环节，国际化战略的竞争高地。进入 21 世纪以来，互联网、新能源、新材料和生物技术均获得了极为快速的发展，并正在以极快的速度形成巨大产业能力和市场，将使整个工业生产体系提升到一个新的水平，推动一场新的工业革命。如何能紧跟甚至引领新一代的工业革命浪潮，是每个国家所关心的核心问题。2009 年底，美国发布《制造业复兴框架》，旨在复兴美国制造业，力保高端制造业的霸主地位，随后在 2012~2016 年发布了"美国先进制造三部曲"，加速推动制造业的进程。德国在 2013 年的时候正式提出了"工业 4.0"的战略规划，旨在提升本国制造业的智能化水平，建立具有适应性、资源效率及基因工程学的智慧工厂，在商业流程及价值流程中整合客户及商业伙伴。日本早在 20 世纪末，就开始推动智能制造计划，于 2016 年又正式提出了"日本超智能社会 5.0"的概念。而在我国，李克强总理于 2015 年3 月在政府工作报告中提出了"中国制造 2025"的宏伟战略。"中国制造 2025"是中国实施制造强国战略第一个十年的行动纲领，其主要的切入点为推进信息化和工业化的深度融合，把智能制造作为"两化"的主攻方向，着力发展智能装备和智能产品，使生产过程智能化，全面提高企业在生产、研发、管理和服务过程中的智能化水平。表 1-1 中详细对比了"中国制造 2025"、"德国工业 4.0"、"美国制造业复兴"和"日本超智能社会 5.0"四者之间的战略内容和特征等信息[1]。

表 1-1　中国、德国、美国和日本制造战略对比[3]

	中国制造 2025	德国工业 4.0	美国制造业复兴	日本超智能社会 5.0
发起者	工信部牵头，中国工程院起草	联邦教研部与联邦经济技术部资助，德国工程院、弗劳恩霍夫协会、西门子公司建议	智能制造领导力联盟（SMLC）、26 家公司、8 个生产财团、6 所大学和 1 个政府实验室	日本内阁
发起时间	2015 年	2013 年	2011 年	2016 年
定位	国家工业中长期发展战略	国家工业升级战略，第四次工业革命	美国"制造业回归"的一项重要内容	实现日本社会智能化
特点	信息化和工业化的深度融合	制造业信息化的集合	工业互联网革命，倡导将人、数据和机器连接起来	社会的物质和信息饱和且高度一体化

（续）

	中国制造 2025	德国工业 4.0	美国制造业复兴	日本超智能社会 5.0
目的	增强国家工业竞争力，在 2025 年迈入制造强国行列，在建国 100 周年时占据世界强国的领先地位	增强国家制造能力	专注于制造业、出口、自由贸易和创新，提升美国竞争力	最大限度利用信息通信技术通过网络空间和物理空间的融合、共享，给每个人带来"超级智慧社会"
重要主题	互联网+智能制造	智能工厂、智能生产、智能物流	智能制造	超智慧社会
实现方式	通过智能制造，带动产业数字化水平和智能化水平的提高	通过价值网络实现横向集成、工程端到端数字集成横跨整个价值链、垂直集成和网络化的制造体系	以"软"服务为主，注重软件、网络、大数据等对工业领域服务方式的颠覆	在德国工业 4.0 的基础上，通过智能化技术解决相关经济和社会课题的全新的概念模式
重点技术	制造业互联网化	CPS（信息物理系统）	工业互联网	虚拟空间和现实空间

在"中国制造 2025"中，智能制造是其重要主题，也是其主攻方向。以制造业数字化、网络化和智能化为特征的智能制造是新一轮工业革命的核心技术，应该作为"中国制造2025"的制高点、突破口。智能制造是一个庞大的系统工程，由产品、生产、模式、基础四个维度组成，其中智能产品是主题，智能生产是主线，以用户为中心的产业模式变革是主题，以信息物理系统（Cyber-Physical Systems，CPS）和工业互联网为基础。《国家智能制造标准体系建设指南（2015 年版）》提出的智能制造系统架构结构图如图 1-1 所示，其中远程运维是"智能服务"的主要核心内容，"工业软件和大数据"是打通物理-信息世界的载体，它们都是实现制造业产业模式转变的关键技术。

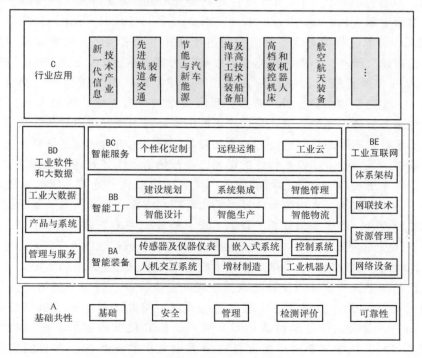

图 1-1　智能制造标准体系结构

随着智能制造的不断推进与制造产业的不断转型，信息物理系统的推广会使得各种各样的传感器和终端被应用于装备中，而随着大量工业数据的获取和设备互联的实现，制造业所产生的数据将呈爆炸式的增长，为我们带来工业大数据。但是，数据本身不会带来价值，要将其转换成信息之后才能对产业产生价值。智能运维与健康管理就是实现智能制造中数据转换的关键技术，它是智能制造中一类重要的新型模式，其核心支撑技术包括状态监测、故障诊断、趋势预测与寿命评估等。通过智能运维与健康管理技术的实施，对复杂和重大工业系统健康状态的监测、诊断、预测和管理便得以实现。可见，对于智能制造的主体——高端装备而言，智能运维与健康管理的重要性不言而喻。

从"中国制造2025"战略计划中我们也可以看到智能运维与健康管理对于装备的重要性。工信部、发改委、科技部以及财政部在2015年下发的《智能制造工程实施指南（2016—2020）》中明确提到智能制造新模式关键要素之一为"远程运维服务"。其核心内容为：要建有标准化信息采集与控制系统、自动诊断系统、基于专家系统的故障预测模型和故障索引知识库；可实现装备（产品）远程无人操控、工作环境预警、运行状态监测和故障诊断与自修复；建立产品生命周期分析平台、核心配件生命周期分析平台和用户使用习惯信息模型；可对智能装备（产品）提供健康状况监测、虚拟设备维护方案制定与执行、最优使用方案推送和创新应用开放等服务[2]。装备的智能运维与健康管理必然会直接渗透到企业的运营管理乃至产品的整个生命周期，减少损失，并且影响企业的决策，因此基于数据的装备智能运维与健康管理必然将在"中国制造2025"的浪潮中扮演至关重要的角色。

从故障诊断技术的发展历程来讲，装备的智能运维与健康管理是实现智能生产的必由之路。实际上早在20世纪70年代，故障诊断、预测、健康管理等系统就开始出现在工程应用中，如A-7E飞机的发动机使用了发动机管理系统（Engine Management System，EMS）成为故障预测与健康管理（Prognostics and Health Management，PHM）早期的经典案例。经过了40多年的发展，诊断过程中对装备所监控的信号量种类越来越多，所获取的信息量也越来越丰富，包括振动、噪声、声发射信号、温度和压力等。在故障诊断技术的基础理论方面，从最开始出现的各种传统的故障诊断算法，如时域平均、快速傅里叶变换（Fast Fourier Transformation，FFT）、包络谱分析、功率谱和倒频谱等分析方法。可以看到，信息处理技术是实现机械装备故障诊断的关键，处理技术的进步必将大大促进机械装备故障诊断技术的发展，这就要求我们不断跟进信息处理技术的发展，把先进有效的信息处理方法引入到机械装备故障诊断中。近些年故障诊断行业的学者已经开始借鉴图像处理、语音识别中的先进人工智能算法，用来解决装备故障诊断的问题，比如稀疏理论、分类、聚类算法和机器学习等，均取得了不错的成果。在故障诊断技术的工程应用方面，中国的三一重工，作为中国机械制造领域的佼佼者，已经率先开始了智能生产、智能服务的尝试。其出厂的每一台设备，均可以在自主开发的企业控制中心（Enterprise Control Center，ECC）进行监测。装备的位置、累计工作时间、累计油耗、月度或者年度的闲忙程度，甚至装备的历史运动轨迹都可以了如指掌。正是基于这些信息的及时获取，在装备发生故障之后，工程师可以依据装备传回的数据快速进行分析和排查，指导用户进行维修；除此之外，由于机械装备的价格都比较高昂，用户一般会选择分期付款的形式购买。ECC还能根据装备的运行情况判断设备是否实现了盈利，从而判断用户是否存在恶意拖欠债款的行为，并且能实现对装备的远程锁定，维护企业的利益。实际上现阶段大部分装备在运行过程中存在着许多无法被定量和预测的因素，这些不确定因素可能是后面出现严重故障的主要原因。前三次工业革命主要是解决产品生产过程中"可见"的问题，比如避免产品的缺陷、避免加工失效、提升设备效率和安全问题等，这些问题在生产过程中可见、可测，往往很容易避免和解决。不可见的问题往往表现为设备的性能下降、健康衰退、零部件的磨损和运行风险升高等。因而在工业4.0时代，我们关注的已经不仅仅是故障的诊断识别，更关注的是这些不可见因素的避免和透明化呈现，即制造装备的智能运维与健康管理。

而对于重大装备而言，其对国民经济和国防安全具有重要意义，针对该类装备进行系统性智能运维与健康管理刻不容缓。国民经济领域的重大装备，如航空发动机、风电设备、高速列车等，其服役期可以占据整个产品全生命周期的90%以上，运行中未能及时发现的严重故障极易导致灾难性事故，如何针对其运行安全开展监控至关重要。马航失联、国产新舟60全面停飞、挑战者号发生空难，重大装备故障的灾难性与突发性，折射出了高端机械装备运行安全保障的必要性与紧迫性，运行安全保障已成为国内外的关注焦点。例如航空发动机，尽管在我国的大规模使用已经有60多年的历史，但是其核心技术一直掌握在美国、英国、法国和俄罗斯等国的手中，我国与上述国家的技术差距明显，尤其是由于缺乏机载监测与诊断手段，大量监视工作主要集中在地面进行，空中飞行安全的技术保障已成为制约和影响我国航空安全的重大技术挑战。在新能源领域，据全球风能协会（GWEC）发布的数据显示，2016年一年内全球新增的风电装机容量已经超过54.6GW，全球累计容量达到486.7GW。而中国该年的新增风电装机容量为23.3GW，占全球增量的42.7%。快速的增长使得中国以累计168.7GW的装机容量蝉联世界第一。据《中国风电发展路线图2050》预测，到2030年和2050年，我国风电装机规模将分别达到400GW和1TW，满足全国近8.4%和17%的电力需求，成为五大电源之一。然而，现役风电装备运行可靠性差，因故障导致的停机时间已占额定发电时间的25.6%，对于工作寿命为20年的机组，其维护费用已高达风电装备总收入的20%～25%，运行维护成本高成为风电发展的制约因素，迫切需要研制开发风电装备监测诊断技术。在智能制造领域，高档数控机床的服役性能监控、刀具的在线监测、智能主轴的微振动监测与主动控制等，特别是在德国工业4.0、智能制造范畴下，正如前面提及，更需要远程监测与控制技术。

开展装备的智能运维与健康管理，是提高装备运行安全性、可靠性的重要手段，是保证人民生命、财产安全甚至是国防安全的必然要求。2009年，美国三院院士Achenbach教授对结构健康监测的重要性做了重要论述，提到结构健康监测（Structural Health Monitoring，SHM）系统可以预防诸如飞机、桥梁、核反应堆和大坝等重要结构的失效，而这些结构一旦失效就会引起巨大的灾害[3]。2014年，美国普惠（P&W）公司首席专家Volponi在ASME（美国机械工程师协会）上发表的文章中讲述了航空业故障诊断的产生、发展和未来的发展趋势，并强调对于航空发动机进行健康监测的重要性[4]。国内的多位知名学者也强调了装备的监测和故障诊断的重要价值。而目前，我国正处于时代变革的转折点，中华民族实现伟大复兴的关键时刻。国家对于制造业出台了许多的重要指南和重大规划，如《国家中长期科学和技术发展规划纲要（2006—2020年)》、上面提及的"中国制造2025"计划、《智能制造工程实施指南（2016—2020)》等，都毫不例外地将提升产品质量、提高重大装备可靠性规划为重要发展战略。2018年中国工程院院士周济等人更是提出了符合我国国情的"新一代智能制造"发展理念。认为智能制造会沿着数字化、网络化和智能化的基本范式演进，如图 1-2 所示。新一代智能制造的技术机理已经从之前的"CPS"理念上升到了"人-信息-物理系统（Human-Cyber-Physical Systems，HCPS）"，强调了人在智能制造中的重要地位，已经成为统筹协调"人"、"信息系统"和"物理系统"的综合集成大系统。可见，智能制造俨然已经成为时代发展的必然趋势，而其中装备的智能运维与健康管理研究工作必然将成为推动中国步入世界制造业强国之林的一股强劲动力！

图 1-2　智能制造的演进范式

1.2　机械状态监测与故障诊断

机械状态监测与故障诊断是装备智能运维与健康管理技术实现的重要理论基础，相关方法和理论的进展极大地推动了智能运维与健康管理技术的应用和发展。

1.2.1　故障监测诊断的重要意义

机械故障诊断是借助机械、力学、电子、计算机、信号处理和人工智能等学科方面的技术对连续运行机械装备的状态和故障进行监测、诊断的一门现代化科学技术，并且已迅速发展成为一门新兴学科。其突出特点是理论研究与工程实际应用紧密结合。

随着现代科学技术和工业的迅速发展，国民经济的制造、能源、石化、运载和国防等需求的不断增大导致其相应行业的机械装备日益大型化、高速化、集成化和自动化。装备的需求与人民的生活和利益息息相关，例如：百万千瓦大型发电机组、200km/h 以上的高速列车、大型连轧机组、大型舰船、大型盾构掘进装备、成套集成电路制造装备和航空航天运载工具等。"千里之堤，溃于蚁穴"，机械装备一旦出现故障，引发重大事故，将带来巨大的经济损失和人员伤亡。国内外由机械故障引起的重大事故屡屡发生，例如我们熟知的 1985 年因少补一排铆钉而导致尾翼脱落引发的大阪空难、1986 年切尔诺贝利核电站爆炸、1998 年德国高速列车轮箍踏面断裂所导致的翻车、2002 年我国三峡工地塔带机断裂事故、2003 年美国哥伦比亚号载人航天飞机的空中解体、2007 年美国空军 F15 战机空中解体事件、2009 年波音 737 及空客 330 先后失事以及 2011 年南非 ESKOM 电力公司的 DUVHA 电站因 4 号机组超速试验时保护失灵引发的汽轮机飞车事故等。若能准确及时找出故障，并做出相应决策，就能在最大程度上避免重大和灾难性事故，因此机械故障诊断对保障机械装备安全运行至关重要。

正因如此，机械故障诊断理论与技术已成为国内外的研究热点。根据搜索引擎相关搜索结果，2016~2018 年标题中含有故障诊断（Fault Diagnosis）的文献有 25400 篇，标题中含有损伤检测（Damage Detection）的文献有 93100 篇。不仅从论文的数量能明显看出故障诊断研究广泛，从有关故障诊断的国内外会议数目也能明显反映出机械故障诊断早已是举世瞩目的研究课题。主要针对电力系统的装备状态监测与故障诊断国际学术会议（International

Conference on Condition Monitoring and Diagnosis，CMD）每两年召开一届，由 IEEE 等国际性学术组织进行技术支持；由巴西维修协会和欧盟国家维修联合会共同倡议的世界维修大会得到了许多国家积极响应，每两年召开一届，并由各国申请轮流主办；国际结构、材料和环境健康监测大会（HMSME）每两年在世界不同国家举办一次；美国斯坦福大学每三年举办一次的关于大型结构的结构健康监测会议总能吸引大量的研究人员，特别是军方研究人员参加；两年一届的结构损伤评估国际会议（Damage Assessment of Structures，DAMAS）是学术界和工业界的科学家和工程师们在损伤评价、结构健康监测和非破坏性评估等方面交流和合作的平台；状态监测与诊断工程管理（Condition Monitoring and Diagnostic Engineering Management，COMADEM）国际会议每年举行一次，至 2018 年已举办 30 届；机械失效预防技术（Machinery Failure Prevention Technology，MFPT）是致力于工程领域健康管理与失效预防技术研究的国际会议，每年举办一次，至今已具有近半个世纪的发展历程；在国内，中国振动工程学会、中国机械工程学会和中国设备管理协会等均每两年召开一次故障诊断会议，加强了学术交流和成果推广应用。

1.2.2 国内外研究现状

机械故障诊断研究的是机器或机组运行状态的变化在诊断信息中的反映，由数据采集、特征提取、模式识别和故障预知组成。除了这四点之外，故障机理表现了数据和特征之间的联系，因此相关研究可分为信号获取与传感技术、故障机理与征兆联系、信号处理与特征提取和识别分类与智能决策四个方面。

1. 在信号获取与传感技术方面

可靠的信号获取与先进的传感技术，是机械故障诊断的前提。例如，英国罗尔斯-罗伊斯公司在航空发动机中安装有若干个传感器，通过实时采集发动机振动信号并分析其振动情况，判断故障与否。所以一直以来各国学者致力于推进传感技术与机械装备的结合研究，2009 年美国三院院士、西北大学机械工程系 Achenbach 教授[3]将传感技术等列入结构健康监控的重要研究范畴内；美国斯坦福大学 Kiremidjian 开展了传感网络方面的研究；日本东京大学 Takeda 等人在复合材料结构健康监测传感方面取得了显著的研究成果。在国内，南京航空航天大学的王强等人对结构健康监测中的压电阵列技术进行了研究；重庆大学的邵毅敏等人提出了一种新的传感器和轴承一体化的智能轴承；武汉理工大学的徐刚对光纤传感技术应用于机械设备监测方面进行了研究。

2. 在故障机理与征兆联系方面

研究故障的产生机理和表征形式，是为了掌握故障的形成和发展过程，了解设备故障的内在本质及其特征，建立合理的故障模式，是机械故障诊断的基础。2018 年 4 月 17 日，美国西南航空一架飞机的发动机爆炸导致一人身亡，其事故原因在于金属部件疲劳引起的风扇叶片脱落最终导致的爆炸。航空发动机因为运行要求，其风扇、压气机和涡轮的叶片都会受到转速变化、离心载荷、气动载荷引起的交变载荷，因而使金属部件疲劳受损。风扇叶片脱落故障的机理不仅在于金属部件的疲劳损伤，安装失误导致的碰摩等因素也会导致；不同运行状态的机械设备都有相对应的不尽相同的故障机理，因此对于故障机理的研究不可忽视。在国外，美国 Sohre 于 1968 年发表的论文"高速涡轮机械运行问题的起因和治理"对旋转机械的典型故障征兆和原因进行了全面的描述和归纳；日本的白木万博自二十世纪六七十年代以来，发表了大量的故障诊断方面文章，总结了丰富的现场故障处理经验并进行了理论分析；美国 Bently 公司的转子动力学研究所对转子和轴承系统的典型故障机理进行了大量试验研究并发表了不少论文；2008 年意大利学者 Bachschmid 等人在国际期刊 MSSP 上作为客籍主编撰写了一期裂纹研究综述文章，从裂纹转子模型、裂纹机理等多方面做了相关的论述；日本九州工业大学丰田立夫和三重大学 Chen 等人在故障机理与特征提取等实用技术方面也进行了大量研究。反观国内，东北大学的闻邦椿和天津大学的陈予恕对基于混沌和分岔理论对轴系非线性动力学行为进行了深入研究；哈尔滨工业大学的韩刚等人研究了航空发动机叶片和转子在气流激励下的非线性动态响应，揭示了颤振产生、发展的机理和演变规律；东北大学的刘杨等人基于非线性有限元法建立了双盘耦合故障转子系统动力学模型，并通过实验研究分析了不同转速下的系统动态响应特性。

3. 在信号处理与特征提取方面

从运行动态信号中提取出故障征兆，是机械故障诊断的必要条件。18 世纪，傅里叶（Fourier）提出的傅里叶变换启示了人们，时间信号可以在另一个域中以不同的形式表达，从而打开了信号处理的大门。例如傅里叶变换算法可透析时间信号内部频率成分，对于传感器所测得的信号经过处理后能够更为直观的解读以提取所需的信息。此外，现代信号处理方法大致分为时域、频域以及相结合的时频域处理方法。随着信号处理的方法从经典的傅里叶变换到更强大的小波变换再到自适应强的经验模态分解（Empirical Mode Decomposition，EMD）以及其他方法不断地发展，机械诊断研究也在如日中天的进行着。在国外，多伦多大学的 Jardine 等人详细叙述了利用时域统计指标来诊断轴承故障的优缺点；马来西亚的 Mohammad 等人讨论了各种状态监测与信号处理方法的原理与特点；美国斯坦福大学 Ihn 在复合材料结构健康监测方面取得了显著的研究成果；英国曼彻斯特哈德菲尔德大学的 Ball 所在团队长期从事故障诊断的研究工作；美国陆军研究实验室的 Haile 等人利用盲源分离方法来分析旋翼飞机的轴承故障；在时频分析方面，帝国理工大学 Ahrabian 等学者将同步压缩变换方法从一维扩展成并行多维，提高了算法的抗噪声性能；法国图卢兹大学的 Oberlin 等学者则提出了二阶同步压缩变换方法，进一步提高了时频聚集性。从此可以看出，国外的研究在不间断地进行着，国内也是同一番景象。西安交通大学的王诗彬和苏州大学的范伟等人利用小波函数与故障特征成分的相似性，提取轴承、齿轮故障特征；郭远晶等人提出了一种基于短时傅里叶变换（Short-Time Fourier Transform，STFT）时频谱系数收缩的旋转机械故障振动信号降噪方法，数值仿真和实验结果表明，该方法能够从噪声混合信号中恢复出时域降噪信号；北京工业大学的胥永刚等人提出并利用了基于形态分量分析（Morphological Component Analysis，MCA）的双树复小波降噪方法成功对仿真信号和某轧机齿轮箱打齿故障早期信号提取出强背景噪声下的微弱故障特征信息；桂林电子科技大学的王衍学等人详细叙述了有关谱峭度的理论发展和与之相关的应用研究，为推动该方法在机械故障诊断领域的广泛使用奠定了基础；东南大学的钱宇宁等人结合连续小波变换和盲源分离的优点，提出了一种用于风电机组齿轮箱故障诊断的新方法；EMD 作为一种自适应信号分解方法，被广泛应用于机械故障诊断领域，上海大学的蒋超等人提出了基于快速谱峭度图的选取方法，选取出集合经验模态分解（Ensemble Empirical Mode Decomposition，EEMD）处理后反应故障中最敏感的分量，并将其应用于滚动轴承故障诊断中；西安交通大学的孔德同等人研究并提出了基于极值点分布特性的改进 EEMD 方法，有效提取了转子早期碰摩故障的特征信息；西安交通大学的雷亚国等人将 EEMD 自适应地应用到齿轮故障诊断中，自适应的改变加入了信号中的白噪声，提高了诊断的准确性。

4. 在识别分类与智能决策方面

近年来，计算机人工智能和机器学习技术的快速进步使得故障诊断系统逐步向智能化方向发展。专家系统、模糊集理论、人工神经网络和支持向量机等技术得到了广泛应用，也因此促进了机械设备智能故障诊断的发展。智能故障诊断就是模拟人类思考的过程，通过有效地获取、传递和处理诊断信息，模拟人类专家，以灵活的策略对监测对象的运行状态和故障做出准确的判断和最佳的决策。智能故障诊断具有学习功能和自动获取诊断信息对故障进行实时诊断的能力，故其成为实现机械故障诊断的关键应用技术。Gelgele 等人针对发动机状态监测开发了发动机监测专家系统（Expert Engine Diagnosis System，EXEDS），可对发动机故障征兆进行逐步分析，并给出恰当的维修建议。加拿大西安大略大学的 Mechefske 采用模糊集理论对轴承在不同状态下的频谱进行分类。印度阿美尼达大学的 Saravanan 等人将人工神经网络和支持向量机相结合，并将其应用于齿轮箱故障识别，对比了神经网络与支持向量机的识别效果。华北电力大学的杨志凌等人根据风机齿轮箱结构特征构建了故障树模型，随后依据 C#开发了风机齿轮箱故障诊断专家系统，并成功应用于风机的健康维护。美国密歇根大学的倪军和辛辛那提大学的李杰等人在美国自然科学基金（National Science Foundation，NSF）的资助下，联合工业界共同成立了"智能维护系统中心（Center for Intelligent Maintenance Systems，IMS）"，致力于对机械设备性能衰退分析和预测性维护方法的研究。相应地，在国内，雷亚国等人提出了一种基于深度学习理论的机械装备健康监测新方法，该方法摆脱了对大量信号处理技术和诊断经验的依赖，实现了故障特征的自适应提取和健康状态的智能诊断。清华大学的郑玮等人提出了一种专家系统与神经网络相结合的机械故障诊断方法，并将其应用到了卫星故障的智能诊断中。

综上所述，机械故障监测诊断技术的迫切需求在国内外学术界产生了共鸣，吸引了众多学者献身于故障诊断研究，故障诊断也因此正在稳步地发展着。

1.2.3 机械故障监测诊断现今存在的问题

1. 故障机理研究不足

故障机理是指通过理论或大量的试验分析，得到反映设备故障状态信号与设备系统参数联系的表达式，依之改变系统的参数可改变设备的状态信号。机理研究可以揭示故障萌生和演化的一般规律，建立起故障与征兆之间的内在联系和映射关系。其具体的研究过程如下：①根据研究对象的物理特点，建立相应数学力学模型；②通过仿真研究获得其响应特征；③结合试验修正模型，准确获知某一故障的表征。这一反复式的研究过程是故障机理及故障征兆研究的有效手段，也是机械故障诊断技术的重要基础和依据。由于通常难以获得某一系统较全面的故障数据样本，因此只有通过机理仿真研究，才能对系统未知故障和弱故障进行有效的预知和识别，以避免漏诊和误诊。

当前研究中对机械故障机理的研究不够重视，甚至很多典型故障特征都是沿用经典的成果，例如裂纹转子的倍频响应是 Bently 在 20 世纪 80 年代给出的研究结论。造成故障机理研究不足的主要原因归纳起来有以下几点：①大型装备的故障机理研究通常需要涉及繁多的数学、力学等知识，即工程结构的简化和力学模型的建立都存在较大难度；②故障机理研究需要结合大量的试验验证，一个模型简化合理、故障模拟典型、制造精度保证且测试数据可靠的试验台，往往不是一朝一夕可以实现的，需要持久、大量的资源投入；③实验室针对单一故障的准确表征，还需要工程实际的验证，单一的故障特征在实际工程中往往可遇而不可求。同时，目前针对旋转机械所建立的故障模拟试验台和理论研究较多，但是针对往复机械和专用机械理论和实验研究偏少。

2. 故障诊断方法有限

机械设备诊断首先要对从各类运转设备中所获取的各种信号进行分析，通过适当分析，提取信号中的各种特征信息，进而可以获得与故障相关的征兆，最终利用这些征兆进行故障诊断。工程应用实践表明不同类型的机械故障在动态信号中会表现出不同的特征波形，如齿轮和轴承等机械零部件出现剥落和裂纹等故障时，往复机械的气缸、活塞、气阀磨损缺陷，其运行中产生的冲击振动呈现接近单边振荡衰减的响应波形，而且随着损伤程度的发展，其特征波形也会发生改变；旋转机械失衡振动的波形与正弦波相似；内燃机燃爆振动的波形则是具有高斯函数包络的高频信号。目前广泛应用的傅里叶变换、短时傅里叶变换、小波变换、第二代小波变换和多小波变换等可以说都是基于内积原理的特征波形基函数信号分解，旨在灵活运用与特征波形相匹配的基函数去更好地处理信号，提取故障特征，从而实现故障诊断。

故障诊断方法研究中提出了许多有效的"望闻问测"诊断手段，但是近年来的理论分析和工程应用表明，针对早期故障、微弱故障、复合故障和系统故障等的诊断方法还存在不足，可靠的诊断方法有限。理论层面，经快速傅里叶变换得到的离散频谱，其频率、幅值和相位均可能产生一定的误差，单频率谐波信号加矩形窗时的幅值误差最大误差从理论上可以达到 36.4%。即使加其他窗时，也不能完全消除此误差，加汉宁（Hanning）窗且只进行幅值恢复时的最大幅值误差仍高达 15.3%，相位误差高达 ±90°，频率最大误差为 0.5 个频率分辨率。工程层面，机械设备运行过程中不可避免地会产生损伤和出现早期故障，它具有潜在性和动态响应的微弱性；复合故障和系统故障由于多因素耦合且传递路径复杂，往往导致单一的信号处理方法难以有效溯源故障成因，也正因为如此，导致如航空发动机振动故障诊断至今没有很好的解决方法。现存的很多理论和工程问题大大限制了该技术的实际应用。

3. 智能诊断系统薄弱

现代机械装备越来越朝着大型化、复杂化、高速化、自动化和智能化的方向发展，旧的依赖于人的传统诊断方法已远远不能满足当前各式各样复杂化的系统需要，工业生产迫切需要融合智能传感网络、智能诊断算法和智能决策预示的智能诊断系统、专家会诊平台和远程诊断技术等。发展智能化的诊断方法，是故障诊断的一条全新的途径，目前已得到广泛应用，成为设备故障诊断的主要方向。不同类型的智能诊断方法针对某一特定的、相对简单的对象进行故障诊断时有其各自的优点和不足，例如神经网络诊断技术需要的训练样本难以获取；模糊故障诊断技术往往需要由先验知识人工确定隶属函数及模糊关系矩阵，但实际上要获得与设备实际情况相符的隶属函数及模糊关系矩阵却存在许多困难；专家系统诊断技术存在知识获取"瓶颈"，缺乏有效的诊断知识表达方式，推理效率低。

当前实际应用中所采用的人工智能诊断方法很多，但大部分智能方法都需要满足一定的假设条件和人为设置一定的参数，其智能化诊断能力还比较薄弱，因此研究中通过仿真进行验证的故障诊断算法较多。故而智能诊断方法往往给人留下"黑匣子"和"因人而异"的印象，智能诊断方法的推广性得不到很好的验证。这也就是说，要真正实现智能化诊断，仅靠单纯一两种方法难以满足现实要求，其应用也会有一定程度的局限性。如果将几种性能互补的智能诊断技术适当组合、取长补短、优势互补，其解决问题的能力势必会大大提高。因此，需要重点研究影响现有人工智能诊断方法推广使用的关键环节，建立在故障机理等底层基础研究的人工智能方法，才能形成知识丰富、推理正确、判断准确、预示合理且结论可靠的设备智能诊断和预示的实用技术。同时，要极力避免只简单地借助人工智能方法和技术进行设备智能诊断的应用，而忽视底层基础研究，没有底层的机械故障诊断基础研究，上层的人工智能方法和技术就难以解决实际的工程问题。

1.2.4　未来故障监测诊断突破方向

科学技术是第一生产力。高新科学技术的创新与进步是时代革命的关键，也是社会发展的支柱。科学是求"真"，即研究、认识、掌握客观世界及其规律；技术是致"实"，即创造合乎科学的有效方法和手段。工业的安全生产和国民经济的可持续发展对运行中的机械设备进行故障诊断提出了更高的要求，特别是迫切要求为工程实际中大型复杂机械设备开展早期、动态、定量和智能的故障诊断与预示，机械故障诊断学在科学和技术层面上面临着严峻的挑战，同样也迎来有利的发展机遇。为此，机械故障诊断的基础研究必须在以下6个方面有所突破：

1. 实现由表象研究到机理研究的突破

基于"所见即所得"的表象研究方法，只能对机械故障的解释和诊断获得一知半解。故障机理反映的是故障的原因和效应，是通过理论推演或大量实验分析得到的反映设备故障状态信号与设备系统参数之间联系的表达式。加强故障机理研究是认识客观事物的科学实践。传统的机械设备故障诊断多以研究已有故障的信号特征为基础，对于新的设备故障预警便因没有故障案例可参考而难免漏诊。

近年来，科学技术飞跃发展，新颖、大型和高速机械装备层出不穷，如风电装备、工业燃气轮机、高速动车组列车、飞行器动力传动和大功率盾构机等。针对这些新型旋转和往复机械的机电液系统，其特殊服役环境下系统的故障机理和故障演化动力学还有待于深入地分析及研究。例如，利用间隙机构动力学的研究成果，研究不同间隙大小对应的信号频谱特征，甚至建立起间隙大小和信号特征的定量关系，用于指导机构间隙的故障诊断；针对典型的不对中故障，建立数学和力学模型，搭建试验平台，研究不对中所对应的故障征兆和频谱特征。实际工程应用中，韩刚等人研究了航空发动机叶片和转子在气流激励下的非线性动态响应，揭示了颤振产生、发展的机理和演变规律；刘杨等人基于非线性有限元法建立了双盘耦合故障转子系统动力学模型，并通过实验研究分析了不同转速下的系统动态响应特性。目前，人们在故障机理方面投入的资源越来越多，故而故障诊断无疑将更加注重于机理方面的研究。

2. 实现由定性研究到定量研究的突破

故障诊断的研究工作通常可以划分为四个层次：

1）确定故障是否存在。

2）能够确定故障的位置。

3）能确定故障的损伤程度。

4）剩余寿命预测与可靠性评估。

如果将前两个层次的工作称为定性研究的话，那么后两个层次的工作就是定量研究。定性研究是定量研究的重要基础，定量研究中第三层次和第四层次紧密相连，这是因为在没有准确评估损伤程度的情况下，装备剩余寿命预测和可靠性评估将成为无源之水。

故障的定量诊断需要识别损伤等故障的部位、种类以及程度，从而揭示装备故障状态的发生、发展及演化规律，为机械装备的安全性分析、可靠性评估和寿命预测提供基础性依据。针对重大装备的典型结构，如航空发动机转子、大型飞机机身、大型风电机齿轮箱和典型复合材料结构，首先应开展裂纹损伤等故障的动态在线诊断，然后在裂纹损伤定量诊断的基础上，进行状态退化识别与剩余安全寿命预测。可见，今后故障诊断的研究重点将会从定性研究转向定量研究。

3. 实现由单故障研究到群故障研究的突破

单故障诊断目前主要是依靠信号处理相关方法，适用于故障振动信号特征与其他干扰成分的频谱容易区分的场合。因此，单故障诊断通常较容易实现，但是在实际推广使用中，该方法存在精度不高、泛化能力不强以及通用性较差等缺陷，因而制约了其在工程中的实际应用。同时，由于故障的原因往往不是单一的，特别是旋转机械故障是多种故障因素耦合的结果，因此，盲目地以单一故障对机械装备做诊断会造成漏判甚至误判。

机械装备核心部件的磨损、剥落、裂纹等故障往往同时出现或者先后接连发生，其振动信号往往并非多个单故障征兆信号的简单叠加，而是表现为故障特征信号相互耦合，这种群故障的产生会给故障确诊带来更大的困难。实际上，群故障诊断是一个多故障的模式识别问题，在目前工程应用中，亟待研究出群故障耦合特征的一次性分离和诊断的相关方法。因此，群故障诊断以及制造服务融合将会是今后故障诊断又一重要发展方向。

4. 实现由超强故障研究到微弱故障研究的突破

超强故障是指机械故障已发展到中晚期，故障特征明显，机械零部件性能已严重退化，若不及时采取处理手段，可能造成重大事故。针对机械设备超强故障的诊断，其故障特征容易提取，故障状态也容易识别。虽然较容易避免重大事故的发生，但是机械故障诊断的更重要的意义在于提供"治疗方案"，而不是简单开具"死亡证明"，超强故障诊断（晚期故障）无疑就是对机械设备开具"死亡证明"，这大大限制了故障诊断技术在工程中的应用。及时掌握设备的性能退化过程以及故障的动态演化过程，对其故障的发生发展做到防微杜渐，并针对不同的故障状态，采取适当的补救措施，进而从超强故障诊断研究转向微弱故障诊断研究，这将是故障诊断领域的重大突破。

不同于超强故障，微弱故障通常处于早期阶段或者潜伏状态，其具有症状不明显、特征信息微弱等特点，也可能虽已发展到中晚期，但故障特征被强噪声淹没，致使故障特征微弱，不易识别，如齿轮箱中齿轮和轴承故障同时出现时，齿轮箱振动信号中会同时包含表征齿轮故障的幅值调制成分和表征轴承故障的周期性冲击脉冲，但较弱故障特征往往会淹没在较强故障特征中，直接对振动信号进行分析诊断容易造成漏判或误判；叶轮是离心压缩机的核心部件，有裂纹的叶片的异常振动会直接反映到流体的压力脉动中，然而实际中由叶片裂纹造成的异常振动非常小，使得压力脉动中的故障特征频率异常微弱，导致该故障频率难以识别。因此，今后微弱故障诊断需要研究有效的微弱故障特征增强方法和强噪背景下故障特征提取方法，同时为了准确提取微弱故障特征，还需要了解故障演化过程与其征兆间的映射关系，从而保证微弱故障特征提取的准确性和有效性。

5. 实现由零部件故障研究到机械系统故障研究的突破

机械设备的零部件故障诊断主要是针对齿轮、轴承和转子等机械系统中关键零部件的故障进行监测和诊断。然而，机械系统的相互作用才是故障产生的本质原因，零部件的故障诊断往往只能诊断出诱发性故障，却不能根治机械系统的故障隐患。因此，今后的研究应该注重将机械设备看作多层次、非线性的复杂整体，首先建立多维和多参数的复杂系统模型，然后从系统的整体性和联系性出发，深入研究系统内部各组成部分的动力特性、相互作用和依赖关系，得出零部件故障的初步结论，接着探索系统故障的根源，找出原发性故障，从而根除机械设备的故障隐患。

6. 实现由特征频率故障识别到多源信息智能诊断的突破

机械系统发生故障时，机械运行状态会发生变化，相应地伴随有故障特征频率的产生。当前最为广泛的一类应用就是针对某故障零部件，采用各类型分析方法，识别其特征频率，通过对特征频率进行判断确定所发生故障的类型、状态。现代机械装备的趋势是大型化、复杂化、高速化、自动化和智能化，故障的产生原因日趋复杂，这就导致：①设备振动激励源较多，振动信号中包含了不同零部件的振动特征信息，特征频率的提取越来越困难，信号分析方法越来越复杂；②不同故障的特征体现在不同类型的特征信号上，单一特征信号诊断方法不确定度较高。

对于多源信息融合技术的定义较多，为方便同学们理解，这里只引用其中一种：多源信息融合技术就是指充分利用多个传感器资源，通过对各种观测信息的合理支配和使用，在空间和时间上把互补的与冗余的信息依据某种优化准则结合起来，产生对观测环境的一致性解释或描述，同时产生新的融合结果，以提高整个诊断系统的有效性。在故障诊断领域，利用多源信息融合可以对多种故障特征的数据进行综合处理，给出更为可靠的诊断结果，并可以有效提高故障的确诊率，避免误诊、漏诊。比如，目前对往复式压缩机的故障诊断手段主要以通过对振动信号和性能参数的特征提取分析为主，存在上述特征不易识别和依靠单一特征信号诊断不确定性高的问题，将多源信息融合技术应用到往复式压缩机故障诊断中来，通过使用多源信息融合技术融合往复式压缩机的振动信号、温度信号和活塞杆沉降量信号来实现对往复式压缩机的故障诊断，可以更好地解决依靠单一特征信号进行诊断的准确性低及不确定性高的问题。可以预见，多源信息融合技术在机械故障诊断领域中的应用前景将越来越广泛。

1.2.5　总结

目前，在国家长期稳定的大力支持下，国内机械故障诊断领域在理论基础、框架体系和工程应用等方面正在不断发展完善，而且已经取得了大量具有自主知识产权的研究成果，但相对比国外目前的发展程度，我国仍有相当大的差距需要追赶。随着世界各主要国家提出自己的制造业发展计划，我国也进一步加大了对机械故障诊断研究的支持，为C919大型客机、"辽宁号"航母和高铁等装备提供更好的故障诊断技术支撑。故障诊断领域还有许多未知等待我们去探索，理论基础研究和工程实际结合，实现相关技术更深层次的突破是推动其持续发展的原动力。希望在未来，学者们可以积极推动理论和工程相结合，深入研究，促进故障诊断学科发展，为我国甚至人类文明进步做出更大的贡献。

1.3 智能运维与健康管理

随着测试技术、信息技术和决策理论的快速发展，在航空、航天、通信和工业应用等各个领域的工程系统日趋复杂，系统的综合化、智能化程度不断提高，研制、生产尤其是维护和保障的成本也越来越高。同时，由于组成环节和影响因素的增加，发生故障和功能失效的概率逐渐加大，因此，高端装备的智能运维和健康管理逐渐成为研究者关注的焦点。基于复杂系统可靠性、安全性和经济性的考虑，以预测技术为核心的故障预测和健康管理（Prognostics and Health Management，PHM）策略得到了越来越多的重视和应用，已发展为自主式后勤保障系统的重要基础。PHM 作为一门新兴的、多学科交叉的综合性技术，正在引领全球范围内新一轮制造装备维修保障体制的变革。PHM 技术作为实现装备视情维修、自主式保障等新思想、新方案的关键技术，受到了美英等军事强国的高度重视。实际中，根据 PHM 产生的重要信息，制定合理的运营计划、维修计划、保障计划，以最大限度地减少紧急（时间因素）维修事件的发生、减少千里（空间因素）驰援事件的发生以及减少财物损失，从而降低系统费效比，具有迫切的现实需求和重大的工程价值。

在设备的使用和维护过程中，传统上常常采用定期维修的策略来维持设备可靠性和预防重大事故。一方面，由于机械设备在先天上存在一定程度的个体差异，甚至有一些设备具有一些难以发现的潜在缺陷，极高的设计可靠性与制造可靠性标准并不能避免个体设备的故障发生；另一方面，由于在使用过程中机械设备所经历的运行工况、外部环境及突发因素千差万别，运行时间与故障发生的相关性越来越小，定期维修的策略并不能非常有效地维护设备的健康。许多设计可靠性极高的设备在远低于预期寿命的时间内，仍然会突发地出现一些难以预期的故障，而另一些设备在仍然可以健康可靠运行之时就遭受了维修甚至更换，总体上讲"欠维修"与"过维修"的问题在设备的运行维护中非常突出。因此，针对正在服役的关键大型设备，在维修更换数据和实时退化数据建模的基础上，进行可靠性的动态评估和故障的实时预测，以及基于评估和预测信息制定科学有效的健康管理策略，是非常重要的研究课题。

《中国制造 2025》部署了全面推进实施制造强国的战略，确立了"质量为先"的发展理念，明确指出了"坚持把质量为先作为建设制造强国的生命线"。而实施基于故障预测的 PHM 技术是国产设备实现质量升级的一个重要方向。在我国装备产业亟待转型升级的背景下，开展 PHM 与智能运维等相关研究的迫切性与重要性已经越发明显，近年来我国相继颁布了一系列的国家战略计划和文件。2006 年 2 月国务院颁布了《国家中长期规划（2006—2020 年）》，并在先进制造领域设立了"重大产品重大设施预测技术专题"。国家自然科学基金委也分别在工程与材料科学部、信息科学部、数理科学部和管理科学部等多个学部设立了可靠性及故障预测的相关方向。上述方向或专题均希望"通过寿命预测和可靠性共性理论与前沿技术的研究，为提高我国重大装备、设施、工程的安全可靠运行能力，预防重大事故，增强高技术产业的国际竞争力，提供寿命预测与可靠性分析的关键技术、方法和手段[5]"。

综上所述，开展故障预测与健康管理技术以及设备智能运维的研究能够确保机械设备的安全、稳定、可靠运行，保障人身安全，提高生产部门的生产效益，树立企业的信誉和形象，增强行业的国际竞争力和影响力，带来良好的经济效益与社会效益。

本节将对 PHM 技术、PHM 实施过程中资产管理和基于预测技术的装备智能运维进行概述。

1.3.1 故障预测与健康管理

1. PHM 的概念与内涵

PHM 技术始于 20 世纪 70 年代中期，从基于传感器的诊断转向基于智能系统的预测，并呈现出蓬勃的发展态势。20 世纪 90 年代末，美军为了实现装备的自主保障，提出在联合攻击战斗机（JSF）项目中部署 PHM 系统。从概念内涵上讲，PHM 技术从外部测试、机内测试、状态监测和故障诊断发展而来，涉及故障预测和健康管理两方面内容。故障预测（Prognostics）是根据系统历史和当前的监测数据诊断、预测其当前和将来的健康状态、性能衰退与故障发生的方法[6]；健康管理（Health Management）是根据诊断、评估、预测的结果等信息，可用的维修资源和设备使用要求等知识，对任务、维修与保障等活动做出适当规划、决策、计划与协调的能力。

PHM 技术代表了一种理念的转变，是装备管理从事后处置、被动维护，到定期检查、主动防护，再到事先预测、综合管理不断深入的结果，旨在实现从基于传感器的诊断向基于智能系统的预测转变，从忽略对象性能退化的控制调节向考虑对象性能退化的控制调节转变，从静态任务规划向动态任务规划转变，从定期维修到视情维修转变，从被动保障到自主保障转变。故障预测可向短期协调控制提供参数调整时机，向中期任务规划提供参考信息，向维护决策提供依据信息。故障预测是实现控制调参、任务规划和视情维修的前提，是提高装备可靠性、安全性、维修性、测试性、保障性、环境适应性和降低全寿命周期费用的核心，是 CPS 进而实现装备两化（信息化和工业化）融合的关键。近年来，PHM 技术受到了学术界和工业界的高度重视，在机械、电子、航空、航天、船舶、汽车、石化、冶金和电力等多个行业领域得到了广泛的应用。

故障既是状态又是过程，从萌生到发生的退化全过程历经了多状态，状态之间的转移具有随机性的特点。高端装备处于极端复杂的运行环境中（重载、高速、高温、高压、盐雾和潮湿等），复杂环境导致其状态转移的随机性更强，机理建模难以奏效；而状态转移是有条件的，条件是随时间变化的，变化则是体现在数据之中的。高端装备退化过程本质上是状态随机转移的过程，基于数据的多状态退化过程建模是实现装备健康状态评估和性能衰退预测的理论基础和关键科学问题。如图 1-3 所示，故障预测与故障诊断相比而言，可估计出装备当前的健康状态，可提供维修前时间段的预计。估计的当前健康状态是及时调整控制器参数的依据，是规划中期任务的重要参考；而根据预计的时间段可以进行远期维护时机和维护地点的优化决策，可以更科学合理地制定维护计划，可以为保障备件的调度调配提供充足的时间，避免了维修前准备这一个较长的停机时间。

当前主流的关于故障诊断与故障预测之间的关系解析如图 1-4[7] 所示，认为故障预测应当发生在故障诊断之前，故障预测取故障预示或预诊断之含义，与实际的退化程度演变一致。

任何一个运行中的机械设备，随着服役年限的不断增加总会不可避免地发生故障或失

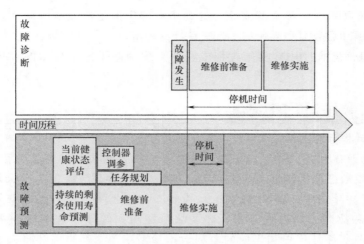

图 1-3　故障预测与故障诊断的比较

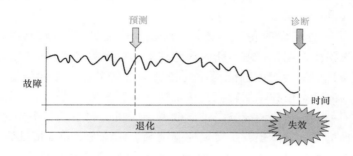

图 1-4　故障诊断与故障预测之间的一种逻辑关系

效。基于失效时间的可靠性评估难以获得满足大样本条件的失效样本。而且设备的失效往往与使用工况及外界环境相关，基于失效的可靠性通常只考虑失效时刻的信息而难以考虑这些时变过程参量对失效的影响。因此，基于失效时间的模型难以将可靠性评定的结果推广到实际上多变的工况和环境中。由上述讨论可知，在可靠性评估尤其是动态可靠性评估过程中，仅仅使用失效时刻的信息，显然过于简单化和片面化，不利于真实完整地把握设备的渐变失效规律，也不利于正确全面地评估设备的运行状态和可靠性。为了克服这些问题，当前逐渐发展出了基于退化的剩余寿命预测方法。常用的故障预测方法可以分为基于失效物理的模型、基于数据驱动的模型和融合方法。其中，建立基于失效物理的模型需要深入了解产品的失效机理、完整的失效路径、材料特性以及工作环境等。基于数据驱动的模型则是根据传感器信息数据特征进行预测。

2. PHM 的体系结构

PHM 较为典型的体系架构是 OSA-CBM（Open System Architecture for Condition-Based Maintenance）系统，是美国国防部组织相关研究机构和大学建立的一套开放式 PHM 体系结构，该体系结构是 PHM 研究领域内的重要参考。OSA-CBM 体系结构作为 PHM 体系结构的典范，是面向一般对象的单维度七模块的功能体系结构；该体系结构重点考虑了中期任务规划和长期维护决策，而对基于装备性能退化的短期管理功能考虑不足。

CBM 体系结构如图 1-5 所示，该体系结构将 PHM 的功能划分为七个层次，主要包括数据获取、特征提取、状态监测、健康评估、故障预测、维修决策和人机接口[8]。

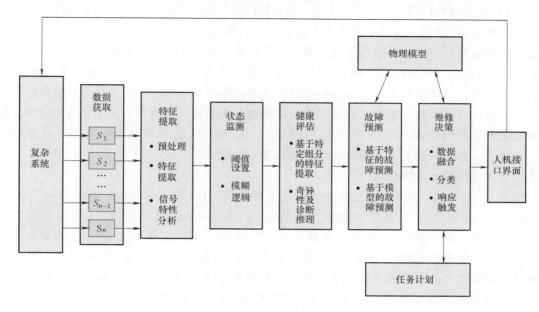

图 1-5　CBM 体系结构

动力装备 PHM 系统在功能上由数据获取、特征提取、状态监测、健康评估、故障预测、维修决策和集成控制 7 个功能模块组成。每项功能的内涵设计如下，各个功能模块之间的数据流向基本遵循上述顺序，其中任意一个功能模块具备从其他六个功能模块获取所需数据的能力。

1）数据获取（Data Acquisition，DA）：分析 PHM 的数据需求，选择合适的传感器（如应变片、红外传感器和霍尔传感器）在恰当的位置测量所需的物理量（如压力、温度和电流），并按照定义的数字信号格式输出数据。

2）特征提取（Feature Extraction，FE）：对单/多维度信号提取特征，主要涉及滤波、求均值、谱分析、主分量分析（PCA）和线性判别分析（LDA）等常规信号处理、降维方法，旨在获得能表征被管理对象性能的特征。

3）状态监测（Condition Monitor，CM）：对实际提取的特征与不同运行条件下的先验特征进行比对，对超出了预先设定阈值的提取特征，产生报警信号。涉及阈值判别、模糊逻辑等方法。

4）健康评估（Health Assessment，HA）：健康评估的首要功能是判定对象当前的状态是否退化，若发生了退化则需要生成新的监测条件和阈值，健康评估需要考虑对象的健康历史、运行状态和负载情况等。涉及数据层、特征层、模型层融合等方法。

5）故障预测（Prognosis Assessment，PA）：故障预测的首要功能是在考虑未来载荷情况下根据当前健康状态推测未来，进而预报未来某时刻的健康状态，或者在给定载荷曲线的条件下预测剩余使用寿命，可以看作是对未来状态的评估。涉及跟踪算法、一定置信区间下的 RUL 预测算法。

6）维修决策（Maintenance Decision，MD）：根据健康评估和故障预测提供的信息，以任务完成、费用最小等为目标，对维修时间、空间做出优化决策，进而制定出维护计划（如降低航速、减小载荷）、修理计划（如增加润滑油、降低供油量）、更换保障需求（作为自主保障的输入条件）。该功能需要考虑运行历史、维修历史，以及当前任务曲线、关键部件状态、资源等约束。涉及多目标优化算法、分配算法和动态规划等方法。

7）人机接口（Human Interface，HI）：该功能的首要功能是集成可视化，集成状态监测、健康评估、故障预测和维修决策等功能产生的信息并可视化，产生报警信息后具备控制对象停机的能力；还具有根据健康评估和故障预测的结果调节动力装备控制参数的功能。该功能通常和 PHM 其他的多个功能具有数据接口。需要考虑的问题是单机实施还是组网协同，是基于 Windows 还是嵌入式，是串行还是并行处理等。

3. 系统级 PHM 发展现状

20 世纪 80 年代，英国开发的状态和使用管理系统（Health and Usage Monitoring System，HUMS）是整机级 PHM 的最原始形态，该系统已经应用于 AH-64 阿帕奇、UH-60 黑鹰直升机的健康管理。该系统随着 PHM 基础理论的发展在持续改进。20 世纪 90 年代以来，用于直升机动力系统健康监测的 HUMS 子系统已成形，该系统通过采集动力系统运行参数实施对系统的健康状态进行监视，目前该系统仍在持续更新中。2012 年，HUMS 经过持续改进，已向采用分布式模块化设计的功能增强、性能改善的超级 HUMS 发展，并将用于 RQ-7A/B200 战术无人机的运营管理。2015 年，航天测控公司为国产某大型客机研制的 PHM 系统已实现对涉及飞行安全的关键数据进行实时监测，并基于数据进行故障诊断、运行管理、发动机监控和健康状态评估等功能。2016 年，由中国航天科工集团公司一院航天测控技术有限公司研制的具有自主知识产权的 PHM 系统正式应用于我国首架某大型客机。2017 年，美军目前正在研制的 F-35 联合攻击机（JSF）PHM 系统成为整机级健康管理的最先进代表。舰载机 PHM 能力的演变过程如图 1-6 所示。

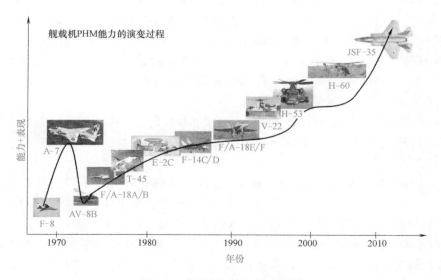

图 1-6　舰载机 PHM 发展历程图

在舰船整船 PHM 应用系统方面，挪威 KYMA 公司研制的整船性能监视系统（Ship Performance Monitor，SPM）可给出船舶航行的在线性能信息和未来性能变化趋势图，变化趋势得到了实际运营数据的不断迭代修正。日本三菱重工研制的 SUPER-ASOS 系统（Super Advanced Ship Operation Support System）是整船级 PHM 系统，该系统由导航支持系统（Navigation Support System，NSS）、机械装备诊断维护支持系统（Machinery Predictive Diagnosis/Maintenance Support System，MPDMS）和货物规划处理支持系统（Cargo Handling and Planning Support System，CHPSS）构成。美国海军为在役舰船研制了综合状态评估系统（Integrated Condition Assessment System，ICAS），使总维修费用下降了 32%，该系统偏向于整船级的状态监测、状态评估和多船之间的协调控制。美国海军技术研发中心分析了船舶运营管理中存在的问题和发展船舶 PHM 系统的重要意义，并以现有的 ICAS（Comprehensive Automated Maintenance Environment-Optimized System，CAMEOS）和（Sense and Respond Logistics，S&RL）三个 PHM 应用系统为例，从船舶需求的精准定义、费用分析、技术成熟度等方面较系统地论述了发展船舶 PHM 系统面临的挑战和障碍。船舶 PHM 系统发展历程如图 1-7 所示，从图中可以看出船舶 PHM 系统的发展与飞机 PHM 系统的发展历程类似，但总体上滞后于飞机 PHM 系统的发展。

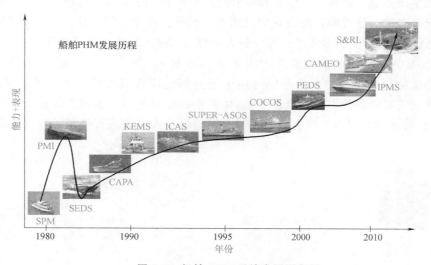

图 1-7　船舶 PHM 系统发展历程图

20 世纪 60 年代，航天领域极端复杂的运行环境和使用条件共同驱动了可靠性理论、环境试验等方法的诞生。随着系统复杂性的增加，由于设计不充分、制造误差、维修差错和非计划事件等原因故障概率不断增加，迫使人们在 20 世纪 70 年代提出了航天器综合健康管理的概念。在航天器 PHM 应用系统方面，2001 年 NASA 在 X-33 等上应用了航天器健康管理系统（Vehicle Health Management，VHM），这是航天领域经历了飞行验证的第一代 PHM 技术。2003 年，哥伦比亚号在出事前其感应监视系统（Inductive Monitoring System，IMS）已检查到机翼温度的异常变化。NASA 组织研发了空间运输系统综合健康管理系统（Integrated Vehicle Health Management，IVHM），并将该技术应用于 X-37、C-130 大力神运输机等，该系统可以提供数据获取、数据处理（特征提取）、健康评估和预测评估等功能。2016 年，为了实现波音飞机的故障诊断及趋势预测，IVHM 系统被作为更通用的技术用于飞行参数的分析及整机系统级失效的预测。2017 年，IVHM 被作为系统级视情维修的具体应用在航空领域进行了推广，并应用于飞机的故障诊断、预测及健康管理。

1.3.2 PHM 实施中的资产管理

PHM 的理论分析已经有了大量的研究，而 PHM 的工业化被认为是 PHM 发展中最主要的挑战。从企业资产管理的角度，PHM 贯穿产品的整个生命周期，可以用于降低系统维护成本、改进维修决策，并为产品设计和验证流程提供使用情况的反馈。合理地考虑 PHM 与现有系统、运营和流程相结合，可以实现可量化的收益。实践表明，通过科学有效的健康管理可以很好地维持在役设备的可靠性，能有效地降低设备维护费用。美国通用电气公司经过分析认为，在矿山、冶金、发电和石化等连续工作的流程工业中，如果可靠性能提高 1%，即使成本升高 10% 也是合算的。英国 2000 个工厂在推广基于状态信息的视情维修后，每年节省的维修费用总计高达 3 亿英镑。在英美联合的 F-35 攻击机项目上，由于应用了 PHM 技术，维修人力减少 20%~40%，后勤规模减小 50%，出动架次率提高 25%，飞机使用与保障费用相比过去机种减小 50%。开展故障预测与健康管理不仅能够被动地避免重大事故的发生，而且能够主动地促进设备运行维护水平和生产管理方式的大幅度升级，减少设备的停机检查与大型维修次数，尽可能提高设备的可用率，充分发挥设备的效益，从而带来可观的经济回报。根据应用的不同，PHM 平台可以分为单机版、嵌入式和云端平台[9]。

单机版 PHM 系统是当前最普遍的 PHM 系统，如图 1-8 所示。它可以提供较高的计算能力、高数据存储量和分析能力，并可以运用于不同的健康管理目的。在单机版 PHM 平台中，个人电脑是主要的硬件资源。当多个 PHM 系统需要交互时，系统管理模块负责协调不同的 PHM 系统的通信和同步。所有的数据都会被送到个人电脑进行处理。专家知识模块包

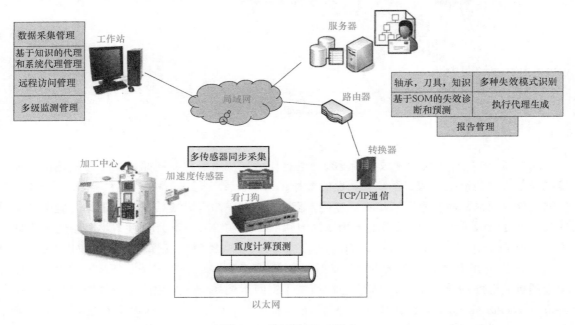

图 1-8　单机版 PHM 平台

含算法、看门狗工具箱，负责与其他的数据库交互并提供决策支持。对一个加工厂来说，一台加工中心适合采用单机版 PHM 系统。考虑到加工设备的复杂性，需要运用复杂的预测算法来捕捉机械部件的退化特征，跟踪可以反映系统退化和失效严重的事件而不打断机器加工过程。一般来讲，单机版 PHM 系统需要高频采样的传感器，并且需要较高的计算能力以满足处理和分析大量数据工作的要求。

单机版 PHM 系统不能提供故障诊断和预测的反馈给过程控制系统，所以需要合理利用可编程控制器同步触发外部数据采集。如果将故障诊断和预测系统嵌入到商业化的控制器中，在控制循环中，故障预测的代理将会在产品失效前自动报告事件和调整参数。这将会使系统更加可控并可以减少生产线当机时间。如图 1-9 所示为嵌入式 PHM 平台的基本结构。在嵌入式平台实施 PHM，计算能力和内存需要重点考虑。基于知识的代理已经存在于 PHM 模型中，执行代理实时计算连续信号并提供健康信息。系统代理基于检测到的健康信息对控制系统进行反馈。

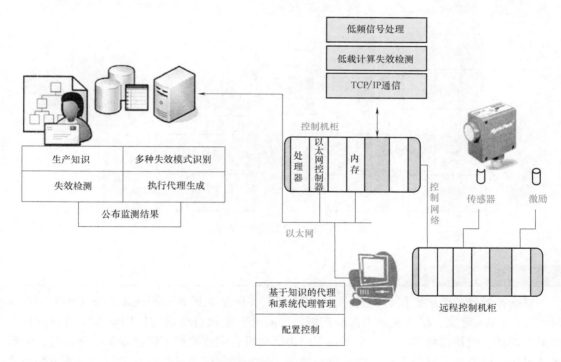

图 1-9　嵌入式 PHM 平台

尽管不同的工业领域都采用 PHM 来减少机器宕机时间，避免机器失效，优化维护策略，但在实施 PHM 过程中，由于需求、期望和资源的限制，依然有很多的挑战。比如不同的 PHM 任务需要不同的计算能力和不同的平台。所以，大多数工业领域都有 IT 基础设施来支持分布式的监测系统。云计算可以用来管理、分派和提供一个更安全更容易的方式来存储大量数据文件并同时提供快速的数据连接。云端 PHM 平台基于服务导向架构分布式计算、网格化计算和可视化进行集成。云端 PHM 平台部署策略需要三个主要成分：①机器界面代理；②云端应用平台；③用户服务界面。基本框架如图 1-10 所示。机器界面代理用来对处于不同位置和云端的机器进行通信，并采集机器状态数据传递给云端应用平台。机器界面代理可以是嵌入式的也可以是单机版的，由部署的限制和喜好决定。在云端应用平台，开发者可以开发 PHM APP，不同的用户可以使用分享应用来分析自己的数据。数据处理和 PHM 算法在云端应用平台中被分置于不同的模块中。在任何一台虚拟机中，这些模块都可以被唤醒和协作来生成合适的工作流以满足最小配置要求。最后，PHM 应用的结果会通过用户服务界面反馈给用户来减少运营成本或者提供给设计师来改进设计。用户也可以用他们自己的设备通过用户服务界面登录云端应用平台来访问授权数据、信息。

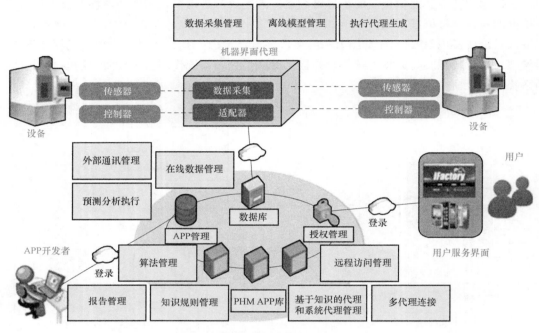

图 1-10　基于云端的 PHM 平台

1.3.3　智能运维

根据英国设备维护工艺学[10]使用的术语词汇和中华人民共和国国家标准 GB/T 3187—94[11]中的相关定义，维护是指为保持或恢复产品处于能执行规定功能的状态所进行的所有技术和管理，包括监督的活动。在工业生产中，对设备实施维护能够使设备安全运行，降低突发事故的可能性，避免人员伤亡和设备损失。维护计划已经成为企业运行计划的重要组成部分。事后维护是 20 世纪 40 年代以前的主要维护策略，它是当设备失效后才对设备进行维护。第二次世界大战后，人们逐渐认识到仅仅进行事后维护所花费的成本很大。维护不足使得设备在维护后仍存在较高的失效风险，而过度维护使得维护费用大大增加。因此，需要制定合理的维护策略，既减少过度维护造成的浪费，又保证设备受到足够的维护而处于良好的工作状态。据统计，制造业中的维护费用通常占总生产成本的 15% 以上，缸体行业中的维护费用有的甚至高达 40%。在军事领域，维护费用的比例也很高。据统计，大约 30% 的维护成本是由低效率的维护方式引起的。经过多年的发展，维护理论经历了事后维修、定时维修、视情维修与自主保障等过程。由于在显著降低设备运行和维护费用、提高装备可用度和利用率方面存在巨大优势，视情维修与自主保障在过去数十年中得到了广泛关注。

智能运维是建立在 PHM 基础上的一种新的维护方式。它包含完善的自检和自诊断能力，包括对大型装备进行实时监督和故障报警，并能实施远程故障集中报警和维护信息的综合管理分析。借助智能运维，可以减少维护保障费用，提高设备可靠性和安全性，降低失效事件发生的风险，在对安全性和可靠性要求较高的领域有着至关重要的作用。利用最新的传感器检测、信号处理和大数据分析技术，针对装备的各项参数以及运行过程中的振动、位移和温度等参数进行实时在线/离线检测，并自动判别装备性能退化趋势，设定预防维护的最佳时机，以改善设备的状态，延缓设备的退化，降低突发性失效发生的可能性，进一步减少维护损失，延长设备使用寿命。在智能运维策略下，管理人员可以根据预测信息来判断失效何时发生，从而可以安排人员在系统失效发生前某个合适的时机，对系统实施维护以避免重大事故发生，同时还可以减少备件存储数量，降低存储费用。

智能运维利用装备监测数据进行维修决策，通过采取某一概率预测模型，基于设备当前运行信息，实现对装备未来健康状况的有效估计，并获得装备在某一时间的故障率、可靠度函数或剩余寿命分布函数。利用决策目标（维修成本、传统可靠性和运行可靠性等）和决策变量（维修间隔和维修等级等）之间的关系建立维修决策模型，如图 1-11 所示。典型的决策模型有时间延迟模型、冲击模型、马尔可夫（Markov）过程和比例风险模型等。2012年，南京航空航天大学左洪福等人提出了均匀和非均匀失效过程下的时间延迟模型，改善了失效时间预测准确性并优化了视察间隔。2014 年，挪威斯塔万格大学的 Flage 等人基于不完全维修和时间延迟模型，提出了一种维修决策优化模型。目前，针对维修决策模型的理论研究较多，但工程应用效果不尽理想。由于可以在设备运行状态信息与故障率之间建立联系，比例风险模型在实践中得到了更为广泛的应用。2006 年，南京航空航天大学左洪福等人基于 CF6 型发动机的历史监测数据验证了韦布尔（Weibull）比例风险回归模型在发动机视情维修决策中的实用价值。2011 年，空军航空大学的李晓波等人利用韦布尔（Weibull）比例风险回归模型对发动机旋转部件进行维修决策建模，并用发动机轴承实验验证了模型的有效性。

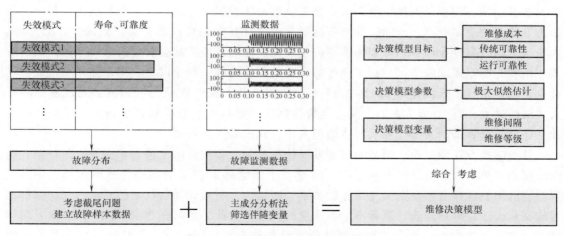

图 1-11　基于状态监测的维修决策模型

视情维修过程中，通常需要做两种决策优化：维修（更新）时机决策和状态监测间隔期决策。相应的优化目标包括维修时间期望值最小、维修费用期望值最少、可靠性期望值最高等。系统级决策优化过程中常常需要兼顾多个优化目标，由于不能同时达到最优解，造成决策优化顾此失彼，因此，多目标决策优化成为视情维修研究的重点。2009 年，希腊色萨利大学的 Kozanidis G 针对空军飞行编队的维修需求，提出了一种多目标优化模型，确定了编队中飞机的维修行为，实现了计划周期内的最大可用度。2010 年，空军工程大学的张海林等人以装备可靠度、状态维修费用和装备使用任务需求为优化目标，研究了装备维修的最佳时机和最优方式。2014 年，芬兰阿尔托大学的 Mattila 等人以预计维修时间与实际维修时间差最小，飞机的平均可用度最大为优化目标，对飞行编队的维修调度进行了优化。2014 年，海军工程大学的赵金超等人针对装备的复杂性与多态性特点，建立了考虑可靠性、维修时间以及费用的装备多态系统维修决策优化模型。在复杂运行环境下，由于环境变化规律未知，因此维护策略必须具有自适应性，即必须随着运行安全状况的变化进行动态调整。基于性能退化数据与安全实时预警信息，中国人民解放军火箭军工程大学的胡昌华等人提出了一种预测维护控制方法，能够确定未来某段时间内的维护方式与时间。最重要的是，该方法具有鲁棒性，只要预警误差在一定范围内，即使在不断变化的运行环境中，其也能够随着运行安全地变化，动态调整维护方式和时间。

　　智能运维的最终目标是减少对人员因素的依赖，逐步信任机器，实现机器的自判、自断和自决。智能运维技术已经成为新运维演化的一个开端，可以预见在更高效和更多的平台实践之后，智能运维还将为整个设备管理领域注入更多新鲜活力。

1.4　本书培养目标与"新工科"计划、高等工程教育专业认证的关系

　　人才是建设制造强国的根本，是制造业创新的主体。随着新一轮工业革命的加速进行，以先进制造和人工智能、大数据等技术深度融合为特征的智能制造将成为未来新经济发展的重要基石和核心产业。人员技能革新是新工业革命的重要内容之一，智能制造人才是世界各国重点争夺的战略资源。当前，我国智能制造人才存在结构性过剩与总量短缺并存的问题。由于现有的教育专业设置、课程体系等都是以工业化时代经济社会发展需求设立的，制造业人才培养与实际需求脱节，与新工业革命所需的人才结构、专业设置、知识体系、技能要求都有很大差距。根据教育部 2012~2015 年的数据统计，高档数控机床和机器人领域的年度人才缺口最大，有 20 万人左右。无论是智能制造核心技术、装备和系统研发所需的高端人才，还是符合智能制造操作要求的技能型人才，我国都严重短缺。

　　从战略执行层面而言，制造业转型发展依赖高等工程教育的工科人才支撑。面对新一轮全球制造业革命创造的新产业新业态，瞄准"中国制造 2025"的前瞻性战略布局，中国工程教育既面临构建智能制造人才培养新体系、新结构、新模式和新机制的要求，又面临推出智能制造人才培养新理念、新标准、新质量的挑战。为此，国家在 2015 年 10 月由国务院印发了《统筹推进世界一流大学和一流学科建设总体方案》，从 2016 年起针对大学及学科建设提出"双一流"的任务要求。工科高校的"双一流"体现在智能制造人才的培养上，就是智能制造人才如何培养才能满足当前智能制造发展的需要，是工科高校专业设置的出发

点。为推动工程教育改革创新，2017 年 2 月 18 日，教育部在复旦大学召开高等工程教育发展战略研讨会，随后通过"复旦共识""天大行动""北京指南"等，使我国高等工程教育界达成新工科建设共识。同时，教育部、人力资源和社会保障部和工业和信息化部联合发布的《制造业人才发展规划指南》，也将智能制造工程列为重点支持领域。为了推动现有工科专业在智能制造领域的改革创新，加快智能制造人才培养，就要鼓励有条件的高校设宜智能制造发展所需的专业体系、实验室和培训基地，培养满足智能制造发展需求的高素质技能人才，同时这也是实现"中国制造 2025"的基础和关键。

智能运维与健康管理是智能制造的关键要素和重要组成，也是"新工科"计划的重要方向。李培根院士指出，面向未来的工程人才应该具备若干"新素养"：适应及引领工程科技发展的素养；对创新思维和服务社会的价值感和使命感；在多学科交叉空间内思考的大工程系统观；在问题空间中的感知关联能力；持续学习的能力；宏思维和批判性思维。因此，可以说工科院校必须培养具备"新素养""新视角""新能力"和"新思维"工程实践能力的创新型人才，这也是智能制造工程人才培养的目标和要求。

"新工科"计划指明了智能制造人才培养的方向，但是衡量和保证智能制造人才的工程教育质量则需要相关的认证制度。高等工程教育专业认证制度是我国工程师质量保证体系中的重要组成部分，是实现工程教育国际互认和工程师资格国际互认的重要基础。建立完善的高等工程教育专业认证制度对于确保我国高等工程教育的质量以及提高我国高等工程教育的国际竞争力具有十分重要的作用。2016 年 6 月 2 日，在马来西亚吉隆坡举行的国际工程联盟 2016 年会议上，中国科协代表中国正式加入《华盛顿协议》，成为其第十八个成员，标志着我国高等工程教育发展又迈上了新台阶。高等工程教育专业认证以学生为中心，以学生能力培养为导向，对于加强工程教育与工业界的紧密结合、适应经济全球化趋势以及培养具有国际竞争力的工程人才具有重要的推动作用。高等工程教育专业认证对学生毕业时应具备的能力作了明确的要求：

1）工程知识：能够将数学、自然科学、工程基础和专业知识用于解决复杂工程问题。

2）问题分析：能够应用数学、自然科学和工程科学的基本原理，识别、表达、并通过文献研究分析复杂工程问题，以获得有效结论。

3）设计/开发解决方案：能够设计针对复杂工程问题的解决方案，设计满足特定需求的系统、单元（部件）或工艺流程，并能够在设计环节中体现创新意识，考虑社会、健康、安全、法律、文化以及环境等因素。

4）研究：能够基于科学原理并采用科学方法对复杂工程问题进行研究，包括设计实验、分析与解释数据、并通过信息综合得到合理有效的结论。

5）使用现代工具：能够针对复杂工程问题，开发、选择与使用恰当的技术、资源、现代工程工具和信息技术工具，包括对复杂工程问题的预测与模拟，并能够理解其局限性。

6）工程与社会：能够基于工程相关背景知识进行合理分析，评价专业工程实践和复杂工程问题解决方案对社会、健康、安全、法律以及文化的影响，并理解应承担的责任。

7）环境和可持续发展：能够理解和评价针对复杂工程问题的工程实践对环境、社会可持续发展的影响。

8）职业规范：具有人文社会科学素养、社会责任感，能够在工程实践中理解并遵守工程职业道德和规范，履行责任。

9）个人和团队：能够在多学科背景下的团队中承担个体、团队成员以及负责人的角色。

10）沟通：能够就复杂工程问题与业界同行及社会公众进行有效沟通和交流，包括撰写报告和设计文稿、陈述发言、清晰表达或回应指令。并具备一定的国际视野，能够在跨文化背景下进行沟通和交流。

11）项目管理：理解并掌握工程管理原理与经济决策方法，并能在多学科环境中应用。

12）终身学习：具有自主学习和终身学习的意识，有不断学习和适应发展的能力。

工程教育认证的理念对于智能制造人才培养具有重要的启示和借鉴意义。专业认证传达的工科教育理念体现了相对成熟的工科人才培养的国际范式，特别是对本科四年的人才培养方案制定了清晰有效的目标架构，即：以"学生"为中心指标，以"师资队伍""课程体系"和"支持条件"有效促进学生达到"毕业要求"，进而达成"培养目标"。而"持续改进"是确保学生达成"培养目标"的质量控制闭环体系。将这种先进的人才培养模式作为一种方法论引入到智能制造的人才培养方案设计中，能够推进智能制造工程教育的改革和实践。在新工科起步阶段，相关专业的人才培养目标可以遵循工程教育认证理念，在人才培养的目标设计上，进一步明确学生毕业后的职业素养。同时将"成果导向"融入到智能制造人才培养的培养规格、专业设计、课程设置、教学管理、教学评价等全过程人才培养建设中，培养适应时代需要的新型智能制造人才。建立以"持续改进"为内涵的质量评价体系是工程教育认证推动"成果导向"人才培养的重要保障机制，该质量评价新技术在背后折射出的是一种新的质量文化，持续改进和不断提升便是国际高等工程教育质量议程的新文化和新动向，这也将是"新工科"建设的重要内容。

总之，以工程教育专业认证为抓手，构建智能制造人才培养标准，将有助于我国实现以国际"新理念"重塑智能制造人才培养目标，以国际"新标准"构建智能制造人才培养模式，以国际"新技术"设计质量评价体系，从而将智能制造人才培养质量供给作为支撑我国制造业发展的基石。

本 章 小 结

本章第 1 节在"中国制造 2025"战略计划背景下，给出其重要主题——智能制造的特征和组成，由此引出本书主题——智能运维与健康管理的定义和内容，介绍了其发展历程和最新进展。第 2 节介绍了智能运维与健康管理的重要基础——故障诊断的意义、研究现状、存在问题及未来发展方向。第 3 节介绍了智能运维与健康管理的核心内容——PHM 的概念、体系结构及发展现状、PHM 资产管理以及智能运维的内容和发展情况。最后，第 4 节给出了在智能制造人才培养需求的背景下，本书的培养目标与"新工科"、高等工程教育专业认证的关系和借鉴意义。

参 考 文 献

[1] 西门子工业软件公司. 工业 4.0 实战：装备制造业数字化之道 [M]. 机械工业出版社，2015.

[2] 中华人民共和国工业和信息化部. 工业和信息化部　发展改革委　科技部　财政部关于印发制造业创

新中心等 5 大工程实施指南的通知 ［EB/OL］. （2016-08-19） ［2016-04-12］. http：//www. miit. gov. cn/ n1146285/n1146352/n3054355/n3057267/n3057273/c5214972/content. html.

［3］ ACHENBACH J D. Structural health monitoring-What is the prescription? ［J］. Mechanics Research Communications, 2009, 36 （2）：137-142.

［4］ VOLPONI A J. Gas Turbine Engine Health Management：Past, Present and Future Trends ［C］// ASME Turbo Expo 2013：Turbine Technical Conference and Exposition. 2013：433-455.

［5］ 王华伟, 高军. 复杂系统可靠性分析与评估 ［M］. 北京：科学出版社, 2013.

［6］ HESS A, CALVELLO G, FRITH P. Challenges, issues, and lessons learned chasing the "Big P". Real predictive prognostics. Part 1 ［C］//IEEE Aerospace Conference. IEEE, 2005：3610-3619.

［7］ LEE J, WU F, ZHAO W, et al. Prognostics and health management design for rotary machinery systems—Reviews, methodology and applications ［J］. Mechanical Systems & Signal Processing, 2014, 42 （1-2）：314-334.

［8］ DISCENZO F M, NICKERSON W, MITCHELL C E, et al. Open systems architecture enables health management for next generation system monitoring and maintenance ［R］. OSA-CBM Development Group：Development program white paper, 2001.

［9］ LEE J, ARDAKANI D, KAO H A, et al. Deployment of Prognostics Technologies and Tools for Asset Management：Platforms and Applications ［M］. London：Springer, 2015.

［10］ Institution B S. Glossary of terms used in terotechnology：BS 3811：1993 ［S］. London：BSI, 1993.

［11］ 中华人民共和国机械电子工业部. 可靠性、维护性术语：GB/T 3187 ［S］. 北京：中国标准出版社, 1994.

第2章

典型故障机理分析方法

学习要求：

了解重大装备的定义和重大装备中典型故障的类型及其产生的原因。掌握故障机理分析的动力学基础，包括建模、推导和分析结果。结合实例加深对动力学分析的理解与认识。

基本内容及要点：

1. 重大装备的定义；重大装备典型故障类型及其产生的原因。

2. 无黏性阻尼的单自由度系统自由振动及其响应分析；有黏性阻尼的单自由度系统自由振动及其响应分析；有黏性阻尼的单自由度系统系统强迫振动及其响应分析。

3. 故障机理系统动力学分析的一般过程，包括力学、运动学和动力学建模；激励建模及其响应分析；转子不平衡引起的振动问题；转子裂纹引起的振动问题；转子碰摩引起的振动问题。

大型机械设备乃国之重器，其健康状况不可不察，兹事体大。那么如何对这些重大装备进行"健康检查"呢？作为一名"医生"，我们首先需要知道典型"病害"——故障的类型及其产生的原因，然后利用机理分析的手段来分析这些"病害"，进而诊断并在必要时报警。而要完成这些工作，需要具备的基础知识又有哪些呢？让我们开始这部分知识的学习，本章结构如图2-1所示。

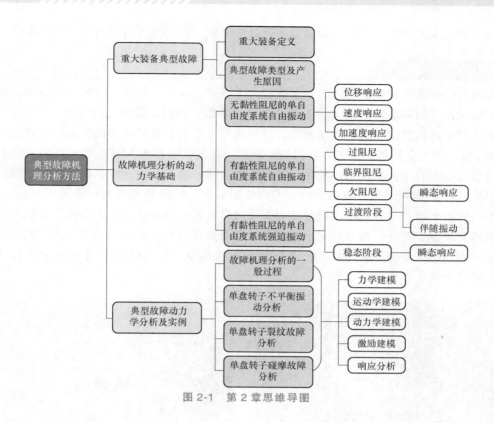

图 2-1 第 2 章思维导图

2.1 重大装备典型故障

重大装备[1]是指装备制造业中技术难度大、成套性强，对国民经济具有重大意义、对国计民生具有重大影响，需要组织跨部门、跨行业、跨地区合作才能完成的重大成套技术装备。重大装备是国之重器，事关综合国力和国家安全。对重大装备进行状态监测和故障诊断可以提高装备的可靠性，实现由"事后维修"到"预知维修"的转变，保证产品的质量，避免重大事故的发生，降低事故危害性，从而获得潜在的巨大经济效益和社会效益。对于重大装备的故障诊断，最根本的问题在于故障机理分析。**所谓故障机理，就是通过理论或大量的实验分析得到反映设备故障状态信号与设备系统参数之间联系的表达式，据此改变系统的参数可改变设备的状态信号**[2]。设备的异常或故障是在设备运行中通过其状态信号（二次效应）变化反映出的。因此通过监测在设备运行中出现的各种物理、化学现象，如振动、噪声、温升、压力变化、功耗、变形、磨损和气味等，可以快速、准确地提取设备运行时二次效应所反映的状态特征，并根据该状态特征找到故障的本质原因。

重大装备故障的产生原因多种多样。本节将简述几种重大装备的典型故障（如磨损故障、裂纹故障、碰摩故障、不平衡故障、不对中故障和失稳故障等）的定义、故障机理概述以及可能产生的严重后果，阐述发展重大装备故障机理分析的重大意义。这些故障因素使得大型设备的故障发生概率显著提高，故障轻微时将导致设备停工检修造成经济损失，故障严重时可能危及人员生命安全，甚至引发灾难性事故，带来无可估量的灾难性后果。

2.1.1 磨损故障

　　磨损故障是重大装备在使用的过程中，由于摩擦、冲击、振动、疲劳、腐蚀和变形等造成的相应零部件的形态发生变化，功能逐渐（或突然）降低以致丧失的现象。如图 2-2 所示为发生磨损故障的航空发动机滚动轴承。磨损故障是重大装备故障中最普遍的故障之一，约有 70%~80% 的装备损坏是由各种形式的磨损所引起的[3]。按照摩擦表面破坏的机理和特征可以将磨损故障分为：磨粒磨损故障、黏着磨损故障、疲劳磨损故障、腐蚀磨损故障以及微动磨损故障[4]。磨损故障严重时将产生灾难性的后果。根据我国民航局统计，仅在 1998 年某一个月内由于齿轮、轴承以及密封件等部件的异常磨损就造成了 5 起飞机发动机的停车甚至提前换发事故。此外，据某空军运输师及新疆航空公司对发动机十年的工作情况所做的统计显示，发动机空中停车故障的 37.5% 以及提前换发事故的 60% 以上是由发动机齿轮、轴承等部件的异常磨损故障造成的[5]。

a) 主轴承磨损故障　　　　　　　　　　　　　　　　　　b) 小轴承磨损故障

图 2-2　航空发动机滚动轴承磨损故障

2.1.2 裂纹故障

　　裂纹故障是指零部件在应力或环境的作用下，其表面或内部的完整性或连续性被破坏产生裂纹的一种现象。已经形成的裂纹在应力和环境的作用下，会不断成长，最终扩展到一定程度从而造成零部件的断裂。按照裂纹的形态，可以将裂纹分为闭裂纹、开裂纹和开闭裂纹[6]。一方面，即便生产力已经得到了长足的发展，现代生产工艺尚不能保证机械产品结构件中没有裂纹等缺陷；另一方面，随着重大装备朝着高性能化、复杂化和进一步大型综合化发展，其重要零部件在使用过程中，在长期的机械载荷、交变应力、环境温度和各类腐蚀条件的影响下，金属结构件中产生裂纹的概率急剧上升[7]。对于复杂的重大装备，初始的微小裂纹不易被发现，然而在恶劣运行环境下微小裂纹进一步扩展将会导致结构的断裂，造成极大的财产损失甚至导致灾难性的事故。2003 年，美国"哥伦比亚"号航天飞机失事的原因是在飞行过程中，一块重量不到两公斤的泡沫材料从机身下部的燃料箱上脱落后，击中了航天飞机的左翼前端并使得左翼上产生了如图 2-3 所示的两条裂纹（由新墨西哥州柯克兰空军基地"星火光学靶场"的望远镜在航空飞机失事前拍摄），裂纹扩展发生断裂，最终导致了飞机的解体。

2.1.3 碰摩故障

碰摩故障常常发生在汽轮发动机、涡轮发动机、压缩机和离心机等大型旋转机械转子系统中，是引起重大装备故障的主要原因之一。按照机组发生碰摩故障的碰摩方向分类，可以将碰摩故障分为径向碰摩、轴向碰摩和组合碰摩[8]（见图2-4）。碰摩故障产生的原因是转子某处的变形量和预期振动量相加大于预留的动静间隙，从而使得转子和定子发生摩擦。随着重大装备对运行速度提出了更高的要求以及重大装备中复杂系统的耦合，这些因素使得装备中转子和静子之间的间隙越来越小，进一步提升了碰摩故障发生的概率。当装备发生碰摩故障时，转子和静子之间的间隙增大，从而引发密封件、转轴、叶片等的弯曲和变形，产生异常的振动，严重时将激发大幅度、高频率的振动，造成严重的装备损毁事故[9]。1994~1995年间，由碰摩故障引发的发动机涡轮封严环故障，最终导致了4架F16战斗机失事，399台发动机因此直接或间接停飞。此外，据统计，在国内200 MW汽轮机组事故中，80%左右的弯轴事故都是由转轴碰摩故障引起的。

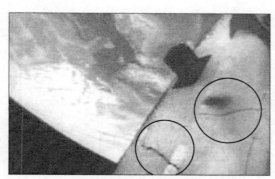

图2-3 "哥伦比亚"号航天飞机失事前左翼裂纹

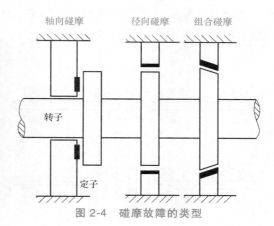

图2-4 碰摩故障的类型

2.1.4 不平衡故障

不平衡故障是指大型旋转装备中，转子受材料、质量、加工、装配以及运行中多种因素的综合影响，其质量中心和旋转中心线之间存在一定的偏心现象，使得转子在工作时形成周期性的离心力干扰，从而最终引起机械振动甚至导致机械设备的停工和损毁现象。不平衡故障按照其故障机理可以分为静不平衡故障、偶不平衡故障以及动不平衡故障[10]。不平衡故障常常发生于旋转机械设备中。据有关统计，实际发生的汽轮发电机组振动故障中，由转子不平衡造成的约占80%[11]。引发旋转机械装备不平衡故障的原因有很多种，包括转子的结构设计不合理、机械加工质量偏差、材质不均匀、运动过程中相对位置的改变、转子部件的缺损和零部件的局部损坏、脱落等，如图2-5所示为典型转子质量不平衡故障的转子质心空间分布曲线。不平衡故

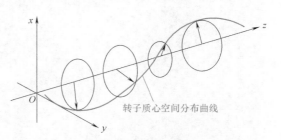

图2-5 典型转子质量不平衡故障的
转子质心空间分布曲线

障严重时会造成破坏性事故。1984 年以来，国内先后发生了多起汽轮发电机不平衡故障导致的发电机组毁灭性损坏，同时也造成了工作人员的伤亡。

2.1.5 不对中故障

不对中故障是指机械设备在运行状态下，转子与转子之间的连接对中超出正常范围，或者转子轴颈在轴承中的相对位置不良，不能形成良好的油膜和适当的轴承负荷，从而引发机器振动或联轴节、轴承损坏的现象。如图 2-6b、图 2-6c 和图 2-6d 所示，根据不对中故障的形式，可以将不对中故障分类为：角度不对中故障、平行不对中故障和综合不对中故障[12]。不对中故障是非常普遍的，旋转机械故障的 60% 是由转子不对中引起的[13]。引发不对中故障的原因很多，包括初始安装误差、工作中零部件热膨胀不均匀、管道力作用、机壳变形或移位和转子弯曲等。不对中故障将导致系统产生轴向、径向交变力，引起结构的轴向振动和径向振动，从而进一步加剧系统的不对中程度。当不对中程度过大时，可能引起诸多种类的设备损伤，严重时甚至会产生连锁反应导致重大灾难事故，造成极大的人员财产损失。曾经我国某试飞用发动机就由于转子系统发生不对中故障引起振动造成零部件被打伤，导致空中停车，产生了较大的经济损失。

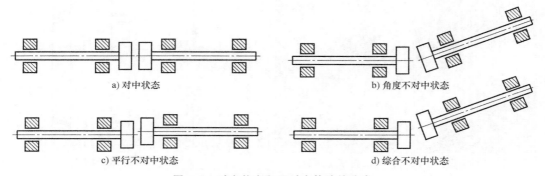

a) 对中状态 b) 角度不对中状态 c) 平行不对中状态 d) 综合不对中状态

图 2-6 对中状态和不对中故障的分类

2.1.6 失稳故障

失稳故障是指零部件在运行过程中，由于突然的环境变化或应力作用，失去原有的平衡状态，从而丧失继续承载的能力，最终导致整个机械设备产生振动的现象。如图 2-7 所示是

图 2-7 发生失稳故障的高压离心压缩机

发生失稳故障的高压离心压缩机。近年来，重大装备的工作条件越来越趋向于高频、高功率，在这种运行环境下，装备中轴承、密封、叶片、轴等零部件之间会产生交叉耦合力，这种交叉耦合力使得装备中出现了负阻尼，即随着振动过程的持续，阻尼给装备的振动注入能量，从而使得装备的振动随着时间的延长而不断加剧，最终造成装备的停工或损毁[14]。失稳故障是重大装备的典型故障之一，重大装备产生的失稳故障往往会引起连锁反应，造成重大的经济损失。统计数据显示，油膜失稳振动约占大型汽轮发电机组轴系振动故障的14%[15]。1972 年，日本某电站机组突发油膜失稳故障，造成了失火机毁的事故，不仅造成了巨大的维修耗资，同时因事故产生的停工也给电厂和电网带来了更为严重的经济损失。

2.1.7　喘振故障

喘振故障是指在流体机械装备中，当进入叶轮的气体流量减少到某一最小值时，装备中整个流道为气体流量旋涡区所占据，这时装备的出口压力将突然下降，而较大容量的管网系统中压力并不会马上下降，从而出现管网气体向装备倒流的现象。喘振故障是流体机械特有的振动故障之一。如图 2-8 所示是易发生喘振故障的双转子涡扇航空发动机。喘振故障是装备严重失速和管网相互作用的结果，故障的主要原因包括：装备转速下降而背压未能及时下降、管网压力升高或装备气体流量下降以及装备进气温度升高而进气压力下降。

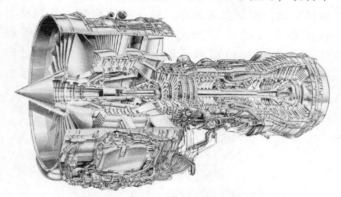

图 2-8　易发生喘振故障的双转子涡扇航空发动机

喘振是一种很危险的振动，常常导致设备内部密封件、叶轮导流板、轴承等的损坏，甚至导致转子弯曲、联轴器级齿轮箱等的结构损坏，进而导致装备的损毁或停工[16]。据有关数据统计，航空发动机故障中 60% 以上由振动引起，其中压气机部件喘振故障占 43.3%，喘振故障严重影响着航空事业的发展和进步。

2.1.8　油膜涡动及振荡故障

油膜涡动故障是指当转子轴颈在滑动轴承内做高速旋转运动的同时，随着运动楔入轴颈与轴承之间的油膜压力发生周期性变化，迫使转子轴心绕某个平衡点做椭圆轨迹的公转运动的现象，如图 2-9 所示。当涡动的激励力仅为油膜力时，涡动是稳定的。其涡动角速度是转动角速度的 0.43～0.48。当油膜涡动的频率接近转子轴系中某个自振频率时，将引发大幅度的共振现象，称为油膜振荡[17]。油膜涡动仅发生在完全液体润滑的滑动轴承中。低速及重载的转子无法建立完全液体的润滑条件，因而不会发生油膜涡动及振荡故障。油膜振荡是大型机电装备出现重大故障的主要原因之一。由于油膜振荡会激发大幅度的共振现象，产生与转轴达到临界转速时同等或更加剧烈的振幅，因此油膜振荡会导致高速旋转机械的故障，严重时甚至导致整台机组的完全破坏，产生巨大的经济损失[18]。例如 1985 年 12 月 29 日我国山西某电厂一台 200 MW 发电机由于油膜振荡在 40 s 内全部损坏，直接经济损失达 1000 万元以上。

2.1.9 轴电流故障

轴电流故障是指当重大装备的转子在高速旋转的过程中，一旦转子带电，其建立的对地电压升高到某一数值时，电阻最小区域的绝缘通路被击穿，发生电火花放电的现象。轴电流故障引起的装备元件损伤较早在涡轮发电机组的运行中被发现，轴电流故障除了由外部对转子施加一定电位产生以外，大多数则是由各种因素感应产生。轴电流故障是威胁重大装备机组长期安全运行的严重问题，其对机组的推力轴承、主轴承、联轴器、密封以及传动齿轮等进行电火花放电机械侵蚀，损伤金属表面，破坏油膜形成，从而使得装备零部件的摩擦加剧，最终造成装备的严重破坏[19]。如图 2-10 所示是轴电流故障引起的轴承故障损伤。据某公司统计，在监测到的风力发电机轴承故障中，轴电流故障占到了 40%~50% 的比例。

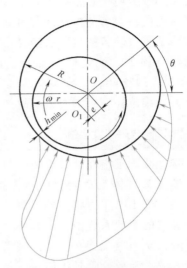

图 2-9　典型滑动轴承油膜压力分布

a) 轴承轴电流的故障损伤图

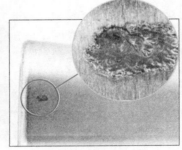

b) 轴电流引起的腐蚀坑

图 2-10　轴电流故障引起的轴承故障损伤

2.1.10 松动故障

松动故障是指装备在连续运行状态下，过大的振动导致其连接状态发生变化，连接结构

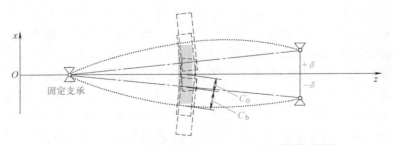

δ: 松动量　　　C_0: 由松动引起的变形　　　C_b: 由不平衡引起的变形

图 2-11　转子系统松动原理示意图

出现松动，使得装备不能正常工作的现象。如图2-11所示为转子系统松动原理示意图。松动故障是重大装备常见的故障之一。装备发生松动故障的主要原因有外在激振力的作用、装配不善、预紧力不足等。对于旋转机械而言，松动故障将降低系统的抗振能力，使原有的不平衡、不对中所引起的振动更加强烈，严重时可能引起动静件的碰撞、摩擦，甚至引发灾难性事故，造成巨大的经济损失[20]。2007年8月20日，"华航"波音客机在冲绳那霸机场着陆后起火爆炸，调查表明机翼内部一颗松动的螺栓是起火爆炸的罪魁祸首。

2.2 故障机理分析的动力学基础

导致机械设备故障的因素和模式异常复杂，通常可以表述为在故障因素的影响下，通过故障机理的作用，最后以某些故障模式展现出来。故障因素是全部可能导致机械设备故障的因素的集合；故障机理是指在应力和时间的条件下，导致发生故障的物理化学或机械过程等。故障模式是故障的表现，并不揭示故障的实质原因。对于机械设备的故障诊断问题，最根本的是故障机理分析。只有通过故障机理分析才能从根本上找到提高设备可靠性的有效方法[21]。机器在运行过程中的振动是诊断的重要信息，振动的位移和速度都反映了机器的运行状态。而振动是动力学的重要内容之一，为了深入研究动力学系统的故障机理，需要熟练掌握动力学分析的基础知识。本节主要阐述动力学分析的基础内容，主要包括无黏性阻尼的单自由度系统自由振动，有黏性阻尼的单自由度系统自由振动和受迫振动。

2.2.1 无黏性阻尼的单自由度系统自由振动

研究单自由度系统的振动有着实际的意义，很多工程上的问题通过简化用单自由度系统的振动理论即可得到满意的结果[22]。同时，单自由度系统振动的基本概念又有着普遍意义，多自由度甚至无限自由度系统在特殊坐标系中考察时与单自由度系统有相似的形态。以如图2-12所示的弹簧质量系统为力学模型，分析该系统的自由振动。需要说明的是，**该模型中的质量块是系统中运动部分惯性的抽象，应理解为具有质量 m 的质点；而模型中的弹簧则是实际系统中弹性的抽象，应理解为具有刚度 k 而无质量的弹簧，且弹簧的尺寸、材料等属性已经不具有意义。**

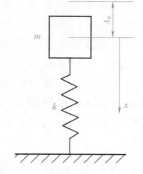

图2-12 质量弹簧力学模型

令 x 为位移，以质量块的静平衡位置为坐标原点，建立如图2-12所示的坐标系，当系统受到初始扰动开始运动，在任意时刻，由牛顿第二定律可以得到

$$m\ddot{x} = mg - k(\lambda_s + x) \tag{2-1}$$

式中 λ_s 为弹簧在质量块重力作用下的静变形，在静态时由力平衡可得

$$mg = k\lambda_s \tag{2-2}$$

由式（2-1）和式（2-2）可以得到弹簧质量系统的自由振动（或固有振动）的微分方程

$$m\ddot{x} + kx = 0 \tag{2-3}$$

令 $\omega_n = \sqrt{k/m}$ ，单位是 rad/s，则振动微分方程可以写成

$$\ddot{x} + \omega_n^2 x = 0 \tag{2-4}$$

该微分方程的通解可以写成

$$x(t) = c_1 \cos(\omega_n t) + c_2 \sin(\omega_n t) = A \sin(\omega_n t + \varphi) \tag{2-5}$$

式中，c_1，c_2，A，φ 由初始条件确定，且满足下述关系

$$A = \sqrt{c_1^2 + c_2^2}, \quad \varphi = \arctan \frac{c_1}{c_2} \tag{2-6}$$

式中，A 称为振幅，φ 称为初相位，ω_n 称为振动圆频率。式（2-5）说明单自由度弹簧质量系统的固有振动通解给出了无外在激励存在时可能发生的运动集合。该集合中的任何运动都是**简谐振动**，且振动频率均为

$$f_n = \frac{\omega_n}{2\pi} = \frac{1}{2\pi}\sqrt{\frac{k}{m}} \tag{2-7}$$

由于该振动频率只与系统本身的惯性与弹性相关，是系统自身的属性，因此 f_n 又称为**固有频率**。根据位移与速度、加速度之间的关系，有

$$v = \dot{x} = \frac{dx}{dt}, \quad a = \ddot{x} = \frac{d^2 x}{dt^2} \tag{2-8}$$

可以求取该系统的速度和加速度表达式

$$v(t) = A\omega_n \cos(\omega_n t + \varphi) \tag{2-9}$$

$$a(t) = -A\omega_n^2 2\sin(\omega_n t + \varphi) \tag{2-10}$$

从能量转换的角度可以看成初始扰动输入弹簧势能，在无阻尼的情况下，弹性势能、重力势能和系统动能之间相互转化，从而使系统一直维持下去。

2.2.2 有黏性阻尼的单自由度系统自由振动

上一节中分析了单自由度弹簧质量系统的自由振动，对振动有了初步的认识，并且从能量转化的角度，解释了系统自由振动为简谐振动的原因。但是实际的系统往往存在能量耗散，这种耗散通常通过阻尼来消耗，例如摩擦阻尼、电磁阻尼、介质阻尼及结构阻尼等。尽管已经提出了很多数学上描述阻尼的方法，但是实际系统中的阻尼的物理本质仍然极难确定。最常用的一种阻尼力学模型是**黏性阻尼**。通常认为，**在流体中低速运动或沿润滑表面滑动的物体即受到黏性阻尼作用。**黏性阻尼与相对速度成正比，即

$$P_d = cv \tag{2-11}$$

式中，P_d 为黏性阻尼力；v 为相对速度；c 为黏性阻尼系数，或阻尼系数，单位为 N·s/m。在弹簧质量系统中，阻尼常用阻尼缓冲器来表示。那么考虑有黏性阻尼的弹簧质量系统力学模型如图 2-13 所示。

接下来建立和分析有黏性阻尼时的自由振动微分方程。以静平衡位置为原点建立坐标系，由牛顿运动定律得到系统振动微分方程

$$m\ddot{x} + c\dot{x} + kx = 0 \tag{2-12}$$

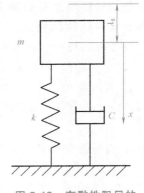

图 2-13 有黏性阻尼的弹簧质量系统

令

$$2n = \frac{c}{m}, \quad \omega_n^2 = \frac{k}{m} \tag{2-13}$$

其中，n 称为**衰减系数**，单位为 $1/s$；ω_n 是无阻尼时的固有频率。式（2-12）可以写成

$$\ddot{x} + 2n\dot{x} + \omega_n^2 x = 0 \tag{2-14}$$

如果进一步定义一个无量纲数 ξ，有

$$\xi = \frac{n}{\omega_n} \tag{2-15}$$

则上述动力学微分方程可以写成

$$\ddot{x} + 2\xi\omega_n \dot{x} + \omega_n^2 x = 0 \tag{2-16}$$

式中，ξ 称为相对阻尼系数。为了求解该一元二阶齐次微分方程，令

$$x = e^{st} \tag{2-17}$$

带入式（2-16）得到特征方程

$$s^2 + 2\xi\omega_n + \omega_n^2 = 0 \tag{2-18}$$

该方程的两个特征根为

$$s_{1,2} = -\xi\omega_n \pm \omega_n \sqrt{\xi^2 - 1} \tag{2-19}$$

根据相对阻尼系数的大小，可以将阻尼分为三种状态：

1. $\xi > 1$，过阻尼状态

当系统处于过阻尼状态时，s_1，s_2 是两个不等负实根，令

$$\omega^* = \omega_n \sqrt{\xi^2 - 1} \tag{2-20}$$

则式（2-18）的通解可以写成

$$x(t) = e^{-\xi\omega_n t}\left[c_1 ch(\omega^* t) + c_2 sh(\omega^* t) \right] \tag{2-21}$$

式中，c_1，c_2 由初始条件确定，$ch(x) = \dfrac{e^x + e^{-x}}{2}$，$sh(x) = \dfrac{e^x - e^{-x}}{2}$。当 $t = 0$ 时，初始条件为

$$x(0) = x_0, \quad \dot{x}(0) = \dot{x}_0 \tag{2-22}$$

带入到式（2-21），则系统对初始条件的响应为

$$x(t) = e^{-\xi\omega_n t}\left[x_0 ch(\omega^* t) + \frac{\dot{x}_0 + \xi\omega_n x_0}{\omega^*} sh(\omega^* t) \right] \tag{2-23}$$

这是一种按照指数规律衰减的非周期蠕动，不同阻尼值对这种蠕动会有不同的影响。

2. $\xi = 1$，临界阻尼状态

此时方程特征根为二重根，在式（2-22）初始条件下，方程的初始响应可以写成

$$x(t) = e^{-\omega_n t}\left[x_0 + (\dot{x}_0 + \omega_n x_0) t \right] \tag{2-24}$$

此时该响应依然按照指数规律衰减，只是比过阻尼状态的蠕动衰减得更快。如果记 c_{cr} 为临界阻尼时的阻尼系数，那么

$$c_{cr} = 2mn = 2\omega_n m = 2\sqrt{km} \tag{2-25}$$

可见临界阻尼系数只取决于系统的刚度系数和质量，而

$$\frac{c}{c_{cr}} = \frac{2nm}{2\omega_n m} = \frac{n}{\omega_n} = \xi \tag{2-26}$$

可见，相对阻尼系数 ξ 的另一层含义是系统实际阻尼系数与临界阻尼系数的比值，故 ξ 又称阻尼比。

3. $\xi < 1$，欠阻尼状态

此时方程的两个特征根为共轭复数，可以写成

$$s_{1,2} = -\xi\omega_n \pm i\omega_d \tag{2-27}$$

其中 $\omega_d = \omega_n\sqrt{1-\xi^2}$，称为阻尼固有频率，或有阻尼的自由振动频率。此时在式（2-22）初始条件下方程的初始条件响应可以写成

$$x(t) = e^{-\xi\omega_n t}\left[x_0\cos(\omega_d t) + \frac{\dot{x}_0 + \xi\omega_d x_0}{\omega_d}\sin(\omega_d t)\right] \tag{2-28}$$

注意式（2-28）也可以写成

$$x(t) = e^{-\xi\omega_n t}A\sin(\omega_d t + \varphi) \tag{2-29}$$

式中

$$A = \sqrt{x_0^2 + \left(\frac{\dot{x}_0 + \xi\omega_d x_0}{\omega_d}\right)^2},\ \varphi = \arctan\frac{x_0\omega_d}{\dot{x}_0 + \xi\omega_d x_0} \tag{2-30}$$

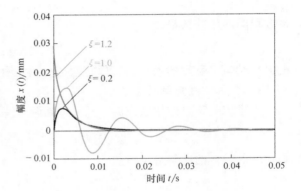

图 2-14 相同初始条件（$\omega_n = 500\text{rad/s}$；$x_0 = 0\text{mm}$；$\dot{x}_0 = 10\text{mm/s}$）下不同阻尼比的响应曲线

可见，欠阻尼响应是一种振幅按照指数规律衰减的简谐振动，称为衰减振动。衰减振动的圆频率为 ω_d，振幅衰减的快慢取决于衰减系数 $n = \xi\omega_n$。而这两项重要的特征恰好反映在特征方程复数解的实部和虚部上。

如图 2-14 所示为相同初始条件下不同阻尼比的响应曲线。从图中可以看出，过阻尼系统在初始激励下产生蠕动响应；临界阻尼系统也可以视为蠕动响应，只是比过阻尼系统衰减得更快；而欠阻尼系统则会产生振幅按照对数规律衰减的振荡。

2.2.3 有黏性阻尼的单自由度系统强迫振动

在实际运行的机械系统中，往往存在一个持续的激励振动。这类振动称为**强迫振动**。按照激励源来分，强迫振动可以分为两类，一类是**力激励**，它可以是直接作用于机械运动部件的力，也可以是由旋转机械或往复式机械中由不平衡量引起的惯性力；另一类是由于支撑运动而导致的**位移激励**、**速度激励**以及**加速度激励**。如果按照时间变化的规律来分，激励又可以分为：简谐激励、周期激励和任意激励。简谐激励下的系统响应由初始条件引起的自由振动、伴随强迫振动发生的自由振动和等幅的稳态强迫振动三部分组成。前两部分由于阻尼的存在而迅速衰减，这部分响应称为**瞬态响应**；第三部分响应是与激励同频率同时存在的简谐振动，称为**稳态响应**。系统对周期性激励的响应通常指稳态响应，可以借助周期激励的谐波来分析研究。在任意激励或作用时间极短的脉冲激励下，系统通常没有稳态响应而只有瞬态

响应，激励一旦去除，系统就按照自身固有频率做自由振动，因此可通过脉冲响应或阶跃响应来研究系统的性能。在旋转机械或往复式机械中，简谐激励是分析周期性机理和其他形式激励的基础。本节仅介绍简谐激励下的稳态响应和瞬态响应。

在有黏性阻尼的弹簧质量系统上加入强迫振动的简谐力激励力学模型如图 2-15 所示。

作用在质量块上的简谐力激励可以写成

$$P(t) = P_0 \sin(\omega t) \tag{2-31}$$

以静平衡位置为原点建立如图 2-15 所示坐标系，由牛顿运动定律可以得到系统振动微分方程为

$$m\ddot{x} + c\dot{x} + kx = P_0 \sin(\omega t) \tag{2-32}$$

由常微分方程理论可知，式（2-32）的通解可以由齐次方程的通解 x_h 和非齐次方程的任意一个特解 x_p 组合而成，即

$$x(t) = x_h(t) + x_p(t) \tag{2-33}$$

齐次方程的通解 x_h 就是本书 2.2.2 节中讨论的有黏性阻尼情况下的自由振动的情形，称为瞬态响应。非齐次方程的特解 $x_p(t)$ 是一种持续的等幅振动，它是由于简谐激振力的持续作用而产生的，称为稳态响应。系统强迫振动的响应过程可以分为两个阶段：过渡阶段和稳态阶段。过渡阶段是瞬态响应和稳态响应的叠加；稳态阶段则是在瞬态响应衰减完后的稳态响应。接下来先讨论强迫振动的稳态响应。

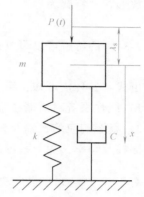

图 2-15　有黏性阻尼的弹簧质量系统简谐力激励力学模型

1. 简谐激励下的强迫振动（稳态阶段）

将式（2-32）两边同时除以 m，并令 $\dfrac{c}{m} = 2\xi\omega_n$，$\dfrac{k}{m} = \omega_n^2$，则式（2-32）可以写成

$$\ddot{x} + 2\xi\omega_n\dot{x} + \omega_n^2 x = \frac{P_0}{m}\sin(\omega t) \tag{2-34}$$

上述方程的特解可以通过设 $x = B\sin(\omega t - \varphi)$ 来求，也可以用复数方法来求，此处介绍复数的方法。先将式（2-34）改写成复数的形式

$$\ddot{x} + 2\xi\omega_n\dot{x} + \omega_n^2 x = \frac{P_0}{m}e^{i\omega t} \tag{2-35}$$

注意，此时 x 的解为复数，式（2-34）的解是式（2-35）的解的虚部。设复数解的形式为

$$x = \overline{B}e^{i\omega t} \tag{2-36}$$

式中，$\overline{B}$ 称为复振幅，表示包含有相位的振幅。将式（2-36）带入式（2-35）可得

$$\overline{B} = \frac{P_0}{m}\frac{1}{\omega_n^2 - \omega^2 + i2\xi\omega_n\omega} \tag{2-37}$$

记 $\lambda = \dfrac{\omega}{\omega_n}$ 为频率比，则式（2-37）可以写成

$$\overline{B} = \frac{P_0}{k}\frac{1}{(1-\lambda^2 + i2\xi\lambda)} = \frac{P_0}{k}\frac{1}{\sqrt{(1-\lambda^2)^2 + (2\xi\lambda)^2}}e^{-i\varphi} = Be^{-i\varphi} \tag{2-38}$$

式中

$$\begin{cases} B = \dfrac{P_0}{k} \dfrac{1}{\sqrt{(1-\lambda^2)^2+(2\xi\lambda)^2}} \\ \varphi = \arctan \dfrac{2\xi\lambda}{1-\lambda^2} \end{cases}$$　　　　（2-39）

则复数形式的特解为

$$x = B\mathrm{e}^{\mathrm{i}(\omega t-\varphi)}$$　　　　（2-40）

式（2-34）的特解可以写成式（2-40）的虚部，即

$$x = B\sin(\omega t-\varphi)$$　　　　（2-41）

由式（2-41）可知，稳态强迫振动有如下基本特点：

1）线性系统对简谐激励的稳态响应是与激振频率同频率而相位滞后的简谐振动；

2）稳态响应的振幅及相位差只取决于系统本身的物理性质（刚度、质量和阻尼）和激振的振幅及频率，而与系统的初始条件无关。

对于式（2-39），若定义 $B_0 = \dfrac{P_0}{k}$，则有

$$\begin{cases} \beta = \dfrac{B}{B_0} = \dfrac{1}{\sqrt{(1-\lambda^2)^2+(2\xi\lambda)^2}} \\ \varphi = \arctan \dfrac{2\xi\lambda}{1-\lambda^2} \end{cases}$$　　　　（2-42）

易见 β-λ 与 φ-λ 都由系统本身的属性（惯性、弹性和阻尼特性）决定，前者称为**幅频响应曲线**，后者称为**相频响应曲线**，一个系统的特性可以用两类响应曲线来进行描述和评价。如图 2-16 所示为有黏性阻尼的单自由度系统在不同阻尼比下受迫振动的幅频响应曲线和相频响应曲线。

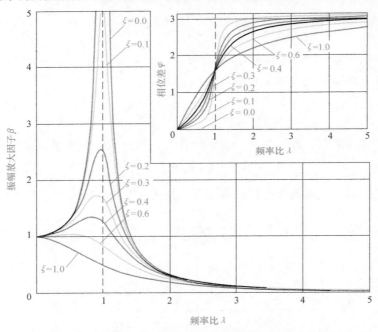

图 2-16　有黏性阻尼的单自由度系统强迫振动幅频响应及相频响应

注意到当频率比等于1，即激振频率与固有频率相等时，对于无阻尼系统的稳态响应振幅在理论上会达到无穷大；对于有阻尼系统的稳态响应振幅则会大大增加。这种现象称为**共振**，对应的固有频率也称为**共振频率**。共振现象对于大多数需要平稳运行的机械设备而言是有害的，应当尽量避免。然而共振现象在一些特殊场合也可以加以利用，比如共振筛。

2. 简谐激励下的强迫振动 （过渡阶段）

系统在过渡阶段的响应是瞬态响应与稳态响应的叠加，实际上也就是考虑在给定初始条件下的简谐激励强迫振动的微分方程求解，即

$$\begin{cases} \ddot{x} + 2\xi\omega_n\dot{x} + \omega_n^2 x = \dfrac{P_0}{m}e^{i\omega t} \\ x(0) = x_0, \quad \dot{x}(0) = \dot{x}_0 \end{cases} \tag{2-43}$$

该方程的通解可以写成响应的齐次方程通解与特解之和的形式，即

$$x(t) = e^{-\xi\omega_n t}\left[x_0\cos(\omega_d t) + \frac{\dot{x}_0 + \xi\omega_n x_0}{\omega_d}\sin(\omega_d t) \right] +$$

$$Be^{-\xi\omega_n t}\left[\sin\varphi\cos(\omega_d t) + \frac{\omega_n}{\omega_d}(\xi\sin\varphi - \lambda\cos\varphi)\sin(\omega_d t) \right] + B\sin(\omega t - \varphi) \tag{2-44}$$

该响应中包含三项：第一项是系统在初始条件下的瞬态响应；第二项是系统在简谐激励下的自由伴随振动；第三项是系统在简谐激励下的稳态响应。如图 2-17 所示为在给定初始条件下上式三项具体的响应波形，可以帮助理解整个过渡过程系统响应的变化。

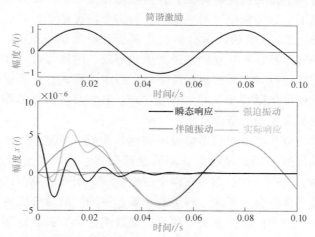

图 2-17　有黏性阻尼单自由系统在给定初始条件（$\omega_n = 500$ rad/s；$x_0 =$（5e-6） mm；
$\dot{x}_0 =$（5e-6） mm/s）下做强迫振动过渡和稳态阶段的响应

2.3　典型故障动力学分析及实例

2.3.1　故障机理分析的一般过程

重大装备故障往往由关键部件故障引起。在设备运行过程中，我们通常根据传感器采集

到的数据，挖掘数据体现出的行为模式来判断设备的健康状态并做出诊断。传感器获取的数据是设备运行状况的宏观表现。要对宏观表现的数据作合理的解释就需要深入到设备元件的层次对设备内部进行动力学分析。由于目前尚无技术手段在设备运行过程中对元件表面层的状态进行实时监控，所以对表面层的分析仅停留在静态情况下对材料本身物理化学性质的研究上。那么在实际应用的层面，对设备元件进行动力学分析就成了最为合适且可行的选择。系统动力学分析法是机械设备故障机理分析的主要方法。

系统动力学分析是将设备内部每个元件视为拥有一定质量且在弹性极限内可发生连续弹性变形的弹性体。元件与元件之间或元件与机架之间以运动副的形式连接。对某个元件而言，其他元件或机架提供支承和阻尼，那么该元件及其支承或约束环境就组成了一个单一的质量-弹簧-阻尼系统。一个复杂的设备可以看作多个单一的质量-弹簧-阻尼系统组成的耦合系统。

系统动力学分析包含三个过程。首先对要分析的系统进行模型简化，建立一个合适的物理模型。要明确分析的具体对象，忽略次要的元件。例如在对轴承故障机理分析的建模中，根据轴承故障多为内圈故障、外圈故障和滚子故障的事实，相对于内圈、外圈和滚子故障而言，保持架发生故障的几率相对较小，且当保持架正常时不会对其他故障类型产生明显的影响。因此保持架是一个次要元件，不将其纳入建模的范畴。此外还有对连接和支承的简化，比如在齿轮箱的振动系统动力学分析中，要建立一个完整描述齿轮啮合过程的非线性振动模型非常困难，通常情况下是将齿轮副简化为弹簧阻尼连接关系。在考虑了对齿顶间隙和齿根间隙的良好设计情况下，这种简化可与平稳啮合的实际情况贴合。然后是对总体的系统载荷分析和单一质量-弹簧-阻尼系统的载荷分析，这属于理论力学的范畴；确定模型中的参数，需要结合分析对象的具体形状和材料属性进行质量等效、刚度等效，计算出等效质量和等效刚度，这属于材料力学的范畴。最后根据需要研究的故障模式，合理假设动载荷，作为系统激励输入，并根据达朗贝尔原理得到单一质量-弹簧-阻尼系统和整体质量-弹簧-阻尼系统的系统动力学方程，进行求解与分析。

对总体系统的载荷分析可以研究系统对不同输入激励的响应；而对单一质量-弹簧-阻尼系统的载荷分析可以研究不同故障模式、不同故障位置、单点甚至多点复合故障模式的响应，寻找其中的规律。其中，难点主要在两个方面：一是不同故障模式的动态载荷的合理假设；二是多元二阶非齐次微分方程或方程组的求解。不同的故障模式的动载荷并不相同，不能简单地假设为冲击。这个问题的解决方法可以通过实验的方式获得某一类故障模式的故障信号，在基于信号调制边频带的情况对可能的调制模式做出一定的假设，通过实验反复验证假设后再确定动载荷的模式，这部分工作需要一定的专业数学知识和创造性。通常情况下，结合信号频率成分的分析以及信号传递路径的分析，可以为动载荷模式的假设提供指导性的思路。行星轮中信号啮合频率及信号传递路径的分析就是最典型的例子。求解多元二阶非齐次微分方程或方程组则可以借鉴已有的数学研究成果，根据故障模式及动载荷的模式合理假设方程的特解和通解形式，再根据边界条件寻求通解。通常情况下，过于复杂的系统难以得到精确的解析解，此时可以将系统动力学方程转化为离散状态空间方程，并利用计算机对复杂系统进行数值化求解[23]。

以上介绍了故障机理分析的主要方法——系统动力学分析的一般过程，出于建模和非线性分析难度的考虑，下面我们以单盘转子为对象，分析其转动中由偏心质量、裂纹和碰摩引起的振动问题。

2.3.2 单盘转子偏心质量的动力学分析

如图 2-18a 所示力学模型，垂直轴两端简支，轴的质量忽略不计，质量为 m 的圆盘固定在轴的中间；如图 2-18b 所示为转子的俯视图，C 是圆盘质心，D 是圆盘形心，O 是旋转中心，偏心距 $CD=e$；设圆盘静止时，形心 D 与 O 重合。当转子以角速度 ω 匀速转动时，由于惯性力作用会使轴产生弯曲，此时轴的动挠度 $OD=f$。

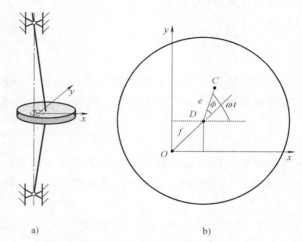

假设轴沿 x、y 方向的横向刚度都等于 k，材料力学中圆柱界面的刚度可以计算或查表得知 $k=48EJ/l^3$，黏性阻尼力正比于圆盘形心 D 的速度，按图 2-18b 设立的坐标系，形心 D 的坐标为 $(x，y)$，质心 C 的坐标为 $(x+e\cos(\omega t)，y+e\sin(\omega t))$，由质心运动定理得到 x、y 方向的运动微分方程

图 2-18 单盘转子力学模型与运动学模型

$$\begin{cases} m\dfrac{\mathrm{d}^2}{\mathrm{d}t^2}\left[x+e\cos(\omega t)\right]=-kx-c\dot{x} \\ m\dfrac{\mathrm{d}^2}{\mathrm{d}t^2}\left[y+e\sin(\omega t)\right]=-ky-c\dot{y} \end{cases} \tag{2-45}$$

整理可得

$$\begin{cases} m\ddot{x}+c\dot{x}+kx=me\omega^2\cos(\omega t) \\ m\ddot{y}+c\dot{y}+ky=me\omega^2\sin(\omega t) \end{cases} \tag{2-46}$$

对比式 (2-32)，可以发现两组方程具有相同的形式，因此由偏心质量引起的振动实际上可以表述为一个有黏性阻尼的双自由度系统在简谐激振力作用下的强迫振动。只是需要注意的是，式 (2-32) 的激振力振幅为常数，而式 (2-45) 的激振力（离心惯性力）振幅会随着转动速度发生线性变化。求解的方法类似，只是幅频响应的 β 的表达式有所不同。设

$$\omega_{\mathrm{n}}=\sqrt{\frac{k}{m}}，\ \xi=\frac{c}{2m\omega_{\mathrm{n}}}，\ \lambda=\frac{\omega}{\omega_{\mathrm{n}}}$$

$$\beta=\frac{\lambda^2}{\sqrt{(1-\lambda^2)^2+(2\xi\lambda)^2}}，\ \varphi=\arctan\frac{2\xi\lambda}{1-\lambda^2} \tag{2-47}$$

则式 (2-46) 的响应为

$$\begin{cases} x=e\beta\cos(\omega t-\varphi) \\ y=e\beta\sin(\omega t-\varphi) \end{cases} \tag{2-48}$$

由式 (2-48) 易得

$$x^2 + y^2 = (e\beta)^2 \qquad (2\text{-}49)$$

可见在确定转速下，存在偏心质量的转子形心轨迹是一个圆。而挠度 f 可以写成

$$f = \sqrt{x^2 + y^2} = e\beta = \frac{e\lambda^2}{\sqrt{(1-\lambda^2)^2 + (2\xi\lambda)^2}} \qquad (2\text{-}50)$$

考虑两种特殊情况：

1. 当 $\lambda = 1$，

$$f = \frac{e}{2\xi} \qquad (2\text{-}51)$$

此时动挠度具有式（2-51）的简单形式。可以发现，如果阻尼比很小，即使偏心距很小，也可能使转轴产生较大的挠度，进而使轴遭到破坏。对应的转速

$$n_k = \frac{60\omega_k}{2\pi} = \frac{30}{\pi}\sqrt{\frac{k}{m}}\ \text{r/min} \qquad (2\text{-}52)$$

称为**临界转速**。任何转子都不允许在临界转速附近工作。

2. 当 $\lambda \gg 1$，$\beta \approx 1$，$\varphi \approx \pi$，于是式（2-48）可写成

$$x^2 + y^2 \approx e^2 \qquad (2\text{-}53)$$

此时质心 C 与旋转中心 O 重合，这种现象称为自动定心。

2.3.3 单盘转子裂纹故障机理分析

转轴在设计制造、安装及运行过程中，由于材质不良、应力集中或机器频繁启动、升速升压过猛等原因，使得转轴长期受交变应力作用，从而产生横向裂纹。力学原理表明，裂纹的发生和扩展减小了转子的刚度。在转子运行过程中，由于裂纹区所受的应力状态不同，转轴的横向裂纹呈现张开、闭合和时张时闭三种情况：

1）当裂纹完全处于转轴压缩一侧时，裂纹完全闭合，此时与无裂纹转轴刚度完全相同。

2）当裂纹区域所受的拉应力大于自重载荷时，裂纹全部张开，轴的刚度取决于裂纹截面形状与尺寸，系统在一定的工作转速下振幅和相位都会发生变化。

3）裂纹时开时闭时，转轴刚度取决于张开截面所引起的刚度变化，该情况较为复杂。

1. 裂纹系统动力学模型

以一简化的单盘对称转子系统为研究对象，两端由滑动轴承支撑，两轴承之间为一无质量的弹性轴，在轴的中间有一横向裂纹，如图 2-19a 所示。O_1 为轴承内瓦几何中心，O_2 为转子几何中心，O_3 为转子质心。O_1xy 为固定的直角坐标系，$O_2\xi\eta$ 为固定在圆盘上并与圆盘一起运动的动坐标系，$O_2\xi$ 为裂纹开口的方向，如图 2-19b 所示。m 为圆盘的偏心质量，e 为偏心距，裂纹偏角为 β（裂纹方向与不平衡量之间的夹角）。

2. 裂纹刚度模型

针对裂纹转子建立裂纹模型，多数采用方波函数和余弦函数模型[24,25]表示裂纹的开闭特性，也有部分学者提出了将方波模型和余弦模型统一起来，描述裂纹开闭及其过渡过程的综合模型。考虑到裂纹张开和闭合的突变性，本节以方波模型为例描述裂纹的运动特性。

设弹性轴无裂纹时的刚度为 k，裂纹存在时裂纹方向刚度为 k'，其值与裂纹尺寸有关，Δk 为刚度变化比值。由于垂直裂纹方向刚度影响不大，故可认为与无裂纹时刚度相同。裂

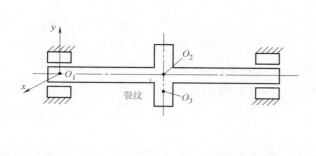
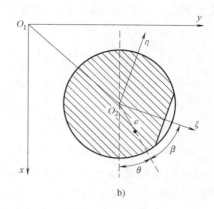

图 2-19 裂纹转子系统动力学模型

纹轴在运动过程中，刚度变化可以式（2-54）描述，裂纹完全闭合及完全张开时分别对应 $\xi<0$、$\xi>0$ 的情形。

$$k'=\begin{cases}k, & \xi<0 \\ k(1-\Delta k), & \xi>0\end{cases} \qquad (2-54)$$

3. 裂纹转子动力学方程

对简化的裂纹转子系统进行受力分析，可以建立系统的基本动力学方程，统一为矩阵形式见式（2-55）。

$$\begin{pmatrix}m & 0 \\ 0 & m\end{pmatrix}\begin{pmatrix}\ddot{x} \\ \ddot{y}\end{pmatrix}+\begin{pmatrix}c & 0 \\ 0 & c\end{pmatrix}\begin{pmatrix}\dot{x} \\ \dot{y}\end{pmatrix}+\begin{pmatrix}k_{11} & k_{12} \\ k_{21} & k_{22}\end{pmatrix}\begin{pmatrix}x \\ y\end{pmatrix}=\begin{pmatrix}me\omega^2\cos(\omega t+\beta) \\ me\omega^2\sin(\omega t+\beta)-mg\end{pmatrix} \qquad (2-55)$$

在转动坐标系下，假设裂纹轴在 ξ、η 方向受力分别为 f_ξ、f_η，刚度分别为 k_ξ、k_η，显然，$k_\xi=k(1-\Delta k)$，$k_\eta=k$。那么，两方向上受力见式（2-56）。

$$f_\xi=k_\xi\xi=k(1-\Delta k)\xi \qquad (2-56)$$
$$f_\eta=k_\eta\eta=k\eta$$

在固定坐标系下，假设裂纹轴在 x、y 方向受力分别为 f_x、f_y，则与转动坐标系的转换关系为

$$\xi=x\cos(\omega t)+y\sin(\omega t) \qquad (2-57)$$
$$\eta=-x\sin(\omega t)+y\cos(\omega t)$$

$$f_x=f_\xi\cos(\omega t)-f_\eta\sin(\omega t) \qquad (2-58)$$
$$f_y=f_\xi\sin(\omega t)+f_\eta\cos(\omega t)$$

将式（2-56）和式（2-57）代入式（2-58），得

$$\begin{pmatrix}f_x \\ f_y\end{pmatrix}=\begin{pmatrix}k & 0 \\ 0 & k\end{pmatrix}\begin{pmatrix}x \\ y\end{pmatrix}-\frac{1}{2}k\Delta k\begin{pmatrix}1+\cos(2\omega t) & \sin(2\omega t) \\ \sin(2\omega t) & 1-\cos(2\omega t)\end{pmatrix}\begin{pmatrix}x \\ y\end{pmatrix} \qquad (2-59)$$

代入式（2-55），总体转子运动方程为

$$\begin{pmatrix} m & 0 \\ 0 & m \end{pmatrix}\begin{pmatrix} \ddot{x} \\ \ddot{y} \end{pmatrix} + \begin{pmatrix} c & 0 \\ 0 & c \end{pmatrix}\begin{pmatrix} \dot{x} \\ \dot{y} \end{pmatrix} + \begin{pmatrix} k & 0 \\ 0 & k \end{pmatrix}\begin{pmatrix} x \\ y \end{pmatrix} - \frac{1}{2}k\Delta k\begin{pmatrix} 1+\cos(2\omega t) & \sin(2\omega t) \\ \sin(2\omega t) & 1-\cos(2\omega t) \end{pmatrix}\begin{pmatrix} x \\ y \end{pmatrix} =$$

$$\begin{pmatrix} me\omega^2\cos(\omega t+\beta) \\ me\omega^2\sin(\omega t+\beta)-mg \end{pmatrix}$$

$$(2-60)$$

4. 裂纹转子系统仿真

运用四阶龙格-库塔（Runge-Kutta）法[26]解运动微分方程（2-59），对建立的裂纹模型进行运动仿真。取 $m=10$ kg、$e=0.35$ mm、$\beta=0$、$\Delta k=0.5$、$\omega=1000$ rad/s、$c=4500$ N·s/m、$k=2.5\times10^7$ N/m，可得裂纹转子系统响应如图 2-20 所示。

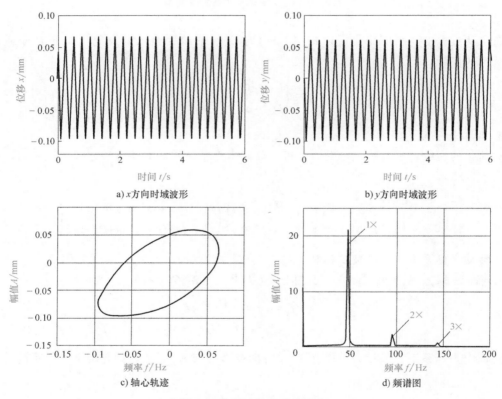

图 2-20 裂纹转子系统响应

如图 2-20d 所示裂纹状态下的频谱图与无裂纹状态（见图 2-21）相比，增加了 2 倍频、3 倍频分量。另外，在工作转速较低的时候裂纹对转子系统响应的影响比较小，随着激励频率的增大，裂纹对转子系统响应的影响逐渐明显。

5. 裂纹转子故障特征

由上述分析可知，裂纹的出现及其对转子振动的影响比较复杂，其振动响应特征为：

1）转轴上一旦存在开裂纹，转轴的刚度就不再具有各向同性，振动带有非线性性质，裂纹转子稳态振动响应中会出现旋转频率的 2 倍频、3 倍频等高倍频分量。裂纹扩展时，刚度进一步降低，1 倍频、2 倍频等频率的幅值也随之增大。

2）开停机过程中，会出现分频共振，即转子在经过 1/2、1/3 等临界转速时，由于相应的高倍频（2 倍频、3 倍频）正好与临界转速重合，振动响应会出现峰值。

3）轴上出现裂纹时，初期扩展速度很慢，径向振幅的增长也很慢，但裂纹的扩展会随着深度的增加而加速，相应地也会出现 1 倍频及 2 倍频分量振幅迅速增加，同时相位角也会出现异常的波动。

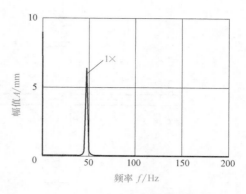

图 2-21　无裂纹转子系统频谱图

2.3.4　单盘转子碰摩故障机理分析

旋转机械中转子与定子碰摩是指转子振动超过许用间隙时，发生的转子与定子接触的现象[27]。引发转子系统碰摩故障的原因有很多，如转子不平衡和不对中、轴的挠曲和裂纹、转定子间隙过小、温度变化和流体自激振动等。碰摩是涡轮发动机、压缩机和离心机等大型高速旋转机械转子系统的常见故障之一，也是引起机械系统失效的主要原因之一。转子与定子发生摩擦时，将造成转子和定子之间间隙增大，密封磨损，系统出现异常振动等，使机械效率严重降低。

碰摩过程是一种典型的非光滑、强非线性问题，振动信号中不仅包括周期分量，也包括拟周期和混沌运动。碰摩系统的动力学响应还与转子、定子和支承部件的材料及力学特性有关。因此，合理地建立碰摩转子系统的动力学模型，在此基础上进行动力学分析，深入研究具有各种非线性特征的转子系统碰摩时发生的振动特性，能够揭示转子系统的运动规律，改善系统动力学特性，为设备安全、稳定运行提供技术保障，为转子系统故障诊断和优化设计提供理论依据。由于转子系统的径向间隙一般比轴向间隙小，因此径向碰摩发生概率较高。合理建立径向碰摩模型是对碰摩转子系统响应进行动力学分析的前提。

1. 碰摩系统动力学模型

如图 2-22a 所示为含有碰摩故障的简化对称支承转子-轴承系统，O_1 为定子的几何中心，O_2 为转子的质心，转子等效集中质量为 m，为定子径向刚度 k_c，k 为弹性轴刚度。

当转子轴心位移大于静止时转子与定子间隙时将发生碰摩。简化碰摩转子系统，不考虑摩擦热效应，并假设转子与定子发生弹性碰撞，其转子局部碰摩力模型如图 2-22b 所示，此时，既有接触法向上的互相作用力，即法向碰摩力 F_n，又有两者相对运动在接触面上的切向作用力，即切向摩擦力 F_τ，φ 为碰摩点与 x 轴夹角，e 为转子轴心位移，ω 为转子转动角速度。

2. 碰摩力模型

碰摩动力学研究中，应根据研究的需要和工程的实际情况，选择合适的碰摩力模型，我们主要从法向和径向两方面对碰摩力模型进行分析。分段线性碰摩力模型是目前广泛使用的碰摩力模型之一，其将转子与定子的碰摩过程用分段线性弹簧来描述，并将弹簧刚度定义为碰撞刚度，法向碰摩力可以表示为

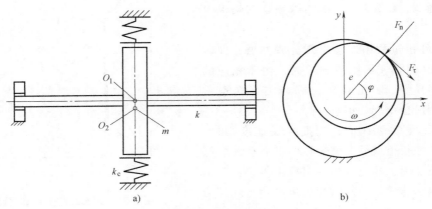

图 2-22 碰摩系统模型

$$F_n = \begin{cases} k_c(e-\delta), & e \geq \delta \\ 0, & e < \delta \end{cases} \quad (2-61)$$

式中，e 为转子的径向位移，$e = \sqrt{x^2 + y^2}$；x、y 为转子质心在 x 和 y 方向位移；δ 为静止时转子与定子间隙；k_c 为碰摩刚度系数。

碰摩过程除了碰撞过程外，还包括摩擦过程。摩擦可能会阻碍转子系统的运动，造成旋转机械能量损失。由于线性库仑摩擦力模型形式简单，近似效果较好，是计算切向摩擦力时最常用的模型。线性库仑力模型的切向摩擦力为

$$F_\tau = f F_n \quad (2-62)$$

式中，f 为转子和定子间的摩擦系数，碰摩力在 x 和 y 方向的分量可以表示为

$$\begin{cases} F_x = -F_n \cos\varphi + F_\tau \sin\varphi \\ F_y = -F_n \sin\varphi - F_\tau \cos\varphi \end{cases} \quad (2-63)$$

式中，$\sin\varphi = y/e$，$\cos\varphi = x/e$，代入前式中可得

$$\begin{pmatrix} F_x \\ F_y \end{pmatrix} = -\frac{e-\delta}{e} k_c \begin{pmatrix} 1 & -f \\ f & 1 \end{pmatrix} \begin{pmatrix} x \\ y \end{pmatrix} \quad (e \geq \delta) \quad (2-64)$$

$$F_x = F_y = 0 \, (e < \delta)$$

3. 碰摩转子系统的动力学方程

对简化的碰摩转子系统进行受力分析，可以建立系统的基本动力学方程

$$\begin{cases} m\ddot{x} + c\dot{x} + kx = me\omega^2 \cos(\omega t) + F_x \\ m\ddot{y} + c\dot{y} + ky = me\omega^2 \sin(\omega t) + F_y \end{cases} \quad (2-65)$$

式中，m 为转子质量；c 为转子阻尼系数；k 为转子刚度系数。

令 $2n = \dfrac{c}{m}$，$\omega_n^2 = \dfrac{k}{m}$，$\omega_{nc}^2 = \dfrac{k_c}{m}$，$v = \dfrac{\omega_{nc}^2(e-\delta)}{e}$，其中 n 称为衰减系数，单位 1/s，则动力学方程可写为

$$\begin{cases} \ddot{x} + 2n\dot{x} + (\omega_n^2 + v)x - fvy = e\omega^2 \cos(\omega t) \\ \ddot{y} + 2n\dot{y} + (\omega_n^2 + v)y + fvx = e\omega^2 \sin(\omega t) \end{cases} \quad (2-66)$$

4. 碰摩转子系统仿真

对于本章研究的碰摩转子系统，其主要参数如下：轴长 814.5 mm，轴直径 16 mm，圆盘位于转轴中央，直径 90 mm，宽度 20 mm。一端为简支，另一端支承可以轴向滑动。采用有限元分析方法进行碰摩仿真计算，划分的轴单元及约束条件如图 2-23 所示。具体轴段长度和轴直径见表 2-1。

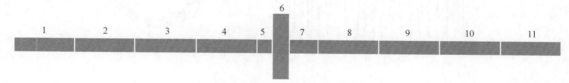

图 2-23 转子系统的有限元网格

表 2-1 有限元法进行转子动力学仿真的主要参数

网格编号	1	2	3	4	5	6	7	8	9	10	11
单元长度/mm	90.5	90.5	90.5	90.5	30.5	20	40	90.5	90.5	90.5	90.5
直径/mm	16	16	16	16	16	90	16	16	16	16	16

对于刚支承，设轴承支承刚度 $K_{xx} = 7 \times 10^6$ N/m，阻尼系数 $C_{xx} = 1.5 \times 10^2$ N/(m/s)。计算得到前两阶临界转速分别为 1900 r/min 和 8000 r/min。在转盘处发生圆周局部碰摩，对转速 3000 r/min 的系统响应进行计算，得到如下几种典型工况的仿真结果：

1）$\delta = 2.8 \times 10^{-5}$ m，$f = 0.1$，$k_c = 5 \times 10^4$ N/m，得到的转子振动响应和轴心轨迹如图 2-24 所示。

2）$\delta = 2.8 \times 10^{-5}$ m，$f = 0.2$，$k_c = 5 \times 10^4$ N/m，得到的转子振动响应和轴心轨迹如图 2-25 所示。

3）$\delta = 3.2 \times 10^{-5}$ m，$f = 0.2$，$k_c = 5 \times 10^4$ N/m，得到的转子振动响应和轴心轨迹如图 2-26 所示。

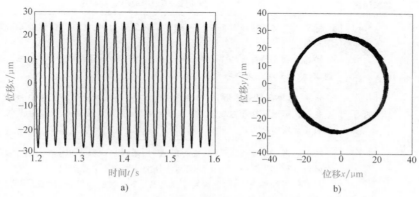

a)   b)

图 2-24 摩擦系数为 0.1 时仿真结果

5. 碰摩故障响应特性

转子与定子发生径向碰摩瞬间，转子刚度增大；转子被反弹脱离接触后，转子刚度减小。因此转子刚度在碰摩过程中不断变化，其振动由转子横向自由振动与强迫的旋转运动、

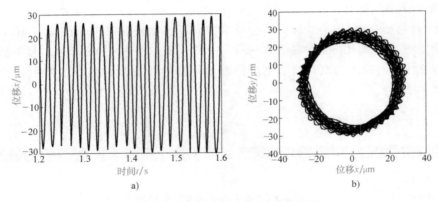

图 2-25　摩擦系数为 0.2 时仿真结果

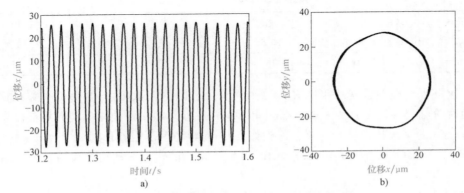

图 2-26　碰摩间隙为 32 μm 时仿真结果

涡动运动叠加在一起，就会产生一些特有的、复杂的振动响应频率，具体情况见表 2-2[28]。

表 2-2　转子碰摩形式、程度及其特征之间的关系

碰摩形式	碰摩程度	时域/频域/轴心轨迹特征
单点碰摩	轻微	低于 1 阶临界转速时系统响应频率以高倍频为主，在碰摩位置处轴心轨迹会出现内凹现象。 转速达到或超过 n 倍 1 阶临界转速时，出现 $1×/n$ 低频成分（$n=1,2,\cdots$）及部分高倍频成分，轴心轨迹为多环嵌套形式。
	严重	定转速（临界转速附近）时出现 $1×/2$、$1×/3$ 分频，严重时出现间歇 $1×/2$ 分频。 变转速工况转速超过 2 倍 1 阶临界转速时，主要出现 $1×/2$ 及幅值较小的高频成分，轴心轨迹出现 8 字形。
局部碰摩	轻微	与单点碰摩类似，低于 1 阶临界转速时，系统响应频率以高频为主，频率升高幅值依次降低。超临界转速时会出现周期性分岔及异频伪共振现象。 对双转子局部碰摩，除出现转子基频外，亦出现多种倍频、分频及两转子转频的多种组合频率。
	严重	出现 $n×/2$（$n=1,3,5,7$）分量及 $2×$、$3×$ 等高次谐波，其中 $1×/2$ 倍频可作为严重碰摩的标志。 严重碰摩也会出现涡动频率与旋转频率的和差频率，随碰摩的加剧 1 倍频、2 倍频幅值增大，轴心轨迹可能出现反向涡动。

（续）

碰摩形式	碰摩程度	时域/频域/轴心轨迹特征
整周碰摩		存在低频反进动向高频正进动转换现象,自转速迅速下降,转子自转动能经摩擦转化为转子轴心振荡动能,并伴随连续的摩擦耗能。 转子密封间隙小且无外载荷时,转子升速或降速过程经临界转速附近时,可能出现干摩擦失稳现象,表现为失稳频率保持恒定,其频率介于无碰摩临界转速与碰摩临界转速之间,定子刚度对失稳频率影响较大。

本 章 小 结

本章第一节介绍了重大装备的定义,并介绍了典型的故障类型。为了分析这些典型故障产生的机理,在第二节介绍了故障机理系统动力学分析的基础知识。然后在第三节总结了系统动力学分析的一般步骤,并以转子为例,分析了不平衡、裂纹和碰摩导致的三种典型故障,并给出了仿真结果。

思考题与习题

2-1　除了 2.1 节中阐述的几种重大装备的典型故障,在实际重大装备的运行过程中,还有哪些常见的故障容易引发重大安全事故,它们产生的原因分别是什么?

2-2　在如图 2-27 所示的轴系中,轴直径 $d = 2$ cm,长 $l = 40$ cm,剪切弹性模量 $G = 7.84 \times 10^6$ N/cm^2,圆盘绕轴线的转动惯量 $I = 98$ kg·m^2,求在力矩 $M = 49\pi\sin(2\pi t)$ N/m 作用下扭振的振幅。

2-3　思考转轴裂纹故障产生 2× 频率成分的机理。

2-4　裂纹故障与碰摩故障产生的 2× 频率成分在机理上有什么不同?

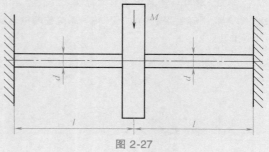

图 2-27

参 考 文 献

[1]　黄良. 路在何方——关于重大技术装备国产化的研究（下）[J]. 中国机电工业, 1997, 3: 30-31.

[2]　陈予恕. 机械故障诊断的非线性动力学原理 [J]. 机械工程学报, 2007, 43（1）: 25-34.

[3]　刘英杰, 成克强. 磨损失效分析 [M]. 北京: 机械工业出版社, 1991.

[4]　屈晓斌, 陈建敏, 周惠娣, 等. 材料的磨损失效及其预防研究现状与发展趋势 [J]. 摩擦学学报, 1999, 19（2）: 187-192.

[5]　李爱. 航空发动机磨损故障智能诊断若干关键技术研究 [D]: 南京航空航天大学, 2013.

[6]　高建民, 朱晓梅. 转轴上裂纹开闭模型的研究 [J]. 应用力学学报, 1992,（1）: 108-112.

[7]　周桐, 徐健学. 汽轮机转子裂纹的时频域诊断研究 [J]. 动力工程学报, 2001, 21（2）: 1099-1104.

[8]　戈志华, 高金吉, 王文永. 旋转机械动静碰摩机理研究 [J]. 振动工程学报, 2003, 16（4）: 426-429.

[9]　施维新, 石静波. 汽轮发电机组振动及事故 [M]. 北京: 中国电力出版社, 2008.

[10]　高洪涛, 李明, 徐尚龙. 膜片联轴器耦合的不对中转子—轴承系统的不平衡响应分析 [J]. 机械设

计, 2003, 20 (8)：19-21.

[11] 李利. 汽轮机发电转子不平衡的诊断及治理 [J]. 工业 B, 2015, (5)：00216-00217.

[12] 夏松波, 张新江. 旋转机械不对中故障研究综述 [J]. 振动：测试与诊断, 1998, (3)：157-161.

[13] PIOTROWSKI J. Shaft Alignment Handbook [M]. 3rd ed. Boca Raton：Crc Press, 2006.

[14] 朱永江. 离心压缩机稳定性评价与失稳故障诊断研究 [D]. 北京：化工大学, 2012.

[15] 宋光雄, 张煜, 王向志, 等. 大型汽轮发电机组油膜失稳故障研究与分析 [J]. 中国电力, 2012, 45 (5)：63-67.

[16] 宋光雄, 张亚飞, 宋君辉. 燃气轮机喘振故障研究与分析 [J]. 燃气轮机技术, 2012, 25 (4)：20-24.

[17] 曲庆文, 马浩, 柴山. 油膜振荡及稳定性分析 [J]. 润滑与密封, 1999, (06)：56-59.

[18] 崔颖, 刘占生, 冷淑香, 等. 200MW 汽轮发电机组转子——轴承系统非线性稳定性研究 [J]. 机械工程学报, 2005, 41 (2)：170-175.

[19] 郑海波. 风电机组振动监测案例分析 [J]. 风能, 2014, (7)：88-92.

[20] 何正嘉, 陈进, 王太勇, 等. 机械故障诊断理论及应用 [M]. 北京：高等教育出版社, 2010.

[21] 陈克兴, 李川奇. 设备状态监测与故障诊断技术 [M]. 北京：科学技术文献出版社, 1991.

[22] 倪振华. 振动力学 [M]. 西安：西安交通大学出版社, 1989.

[23] 马宏伟, 吴斌. 弹性动力学及其数值方法 [M]. 北京：中国建材工业出版社, 2000.

[24] GASCH R. A survey of the dynamic behaviour of a simple rotating shaft with a transverse crack [J]. Journal of sound and vibration, 1993, 160 (2)：313-332.

[25] 曾复, 吴昭同. 裂纹转子的分岔与混沌特性分析 [J]. 振动与冲击, 2000, 19 (1)：40-42.

[26] 曾金平, 杨余飞, 关力. 微分方程数值解 [M]. 北京：科学出版社, 2011.

[27] 李红. 碰摩转子系统动力学特性及其故障分析研究 [D]. 北京：华北电力大学, 2016.

[28] 马辉, 杨健, 宋溶泽, 等. 转子系统碰摩故障实验研究进展与展望 [J]. 振动与冲击, 2014, 33 (6)：1-12.

第3章

基于特征提取的故障诊断

学习要求：

理解基于特征提取的机械故障诊断内涵，掌握机械故障诊断的内积变换原理，熟悉基于小波变换等常见特征提取方法进行机械故障诊断的流程。

发展历程：

近年来，广泛应用的傅里叶变换、短时傅里叶变换和小波变换等信号特征提取方法可以说都是基于内积变换原理的特征波形基函数信号分解，旨在灵活运用与特征波形相匹配的基函数去更好地处理信号，提取故障特征。

应用领域：

信号特征提取技术较早应用于机械振动信号的分析与处理，并较广泛地应用于语音处理、图像处理、声呐探测和电子通信等领域，取得了显著的应用效果。

特征提取是故障诊断的核心与基础，适合的特征提取技术是实现机械故障有效准确诊断的关键。然而如何利用特征提取进行故障诊断呢？首先需要理解基于特征提取的机械故障诊断的内涵。然后利用故障诊断的内积变换原理，通过小波变换等特征提取方法实现故障诊断。要完成上述这些工作需要掌握哪些知识？让我们开始这部分知识的学习，本章结构如图3-1所示。

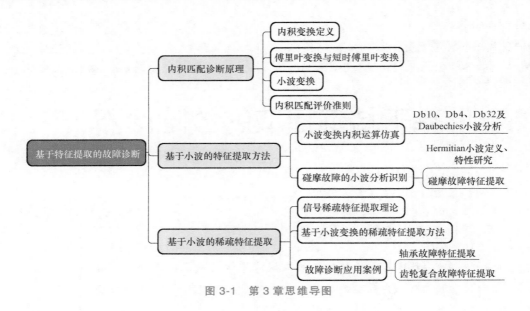

图 3-1　第 3 章思维导图

3.1　特征提取技术概述

信号特征提取技术是实现故障诊断的重要手段。机械系统结构复杂、部件繁多，采集到的动态信号是各部件振动的综合反映，且由于传递途径的影响信号变得更复杂。在诊断过程中，首先分析设备运转中所获取的各种信号，提取信号中的各种特征信息，从中获取与故障相关的征兆，利用征兆进行故障诊断。

工程实践表明不同类型的机械故障在动态信号中会表现出不同的特征波形，如旋转机械失衡振动的波形与正弦波相似；内燃机燃爆振动波形具有高斯函数包络的高频信号；齿轮、轴承等机械零部件出现剥落、裂纹等故障，还有往复机械的气缸、活塞、气阀磨损缺陷，它们在运行中产生冲击振动呈现接近单边振荡衰减的响应波形，而且随着损伤程度的发展，其特征波形也会发生改变。近年来，广泛应用的傅里叶变换、短时傅里叶变换和小波变换等可以说都是基于内积原理的特征波形基函数信号分解，旨在灵活运用与特征波形相匹配的基函数去更好地处理信号，提取故障特征[1]。

信号的稀疏表示和分解是过去近 20 年来信号处理界的一个非常引人关注的研究领域，稀疏分解方法是在过完备字典上利用最少原子来表示信号或逼近信号的方法，具有信号表示的高分辨率、稀疏性、强抗干扰能力和自适应性等优点。信号稀疏表示的目的就是在给定的过完备字典中用尽可能少的原子来表示信号，这样可以获得信号更为简洁的表达方式，从而使我们能够更容易地发现信号中所蕴含的信息。

本章首先介绍机械故障诊断的内积变换原理，逐一分析各种信号处理方法的基函数及内积表述，并介绍了内积匹配评价准则；用形象的数字仿真验证小波变换的内积变换原理，并从中探寻更多内积变换原理的关键特性和相关性质；以空气分离压缩机齿轮箱端面夹板碰摩故障分析为案例，基于 Morlet 小波和 Hermitian 小波基函数对振动信号分析结果的差异，说明了适当的基函数选择对于小波信号处理与故障特征提取的重要意义；由于基于小波变换的稀疏特征提取技术是近年来机械设备健康监测与故障诊断领域的研究热点之一，还介绍了稀疏特征提取技术的基本理论、基于小波变换的稀疏特征提取技术及其在机械故障诊断中应用的工程案例。

3.2　故障诊断内积匹配诊断原理

3.2.1　机械故障诊断的内积变换

在信号处理的各种运算中，内积发挥了重要作用。在平方可积空间 L^2 中的函数 $x(t)$、$y(t)$，它们的内积定义如下，其中符号 $*$ 表示共轭转置。

$$\langle x(t), y(t)\rangle = \int_{-\infty}^{+\infty} x(t) y(t)^* \, dt \tag{3-1}$$

下面我们从信号的一般展开表述引入机械故障诊断的内积变换原理。

信号的表达方式并不唯一，对于给定的信号会有无数种展开方式。设一个 Ψ 域中的信号 x 可以表示为以下展开形式

$$x = \sum_n a_n \psi_n \tag{3-2}$$

式中，$\{\psi_n\}_{n \in Z}$ 是 Ψ 域中的基本函数集。这里 Ψ 可以是有限维，也可以是无限维的空间。

如果 $\{\psi_n\}_{n \in Z}$ 是 Ψ 空间的完备序列，即所有 Ψ 域内的信号均可由式（3-2）表示，则存在一个对偶函数集，使得其展开系数可由内积函数计算

$$a_n = \int x(t) \tilde{\psi}_n^*(t) \, dt = \langle x, \tilde{\psi}_n \rangle \quad \text{或} \quad a_n = \sum_k x(t) \tilde{\psi}_n^*(t) = \langle x, \tilde{\psi}_n \rangle \tag{3-3}$$

式中，$\tilde{\psi}_n$ 是分析函数；ψ_n 是综合函数，两者互为对偶函数。

若 $\{\psi_n\}_{n \in Z}$ 是完备且线性相关的，那么式（3-3）的表达式是冗余的，这种情况下，对偶函数集 $\{\tilde{\psi}_n\}_{n \in Z}$ 通常是不唯一的；若 $\{\psi_n\}_{n \in Z}$ 是完备且线性独立的，则 $\{\psi_n\}$ 与 $\{\tilde{\psi}_n\}$ 是双正交的，即 $\langle \psi_n, \tilde{\psi}_m \rangle = \delta(n-m)$；若 $\{\psi_n\}_{n \in Z}$ 是完备的，且有 $\langle \psi_n, \psi_m \rangle = \delta(n-m)$，则 $\{\psi_n\}$ 是正交的，这种情况下，$\psi_n = \tilde{\psi}_n$。

从式（3-3）可以看出，内积结果 a_n 越大，则表明 x 与对偶函数 $\tilde{\psi}_n$ 越接近。在以上的内积变换中，我们不妨把对偶函数 $\tilde{\psi}_n$ 视为一种"基函数"，则内积变换可视为信号 x 与"基函数" $\tilde{\psi}_n$ 关系紧密度或相似性的一种度量。这样的内积变换可以看作是"按图索骥"的过程，只有当千里马画像与真实马匹越相像时，才越有可能寻找到理想中的千里马。因此，机械故障诊断的内积变换原理本质是探求信号 x 中包含的与"基函数" $\tilde{\psi}_n$ 最相似或相关的分量[2]。

3.2.2　傅里叶变换与短时傅里叶变换

傅里叶变换是我们长期使用的有效工具，它是用平稳的正弦波作为基函数 $e^{j2\pi ft}$（$e^{j2\pi ft} = \cos 2\pi ft + j\sin 2\pi ft$），通过内积运算去变换信号 $x(t)$，得到其频谱 $X(f)$，即

$$X(f) = \int_{-\infty}^{+\infty} x(t) e^{-j2\pi ft} dt = \int_{-\infty}^{+\infty} x(t) (e^{j2\pi ft})^* dt = \langle x(t), e^{j2\pi ft} \rangle \qquad (3\text{-}4)$$

式中，$*$ 表示共轭；$j = \sqrt{-1}$。

这一变换建立了一个从时域到频域的谱分析通道。频谱 $X(f)$ 显示了用正弦基函数分解出包含在 $x(t)$ 中的任一正弦频率 f 的总强度。傅里叶谱分析提供了平均的频谱系数，这些系数只与频率 f 有关，而与时间 t 无关。傅里叶分析还要求所分析的随机过程是平稳的，即过程的统计特性不随时间的推移而改变。

如果将非平稳过程视为由一系列短时平稳信号组成，其中任一短时信号就可应用式（3-4）的傅里叶变换进行分析。1946 年，Gabor 提出了窗口傅里叶变换的概念[3]，用一个在时间上可滑移的时窗来进行傅里叶变换，从而实现了在时域和频域上都具有较好局部性的分析方法，这种方法称为短时傅里叶变换（Short Time Fourier Transform, STFT）。

设 $h(t)$ 是中心位于 $\tau = 0$、高度为 1、宽度有限的时窗函数，通过 $h(t)$ 所观察到的信号 $x(t)$ 的部分是 $x(t)h(t)$，如图 3-2 所示。当 $h(t)$ 的中心位于 τ，由加窗信号 $x(t)h(t-\tau)$ 的傅里叶变换便产生短时傅里叶变换

$$STFT_x(\tau, f) = \int_{-\infty}^{+\infty} x(t) h^*(t-\tau) e^{-j2\pi ft} dt = \int_{-\infty}^{+\infty} x(t) [h(t-\tau) e^{j2\pi ft}]^* dt$$
$$= \langle x(t), h(t-\tau) e^{j2\pi ft} \rangle \qquad (3\text{-}5)$$

这一内积运算将信号 $x(t)$ 映射到时频二维平面 (τ, f) 上。这里 $h(t-\tau) e^{j2\pi ft}$ 是 STFT 的基函数。参数 f 可视为傅里叶变换中的频率，傅里叶变换中的许多性质都可应用于短时傅里叶变换。这里，窗函数 $h(t)$ 的选取是关键。由于高斯函数的傅里叶变换仍然是高斯函数，因此，最优时间局部化的窗函数是高斯函数。

$$h_G(t) = \frac{1}{2\sqrt{\pi\alpha}} e^{-\frac{t^2}{4\alpha}} \qquad (3\text{-}6)$$

其中，恒有 $\alpha > 0$，如图 3-3 所示为高斯窗函数的形状[4]。

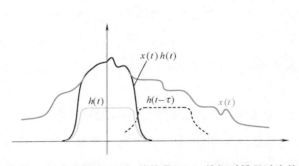

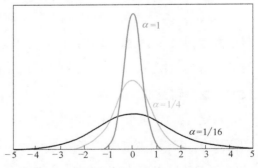

图 3-2　时窗函数为 $h(t)$ 的信号 $x(t)$ 的短时傅里叶变换　　图 3-3　高斯窗函数，$\alpha = 1$, 1/4, 1/16

考虑到短时傅里叶变换区分两个纯正弦波的能力，当给定了时窗函数 $h(t)$ 和它的傅里叶变换 $H(f)$，则带宽 Δf 为

$$(\Delta f)^2 = \frac{\int f^2 |H(f)|^2 df}{\int |H(f)|^2 df} \qquad (3\text{-}7)$$

其中，分母是 $h(t)$ 的能量。如果两个正弦波之间的频率间隔大于 Δf，那么这两个正弦波就能够被区分开。可见 STFT 频域的分辨率是 Δf。同样，时域中的分辨率 Δt 为

$$(\Delta t)^2 = \frac{\int t^2 \mid h(t) \mid^2 \mathrm{d}t}{\int \mid h(t) \mid^2 \mathrm{d}t} \tag{3-8}$$

其中，分母是 $h(t)$ 的能量。如果两个脉冲的时间间隔大于 Δt，那么这两个脉冲就能够被区分开。STFT 的时间分辨率是 Δt。

然而，时间分辨率 Δt 和频率分辨率 Δf 不可能同时任意小，根据海森堡（Heisenberg）不确定性原理，时间和频率分辨率的乘积受到以下限制

$$\Delta t \Delta f \geqslant \frac{1}{4\pi} \tag{3-9}$$

式中，当且仅当采用了高斯窗函数，等式成立。式（3-9）表明，要提高时间分辨率，只能降低频率分辨率，反之亦然。因此，时间与频率的最高分辨率受到海森堡（Heisenberg）不确定性原理的制约，这一点在实际应用中应当注意。此外，由式（3-7）和式（3-8）表示的时间和频率分辨率一旦确定，则在整个时频平面上的时频分辨率保持不变。短时傅里叶变换能够分析非平稳动态信号，但由于其基础是傅里叶变换，更适合分析准平稳（Quasi-stationary）信号。如果一信号由高频突发分量和长周期准平稳分量组成，那么短时傅里叶变换能给出满意的时频分析结果。

短时傅里叶变换 STFT 是一种时窗大小及形状都固定不变的时频局部化分析。由于频率与周期成反比，因此反映信号高频成分需要用窄时窗，而反映信号低频成分需要用宽时窗。这样，短时傅里叶变换不能同时满足这些要求，于是许多学者转而对小波进行了大量研究。

3.2.3　小波变换

由基本小波或母小波 $\psi(t)$ 通过伸缩 a 和平移 b 产生一个函数族 $\{\psi_{b,a}(t)\}$ 称为小波，有

$$\psi_{b,a}(t) = a^{-1/2} \psi\left(\frac{t-b}{a}\right) \tag{3-10}$$

式中，a 是尺度因子，$a>0$；b 是时移因子。如果 $a<1$，则波形收缩；反之，若 $a>1$，则波形伸展。因此，把小波称为子波也很有道理。这里 $a^{-1/2}$ 可保证在不同的 a 值下，即在小波函数的伸缩过程中能量保持相等[5,6]。信号 $x(t)$ 的小波变换为

$$WT_x(b,a) = a^{-1/2} \int_{-\infty}^{+\infty} x(t) \psi^*\left(\frac{t-b}{a}\right) \mathrm{d}t = \left\langle x(t), \psi\left(\frac{t-b}{a}\right) \right\rangle \tag{3-11}$$

对照式（3-4）和式（3-5），可见式（3-11）表示的小波变换是用小波基函数 $\psi\left(\dfrac{t-b}{a}\right)$ 代替傅里叶变换中的基函数 $\mathrm{e}^{\mathrm{j}2\pi ft}$ 以及短时傅里叶变换中的基函数 $h(t-\tau)\mathrm{e}^{\mathrm{j}2\pi ft}$ 而进行的内积运算。函数 $\psi\left(\dfrac{t-b}{a}\right)$ 有极其丰富的连续和离散形式，包括 $\mathrm{e}^{\mathrm{j}2\pi ft}$ 的三角基函数。小波变换的实质就是以基函数 $\psi\left(\dfrac{t-b}{a}\right)$ 的形式将信号 $x(t)$ 分解为不同频带的子信号。

对信号 $x(t)$ 进行小波变换相当于通过小波的尺度因子和时移因子变化去观察信号[6]。

当 a 减小时，小波函数的时宽减小，频宽增大；当 a 增大时，小波函数的时宽增大，频宽减小，如图 3-4 所示。小波变换的局部化是变化的，在高频处时间分辨率高，频率分辨率低；在低频处时间分辨率低，频率分辨率高，即具有"变焦"的性质，也就是具有自适应窗的性质。

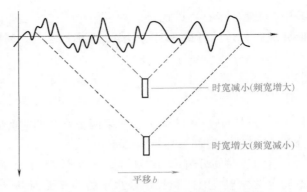

图 3-4　小波变换对信号波形的观察示意图

式（3-11）通过变量置换可改写为[7]

$$WT_x(b,a) = a^{1/2} \int_{-\infty}^{+\infty} x(at)\psi^*\left(t - \frac{b}{a}\right) \mathrm{d}t = \left\langle x(at), \psi^*\left(t - \frac{b}{a}\right) \right\rangle \tag{3-12}$$

式（3-12）表明，当尺度因子 a 增大（或减小），函数 $\psi((t-b)/a)$（滤波器脉冲响应）在时域中伸展（或缩短），可反映信号更长（或更短）的时间行为。式（3-12）表明，随着尺度因子 a 的改变，通过一个恒定的滤波器 $\psi(t-b/a)$ 观察到被伸展或压缩了的信号波形 x (at)。显而易见，尺度因子 a 解释了信号在变换过程中尺度的变化，用大尺度可观察信号的总体，用小尺度可观察信号的细节。不难理解，式（3-12）还解释了为什么在 S. G. Mallat 的小波信号分解塔形快速算法中，始终使用同样的低通与高通滤波器的道理。

应当指出，式（3-12）表示的小波函数族 $\{\psi_{b,a}(t)\}$ 并不是唯一定义，还可采用如下定义

$$\psi_{b,a}(t) = \frac{1}{a}\psi\left(\frac{t-b}{a}\right) \tag{3-13}$$

这种表示的优点是在不同尺度下可以保持各 $\psi_{b,a}(t)$ 的频谱中幅频特性大小一致。设 ψ (t) 的傅里叶变换是 $\Psi(\omega)$，则 $a^{-1}\psi(t)$ 的傅里叶变换是 $a^{-1}|a|\Psi(a\omega) = \Psi(a\omega)$。与 $\Psi(\omega)$ 相比，只有频率坐标比例变化，幅值没有变化。

式（3-12）的内积运算往往可以用卷积运算来表示，这是因为

$$内积: \langle x(t), \psi(t-\tau) \rangle = \int x(t)\psi^*(t-\tau)\mathrm{d}t \tag{3-14}$$

$$卷积: x(t) * \psi(t) = \int x(\tau)\psi^*(t-\tau)\mathrm{d}\tau，或记作 \int x(t)\psi^*(\tau-t)\mathrm{d}t \tag{3-15}$$

两式相比较，只是将 $\psi(t-\tau)$ 改成 $\psi(\tau-t) = \psi[-(t-\tau)]$，即 $\psi(t)$ 首尾对调。如果 ψ (t) 是关于 $t=0$ 的对称函数，则计算结果无区别；即使非对称，在计算方法上也无本质区别[6]。

机械动态分析与监测诊断的实质是如何提取机器的故障特征信息，并利用模式识别方法进行故障分类。当机器发生故障时，因机器各零部件的结构不同和运行状态不同，导致动态信号波形十分复杂、不平稳，而且信号所包含机器不同零部件的故障特征频率分布在不同的频带里。问题的关键是如何分离并提取不同频带里的故障特征频率，特别是当复杂、不平稳的动态信号中隐藏有某些零部件早期故障的微弱信息时，如何提取这些被淹没的微弱信息而实现故障的早期诊断。传统的信号分析技术往往对这些问题无能为力。小波变换能够把任何信号映射到由一个母小波伸缩（变换频率）、平移（刻画时间）而成的一组基函数上去，实现信号在不同频带、不同时刻的合理分离。这种分离相当于同时使用一个低通滤波器和若干

个带通滤波器而不丢失任何原始信息。这些功能为动态信号的非平稳性描述、机器零部件故障特征频率的分离、微弱信息的提取以及早期故障诊断的实现提供了高效、有力的工具。

3.2.4 内积匹配评价准则

工程中采集到的故障动态不仅包含了机组故障部件、非故障部件、运动部件、静止部件以及传感器等的动态响应特征，而且还受到采集系统传递途径的影响，变得更加复杂。不同类型的故障及其扩展，在设备运行过程中引发的振动、噪声、声发射、应力、应变、压力和流量等动态响应信号具有不同的特征波形。即使同一故障，在不同传递途径中也呈现出不一样的动态响应特征波形。在这种情况下，假若只采用同一种基函数将不可能准确地匹配和提取出不同传递途径下的故障征兆。因此，基于机械故障诊断的内积变换原理，合理构造和选择与动态故障特征相似的基函数，通过内积变换提取动态信号中的故障特征，获得不同物理意义并符合工程实际的故障特征信息，才能实现科学、正确的状态监测与故障诊断。那么，在众多基函数库中，针对具体研究对象，如何"合理"地选择基函数进行内积变换与故障诊断呢？什么样的基函数才是"合适"的？下面我们将对现有基函数匹配评价准则进行总结归纳，便于在工程实际中实现基函数的优选。

总的来说，现有的基函数匹配评价准则可划分为两大类。一类是直接衡量基函数与故障动态响应波形的相似性，从而构造或选择出与故障特征相关或相似的基函数进行内积变换与故障诊断。在这种情况下，需要格外加装诸如声发射传感器、内嵌式传感器等传感设备采集真实、纯正的故障动态响应波形。例如，美国凯斯西储大学的 Robert X. Gao 教授的研究团队在轴承外圈上安装内嵌式传感器，采集轴承故障动态响应波形，并以此波形为基础构造了小波的尺度函数，并根据双尺度关系设计了所对应的小波函数[8]。具体来说，以纯正的故障动态响应波形为模板，他采用了误差最小化准则来设计尺度函数所对应的低通滤波器系数，即使得如式（3-16）所定义的误差 E_{rms} 最小。

$$E_{\mathrm{rms}} = \sqrt{\frac{1}{T} \int_0^T \left[\frac{1}{\sqrt{2}} \varphi\left(\frac{t}{2}\right) - \sum_n h_n \varphi(t - n) \right]^2 \mathrm{d}t} \tag{3-16}$$

式中，$\varphi(t)$ 是内嵌式传感器所采集的故障动态响应波形；$\{h_n\}$ 是低通滤波器系数。

这样，可以实现与故障动态特征最相似的自定义小波中尺度函数的构造与选择。

如前所述，工程实际中所采集到的故障动态信号受到故障部件、运行系统及传递途径等的综合影响。然而由内嵌式传感器采集的故障动态响应特征波形只是单纯的故障特征，不受传递途径等其他因素的影响。简单来说，对于只考虑传递途径影响下的线性系统，设故障特征波形为 $X(\omega)$，整个采集系统的频率响应函数，即传递函数为 $H(\omega)$，则实际所采集到的故障信号特征 $Y(\omega)$ 为

$$Y(\omega) = H(\omega)X(\omega) \tag{3-17}$$

由此可见，基于内嵌式传感器的故障波形只能表征故障部件的单纯动态响应特征 $X(\omega)$，而不是真实工况下故障动态信号中所蕴含的故障特征波形 $Y(\omega)$。

为了实现与故障动态信号特征的最佳匹配，香港城市大学的 Peter 教授研究团队根据动态信号的局部特征提出了"准确"小波构造的概念，并采用基于余弦函数的评价准则来优选与故障特征最相似的基函数[9]。其中，余弦函数的评价指标 $\cos(\vec{C}, \vec{X})$ 定义如下

$$\cos(\vec{C},\vec{X}) = \frac{\sum_{i=1}^{n} c_i x_i}{\sqrt{\sum_{i=1}^{n} c_i{}^2}\sqrt{\sum_{i=1}^{n} x_i{}^2}} (1 \leqslant n \leqslant N) \tag{3-18}$$

式中，$\vec{X}$ 代表所选取的局部故障特征信号；$\vec{C}$ 表示该段信号的连续小波变换系数。

由此可见，当基函数与局部故障特征越相似，$\cos(\vec{C},\vec{X})$ 越接近 1；反之 $\cos(\vec{C},\vec{X})$ 趋向于 0。因此，理论上经过基于余弦函数的评价准则选择的基函数能够实现与故障特征的最佳匹配，并能够由内积变换准确、完整地提取蕴含在动态信号中的故障特征。然而，故障动态信号是各运行部件响应的综合反映，故障特征波形常常受到背景噪声的干扰，因而该方法中选取的"局部故障特征波形"必定受到背景噪声的影响，难以提取到理想的故障特征波形。同时，对于低信噪比的信号，其典型、明显的故障特征波形被强大的背景噪声所淹没，难以捕捉和锁定所需的局部故障特征信号。

不同于以上基于基函数相似性的评判标准，另外一类基函数匹配性能评价准则是利用某一指标间接评判基函数分析结果的好坏，从而优选出在具体研究对象和工程要求中的最优基函数。这些指标包括时域统计指标、能量、信息熵、奇异值分解以及齿轮和轴承等典型零部件的特征指标等。

3.3 基于小波的特征提取方法

3.3.1 小波变换内积运算的仿真实验

前面已综合讨论了机械故障诊断的内积变换原理中小波变换的内积表述，而如何采用形象化的实验分析对内积变换原理进行验证，充分证明该原理的正确性和可靠性对机械故障诊断的发展具有重要意义。在接下来的仿真实验中，将根据式（3-11）选择某一特定基函数 $\psi(t)$ 构造包含模拟故障特征 $\psi(t)$ 的混合信号 $x(t)$，通过内积变换研究不同小波基函数在内积过程中的作用和效果。

为了验证与故障特征相似的基函数能够最佳匹配机械故障特征，我们采用 Daubechies 10 （Db10）小波基函数来模拟混合信号中的微小冲击故障特征，其中 Db10 小波基函数 $\psi(t)$ 如图 3-5 所示，横坐标为数据点数 N，纵坐标为无量纲的幅值 A，以下仿真实验相同。仿真信号如式（3-19）所示进行构造，将 Db10 小波基函数的小冲击分量叠加到一个无噪声正弦信号上，这里正弦分量用于模拟旋转机械的运行特征。以上仿真信号中采样频率为 5120Hz，点数为 5120，可满足小冲击分量和正弦分量的采样要求。如图 3-6 所示分别为周期性冲击分量 $x_1(t)$、正弦分量 x_2

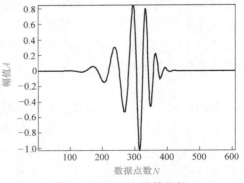

图 3-5　Db10 小波基函数

(t) 和仿真混合信号 $x(t)$。如图 3-6a 和图 3-6c 所示，Db10 小波基函数的第一个模拟冲击均是从第 400 点到第 1008 点，也即是初始起点为 0.0781s，周期间隔 $\tau = 0.2$s。即

$$\begin{cases} x(t) = 0.2x_1(t) + x_2(t) \\ x_1(t) = \sum_{i=1}^{5} \psi(t - 0.0781 - i\tau) \\ x_2(t) = \sin(10\pi t) \end{cases} \tag{3-19}$$

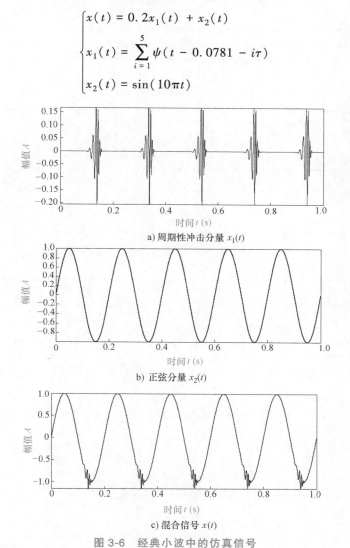

a) 周期性冲击分量 $x_1(t)$

b) 正弦分量 $x_2(t)$

c) 混合信号 $x(t)$

图 3-6 经典小波中的仿真信号

1. Db10 小波分析

首先，我们采用 Db10 小波作为基函数对式（3-19）的仿真信号进行 5 层小波分解，结果如图 3-7 所示，其中 d1 ~ d5 是分解的 5 层细节信号，a5 是第 5 层的逼近信号。在此，我们忽略小波分解时的边界效应，不进行讨论。如图 3-7 所示，周期性冲击分量主要分解到了细节信号 d1 ~ d5 中，而逼近信号 a5 为低频正弦分量。因此，我们采用细节信号 d1 ~ d5 对周期性冲击分量进行重构，结果如图 3-8a 所示。截取出重构的周期性冲击信号中的第一个冲击单元，即信号中的第 400 ~ 1008 点，如图 3-8b 所示。对比如图 3-4 所示的 Db10 小波基函数，也即是仿真信号中的真实冲击单元，可以清晰地看到采用 Db10 小波分析得到的第一个冲击单元波形与真实的冲击单元波形几乎相同。

如图 3-5 和图 3-8b 所示的两个冲击单元的相关系数计算为 0.9969，非常接近 1，说明两个冲击单元的相似度极高。

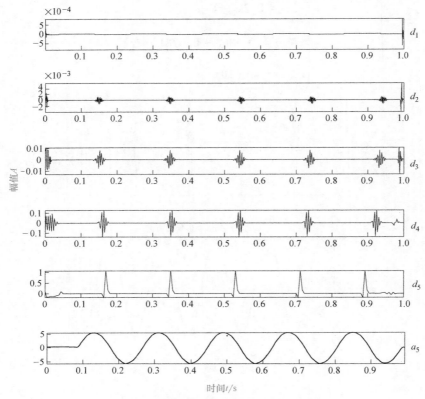

图 3-7　无噪仿真信号的 Db10 小波分解结果

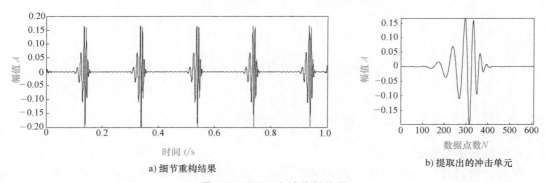

a) 细节重构结果　　　　　　　　　　b) 提取出的冲击单元

图 3-8　Db10 小波分析结果

2. Db4 小波分析

下面选择 Db4 小波作为低阶 Daubechies 小波代表。以 Db4 小波作为基函数对式（3-19）的仿真信号进行对比分析。我们依旧对信号进行 5 层分解，采用 5 个尺度的细节信号 d1~d5 重构周期性冲击分量，结果如图 3-9a 所示，并截取第一个冲击单元如图 3-9b 所示。从分析结果中可以看出，虽然 Db4 小波可以提取出该周期性冲击分量，但是其所提取出的冲击单元与我们所仿真的冲击单元（Db10 小波基函数），在波形上有明显差别。如图 3-9c 所示为

Db4 小波基函数。对比图 3-9b 和图 3-9c，可以看到由 Db4 小波匹配出的冲击波形变化趋势与 Db4 小波基函数非常相似，图中 A 段呈现较为缓慢增长趋势，而 B 段表现为急速下降趋势。如图 3-5 和图 3-9b 所示两个冲击单元的相关系数计算为 0.9319，小于 Db10 小波分析结果的相关系数值。

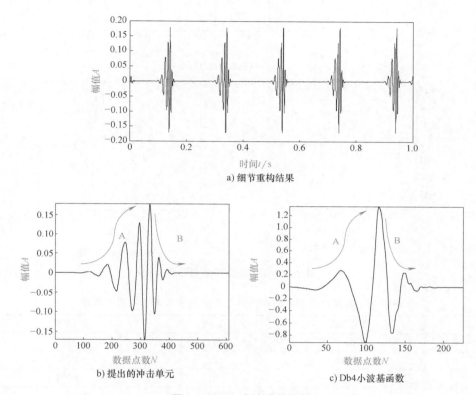

图 3-9　Db4 小波分析结果

3. Db32 小波分析

选取 Db32 小波基函数作为高阶 Daubechies 小波代表，对式（3-19）的仿真信号进行对比分析。与以上的分析流程相似，Db32 小波分析结果如图 3-10a 和图 3-10b 所示。同样，具有振荡衰减的 Db32 小波基函数也能够匹配出微弱冲击特征，但是其波形特征与如图 3-5 所示的 Db10 小波基函数相差较大。该提出的冲击信号 A 段呈现出极为缓慢的增长趋势，而 B 段表现为较为快速的衰减，这种特性与 Db32 小波基（见图 3-10c）波形特征相似。计算如图 3-5 和图 3-10b 所示的两个冲击波形的相关系数为 0.9570，小于 Db10 小波分析结果的相关系数值。

4. Daubechies 小波综合分析

接下来，我们采用 Daubechies 小波族（DbN，其中 $N=1\sim40$，表示不同的小波阶次，相应小波基函数具有（$2N-1$）的支撑区间，且消失矩也为 N）对式（3-19）的仿真信号进行综合分析。为了评价内积匹配过程中各个小波基函数发挥的作用，采用各个 DbN 小波所提取出的冲击单元与仿真冲击单元 Db10 小波基函数的相关系数作为内积匹配效果的评价指标。Db1～Db40 小波基函数分析的结果见表 3-1。

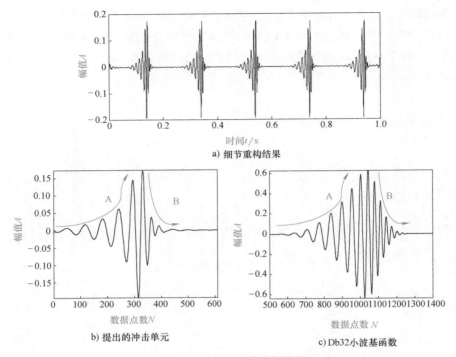

a) 细节重构结果

b) 提出的冲击单元

c) Db32小波基函数

图 3-10　Db32 小波分析结果

表 3-1　DbN 小波提取的冲击单元与仿真冲击单元的相关系数

DbN	相关系数	DbN	相关系数
1	0.6058	21	0.9732
2	0.9126	22	0.9327
3	0.9910	23	0.9701
4	0.9319	24	0.9939
5	0.9099	25	0.9496
6	0.9886	26	0.9444
7	0.9719	27	0.9897
8	0.9118	28	0.9776
9	0.9638	29	0.9386
10	0.9969	30	0.9663
11	0.9353	31	0.9932
12	0.9351	32	0.9570
13	0.9958	33	0.9446
14	0.9703	34	0.9849
15	0.9248	35	0.9820
16	0.9713	36	0.9442
17	0.9948	37	0.9617
18	0.9421	38	0.9918
19	0.9425	39	0.9642
20	0.9937	40	0.9450

从表的分析结果，我们可以看出：

1）除 Db1 小波外，其他所有 Daubechies 小波计算得到的相关系数值均大于 0.9，但是不同的小波基函数分析得到的相关系数值却截然不同。这说明具有紧支且振荡衰减的小波基函数大多可以匹配出非平稳信号中的瞬态信息，然而不同小波基函数将产生不一样的分析效果，使得所提取出的故障特征波形也完全不同。

2）在所有的 Daubechies 小波相关系数计算中，Db10 小波也即是我们所采用的仿真冲击单元计算得到的相关系数值最高（0.9969），最接近 1。这说明 Db10 小波所提取的冲击单元与所仿真的冲击单元的相似度最高，分析效果最为理想。同时如图 3-8 所示的分析结果显示，Db10 小波提取出的冲击分量波形也与仿真冲击单元几乎是完全相同。这说明与故障特征最相似的基函数可以最佳地匹配出隐藏在混合信号中的故障信息，这充分地验证了内积变换思想。

3）小波消失矩是小波基函数的重要性质之一。DbN 中相关系数随小波消失矩阶次的变化如图 3-11 所示。从图中可以看出，计算所得的相关系数值并不是随小波消失矩的增加而线性增加的，而是呈现锯齿状变化。这说明并不是消失矩更高的小波基函数能更加有效地匹配出故障特征。但总的来说，小波消失矩越高，作为评价指标的相关系数值越大。这意味着相对于小波基函数的性质，在内积匹配中与故障特征相似的基函数更为重要。

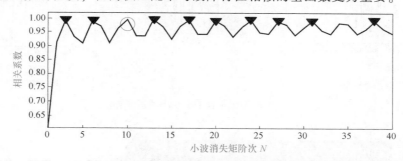

图 3-11　相关系数随小波消失矩阶次变化图

如图 3-11 所示，除了圆圈标示的 Db10 小波基函数计算得到的相关系数最大外，还存在三角标示的消失矩对应较高相关系数值，它们的相关系数值均在 0.99 左右。这些小波基函数与仿真冲击的 Db10 小波基函数波形不是最相似，那么为什么这些小波基函数的内积匹配效果也会如此好呢？下面选取其中的 Db24 小波进行分析，如图 3-12 所示。相对于如图 3-5 所示的仿真冲击单元，Db24 所提取出的冲击分量与其非常相似。计算得到此特征冲击与 Db10 小波基函数的相关系数为 0.9939，非常接近于 1。

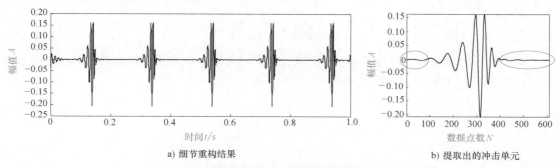

a) 细节重构结果　　　　　　　　　b) 提取出的冲击单元

图 3-12　Db24 小波分析结果

如图 3-13a 和图 3-13b 所示分别是 Db24 小波和 Db10 小波基函数的波形。将 Db24 的局部冲击放大，可以看到虚线矩形框中的局部冲击正峰值 1~6 和负峰值 7~11，与如图 3-12b 所示的仿真故障特征波形中的冲击 1~11 进行内积运算时，由于两者在局部波形上较为相似，所以经过内积运算后能够较好地匹配该冲击特征。但是由于 Db24 小波支撑区间较长，且如图 3-13 所示的虚线矩形框外还存在若干振荡衰减波形，从而造成如图 3-12b 所示的 Db24 所提取出的冲击单元中，在两端出现一定的缓慢振荡衰减，即是冲击波形外存在微小波动，见椭圆圈标示。因此可以看出，Db24 小波基函数与 Db10 小波基函数属于局部相似，这也是为什么 Db24 小波分析能取得相对较好结果的原因。其他高相关系数的基函数与以上分析结果类似。所以，根据实验结果，我们将机械故障诊断的内积变换原理修正为：在内积变换中，与故障特征最相似或局部最相似的基函数可以最佳地匹配出隐藏在混合信号中的故障信息。

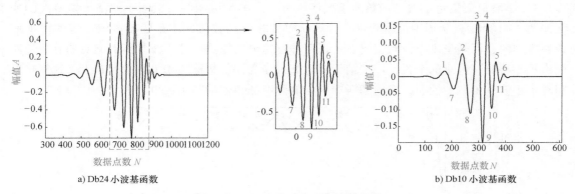

a) Db24 小波基函数 b) Db10 小波基函数

图 3-13　Db24 和 Db10 小波基函数

3.3.2　Hermitian 小波变换与碰摩故障识别

1. 从 Morlet 小波到 Hermitian 小波

Grossmann 采用 Morlet 小波用于图像的边缘检测[10]。Morlet 小波是一种常用的复值小波，其表达式为

$$\psi(t)=\pi^{-\frac{1}{4}}(e^{i\omega_0 t}-e^{-\omega_0^2/2})e^{-\frac{t^2}{2}} \tag{3-20}$$

当 $\omega_0 \geqslant 5$ 时，$e^{-\omega_0^2/2} \approx 0$，式（3-20）的第 2 项可以忽略，所以一般采用如下的 Morlet 小波

$$\psi(t)=\pi^{-\frac{1}{4}}e^{i\omega_0 t}e^{-\frac{t^2}{2}}, \quad \omega_0 \geqslant 5 \tag{3-21}$$

其傅里叶变换为

$$\hat{\psi}(\omega)=\sqrt{2}\pi^{\frac{1}{4}}e^{-\frac{(\omega-\omega_0)^2}{2}} \tag{3-22}$$

可见 $\hat{\psi}(\omega)$ 为实数，因此，Morlet 小波变换实际上是一个无相移的带通滤波器。以尺度参数 a 对 Morlet 小波 $\psi(t)$ 进行伸缩，其时域和频域表达式为

$$\psi_a(t)=\frac{1}{a}\pi^{-\frac{1}{4}}e^{-i\omega_0\frac{t}{a}}e^{-\frac{(t/a)^2}{2}} \tag{3-23}$$

$$\hat{\psi}_a(\omega)=\sqrt{2}\pi^{\frac{1}{4}}e^{-\frac{(a\omega-\omega_0)^2}{2}} \tag{3-24}$$

当 $\omega_0=5$，$a=1$ 时，$\psi_a(t)$ 的波形和傅里叶频谱如图 3-14 所示。

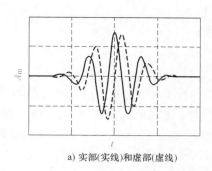
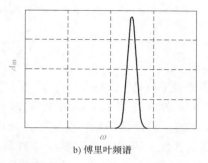

a) 实部(实线)和虚部(虚线)　　　　　　　　b) 傅里叶频谱

图 3-14　Morlet 小波图像

由图 3-14 可见，Morlet 小波的实部为偶函数、虚部为奇函数。在支撑区域内 Morlet 小波是多次振荡的，这是由于为了使式（3-21）近似满足小波的允许条件，必须有 $\omega_0 \geqslant 5$ 这一前提。根据奈奎斯特（Nyquist）采样定理，在离散处理时需要较多的数据点来表达 Morlet 小波。点数较多的滤波器必然会平滑掉信号中的部分奇异性[11]，所以，奇异性检测需要振荡次数较少的小波，这正是本节选择 Hermitian 小波的原因。

Mallat 利用高斯函数 $g(t) = \dfrac{1}{\sqrt{2\pi}}e^{-\frac{t^2}{2}}$ 的一阶导数和二阶导数构造了 2 个小波来识别信号的奇异性[12]，它们分别为

$$\psi^{(1)}(t) = \frac{\mathrm{d}g(t)}{\mathrm{d}t} = -\frac{1}{\sqrt{2\pi}}te^{-\frac{t^2}{2}} \tag{3-25}$$

$$\psi^{(2)}(t) = \frac{\mathrm{d}^2g(t)}{\mathrm{d}t^2} = \frac{1}{\sqrt{2\pi}}(1-t^2)e^{-\frac{t^2}{2}} \tag{3-26}$$

Mallat 采用了式（3-25）和式（3-26）中的小波 $\psi^{(1)}(t)$ 和 $\psi^{(2)}(t)$，他证明了信号 $x(t)$ 的 LE（Lipschitz Exponents，李氏指数）可以通过其小波变换 $WT_x(a, t)$ 来求解。

当 t 在区间 (t_1, t_2) 中时，如果有

$$|WT_x(a,t)| \leqslant Ka^\alpha \tag{3-27}$$

则 $x(t)$ 在区间 (t_1, t_2) 中为均匀李氏指数 α。

在不同的尺度 α 下，分别计算 $|WT_x(a, t)|$ 的极大值，然后用非线性最小二乘法可以容易地得到 $x(t)$ 在各个奇异点处的李氏指数 α。Mallat 和他的助手们还研究了基于小波变换的奇异点信号重构，这些研究工作在信号压缩和图像识别中具有重大的贡献。

然而，就机械故障诊断而言，我们所关心的问题是信号奇异点的出现时刻和它的类型。通过如图 3-14 所示的分析可知，$WT_x^{(1)}(a, t)$ 对信号的过渡点比较敏感，而 $WT_x^{(2)}(a, t)$ 则适合于识别信号的极值点。若需要同时识别出信号的过渡点和极值点，$\psi^{(1)}(t)$ 或 $\psi^{(2)}(t)$ 则不能兼顾。能否将 $\psi^{(1)}(t)$ 或 $\psi^{(2)}(t)$ 的优点结合呢？Harold Szu 在文献[11]中，创造性地将 $\psi^{(1)}(t)$ 或 $\psi^{(2)}(t)$ 合并为 Hermitian 小波。遗憾的是，Harold Szu 只通过小波变换相空间截面图（相图）来对信号奇异性进行识别，忽略了小波变换时间尺度幅值图（幅图）所包含的重要信息，没有真正发挥出 Hermitian 小波的优点。

2. Hermitian 小波的定义及特性研究

Harold Szu 构造了复值 Hermitian 小波，其表达式为

$$\psi(t) = \psi^{(2)}(t) - i\psi^{(1)}(t) = \frac{1}{\sqrt{2\pi}}(1-t^2)e^{-\frac{t^2}{2}} + i\frac{1}{\sqrt{2\pi}}te^{-\frac{t^2}{2}}$$

$$= (1+it-t^2)\frac{1}{\sqrt{2\pi}}e^{-\frac{t^2}{2}} \tag{3-28}$$

它的实部 $R_e(\psi(t))$ 为 $\psi^{(2)}(t)$ 小波，虚部 $I_m(\psi(t))$ 为 $\psi^{(1)}(t)$ 小波的相反数。

如图 3-15a 所示为 Hermitian 小波实部和虚部时域波形。实部 $R_e(\psi(t))$ 实际上就是 Mexico-Hat 小波，它是偶函数，在支撑区域内振荡 2 次。虚部 $I_m(\psi(t))$ 为奇函数，在支撑区域内振荡 1.5 次，可见，只需要少量离散点即可表达 Hermitian 小波，因此，它具有很强的时域局部化能力，这恰好是奇异性检测所需要的。

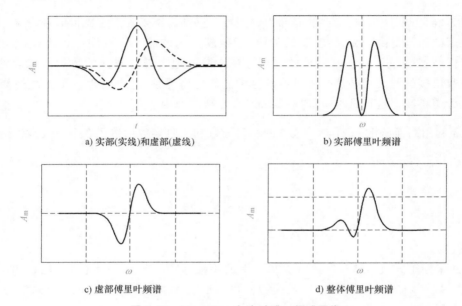

a) 实部(实线)和虚部(虚线)　　　　　　b) 实部傅里叶频谱

c) 虚部傅里叶频谱　　　　　　d) 整体傅里叶频谱

图 3-15　Hermitian 小波时域、频域图像

由于 $e^{-t^2/2}$ 的傅里叶变换为 $\sqrt{2\pi}e^{-\omega^2/2}$，可以很容易地证明

$$\hat{R}_e(\psi(\omega)) = \omega^2 e^{-\frac{\omega^2}{2}} \tag{3-29}$$

$$\hat{I}_m(\psi(\omega)) = -i\omega e^{-\frac{\omega^2}{2}} \tag{3-30}$$

其中 $\hat{R}_e(\psi(\omega))$ 和 $\hat{I}_m(\psi(\omega))$ 分别表示 $R_e(\psi(t))$ 和 $I_m(\psi(t))$ 的傅里叶变换，则可以得出 Hermitian 小波的傅里叶变换为

$$\hat{\psi}(\omega) = \hat{R}_e(\psi(\omega)) + i\hat{I}_m(\psi(\omega)) = (\omega^2+\omega)e^{-\frac{\omega^2}{2}} \tag{3-31}$$

显然 $\hat{\psi}(0) = 0$，即 Hermitian 小波基本满足小波的允许条件。与 Morlet 小波的频谱特性一样，Hermitian 小波的 $\hat{\psi}(\omega)$ 也是实数，因此，它对信号进行卷积变换时不会影响信号的相位。如图 3-15b 到图 3-15d 所示分别给出了 Hermitian 小波的实部、虚部及整体的傅里叶变换。可见，在正频率轴一侧，它们均为带通滤波器。

以尺度参数 a 对 Hermitian 小波 $\psi(t)$ 进行伸缩，其时域和频域表达式为

$$\psi_a(t) = \frac{1}{a}\left(1+\mathrm{i}\,\frac{t}{a}-\left(\frac{t}{a}\right)^2\right)\mathrm{e}^{-\frac{(t/a)^2}{2}} \tag{3-32}$$

$$\hat{\psi}_a(\omega) = ((a\omega)^2+a\omega)\mathrm{e}^{-\frac{(a\omega)^2}{2}} \tag{3-33}$$

3. 振动信号的 Hermitian 小波分析与碰摩故障特征提取

如图 3-16 所示为某炼油化工总厂某空气分离压缩机组结构简图。机组特点和主要参数如下：

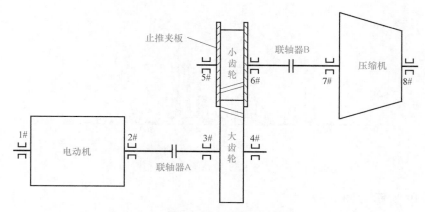

图 3-16　空气分离压缩机结构简图

1）电动机：转速 2985 r/min（49.75Hz）；

2）联轴器 A：齿式联轴器，齿数 50；

3）齿轮箱：斜齿轮传动，小齿轮齿数为 32，大齿轮齿数为 137，增速比为 4.28125。小齿轮通过一对止推夹板将轴向分力传递到大齿轮上而相互抵消。高速轴小齿轮转频为 213 Hz，一倍啮合频率为 6815.75 Hz，二倍啮合频率为 13631.5 Hz，三倍啮合频率为 20447.25 Hz；

4）压缩机：用于分离氧气，共 7 级叶片，1、2、3 级为 17 片，4、5、6 级为 21 片。工作频率为 213 Hz，叶片通过频率为 3620.86 Hz 和 4472.83 Hz；

5）轴承：3 号、4 号、5 号和 6 号轴承为圆柱瓦，3 号、4 号为止推轴承。

某次大修后开机，发现齿轮箱振动剧烈，并伴随尖叫声。采用振动加速度传感器拾取齿轮箱 3 号、4 号、5 号和 6 号轴承座振动信号，采样频率为 15000 kHz，采样长度为 512。如图 3-17 所示为空分机 5 号轴承座振动信号时域波形。振动信号波形表现为强烈的高频振动，波形比较杂乱，得不到更多的有用诊断信息。

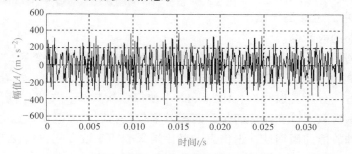

图 3-17　空分机 5 号轴承座振动信号波形

如图 3-18 所示为空分机 5 号轴承座振动信号的 FFT 频谱。频谱中无法看到齿轮箱高速轴工频谱线，而是出现 1480 Hz、2960 Hz 和 4231 Hz 三处较为集中的谱峰，其边频带宽度均为 213 Hz，可见齿轮箱的剧烈振动主要是由这几个频率导致的。与机组的啮合频率、风机叶片通过频率比较，上述三个频率无一对应。频谱中 213 Hz 边频带的出现，表现齿轮箱振动剧烈的原因与高速轴有关。

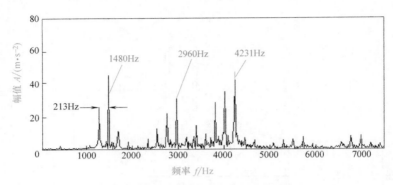

图 3-18　空分机 5 号轴承座振动信号频谱

如图 3-19 所示为图 3-17 振动信号的 Hermitian 小波变换三维谱图。X 坐标轴为时间，Y 坐标轴为尺度（尺度与频率相反，大尺度表示低频，小尺度表示高频），Z 坐标轴为幅值。在尺度 1~1.5 范围内，沿着时间轴可见鸡冠状周期性的冲击，冲击的周期间隔为 0.047 s。其出现频率为 213 Hz，对应高速轴小齿轮转频。在尺度 1.5~3 范围内，也可见山脊状周期性隆起，周期间隔也为 0.047 s，发生时刻比鸡冠状脉冲略微滞后。通过该时频谱图进一步说明，小齿轮每个周期出现一次强烈的冲击脉冲，这就是导致该空分机强烈振动的故障源。

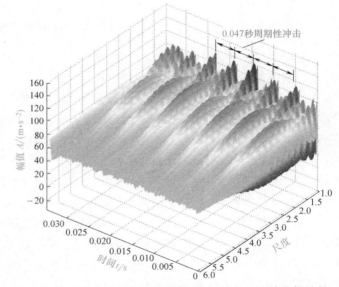

图 3-19　空分机 5 号轴承座振动信号 Hermitian 小波分解结果

为了对比，利用 Morlet 小波对机组的 5 号轴承座振动信号进行变换，如图 3-20 所示为图 3-17 振动信号的 Morlet 小波变换三维谱图。在尺度 1~1.5 范围内，沿着时间轴可见三个没有周期性的冲击。分析可以得到：Hermitian 小波振荡次数少、支撑区间短且匹配效果佳，而 Morlet 小波振荡次数多、支撑区间长且匹配效果较差；因小波基函数选择不当，无法获得反映小齿轮高速轴故障的周期性冲击信息。对比结果表明小波变换方法在工程实际应用中的内积匹配本质以及基函数的选择对分析结果起到了重要作用。

4. 故障分析与维修决策

是什么原因导致小齿轮在每个旋转周期中出现一次强烈的冲击脉冲呢？仔细研究机组的结构发现，齿轮的止推夹板无疑是一个设计上的缺陷。除齿面的啮合点外，大小齿轮沿半径方向具有不同的线速度，因此止推夹板和大齿轮端面的接触部件必然由于相对运动产生摩擦，如果它们的端面是严格平行的，那么摩擦是均匀的，不会对齿轮箱的振动造成过大的影响。但是由于加工或安装误差的存在，难以保证止推夹板和大齿轮端面严格平行。如果出现如图 3-21 所示的情况以及当齿轮箱与压缩机之间的联轴器存在不对中现象，尤其是轴线俯角不对中时，将会使联轴器附加一个弯矩，运行中增加了转子的轴向力，使转子在轴向产生 213 Hz 的振动。根据以上分析可以确定，故障原因为止推夹板和大齿轮端面的撞击摩擦，如图 3-18 所示的原信号频谱中的三个谱峰及其边频带是由于冲击性摩擦激发了齿轮箱端面的固有频率振动并被转频成分进行了调制。机组运转时的尖叫声也证明了诊断的正确性。

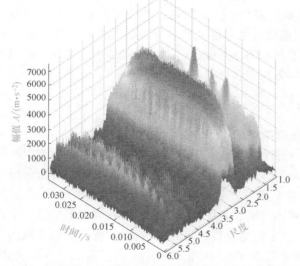

图 3-20 空分机 5 号轴承座振动信号 Morlet 小波分解结果

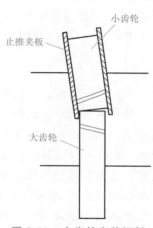

图 3-21 小齿轮安装倾斜

在实现故障确诊后，提出了两个维修方法：

1）重新装配齿轮箱，保证止推夹板和大小齿轮端面的平行。

2）去掉止推夹板，将小齿轮两侧轴承改为推力轴承来承担轴向力。

受条件限制，方法 2）无法实现，厂方在重新装配齿轮箱时打磨了止推夹板与大齿轮的接触面，开机后振动明显降低，尖叫声消失。

3.4 基于小波的稀疏特征提取

3.4.1 信号稀疏特征提取基本理论

稀疏表示理论最早是在研究信号处理应用中而发展起来的，其基础是多尺度分析理论，然后在此基础上进行拓展，形成了相应的理论框架。稀疏分解方法是在过完备字典库上利用最少原子表示信号或逼近信号的方法，具有信号表示的高分辨率、稀疏性和自适应性等特点。稀疏表示领域是关于信号源的一个特定数学模型，因此在信号处理中对信号源建模非常关键。只要信号模型建立的恰当，稀疏表示就可以取得很好的应用效果，比如降噪、分离、压缩、采样、检测和识别等。关于稀疏表示研究的数学模型通常简称为稀疏域，该模型的理论基础已经很完善，在各种应用中具有很好的处理效果，对各种信号源均具有普适性。稀疏表示模型的核心是线性代数中经典的简单线性系统方程。由满秩矩阵 $A \in R^{N \times M}$（$N < M$）生成的用线性方程 $y = Ax$ 描述的欠定系统具有无穷多解。我们的目标是寻找最稀疏的解，即拥有最少非零项的解。从学术的角度，此处的矩阵 A 就是稀疏表示中的字典。通常情况下，构造一个优化目标函数，这里就出现了 L0 范数的概念。L0 范数表示向量中非零元素的个数，这提供了一种非常易于掌握的稀疏概念。Donoho 证明了在完备字典构成的矩阵满足一定条件的时候，L0 范数优化问题是有解的，而且是唯一解。然而，L0 范数优化求解问题属于 NP（Non-Deterministic Polynomial，非确定多项式）难问题。为了解决此问题，可以采用近似求解的方案并引入 L1 范数，即各向量分量绝对值之和。事实证明了在求解向量足够稀疏的情况下，L0 范数优化问题等价于 L1 范数优化问题。稀疏表示领域中大部分的应用均可以转化为如式（3-34）所示的一个通用的无约束凸优化问题

$$\tilde{x} = \arg\min_x \left\{ F(x) = \frac{1}{2} \parallel y - Ax \parallel_2^2 + \lambda \parallel x \parallel_1 \right\} \tag{3-34}$$

式中，F 是目标函数，由数据保真项和正则项组成；λ 是正则化参数，$\lambda > 0$。

信号的稀疏分解理论研究起源于 20 世纪 90 年代，1993 年，Mallat 等人在小波变换研究的基础上，提出了在过完备时频原子库对信号进行稀疏分解的思想，并引入了对信号进行稀疏分解的匹配追踪（Matching Pursuit，MP）算法，这开启了稀疏分解研究的先河[13]。从本质上讲，稀疏分解仍然属于信号原子分解的范畴，是随着原子分解的发展而诞生的一个新概念，并迅速成为近 20 年来信号处理界中一个蓬勃发展的研究领域[14]。稀疏研究领域的第二个关键贡献是由斯坦福大学的 Donoho 等学者在 1995 年提出的，他们引入了另一种利用 L1 范数来衡量稀疏度的追踪技术，并证明了对最稀疏解的求解可以作为一个凸优化问题来处理[15]。近年来在信号处理领域极其活跃的压缩感知（也称为稀疏采样）是从稀疏表示中分离出来的分支，Donoho、Candès 和华裔数学家陶哲轩等人提出并完美地构造了该领域的理论和实践方法[16,17]。相对于经典的奈奎斯特采样，压缩感知利用信号的稀疏表示，以远低于奈奎斯特频率的采样频率对信号进行采样，通过数值最优化算法准确重构出原始信号，大大地提高了采样效率，这使得其在信号处理领域中有着突出的优点和潜在的应用前景。

字典的合理设计与选取是稀疏分解的重要环节，且很大程度上决定了信号表达结果的稀疏性。字典中的任意元素，即参数化波形函数称为原子。字典中的原子应该与待分析信号的结构特征相匹配，目前已经提出了多种多样的字典用于匹配各种信号的具体特征，其中，近年来在工程中获得巨大成功的小波变换具有灵活的构造基函数的能力，可以为稀疏分解提供丰富的字典[1]。过完备字典一般可通过两种方式获得，一种是以预先设定的波形函数作为字典，这种情况通常也称为分析字典；另一种方式则是通过对实际数据集进行学习进而获得到的训练字典。

预先构造的分析字典可以直接应用到稀疏特征提取算法的计算中，因此具有快速简便的优势。常见的字典包括傅里叶字典、离散余弦字典、线性调频小波字典、指数调频小波字

典、曲波、脊波和轮廓波字典等[18]。此处的字典也在信号处理中被称为变换,大量的理论分析以及实际信号模型验证了这些字典对信号的表示具有稀疏性。如前所述,字典的合理选取对信号的稀疏表达具有重要的影响,如果能够根据信号的先验知识有针对性地选择与其最匹配的字典,那么我们就能够获得信号的最优稀疏表示。在常用的字典中,傅里叶字典比较适合处理平稳信号;小波字典适用于非平稳信号的处理;曲波和脊波字典则分别对包含曲线和脊状特征的信号具有稀疏的表示。由于特定函数构造的字典只适合分析具有某一类特征的信号,针对工程实际中复杂多变的信号,为了有效提取蕴含在其中的丰富特征成分,可以将各种字典有效地组合在一起,构造出复合字典,充分地利用各个字典的优势,对实际复杂信号的特征成分进行最佳匹配分析。

除了预先对字典进行设定,另一种方法就是根据给定的信号通过学习来进行字典设计,使得所设计的字典更适合处理相应特点的信号[19]。通过学习构造字典的方法是利用目标函数优化原子,使得原子在结构与内在本质上均良好地匹配待分析信号,这种方法可以针对不同稀疏域模型的信号自适应地构造出最佳的分析字典。通过学习构造字典的方法目前的应用范围非常广泛,自适应能力强,但是具有计算成本高的缺点。字典学习的鼻祖是 Engan 于 1999 年提出的最优方向(Method of Optimal Directions,MOD)算法,该算法的字典更新方式简单,但计算复杂度较高,收敛速度很慢[20]。

在 MOD 算法的基础上,研究者们纷纷提出了一些经典的字典学习算法,如 FOCUSS 字典学习算法、广义 PCA(Generalized PCA)算法等。Micheal Elad 等人于 2006 年提出了基于过完备字典稀疏分解的 K-SVD(K-Singular Value Decomposition,K-SVD)算法,该算法采用字典原子逐个更新的策略,相比于 MOD 算法,K-SVD 算法的收敛速度有了很大的提高[20]。Mairal 于 2010 年提出了一种在线字典学习(Online Dictionary Learning)算法,该算法求解速度较快且适用于一些特殊的信号处理,例如视频信号和语音信号等[21]。

稀疏特征系数的求解是信号稀疏表示的重要内容,随着稀疏特征提取理论的不断完善与发展,针对稀疏表示的求解问题,相关研究人员做了大量的工作并提出了很多算法。根据稀疏模型优化方法的不同,稀疏系数求解算法主要分为两类:贪婪追踪算法和凸松弛算法。贪婪追踪算法主要原理是在每次的迭代求解过程中选择局部最优解然后逐步逼近原始信号,如应用广泛的匹配追踪算法(MP)。匹配追踪算法(MP)的基本原理为[14]:从初始的空白模型开始,在每次的迭代分解过程中,将残余信号在所有字典原子向量张成的空间中进行正交投影,然后根据残余信号与各个字典原子的内积系数的大小,选择与残余信号最相关的一个原子增加到信号的逼近模型中,通过迭代分解计算,将原始信号 x 展开为一系列字典原子加权和的形式

$$x = \sum_{i=1}^{m} \alpha_{r_i} \phi_{r_i} + r_m \tag{3-35}$$

式中,i 是分解次数;r_i 是残余信号;ϕ_{r_i} 是字典原子;α_{r_i} 是加权系数。

自 Mallat 等人提出 MP 稀疏分解算法以来,针对其具有的运算量和运算复杂度的难题,众多研究人员展开了深入研究并提出了一系列改进的稀疏分解算法。Pati 等人在 Mallat 提出的 MP 算法基础上进行改进并提出了正交匹配追踪(Orthogonal Matching Pursuit,OMP)算法,OMP 在每次迭代匹配原子时都采用正交投影,使得算法的收敛速度大大加快[22]。2008年,Do 等学者提出了一种新的迭代贪婪重构算法用于压缩感知领域,命名为稀疏自适应匹配追踪(Sparsity Adaptive Matching Pursuit,SAMP)。2009 年,Needell 等学者在研究 OMP

的基础上，提出了压缩采样匹配追踪（Compressive Sampling Matching Pursuit，CoSaMP）算法，用于对不完整信号进行精确重构[23]。同年，Needell 等学者提出了正则化 OMP（Regularized Orthogonal Matching Pursuit，ROMP）算法，其具有更快的计算速度和较好的恢复精度[24]。2012 年，斯坦福大学的 Donoho 等学者提出了一种改进的 OMP 算法，命名为分段式正交匹配追踪（Stagewise Orthogonal Matching Pursuit，StOMP）算法，该算法具有更快的计算速度和更好的可靠性[25]。

凸松弛算法主要思路是将非凸目标函数转化为凸优化问题进行求解。1999 年，Donoho 等学者研究了优化方法实现信号的稀疏分解，提出了基追踪（Basis Pursuit，BP）方法，并归纳总结了 MOF、BOB、MP 和 BP 等各种稀疏分解方法的优缺点，同时系统地介绍了稀疏原子分解中常用的字典[15]。BP 方法是一种最常用的凸松弛方法，其通过最小化 L1 范数将对信号的稀疏表示问题转换成线性规划问题进行求解，它是一种全局优化算法，能够稳定地得到信号最稀疏的表示结果。对于实际中测量得到的含噪信号，为了能够更好地实现降噪同时保证信号的最稀疏分解，可以将 BP 模型中的约束优化问题修正为无约束优化问题，修正后的算法称为基追踪降噪（Basis Pursuit Denoising，BPD）方法[15]。2009 年，Ewout 等学者对基于 BP 和 BPD 的稀疏分解理论进行了深入的研究[26]。2010 年，Lu 等学者提出了改进的 BPD 算法用于对有限点数不相干的含噪信号进行稀疏重构[27]。2011 年，Gill 等学者提出了一种快速精确的算法用于求解 BPD 问题[28]。

近年来，Afonso 等人在 2010 年提出了一种用于凸优化问题求解的高效算法，称为分离增广的拉格朗日收缩算法（Split Augmented Lagrangian Shrinkage Algorithm，SALSA）[29]。

SALSA 算法考虑求解如式（3-36）所示的一个通用的无约束凸优化问题

$$\tilde{x} = \arg\min_x \frac{1}{2} \| y-Ax \|_2^2 + \lambda \Phi(x) \tag{3-36}$$

式中，A 是一种变换操作算子；x 是变换系数；λ 是正则化参数，$\lambda>0$；Φ 是正则项（惩罚函数）。

根据变量分离技术，式（3-36）可以等价地转变为一个约束优化问题

$$\arg\min_{x,u} \frac{1}{2} \| y-Ax \|_2^2 + \lambda \Phi(u) \, \text{s. t. } u-x = 0 \tag{3-37}$$

从式（3-40）可以观察得到，变量分离技术虽然引入了一个辅助变量，但是它也解耦了目标函数中的前后两项。明确地说，通过变量分离，耦合项目转移到了约束条件中，这样我们可以通过下述的交替优化技术进行求解。具体来说，SALSA 求解上述优化问题的算法归纳如下：

1）初始化：$\mu>0$，d；

2）执行循环：

① $u \leftarrow \arg\min_u \lambda \Phi(u) + \frac{\mu}{2} \| u-x-d \|_2^2$

② $x \leftarrow \arg\min_x \frac{1}{2} \| y-Ax \|_2^2 + \frac{\mu}{2} \| u-x-d \|_2^2$

③ $d \leftarrow d-(u-x)$

直至收敛；

3）输出：x。

SALSA 是交替方向乘子法（Alternating Direction Method of Multipliers，ADMM）的一个特例。ADMM 算法整合了许多经典的优化思路，然后结合现代统计学中所遇到的问题，提出了一个相对比较好实施的分布式计算框架。ADMM 的框架的一个很明显的优点就是可以把一个较难的优化大问题分成可以分布式同时进行求解的多个小问题，并通过协调子问题的解而得到大的全局问题的解。

3.4.2　基于小波变换的稀疏特征提取技术

在纷繁复杂的机械观测信号中，如何摈弃无关的振动成分以及背景噪声，直接将揭示故障的有用特征用最稀疏的方式表达出来，是机械故障诊断的理想目标和研究难点。近年来在工程中得到广泛应用的傅里叶变换、短时傅里叶变换和小波变换等非平稳信号处理方法，其本质都是基于内积变换原理的特征波形基函数分解，探求与特征波形相匹配的基函数去处理信号，提取隐藏在信号中的稀疏故障特征信息。其中，基于小波的稀疏特征提取技术得到了国内外学者的广泛关注。2009 年，小波分析领域著名学者 Mallat 出版了专著《A Wavelet Tour of Signal Processing，Third Edition：The Sparse Way》，从稀疏的视角详细地阐述了小波作为一个成熟有效的信号处理工具在各个领域的应用[30]。构造与选择合适的小波基函数将直接影响对信号处理的效果。如果小波基函数与动态信号故障特征达到最佳匹配，则可以获得符合工程实际的稀疏故障特征信息。

在理想的特征提取分析中，小波的品质因子 Q（中心频率和带宽的比值）应该和待分析信号的振荡特性具有最佳匹配。例如，具有相对低 Q 的小波适合处理分段光滑的信号，而具有较高 Q 的小波则适合分析振荡信号。然而，传统离散小波变换小波基函数的品质因数是固定的，且其品质因子较低，因此传统离散小波变换能够实现分段光滑信号，如非振荡瞬态成分等的稀疏表示，然而传统离散小波变换难以实现高振荡成分的稀疏表示，限制了其应用。

综合连续小波变换与二进离散小波变换各自具有的优点，分数尺度伸缩离散小波变换（Rational Dilation Discrete Wavelet Transform，RDWT）可以作为一种令人满意的解决方法。2009 年，Bayram 和 Selesnick 提出了一种 RDWT 的频域构造特例，在频域上完成小波基的设计及其张成多尺度空间的划分网格，并命名为过完备分数尺度伸缩小波变换（Overcomplete RDWT，ORDWT)[31]。此后，Selesnick 于 2011 年提出了可调品质因子小波变换（TQWT），与 ORDWT 类似，TQWT 也是在频域进行构造，在频域上完成小波基的设计及其张成多尺度空间的划分网格，能够有效地解决小波基时域振荡特性的调节问题[32]。与 ORDWT 相比，TQWT 在概念上更加简单，操作起来也更加灵活。TQWT 理论的出现解决了小波的 Q 不能调节的问题，该小波可灵活地调节小波基函数的 Q，使小波的振荡特性与我们感兴趣的信号的振荡特性相匹配，这样可以增强信号表示的稀疏性。

TQWT 是一种结构化的设计方法，通过参数化设置可以决定小波基的全部性质。TQWT 的执行滤波器组与离散小波变换相似，采用迭代的双通道滤波器结构，它的滤波器组原型如图 3-22 所示。其中 LPS 和 HPS 分别代表低通尺度伸缩和高通尺度伸缩，尺度参数分别为 α 和 β。具体地，TQWT 执行时所用的低通和高通滤波器分别如图 3-23a 和图 3-23b 所示。假设原始输入离散信号的采样频率为 f_s，对于 TQWT 中的低通滤波通道，其输出信号的采样频率为 αf_s。因此，低通尺度参数 α 的大小决定了最终输出信号的采样频率。

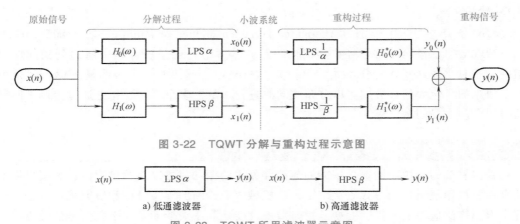

图 3-22　TQWT 分解与重构过程示意图

图 3-23　TQWT 所用滤波器示意图

　　TQWT 是在频域上完成小波基的设计及张成多尺度空间的划分网格，它的控制参数不仅影响小波滤波器组的变采样结构，也决定了小波基的时域振荡特性。为实现 TQWT 的完美重构，TQWT 中低通滤波器和高通滤波器的频率响应 $H_0(\omega)$ 和 $H_1(\omega)$ 分别为

$$H_0(\omega) = \begin{cases} 1, & |\omega| \le (1-\beta)\pi \\ \theta\left(\dfrac{\omega+(\beta-1)\pi}{\alpha+\beta-1}\right), & (1-\beta)\pi < |\omega| < \alpha\pi \\ 0, & \alpha\pi \le |\omega| \le \pi, \end{cases} \tag{3-38}$$

$$H_1(\omega) = \begin{cases} 0, & |\omega| \le (1-\beta)\pi \\ \theta\left(\dfrac{\alpha\pi-\omega}{\alpha+\beta-1}\right), & (1-\beta)\pi < |\omega| < \alpha\pi \\ 1, & \alpha\pi \le |\omega| \le \pi, \end{cases} \tag{3-39}$$

其中，

$$\theta(\omega) = \frac{1}{2}(1+\cos\omega)\sqrt{2-\cos\omega}, \ |\omega| \le \pi \tag{3-40}$$

　　函数 $\theta(\omega)$ 源于具有 2 阶消失矩的 Daubechies 规范正交基，用于构造低通滤波器 $H_0(\omega)$ 和高通滤波器 $H_1(\omega)$ 的过渡带，并满足完美的重构条件 $|H_0(\omega)|^2 + |H_1(\omega)|^2 = 1$。

　　TQWT 概念简单、操作灵活，其主要有三个控制参数：品质因子 Q，冗余度 r 和分解层数 J。品质因子 Q 反映了小波基的振荡特性，其值的设定需要满足 $Q \ge 1$。对于高 Q 值的 TQWT，小波具有更多的振荡次数，即包含了更多的振荡周期。这些特性使高 Q 值 TQWT 适合分析振荡信号。对于低 Q 值的 TQWT，小波基则具有较少的振荡次数，包含了较少的振荡周期，更适合提取信号中的瞬态冲击成分。在频率分辨率上，TQWT 遵循小波变换的分解思想，即对低频尺度不断细化分割而保留高频尺度不变。冗余度 r 为 TQWT 小波系数长度与待分析信号长度的比值。冗余度 r 的值必须严格大于 1。为了能够使得小波基具有较好紧支性，推荐使用 $r \ge 3$ 的冗余度。

　　TQWT 作为小波理论的新发展，其良好的稀疏表示特性在工程实用中的研究引起了学者们的关注。2013 年，西安交通大学的陈雪峰教授等人将 Selesnick 教授提出的基于信号振荡属性的稀疏分解方法应用到齿轮箱故障特征的分离中，利用两个具有不同品质因子的 TQWT

小波变换作为冗余字典，通过稀疏优化技术实现了齿轮箱啮合成分和瞬态冲击成分的非线性分离[33]。2014年，上海交通大学的陈进教授等人分别构造了具有高、低品质因子的 TQWT 小波基函数用于实现转子早期动静碰摩信号中工频成分与瞬态冲击成分的有效分离[34]。2015年，湖南大学的于德介等人提出了基于信号共振稀疏分解和 TQWT 的滚动轴承故障诊断方法，该方法能够有效提取轴承信号中的故障冲击成分[35]。近年来，西安交通大学的訾艳阳教授等人对 TQWT 理论在机械故障诊断中的应用进行了深入研究，分别提出了基于 TQWT 的相邻系数降噪方法和基于 TQWT 的重叠簇稀疏降噪方法，并在工程应用中取得了满意的效果[36,37]。同时，訾艳阳教授等人对自动构造和优选最佳匹配故障特征的超小波结构化字典学习方法进行探索，提出了冲击故障特征周期性稀疏导向的超小波构造技术，该方法可以实现轴承故障的自动高效识别，并在电机轴承等故障诊断案例中验证了其有效性[38]。

3.4.3 小波稀疏特征提取技术在机械故障诊断中的应用案例

近年来基于小波变换的稀疏特征提取技术在机械故障诊断应用方面展现出明显的优势，并取得了显著的成就。本节将引入两个工程实际案例验证基于小波变换的稀疏特征提取技术在轴承稀疏故障特征提取及齿轮箱故障特征分离方面的有效性。

应用案例1：轴承故障特征自适应提取

风力发电已经是世界上公认的最接近商业化的可再生能源技术之一，然而风力发电机组多安装在高山、海滩、荒野及海岛等风口处，常年经受着无规律的变向变负荷风力作用、强烈阵风的冲击和严寒酷暑极端温差的影响，从而导致其故障频发。因此，风电机组的状态监测和故障诊断是保证机组能够长期稳定运行和安全发电的关键。某风力发电机结构由三相感应发电机、冷却箱和单级行星齿轮箱组成。齿轮箱的前后支撑都是深沟球类型的轴承，型号为6324。采用加速度传感器对该风电机组进行监测，数据采集中，采样频率设为12.8 kHz。如图3-24所示为发电机组中发电机前轴承振动信号。根据此时的脉冲键相信号计算可得该时

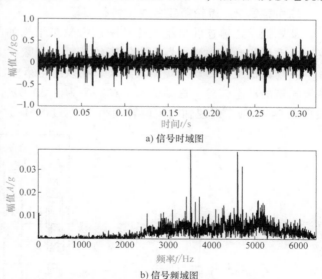

a) 信号时域图

b) 信号频域图

图3-24 振动信号的时域波形及其频域波形

刻风机的工作转速均值为 1501.20 r/min，即转频 $f_r = 25.02$ Hz。根据转速和发电机前、后轴承参数，计算得到该时刻轴承内圈故障特征频率为 $f_i = 121$ Hz。

振动信号的时域信号存在着强弱不等的冲击波形，但由于大量背景噪声的干扰，使得这些冲击的规律性和特征性不明显。其频域信号中，高频成分较为丰富。采用基于 TQWT 的周期稀疏导向超小波技术对该数据进行处理。发现根据发电机轴承内圈故障特征频率计算的

⊖ 图3-24，图3-25中纵坐标轴中的 g 为重力加速度。

超小波时冲击特征幅值权重十分突出。如图 3-25 所示为特征提取结果，在提取得到的特征波形图中可以发现以 0.04 s（对应的频率为 25 Hz）为时间间隔的强烈冲击单元。该特征对应于该时刻风机的转频信息。如图 3-25b 所示的包络谱中可以发现，内圈故障特征频率 f_i 及其各次谐波特征被很好地提取出来，同时在故障特征频率两侧存在着明显的以转频为间隔的边频带特征。此处，提取结果的包络谱中内圈故障特征频率的谱峰近似为 125 Hz，与理论计算结果 f_i = 121 Hz存在一定的偏差，该频率偏

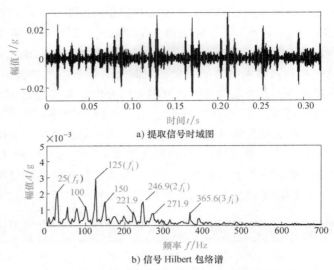

a) 提取信号时域图

b) 信号 Hilbert 包络谱

图 3-25　周期稀疏导向超小波特征提取结果

差主要由随机滑差、转速波动和频谱分辨率较低等因素所导致。诊断信息表明电机的轴承内圈可能存在局部损伤，在之后的拆检中也验证了该推论。

应用案例 2：齿轮箱复合故障特征提取

某炼钢厂连铸连轧机组主传动减速齿轮箱结构如图 3-26 所示，该齿轮箱由两台串联的直流电动机驱动，主减速器为单级齿轮传动，齿数比为 22：65。在对该机组进行监测的过程中发现该机组主传动系统振动异常。在该齿轮箱外部安装速度传感器，采集机组运行过程中齿轮箱的动态信号。振动信号采样频率为 5120 Hz。经过计算，该减速箱高速轴小齿轮转频是 4.5455 Hz，低速轴大齿轮转频则为 1.5385 Hz。

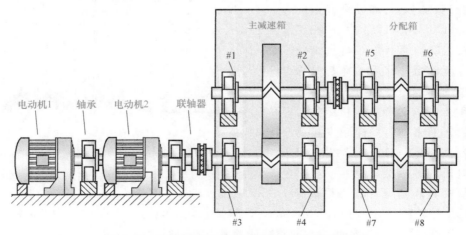

图 3-26　连铸连轧机组主传动减速齿轮箱结构图

如图 3-27 所示为 4 号传感器上采集到的振动信号的时域波形及其频谱图，信号长度为 4096。从时域波形中可以看到较明显的周期为 0.2207 s 的冲击成分，这与小齿轮的转频一致。频谱图中主减速器齿轮的啮合频率及其倍频较为明显，但通过频谱图难以直接观察到明显的故障信息。

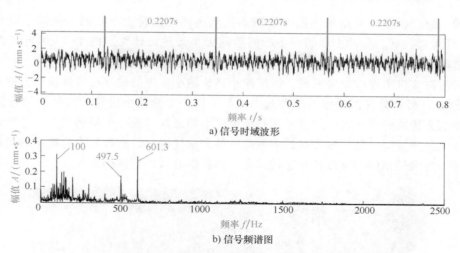

a) 信号时域波形

b) 信号频谱图

图 3-27 齿轮箱振动信号及其频谱图

　　利用基于信号振荡属性的稀疏分解方法对采集到的振动信号进行分解并提取信号中有用的故障特征信息。在该振动信号的分析过程中，高 Q 小波变换的品质因数和冗余度分别为 $Q_H = 8$，$r_H = 12$；低 Q 小波变换的品质因数和冗余度则为 $Q_L = 2$，$r_L = 3$。高 Q 小波变换的分解层数 J_H 为 197，低 Q 小波变换的分解层数 J_L 为 12。参数 θ_H 和 θ_L 分别为 0.99 和 1.26。经过 200 步分裂增广拉格朗日收缩算法迭代得到的分解结果如图 3-28 所示。如图 3-28b 所示为分解后得到的低振荡分量，图 3-28b 中出现了两组强弱不同的交替性周期冲击成分 I_1 和 I_2，且强冲击成分 I_1 和弱冲击成分 I_2 的周期均为 0.2207 s，这刚好与连轧机组主减速器小齿

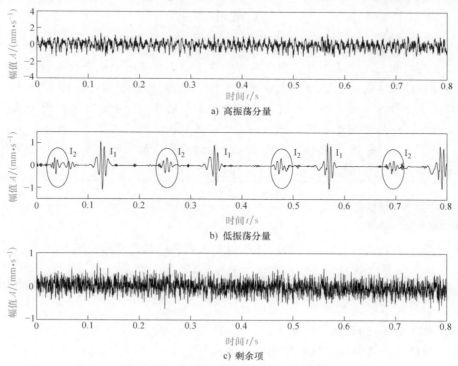

a) 高振荡分量

b) 低振荡分量

c) 剩余项

图 3-28 齿轮箱振动信号及其频谱图

轮的转频一致。根据分析结果，可以推测该主减速器小齿轮上存在两处故障。此外，从图3-28b 中还可以发现，强冲击和弱冲击的间隔约为小齿轮旋转周期的 1/3，因此可判断这两处局部故障之间的距离约为小齿轮圆周的 1/3，即约相隔 8 至 10 个齿。

一周后对该机组停机检修发现，该齿轮箱高速轴小齿轮的确存在两处损伤，损伤照片如图 3-29 所示。且两处局部故障相距大约 1/3 个圆周。齿轮箱小齿轮的实际故障位置和损伤情况与本文方法的分析结果一致，尤其是小齿轮上两处局部故障的损伤位置与分析结果非常吻合。以上分析表明，基于振荡属性的稀疏分解方法能够有效地提取齿轮箱中的周期性瞬态冲击成分，为齿轮箱的故障诊断与运行状态评估提供有效的特征提取方法。

a) 损伤 I_1

b) 损伤 I_2

图 3-29　减速齿轮箱小齿轮损伤照片

本 章 小 结

本章重点介绍了机械故障诊断的内积变换原理，并逐一分析了常见的几种信号处理方法的基函数及内积表述；基于数字仿真实验验证了小波变换的内积变换原理本质；以空气分离压缩机齿轮箱端面夹板碰摩故障分析为案例，基于 Morlet 小波和 Hermitian 小波基函数对振动信号分析结果的差异，说明了适当的基函数选择对于小波信号处理与故障特征提取的重要意义；介绍了基于小波变换的稀疏特征提取技术及其工程应用案例，数据分析结果表明：如果小波基函数与动态信号故障特征达到最佳匹配，则可以获得符合工程实际的稀疏故障特征信息。

思考题与习题

3-1　为什么要从内积变换的角度来认识常见的几种信号处理方法？

3-2　如何选择合适的信号处理方法？

3-3　小波变换的物理本质是什么？

3-4　如何理解小波变换的多分辨思想？

3-5　简述 Hermitian 小波的特点。

3-6　稀疏特征提取对机械故障诊断的意义是什么？

参 考 文 献

［1］　何正嘉，袁静，訾艳阳.机械故障诊断的内积变换原理与应用［M］.北京：科学出版社，2012.

［2］　袁静，何正嘉，訾艳阳.机械故障诊断的内积变换原理与多小波特征提取方法研究［J］.机械工程学报，2013，(4)：147-147.

［3］　GABOR D. Theory of communication［M］New York：Dover Publications，1946.

［4］　CHUI C K，HEIL C. An Introduction to Wavelets［J］. Wavelet Analysis & Its Applications，1992，1 (2)：50-61.

［5］　张贤达，保铮.非平稳信号分析与处理［M］.北京：国防工业出版社，1998.

［6］　杨福生.小波变换的工程分析与应用［M］.北京：科学出版社，1999.

［7］　RIOUL O. Wavelet and Signal Processing［J］. IEEE Sigprocmagazine，1991，8.

［8］　HOLM-HANSEN B T，GAO R X. Customized Wavelet for Bearing Defect Detection［J］. Journal of Dynamic Systems Measurement & Control，2004，126 (4)：740-745.

［9］　TSE P W，YANG W X，TAM H Y. Machine fault diagnosis through an effective exact wavelet analysis［J］. Journal of Sound & Vibration，2004，277 (4)：1005-1024.

［10］　GROSSMANN A. Wavelet Transforms and Edge Detection［M］. Berlin Springer Netherlands，1988.

［11］　SZU H H，HSU C C. Hermitian hat wavelet design for singularity detection in the Paraguay river-level data analyses［J］. Proceedings of SPIE - The International Society for Optical Engineering，1997：96-115.

［12］　MALLAT S，HWANG W L. Singularity detection and processing with wavelets［J］. IEEE Transactions on Information Theory，2002，38 (2)：617-643.

［13］　MALLAT S G，ZHANG Z. Matching pursuits with time-frequency dictionaries［J］. IEEE Trans on Signal Processing，1993，41 (12)：3397 - 3415.

［14］　褚福磊.机械故障诊断中的现代信号处理方法［M］.北京：科学出版社，2009.

［15］　CHEN S S，DONOHO D L，SAUNDERS M A Atomic decomposition by basis pursuit［J］. Siam Journal on Scientific Computing，1998，20 (1)：33-61.

［16］　DONOHO D L. Compressed sensing［J］. IEEE Transactions on Information Theory，2006，52 (4)：1289-1306.

［17］　CANDES E J，WAKIN M B. An introduction to compressive sampling［J］. IEEE signal processing magazine，2008，25 (2)：21-30.

［18］　甘萌.信号的稀疏表达在滚动轴承故障特征提取及智能诊断中的应用研究［D］.合肥：中国科学技术大学，2017.

［19］　张宏乐，李凤莲，张雪英.一种基于新型 BDS 模型的语音信号字典构造方法［J］.微电子学与计算机，2017，34 (1)：30-34.

［20］　ELAD M. Sparse and Redundant Representations：From Theory to Applications in Signal and Image Processing［M］. New York：Springer Publishing Company，Incorporated，2010.

［21］　MAIRAL J，BACH F，PONCE J，et al. Online dictionary learning for sparse coding［C］. Montreal，Quebec，Canada：International Conference on Machine Learning，ICML 2009，2009：689-696.

［22］　PATI Y C，REZAIIFAR R，KRISHNAPRASAD P S：Orthogonal matching pursuit：recursive function approximation with applications to wavelet decomposition［C］. Pacific Grove，CA，：Proceedings of 27th Asilomar Conference on Signals，Systems and Computers，1993：40-44.

［23］　NEEDELL D，TROPP J A. CoSaMP：iterative signal recovery from incomplete and inaccurate samples［J］.

Applied & Computational Harmonic Analysis, 2009, 26 (3): 301-321.

[24] NEEDELL D, VERSHYNIN R. Uniform Uncertainty Principle and Signal Recovery via Regularized Orthogonal Matching Pursuit [J]. Foundations of Computational Mathematics, 2009, 9 (3): 317-334.

[25] DONOHO D L, TSAIG Y, DRORI I, STARCK J L Sparse Solution of Underdetermined Systems of Linear Equations by Stagewise Orthogonal Matching Pursuit [J]. IEEE Transactions on Information Theory, 2012, 58 (2): 1094-1121.

[26] EWOUT V D B, FRIEDLANDER M P. Probing the Pareto Frontier for Basis Pursuit Solutions [J]. Siam Journal on Scientific Computing, 2008, 31 (2): 890-912.

[27] WEI L, VASWANI N. Modified Basis Pursuit Denoising (modified-BPDN) for noisy compressive sensing with partially known support [C]: IEEE International Conference on Acoustics Speech and Signal Processing, 2010: 3926-3929.

[28] GILL P R, WANG A, MOLNAR A. The In-Crowd Algorithm for Fast Basis Pursuit Denoising [J]. IEEE Transactions on Signal Processing, 2011, 59 (10): 4595-4605.

[29] AFONSO M V, BIOUCASDIAS J M, FIGUEIREDO M A. Fast Image Recovery Using Variable Splitting and Constrained Optimization [J]. IEEE Trans Image Process, 2010, 19 (9): 2345-2356.

[30] MALLAT S. A Wavelet Tour of Signal Processing, Third Edition: The Sparse Way [M]. Cambridge: Academic Press, 2008.

[31] BAYRAM I, SELESNICK I W. Frequency-Domain Design of Overcomplete Rational-Dilation Wavelet Transforms [J]. IEEE Transactions on Signal Processing, 2009, 57 (8): 2957-2972.

[32] SELESNICK I W. Wavelet Transform With Tunable Q-Factor [J]. IEEE Transactions on Signal Processing, 2011, 59 (8): 3560-3575.

[33] CAI G, CHEN X, HE Z. Sparsity-enabled signal decomposition using tunable Q-factor wavelet transform for fault feature extraction of gearbox [J]. Mechanical Systems & Signal Processing, 2013, 41 (1-2): 34-53.

[34] 王宏超，陈进，董广明，霍柏琦，胡旭钢，朱淼. 可调品质因子小波变换在转子早期碰摩故障诊断中应用 [J]. 振动与冲击，2014, 33 (10): 77-80.

[35] 张顶成，于德介，李星. 滚动轴承故障诊断的品质因子可调小波重构方法 [J]. 航空动力学报，2015, 30 (12): 3051-3057.

[36] HE W, CHEN B, ZI Y. Enhancement of fault vibration signature analysis for rotary machines using an improved wavelet-based periodic group-sparse signal estimation technique [J]. ARCHIVE Proceedings of the Institution of Mechanical Engineers Part C Journal of Mechanical Engineering Science 1989-1996 (vols 203-210), 2017: 095440621769735.

[37] WANGPENG H E, YANYANG Z I, CHEN B Q, et al. Tunable Q-factor wavelet transform denoising with neighboring coefficients and its application to rotating machinery fault diagnosis [J]. Science China, 2013, 56 (8): 1956-1965.

[38] HE W, ZI Y, CHEN B, et al. Automatic fault feature extraction of mechanical anomaly on induction motor bearing using ensemble super-wavelet transform [J]. Mechanical Systems & Signal Processing, 2015, 54: 457-480.

第4章

大数据驱动的智能故障诊断

学习要求：

了解工业大数据的背景、概念与特点，以及工业大数据驱动的智能故障诊断框架。掌握大数据质量改善、大数据健康监测和大数据智能诊断的基本流程和典型方法。结合实际应用案例加深对大数据健康管理技术的理解和认知。

基本内容及要点：

1. 工业大数据的背景、概念与特点；工业大数据驱动的智能故障诊断框架。

2. 工业大数据质量对机械设备健康监测及智能诊断的重要意义；影响数据质量的干扰因素；数据质量改善的流程步骤：包括检查数据源及优化传感器布置、数据规整、建立工业大数据评价准则及脏数据库、数据清洗、数据填充和数据质量增强。

3. 大数据健康监测的背景；基于故障阈值的大数据健康监测；基于智能模型的大数据健康监测。

4. 大数据智能诊断的内涵与任务；基于浅层模型的大数据智能诊断；基于深度学习的大数据智能诊断。

5. 大数据健康管理案例。

大数据作为新时代的产物，是大信息、大知识的载体，大数据的出现为智能故障诊断带来了新的机遇和挑战。那么，如何利用大数据进行智能故障诊断呢？首先，需要对采集的数据进行质量改善，夯实数据基础。然后利用智能模型等方法分析这些改善后的数据，实现健康监测与故障诊断。而要完成这些工作，需要掌握哪些知识呢？让我们开始这部分知识的学习，本章结构如图 4-1 所示。

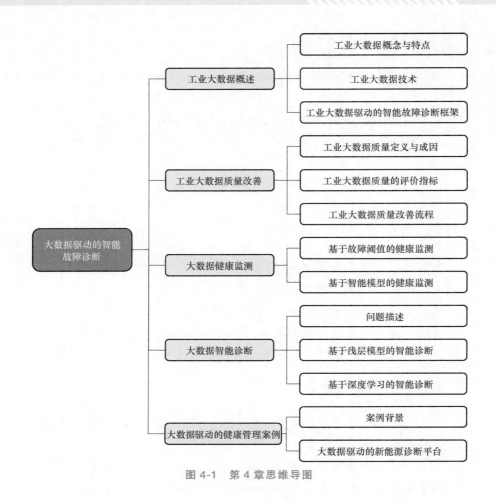

图 4-1　第 4 章思维导图

4.1　工业大数据概述

　　随着新一代互联网、物联网等信息技术的迅猛发展，现代社会已经进入信息高速流通、交互日益密切的时代，而"大数据"就是这个时代的产物。据统计，全球所掌握的数据，每两年就会翻倍，至 2020 年，全球的数据量将达到 40ZB，其中我国数据占有量将达到 20%[1,2]。大数据是大信息、大知识的载体，利用大数据分析方法，不仅能够总结经验、发现规律、预测趋势、辅助决策，以及充分释放海量数据资源中蕴含的巨大价值，更可以推动新一代信息技术与各行业的深度融合、交叉创新[3]。因此，大数据受到了各国的热切关注，并且各国相继制定出台了大数据发展的战略性指导文件。如：美国政府投资 2 亿美元启动"大数据研究和发展计划"，认为数据是"未来的新石油"，将大数据上升到国家战略层面[4]；我国于 2015 年印发《促进大数据发展行动纲要》，其中明确指出数据是国家的基础性战略资源，并引导和鼓励各个领域在大数据分析方法及关键应用技术等方面开展探索性研究[2]。

　　在机械领域，新工业革命迎面扑来。随着"中国制造 2025"与德国"工业 4.0"规划的提出，制造业迎来了新的机遇与挑战，机械设备逐渐走上高端化、复杂化、自动化与智能化发展的道路。无论是"中国制造 2025"还是"工业 4.0"，机械设备始终是制造业发展的根基[5]。因此，在大数据时代，以工业大数据分析为基础，对机械设备进行智能故障诊断，实时掌握机械设备的健康状态信息，为机械设备的智能运行维护提供依据，最终保障机械设备的安全高效服役，是中国制造业快速发展的重要研究方向[6]。本章以大数据驱动的机械设备智能故障诊断为主题，首先介绍工业大数据的概念，然后分别介绍大数据质量改善、健康监测和智能诊断等方面的内容，最后展示大数据健康管理的案例。

4.1.1　工业大数据概念与特点

工业大数据通常指机械设备在工作状态中，实时产生并收集的涵盖操作情况、工况状态和环境参数等体现设备运行状态的数据，即机械设备产生的并且存在时间序列差异的大量数据，主要通过多种传感器、设备仪器仪表采集获得。该数据贯穿于机械工艺、生产、管理、服务等各个环节，使机械系统具备描述、诊断、预测、决策、控制等智能化功能的模式，但无法在可承受的时间范围内用常规技术与手段对数据内容进行抓取、管理、处理和服务[5]。如图 4-2 所示，工业大数据的兴起主要由内、外两方面原因决定。在外因方面，随着传感器技术和通信技术的进步，获取机械设备实时监测数据的成本已经不再高昂，再加上嵌入式系统、低耗能半导体、处理器和云计算等技术的兴起，分析计算能力也相应地大幅提升。这些因素使得我们具备了实时监测、及时处理工业大数据的能力。在内因方面，机械设备在性能上向高精度、高效率、高质量和智能化的方向发展，在功能上向精密化、大型化和多功能方向发展，在层次上向系统化、综合集成化的方向发展，设备的结构复杂性与功能耦合性决定了微小的故障可能引起连锁反应[7]，导致设备无法安全可靠的运行，这些内部因素要求对机械设备进行全面实时的监测。

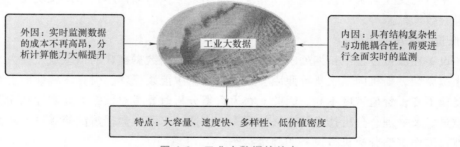

图 4-2　工业大数据的特点

由于需要监测的设备群规模大、每台设备需要的测点多、设备从开始服役到寿命终止的数据收集历时长，所以获取了海量的监测数据，推动故障诊断领域进入了"大数据"时代。因此，大数据驱动的设备智能故障诊断是制造业不断发展的必然结果，而工业大数据也加强了人与设备之间的联系，使得在生产过程中机械设备的健康状态变得透明。

从一般意义上讲，工业大数据具有大数据的"4V"特性[8]：

1.　大容量（Volume）

随着机械设备监测数据的持续采集，数据积累到 PB 级以上，依靠运维专家和专业技术人员手动分析很不现实，需要借助大数据方法与技术进行自动分析，提升处理能力和效率，并支持状态感知、分析、反馈、控制和管理等闭环场景下设备的动态持续调整和优化。例如：所有的劳斯莱斯引擎，不论是飞机引擎、直升机引擎还是舰艇引擎，都配备了大量传感器，用来采集引擎的各部件、各系统和各子系统的数据，这些数据通过特定算法，进入引擎健康管理模块的数据采集与分析系统中。在一台引擎中，总共约有 100 个传感器，每年利用卫星传送着 PB 级的数据，并产生约 5 亿份诊断报告。

2. 速度快（Velocity）

工业大数据贯穿于设备生产制造和产品运维的各个环节，为实时追踪设备从早期设计、制造、调试到后期服役、监测、维护各时期的状态，要求设备监测的数据收集速度足够快。例如：昆仑数据与金风科技协作建立风电设备的大数据平台以应对装机容量和控制精益化要求的提高，每台风机的数据测点从最初的十几个增长到如今近五百个，数据回传频率从秒级提高到每秒 50 组的高频，峰值状态下 2 万台风机每秒会产生逾千万条、每天新增容量近 1 TB 的传感器数据和机组运行日志数据。此外，机械设备各部分紧密关联，微小故障就可能快速引起连锁反应导致设备受损，要求数据分析处理的速度快，如果故障发生之后再进行预警，则分析结果已经失去了意义。

3. 多样性（Variety）

工业大数据来源广泛且分散，类型多样且异构，涵盖了多种设备在不同工况下的多物理源所辐射出的大量监测信息，分别从多个角度反映了设备的各种健康状态信息，为全面分析设备状态提供了可能。例如：北科亿力科技有限公司建立的炼铁大数据平台，其主要包括物联网机器数据与内部核心业务数据。物联网机器数据涉及炼铁 PLC 生产操作数据和工业传感器产生的检测数据和现场的各类就地仪表的数据等，目前已接入了约 200 座高炉的数据，每个高炉约有 2000 个数据点，每天数据大小约为 40 G；内部核心业务数据涉及 LIMES 系统的检化验数据、MES 系统的生产计划数据、DCS 系统的过程控制数据、ERP 系统的成本设备数据、用户的交互需求数据、模型计算及分析结果形成的知识库数据以及现场实际生产过程中的经验数据信息等。

4. 低价值密度（Value）

机械设备在服役过程中长期处于正常工作状态，监测数据蕴含的信息重复性大，加之设备数据来源庞杂、随机因素干扰等原因，工业大数据中混杂漂移、失真、残缺的脏数据，导致数据良莠不齐，价值密度不高。因此，在大数据分析时要考虑数据的真实性和完整性，关注数据质量以及处理、分析技术和方法的可靠性。通过工业大数据清洗等算法，对数据价值进行提纯，进而准确分析机械设备的健康状态。

工业大数据的特性促使故障诊断在现有基础上做出转变，并将带来前所未有的机遇。学术思维上，由以观察现象、积累知识、设计算法、提取特征和分析决策为主线的传统学术思维转向以机理为基础、数据为中心、计算为手段和智能数据解析与决策为需求的新学术思维；研究对象上，由针对齿轮、轴承、转子等机械设备关键零部件的单层次监测诊断转向针对各零部件相互作用、多故障相互耦合的整机设备或复杂系统的多层次监测诊断；分析手段上，由人为选择可靠数据、采用信号处理方法提取故障微弱特征的切片式分析手段转向多工况交替变换下、多随机因素影响下智能解析故障整个动态演化过程的全局分析手段；诊断目标上，由准确及时识别机械故障萌生与演变，减少或避免重大灾难性事故发生转向利用大数据全面掌控机械设备群健康动态，整合资源进行智能维护，优化生产环境，保障生产质量，提高生产效率。

总而言之，工业大数据已经成为揭示机械故障演化过程及本质的重要资源，数据量的规模、解释运用的能力也将成为机械故障诊断最为重要的部分。因此，针对工业大数据的特点，利用工业大数据技术将大数据资源这样的"石油"提炼成切实可用的"汽油、柴油"等，是将大数据转换为"生产力"的关键。

4.1.2　工业大数据技术

工业大数据技术是使工业大数据中所蕴含的价值得以挖掘和展现的一系列技术与方法的总称，涵盖工业数据采集、存储、预处理、分析挖掘和可视化等。就目前发展而言，工业大数据技术仍面临诸多挑战：一方面，传统的面向关系型结构化数据的存储与管理方法，已经无法满足海量、多类非结构化工业数据的存储与分析需求；另一方面，数据价值的时间曲线是衰退的，即随着数据获取时间的推移，能够挖掘的数据价值也在衰减，而传统的集中式计算难以满足海量数据的高效计算需求。分布式系统相关技术的不断发展，为解决工业大数据的存储、管理与计算问题提供了契机和希望[9]。Hadoop 作为分布式系统基础架构的代表，其框架的核心是基于分布式文件系统（Hadoop Distributed File System，HDFS）和 MapReduce 的分布式批处理计算框架，支持工业高实时性采集、大数据量存储及快速检索，为海量数据的查询检索、算法处理提供了性能保障。同时，研究人员针对 Hadoop 在不同的计算引擎之间进行资源的动态共享比较困难、迭代式计算性能较差等问题，又相继研发了交互式计算框架 Spark、流式处理框架 Storm 等新的分布式计算框架，这些计算框架配合 Hadoop 生态系统，可适用于搭建本地计算平台或者云平台，满足不同的工业大数据应用场景。基于分布式系统，工业大数据技术的框架可进行如图 4-3 所示的总结。

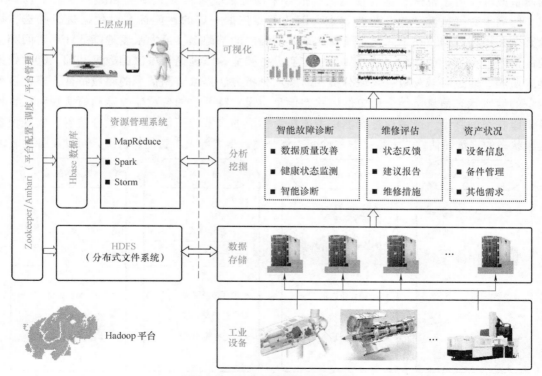

图 4-3　工业大数据技术的框架

工业大数据技术的研究与突破，旨在从复杂的数据集中发现新的模式和知识，挖掘得到有价值的新信息，从而促进企业的产品创新、提升企业的经营水平以及生产动作效率。其中，工业大数据驱动的智能故障诊断是发掘这些新模式和新知识的重要环节。

4.1.3 工业大数据驱动的智能故障诊断框架

大数据时代的来临打破了事件之间因果关系的固定格局，使相关关系的可用性浮出水面[10]。大数据中因果关系是指：当一个作为原因的数据变化时，另一个作为结果的数据在一定程度发生变化，这两个数据存在着必然联系。相关关系是指当一个数据变化时，另一个数据也可能随之变化，不论这两个数据是否有必然联系，相关关系背后的数学描述都是直接的、可视的，可以借助计算技术和数据分析工具轻易地获取数据间的这一关系。快速清晰的相关关系使得数据挖掘在工业大数据中更为实用。例如，在汽车发动机上安装用于测量机箱温度、承压、振幅和发音频率的传感器，之后将传感器收集到的数据传至微型电脑进行分析。通常，发动机在发生故障前，都会先出现一些异常情况，如机箱过热、引擎发出嗡嗡声等。将传感器全面收集到的相关数据与历史上的正常数据进行对比，即可预测出发动机有可能发生的故障。适当地放弃"因果"，将关注点转为"相关"，有助于我们更迅速、更全面地把握事件的发生，我们可以从"出现问题—逻辑分析—找出原因"的事后补救模式转换到"收集数据—预测问题—解决问题"的主动预警模式。工业大数据的智能故障诊断正是一种大数据相关关系分析方法。

如图4-4所示，工业大数据驱动下智能故障诊断框架主要由以下3方面构成[8]：①大数据质量改善。由于机械数据规模庞大、信号来源分散、采样形式多变和随机因素干扰等原因，监测大数据呈现"碎片化"特点，因此需要依据一定的性能标准对数据进行筛选，剔除冗余和噪声数据，在不降低甚至提高某方面性能的基础上，最大限度地降低计算时间和空间的消耗，提高机械大数据的可靠性，夯实设备智能诊断理论与方法的数据基础。②大数据健康监测。通过时域分析、频域分析和时频域分析方法提取监测信号的多域特征，表征监测设备的健康状态信息。结合历史健康状态信息，设置特征值的自适应故障阈值实现对机械设备健康状态的判定，或者通过智能模型方法对提取的多域特征信号进行融合映射，实现设备健康状态的定量评估。③大数据智能诊断。将分类、聚类等人工智能算法引入机械设备的故障

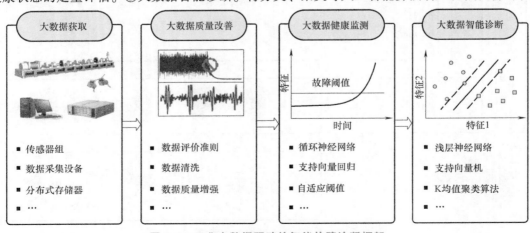

图 4-4　工业大数据驱动的智能故障诊断框架

诊断中，对设备故障信息进行知识挖掘，获得与故障有关的诊断规则，准确识别设备的故障状态，以便制订维修策略保障设备健康运行。近些年，在人工神经网络基础上发展起来的深度学习技术，逐渐展现出其在处理大数据方面的独特优势。由于增加了隐层单元，多层神经网络比感知机具有更灵活且更丰富的表达力，可以用于建立更复杂的模型，以深刻揭示海量数据里所隐含的复杂而丰富的信息，从而得到更为精准的诊断结果。

4.2　工业大数据质量改善

工业大数据时代的到来为准确监测与诊断机械设备的健康状态带来了无限可能。但机械设备所处的工作环境常常十分恶劣，导致设备监测大数据中混杂漂移、失真、残缺的脏数据，影响数据质量。正所谓"垃圾进，垃圾出"，如果基于这些脏数据建立相关的健康监测与智能诊断模型，可能会对设备的健康状态进行误判，制定出错误的运维策略。此外，低质量数据的存储占据大量存储空间，且加剧了数据分析的计算负荷，降低了分析效率。因此，在分析工业大数据之前，需要对工业大数据质量进行改善。工业大数据质量改善旨在借助统计、聚类等算法剔除脏数据，提高数据质量，为大数据健康监测和大数据智能诊断夯实数据基础。

4.2.1　工业大数据质量定义与成因

工业大数据质量受人、机、环境交互作用，用以描述获得数据与所监测设备健康状态的相关程度。大数据质量问题贯穿于大数据分析整个过程，要进行机械监测大数据质量改善，需准确把握引起数据质量下降的常见因素，导致大数据质量下降的常见原因如下：

1）传感器采样频率不同导致的传输信号时间尺度不一致及多物理源信号采集引起的结构化、非结构化和半结构化数据混合存储，使得工业大数据具备不均匀采样性、多时间尺度特性和多种格式混杂等特点[11]。如：煤炭大数据不仅包括"采掘机运通排"控制系统采集的结构化生产过程数据，还涵盖了以生产环境在线监测为主的视频图像、语音，以及规章制度、应急案例文本等非结构化数据。煤炭工业通常采用分层次运行方式，采集的时间序列数据既有高维且快速动态流动的压力、流量等过程数据，又有低速、不均匀采样的灰分、硫分等指标数据[12]，这些大数据一致性较低，不能直接进行分析。

2）机械设备实际作业环境恶劣、测试环境受随机干扰因素影响，监测信号中难免夹杂各种噪声、异常波动，致使机械设备的健康状态信息易被环境噪声等信息淹没。这些与机械设备健康状态无关的噪声和异常数据极大地降低了大数据的价值密度，损害了后续大数据分析的准确性，需要利用行之有效的方法对其进行清洗。

3）当传感器未进行校准、发生故障或者超出其额定使用寿命时，如再使用该传感器进行采集将会引起数据缺失、数据漂移等异常，导致数据不完整、不准确[13,14]。如风机在运行监测过程中，受传感器故障、表计误差等影响而生成的异常数据段，被系统误判为越限、功率波动梯度过大等故障，产生过度维护[15]。此外，数据传输过程中，电缆故障、传输通道数据遗漏、拥堵等也是数据不完整、不准确以及时效性低的主要影响因素[16]。

4.2.2　工业大数据质量的评价指标

工业大数据质量的评价指标主要包括[17]：

1．准确性

指数据与所描述机械设备健康状态的一致程度，是数据能否客观反映设备健康状态的一个重要指标。大数据准确性贯穿数据的采集、预处理、分析和显示等各个环节。

2．完整性

指监测数据采集的完整性，涵盖数据采集时间段完整性、多源信号完整性和数据值无缺失等。监测数据不完整，导致数据中蕴含的设备健康信息不全，从而通过数据分析所制定的运维策略难以保障设备服役周期内的健康运行。

3．一致性

机械设备监测大数据涉及多物理源信号，如振动信号、声发射信号和温度信号等，不同信号的数据存储结构、采样频率等存在差别，为大数据分析带来难度。因此，需要采用在尺度和维度等方面的数据规整算法，从而提高数据一致性。

4．时效性

数据时效性越高，则数据分析结果越能反映设备当前的运行状态。超出一定时间范围的大数据分析结果，对制定相关运行策略的指导价值将会下降。因此，数据需要持续更新、及时更新且采样周期间隔要满足分析的需要[18]。

4.2.3 工业大数据质量改善流程

工业大数据质量改善流程图如图 4-5 所示，主要包括五个步骤：

1．检查数据源及优化传感器布置

数据采集硬件完好与传感器布置合理是数据质量改善的前提。重点检查并确保传感器、电缆和采集设备等硬件运行完好，根据机械设备的具体情况优化传感器布置，使传感器能够全面捕捉机械健康状态信息，从数据源头保障大数据质量。

2．数据规整

工业大数据的规模庞大、信号来源分散、采样形式多变以及受随机干扰等影响，使工业大数据呈现"碎片化"的特点。因此，针对多物理源信号，需要分别进行重采样、尺度与维度转换、统一数据格式等相关数据的规整工作和对命名冲突、结构冲突等相关数据的修正工作，以提高数据的一致性[9]。

3．建立工业大数据评价准则及脏数据库

根据完整性、准确性、一致性和时效性等工业大数据的评价指标，建立工业大数据的评价准则。该准则需结合具体监测对象的运行特征制定，并不断完善。此外，可根据异常数据、不完整数据等数据的特征，建立脏数据库，便于快速识别并清除脏数据。

4．数据清洗

数据清洗，顾名思义，即剔除机械大数据中的脏数据以提高数据质量。目前数据清洗主要应用于 Web、金融和保险、数字化文献以及射频识别等领域[19]，而在机械故障诊断领域，需要结合设备自身运行状况，分析脏数据产生的原因机理以及常见形式，借助统计、聚类等算法实现脏数据净化。机械数据清洗的对象主要包括不完整数据、错误数据、噪声、异常点和异常段等[20]，可以概括为以下两部分：

（1）噪声过滤　利用去噪方法对监测数据进行预处理。传统去噪方法包括线性滤波和非线性滤波，如中值滤波和维纳滤波。随着信号处理方法的快速发展，近年来又涌现了一大

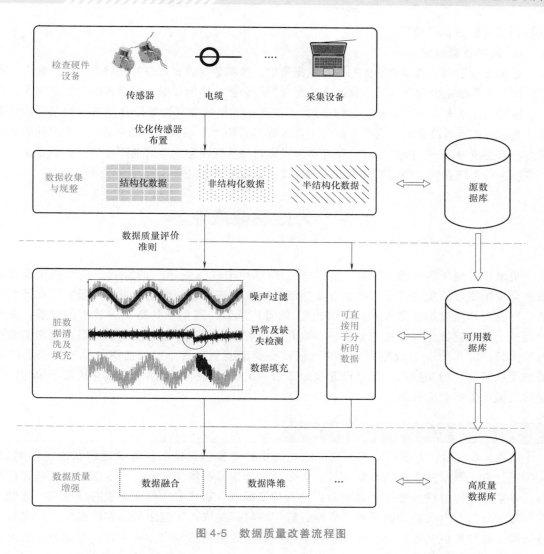

图 4-5 数据质量改善流程图

批行之有效的先进去噪算法,如利用小波变换、希尔伯特黄(Hilbert-Huang)变换和经验模态分解等实现去噪。

(2)异常检测 主要包括异常点和异常段的检测,其中异常点通常指信号中的噪点和孤立点,异常段指由连续异常点组成的数据段。异常数据的形成机制与正常数据不同,受外界干扰或传感器、电缆硬件故障等影响,异常数据严重偏离期望值,呈现漂移、失真等现象。常用的异常检测方法主要基于统计、聚类和分类等方法。

5. 数据填充

缺失数据主要来源于两方面:因传感器故障因素而导致的原始数据的缺失;异常段清洗所造成的数据缺失。数据缺失是影响数据完整性的主要因素,如美国 Honeywell 公司的设备维护数据库中的数据缺失率高达 50% 以上。常用的缺失数据处理方法包括删除法与插补法,前者将含有缺失值的数据段直接从原始数据删除,虽然规避了数据缺失的影响,但破坏了原有的数据结构,导致数据信息损失;后者利用已知的辅助信息,为缺失数据寻找替代值,即根据缺失值前后数据点之间的关系,借助插补法填充缺失数据,常用的插补法有均值插补、回归插补和极大似然估计等。

6. 数据质量增强

数据质量增强包括多源数据融合与数据降维。多源数据融合通过检测融合、估计融合、数据关联、异步信息融合和异类信息融合，充分挖掘分散、异构数据中所隐含的设备健康状态信息，常用的方法有 D-S（Dempster-Shafer）证据理论、模糊集理论等融合算法。数据降维将数据从高维映射至低维空间，克服了高维工业大数据分析所面临的"维数灾难"，常用的数据降维方法有主成分分析、投影寻踪、局部学习投影与核特征映射法等线性降维方法，以及多维尺度变换、等距映射法、局部线性嵌入法与拉普拉斯特征映射法等非线性降维方法。

4.3 大数据健康监测

机械设备由于各种运行因素（如磨损、外部冲击和负载等）的影响，其性能及健康状态将会发生不可避免的退化。机械设备性能及健康状态退化一般难以直接测量，因此需要振动、声发射和温度等监测数据来刻画[21]。随着传感器、通信和计算机等技术的发展，海量的机械设备监测数据可以从工业现场获取并进行有效存储和分析，促使机械设备健康监测进入了大数据时代[1]。大数据背景下的机械设备健康监测在充分挖掘监测数据中所隐含的设备健康状态信息的基础上，通过设置故障阈值判定机械设备的健康状态或应用智能模型定量评估机械设备的健康状态。

4.3.1 基于故障阈值的健康监测

如图 4-6 所示，基于故障阈值的健康监测主要步骤包括特征提取和健康状态定性判定：①特征提取。系统所采集的监测信号主要分为慢变信号和快变信号，慢变信号通过机理模型以及专家经验等方法对预处理后的数据进行特征提取，而快变信号则通过时域分析、频域分析和时频分析等对预处理数据进行变换分解实现特征提取；②健康状态定性判定。对提取的特征设定故障阈值从而判定机械设备的健康状态。故障阈值设定方法包括固定阈值、相对值阈值和 3σ 阈值等[22]。

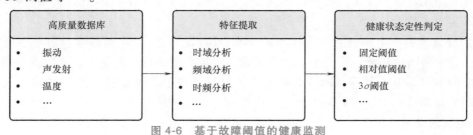

图 4-6 基于故障阈值的健康监测

1. 时域与频域特征提取

信号的时域分析用于估计或计算信号的时域特征参数、指标。时域统计特征包括有量纲和无量纲两种。常用的有量纲特征有均值、标准差、方根幅值、均方根值和峰值等，一般与转速、载荷等运行参数相关；而无量纲特征与机械设备的运行状态无关，如波形指标、峰值指标、脉冲指标、裕度指标、偏斜度和峭度等。

　　信号的频谱反映了信号的频率成分及各成分的幅值或能量大小。当机械设备出现故障时，信号中不同频率成分的幅值或能量发生变化，导致频谱中对应的谱线发生变化：信号的频率成分增多或减少，频谱上的谱线随之呈现集中或分散的特性；信号某频率成分的幅值或能量增大或减小，频谱上对应谱线高度表现为增高或降低。通过提取能够反应频谱中谱线高低变化、分散程度及主频带位置变化的频谱特征参数，能够较好地描述信号中蕴含的信息，从而指示健康状态信息[23]。常用的 11 种时域特征与 13 种频域特征见表 4-1。

表 4-1　常用时域与频域特征参量

时域特征参量	频域特征参量
1. 均值 $\bar{x} = \dfrac{1}{N}\sum\limits_{n=1}^{N} x(n)$	12. $F_{12} = \sqrt{\dfrac{1}{K}\sum\limits_{k=1}^{K} s(k)}$
1. 均值 $\bar{x} = \dfrac{1}{N}\sum\limits_{n=1}^{N} x(n)$	13. $F_{13} = \sqrt{\dfrac{1}{K-1}\sum\limits_{k=1}^{K} [s(k) - F_{12}]^2}$
2. 标准差 $\sigma_x = \sqrt{\dfrac{1}{N-1}\sum\limits_{n=1}^{N} [x(n) - \bar{x}]^2}$	14. $F_{14} = \dfrac{\sum\limits_{k=1}^{K} [s(k) - F_{12}]^3}{(K-1)F_{13}^3}$
3. 方根幅值 $x_r = \left(\dfrac{1}{N}\sum\limits_{n=1}^{N} \sqrt{|x(n)|}\right)^2$	15. $F_{15} = \dfrac{\sum\limits_{k=1}^{K} [s(k) - F_{12}]^4}{(K-1)F_{13}^4}$
4. 均方根值 $x_{\text{rms}} = \sqrt{\dfrac{1}{N}\sum\limits_{n=1}^{N} x^2(n)}$	16. $F_{16} = \dfrac{\sum\limits_{k=1}^{K} f_k s(k)}{\sum\limits_{k=1}^{K} s(k)}$
5. 峰值 $x_{\text{p}} = \max|x(n)|$	17. $F_{17} = \sqrt{\dfrac{1}{K-1}\sum\limits_{k=1}^{K} (f_k - F_{16})^2 s(k)}$
6. 波形指标 $W = \dfrac{x_{\text{rms}}}{\bar{x}}$	18. $F_{18} = \sqrt{\dfrac{\sum\limits_{k=1}^{K} f_k^2 s(k)}{\sum\limits_{k=1}^{K} s(k)}}$
7. 峰值指标 $C = \dfrac{x_{\text{p}}}{x_{\text{rms}}}$	19. $F_{19} = \sqrt{\dfrac{\sum\limits_{k=1}^{K} f_k^4 s(k)}{\sum\limits_{k=1}^{K} f_k^2 s(k)}}$
8. 脉冲指标 $I = \dfrac{x_{\text{p}}}{\bar{x}}$	20. $F_{20} = \dfrac{\sum\limits_{k=1}^{K} f_k^2 s(k)}{\sqrt{\sum\limits_{k=1}^{K} s(k) \sum\limits_{k=1}^{K} f_k^4 s(k)}}$
9. 裕度指标 $L = \dfrac{x_{\text{p}}}{x_r}$	21. $F_{21} = \dfrac{F_{17}}{F_{16}}$
10. 偏斜度 $S = \dfrac{\sum\limits_{n=1}^{N} [x(n) - \bar{x}]^3}{(N-1)\sigma_x^3}$	22. $F_{22} = \dfrac{\sum\limits_{k=1}^{K} (f_k - F_{16})^3 s(k)}{(K-1)F_{17}^3}$
10. 偏斜度 $S = \dfrac{\sum\limits_{n=1}^{N} [x(n) - \bar{x}]^3}{(N-1)\sigma_x^3}$	23. $F_{23} = \dfrac{\sum\limits_{k=1}^{K} (f_k - F_{16})^4 s(k)}{(K-1)F_{17}^4}$
11. 峭度 $K = \dfrac{\sum\limits_{n=1}^{N} [x(n) - \bar{x}]^4}{(N-1)\sigma_x^4}$	24. $F_{24} = \dfrac{\sum\limits_{k=1}^{K} (f_k - F_{16})^{1/2} s(k)}{(K-1)F_{17}^{1/2}}$

　　注：表中 $x(n)$ 为信号的时域序列，$n = 1, 2, \cdots, N$；N 为样本点数。$s(k)$ 是信号 $x(n)$ 的频谱，$k = 1, 2, \cdots, K$；K 是谱线数；f_k 是第 k 条谱线的频率值。

2. 健康状态定性判定

设置特征值的故障阈值是定性判定机械设备健康状态的常用手段。故障阈值分为固定阈值和自适应阈值。固定阈值指用以判定机械设备健康状态的是固定数字，是在测定方法确定后所指定的标准，所以应用时需注意其适用的条件，如频率范围、测定方法等。固定阈值的确定参考"国家标准化组织"、"国际电工委员会"等机构所制定的标准。自适应阈值是以同类机械设备的总体情况为依据或者以同一机械设备的状态变化趋势为依据，考虑设备自身状态变化因素而设定的阈值。自适应故障阈值的设定方法有很多，如相对值方法、3σ方法等。本节仅对常用的3σ方法作介绍。

若随机变量X的概率密度函数为

$$f(x)=\frac{1}{\sigma\sqrt{2\pi}}\exp\left[-\frac{1}{2}\left(\frac{x-\mu}{\sigma}\right)^2\right] \quad (-\square<x<+\square) \tag{4-1}$$

式中，σ是标准差，$\sigma>0$；μ是均值。

若$-\square<x<+\square$，则称X服从参数为μ和σ^2的正态分布，并记为$X\sim N(\mu,\sigma^2)$。由正态分布概率密度曲线的性质可知，服从正态分布$N(\mu,\sigma^2)$的随机变量只有0.26%的可能落在$(\mu-3\sigma,\mu+3\sigma)$区间之外。通常把正态分布的这种概率法则称为$3\sigma$原则。基于$3\sigma$原则的故障阈值确定方法称为$3\sigma$方法[24]。

3. 3σ方法在轴承健康状态监测中应用

如图4-7所示是型号为ZA-2115的双列滚动轴承在全寿命周期内的振动信号时域波形。轴承运行的工况条件为：转速2000 r/min，负载26.7 kN。由时域波形可以看出，轴承振动信号的幅值随着时间推移逐渐增大。

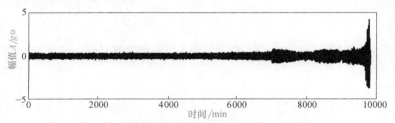

图 4-7　轴承全寿命周期内振动信号时域波形

首先提取振动信号的均方根特征，如图4-8所示。然后根据提取的均方根特征计算时刻t的故障阈值$\mu_t+3\sigma_t$，其中μ_t和σ_t分别为$[0,t]$时间段内所提取的均方根特征的均值和标准差。最后对比时刻t的均方根特征和故障阈值的大小。将图4-8中$[0,6000\text{ min}]$内的

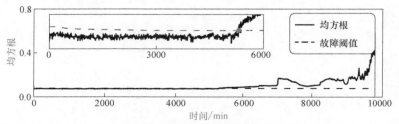

图 4-8　轴承健康状态判定结果

⊖ 此处 g 为重力加速度。

波形图放大，由放大图可以看出，从时刻5330min开始，均方根特征开始大于故障阈值，判定该时刻为轴承的故障起始点。

如图4-9所示，基于智能模型的健康监测主要步骤包括特征提取和健康状态定量评估：①特征提取。基于智能模型的健康监测特征提取类似于基于故障阈值的健康监测特征提取；②健康状态定量评估。将提取的特征值输入智能模型进行设备健康状态的定量评估。

图4-9 基于智能模型的健康监测

常用智能模型包括循环神经网络（Recurrent Neural Network，RNN）、支持向量回归（Support Vector Regression，SVR）和逻辑回归（Logistic Regression，LR）等[25]。

1. 健康状态定量评估

基于智能模型的健康监测定量评估机械设备的健康状态，其输出为具有特定取值区间的连续值。因此，该类方法所用的智能模型一般是机器学习中的"回归模型"，即通过训练集对回归模型进行学习，从而建立特征空间到连续取值空间的映射关系。可实现健康状态定量评估的回归模型很多，本节仅对常用的RNN作介绍。

（1）基本术语 假设传感系统获取了一批机械设备数据，包括多组振动信号。如果分别用均值、方差和有效值来对这批数据进行描述，则集合 {（均值=m_1；方差=v_1；有效值=r_1），（均值=m_2；方差=v_2；有效值=r_2），（均值=m_3；方差=v_3；有效值=r_3），……} 称为"数据集"；数据集中每对括号内是一条记录，每条记录是对一个事件或对象（此处为一组振动信号）的描述，称为一个"样本"；反映事件或对象在某方面的表现或性质的事项，如均值、方差和有效值，称为"特征"；特征取值，如m_1、v_1 和 r_1，称为"特征值"；特征张成的空间称为"特征空间"；在特征空间中，每个样本均可找到一个坐标点，即存在一个"特征向量"与之对应。

令 $D=\{x_1, x_2, \cdots, x_m\}$ 表示包含 m 个样本的数据集，每个样本由 d 个特征描述，则数据集中第 i 个样本 $x_i=\{x_{i1}, x_{i2}, \cdots, x_{id}\}$ 是 d 维特征空间 X 中的一个向量，其中 x_{ij} 是样本 x_i 在第 j 个特征的取值，d 称为样本 x_i 的"维数"。

从数据中学得模型的过程称为"训练"，此过程通过执行某一学习算法完成。训练过程中使用的数据集称为"训练数据"，其中每个样本称为一个"训练样本"，训练样本组成的集合称为"训练集"。若希望从机械设备的监测数据中学得健康状态评估模型，用以定量评估机械设备的健康状态，需要获取训练样本的"结果"信息，如样本（均值=m_1；方差=v_1；有效值=r_1）为轴承健康状态值0.5时所采集，这里样本的"结果"信息——轴承健康状态值0.5称为"标签"。因此，常用（x_i，y_i）表示第 i 个带标签样本，其中 $y_i \in Y$ 是样本 x_i 的标签，Y 是所有标签的集合，称为"标签空间"[26]。

（2）循环神经网络 RNN是一类用于处理时序信号的智能模型。RNN允许网络中出现环形结构，从而可让一些神经元的输出反馈回来作为输入信号。这样的结构与信息反馈过程，使得网络在时刻 t 的输出不仅与时刻 t 的输入有关，还与时刻（$t-1$）的网络隐含层输出有关，从而能处理与时间有关的动态信息。长短期记忆网络（Long Short-Term Memory，LSTM）是一种典型的 RNN。LSTM 引入了自循环思想，从而使得 LSTM 具有长时间记忆。与普通 RNN 类似，LSTM 的每个时间单元有相同的输入和输出。但是，LSTM 细胞内部有多个参数和控制信息流动的门控结构[27,28]。

2. RNN 在轴承健康状态监测中的应用

以滚动轴承为监测对象，定量评估滚动轴承的健康状态。在滚动轴承支座上安装加速度传感器以采集滚动轴承的振动信号。对 17 个滚动轴承进行加速寿命实验，分别记录为 $B_1 \sim B_{17}$。如图 4-10 所示为轴承 B_1 在全寿命周期内的振动信号时域波形。

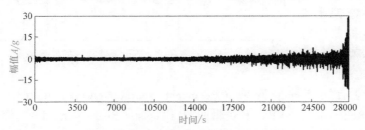

图 4-10　轴承全寿命周期内振动信号时域波形

提取振动信号的 14 种特征构成特征向量，包括 1 个时域相对相似性特征，5 个频域相对相似性特征和 8 个小波能量比特征。

相对相似性特征计算如下所示[25]

$$RS_t = \frac{\left| \sum\limits_{i=1}^{k} (f_0^i - \tilde{f}_0)(f_t^i - \tilde{f}_t) \right|}{\sqrt{\sum\limits_{i=1}^{k} (f_0^i - \tilde{f}_0)^2 \sum\limits_{i=1}^{k} (f_t^i - \tilde{f}_t)^2}} \tag{4-2}$$

式中，k 是特征长度；f_0^i 是初始时刻的第 i 个特征；f_t^i 是时刻 t 的第 i 个特征；$\tilde{f}_0$ 和 $\tilde{f}_t$ 分别是初始时刻和时刻 t 的特征值 $\{f_0^i\}_{i=1;k}$ 和 $\{f_t^i\}_{i=1;k}$ 的均值。

1 个时域相对相似性特征的提取首先提取如表 4-1 所示的 11 个时域特征值，然后计算不同时刻时域特征值与初始时刻时域特征值之间的相似性；5 个频域相对相似性特征的提取首先将某时刻振动信号频谱分为 5 个不同频段，计算不同时刻的频段值与初始时刻频段值的相似性；8 个小波能量比特征的提取，首先计算 3 层小波变换，然后计算 8 个不同频带的能量比。

将提取的特征向量输入 LSTM 模型进行模型训练。选取轴承 $B_2 \sim B_{17}$ 的数据作为训练数据集，轴承 B_1 的数据作为测试数据集。如图 4-11 所示为轴承 B_1 的健康评估值。由图可知，

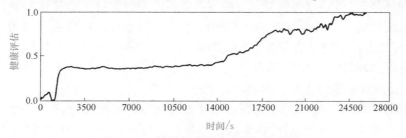

图 4-11　轴承健康状态定量评估结果

测试轴承的健康评估值随时间出现增长趋势。轴承的健康评估值分布在 0 到 1 之间，基本呈现出轴承开始运行阶段健康评估值为 0，在轴承寿命终止时刻健康评估值为 1。

4.4 大数据智能诊断

机械设备在运行过程中会出现性能退化，甚至发生故障。因此，除对设备进行健康监测外，还需对机械设备故障进行诊断。设备的故障信息常常隐含在振动、声发射和温度等监测数据中。有效捕捉监测数据变化所传递的故障信息，便能准确识别机械设备的故障位置、故障类型甚至故障程度[7,22,29]。长期的"经验"积累使工程人员能够敏锐地捕获监测数据变化中所蕴含的健康状态信息。因此，通过对经验知识加以利用，能够对机械设备的健康状态做出判断。然而，随着传感系统收集、存储和传输能力的飞速提高，机械设备监测信号数量、规模和种类的持续增加，为机械设备故障诊断提供了海量的数据，仅依靠人类自身"经验"积累已难以满足大数据驱动下的故障诊断需求[6,8]。

随着人工智能的快速发展，机器学习技术尝试赋予计算机学习能力，使之能够分析数据、归纳规律、总结经验，最终代替人类学习或自身"经验"积累过程，将人类从纷繁复杂的数据海洋中解放出来，为大数据驱动的机械设备智能诊断提供重要的技术支持。在计算机系统中，"经验"通常以"数据"形式存在，机器学习旨在研究从数据中产生"模型"的算法，即学习算法[26]。将学习算法应用于机械设备的监测数据，便可形成"智能诊断模型"。当面对新采集的监测数据时，如数据对应的设备健康状态未知，智能诊断模型能够结合已学到的经验知识判断该数据所对应的设备健康状态，如轴承内圈故障。因此，大数据智能诊断可以理解为利用大数据识别机械设备健康状态的科学，即以传感系统获取监测数据为基础、机器学习积累经验知识为途径、智能判别设备健康状态为目的，保障机械设备运行的可靠性[8,30]。

4.4.1 问题描述

智能诊断模型输出的机械设备健康状态为一系列离散值，如"正常"、"轴承内圈故障"和"轴承外圈故障"等，此类学习任务称为"分类"，即通过对训练集 $\{(x_1, y_1), (x_2, y_2), \cdots, (x_m, y_m)\}$ 进行学习，建立特征空间到标签空间的映射关系 f: $X \rightarrow Y$。若分类只涉及两个类别，即"正常"和"故障"，则学习任务为"二分类"任务，此时 $Y=\{-1, +1\}$ 或 $\{0, 1\}$；若分类涉及多个类别，则称为"多分类"任务，此时 $|Y|>2$。模型训练完成后，预测其他样本类别的过程称为"测试"，被预测的样本称为"测试样本"，例如，将学得的智能诊断模型记为 $f(\cdot)$，对于设备健康状态未知时采集的样本 x（标签未知），可得该样本的预测标签 $y=f(x)$，即实现机械设备的智能诊断。

4.4.2 基于浅层模型的智能诊断

基于浅层模型的智能诊断的基本结构如图 4-12 所示，主要由三步组成：特征提取、特征优选及故障分类[23,31]。机械设备的监测信号中虽然蕴含了设备的健康状态信息，但监测信号的生成属于典型的随机过程，需要凭借统计分析手段，如时域分析、频域分析和时频分析等，提取信号的数字特征，发现特征量的变化规律，表征设备的健康状态；大数据驱动下机械设备的监测数据体量大、价值密度低，提取的大量数据特征中存在不相关或冗余信息，因此，需要借助特征选择技术，如主成分分析技术（Principal Component Analysis，PCA）、距离评估技术、特征评估技术和信息熵等，剔除冗余或不相关特征，避免"维数灾难"，提高智能诊断效率，达到去粗取精的目的；优选得到的敏感特征中隐含机械设备不同的健康信息，需要结合浅层模型，如自适应模糊神经网络（Adaptive Neuron-based Fuzzy Inference System，ANFIS）、神经网络（Neural Network，NN）和 K 最近邻（K-Nearest Neighbors，KNN）等，建立敏感特征与机械设备健康状态之间的非线性映射关系，获得智能诊断模型，最终高效、自动地识别机械设备的健康状态。

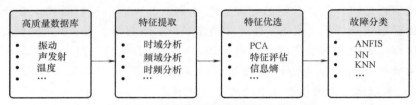

图 4-12　基于浅层模型的智能诊断流程

1. 特征评估技术

不相关特征或冗余特征不仅无法提供任何有价值的故障信息，还加剧了数据集的计算负担，影响智能诊断的精度与效率。特征选择方法试图从高维特征集中选择对故障敏感，且维数最小的特征子集。假设数据集 D 含有 m 个 d 维特征集，共含有 C 类健康状态，特征选择方法即从 d 维特征空间中，寻找由 n 个特征决定的子空间来最好地表征 C 类健康状态。

特征评估技术通过特征间的距离大小来评估特征敏感度，其评估原则是：同类样本的类内特征距离最小，不同类样本的类间特征距离最大。符合这一原则的特征为敏感特征。若属于同一健康状态样本的某一特征的类内距离越小、不同健康状态的类间距离越大，则该特征对该类健康状态越敏感[23]。

假设具有 C 类健康状态的特征集为

$$\{q_{m,c,j} \mid m = 1,2,\cdots,M_c; c = 1,2,\cdots,C; j = 1,2,\cdots,J\} \tag{4-3}$$

式中，$q_{m,c,j}$ 是属于第 c 类健康状态的第 m 个样本的第 j 个特征；M_c 是第 c 类健康状态的样本数；J 是每一类健康状态的特征个数。

距离评估技术的一般步骤如下：

1）计算属于第 c 类健康状态样本的第 j 个特征的类内距离。

$$d_{c,j} = \frac{1}{M_c \times (M_c - 1)} \sum_{l,m=1}^{M_c} |q_{m,c,j} - q_{l,c,j}|, l,m = 1,2,\cdots,M_c, l \neq m \tag{4-4}$$

2）计算 C 类健康状态样本的第 j 个特征的类内距离的平均值。

$$d_j^{(w)} = \frac{1}{C} \sum_{c=1}^{C} d_{c,j} \tag{4-5}$$

3）计算属于第 c 类健康状态的 M_c 个样本的第 j 个特征的平均值。

$$u_{c,j} = \frac{1}{M_c} \sum_{m=1}^{M_c} q_{m,c,j} \tag{4-6}$$

4）计算 C 类健康状态样本的第 j 个特征的类间距离的平均值。

$$d_j^{(b)} = \frac{1}{C \times (C-1)} \sum_{c,e=1}^{C} |u_{e,j} - u_{c,j}|, c,e = 1,2,\cdots,C, c \neq e \tag{4-7}$$

5）计算第 j 个特征的评估因子。

$$\alpha_j = \frac{d_j^{(b)}}{d_j^{(w)}} \tag{4-8}$$

α_j 的大小反映了利用第 j 个特征对 C 类健康状态进行分类的难易程度。α_j 越大表示第 j 个特征对 C 类健康状态越敏感，更容易识别不同样本的健康状态归属。

2. ANFIS

ANFIS 是一个集成的模糊 Takagi-Sugeno（T-S）模型，它通过使用神经网络训练实现并优化模糊推理系统。ANFIS 构建了一系列 if-then 规则和隶属度函数来描述复杂系统的输入和输出之间的关系。首先，通过专家经验初始化模糊规则和隶属度函数；其次，ANFIS 通过修正 if-then 模糊规则和隶属度函数来达到最小化输出误差的目的[23]。

以具有两个模糊 if-then 规则的一阶 T-S 模糊模型为例描述 ANFIS 结构。假设模糊推理系统的输入 x、y 与输出 z 之间存在模糊规则

$$规则 1: \text{if}(x \text{ is } A_1) \text{ and}(y \text{ is } B_1) \text{ then}(z_1 = p_1 x + q_1 y + r_1),$$
$$规则 2: \text{if}(x \text{ is } A_2) \text{ and}(y \text{ is } B_2) \text{ then}(z_2 = p_2 x + q_2 y + r_2) \tag{4-9}$$

为抽取输入-输出之间的模糊规则，构建如图 4-13 所示为一阶 T-S 模糊推理系统的 ANFIS 网络结构，其中圆圈代表固定节点，而方框代表自适应节点。该结构可分为五层：

（1）模糊化层　模糊化层将输入变量模糊化，输出对应模糊集的隶属度，这层的所有节点（A_1、A_2、B_1 和 B_2）都是自适应节点。以节点 A_1 和 A_2 为例，其传递函数即模糊隶属度函数表示为

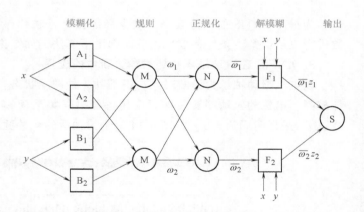

图 4-13　一阶 T-S 模糊推理系统的 ANFIS 网络结构

$$o_i^1 = u_{A_i}(x), i = 1,2$$
$$o_i^1 = u_{B_{i-2}}(y), i = 3,4 \tag{4-10}$$

式中，$u_{A_i}(x)$ 和 $u_{B_{i-2}}(y)$ 是隶属度函数，对应一个模糊集"大"或"小"，常用的隶属度函数有钟形隶属度函数

$$u_{A_i}(x) = \frac{1}{1 + \left(\frac{x-c_i}{a_i}\right)^{2b_i}}, i = 1,2 \tag{4-11}$$

式中，a_i、b_i、c_i 是条件参数，第一层中所有节点的条件参数组成所需要训练的条件参数集合。

（2）规则层　规则层的固定节点记为 M，每个节点充当一个简单的乘法器，其输出

$o_i^2 = \omega_i (i=1,2)$ 代表了每条推理规则的使用度

$$\omega_i = u_{A_i}(x) \cdot u_{B_i}(y), i=1,2 \qquad (4\text{-}12)$$

（3）正规化层　正规化层的固定节点记为 N，对规则层输出的各条规则的激励强度做归一化处理，其输出 $o_i^3 = \overline{\omega}_i$（$i=1,2$）即正规化激励强度

$$\overline{\omega}_i = \frac{\omega_i}{\sum\limits_{i=1}^{2} \omega_i}, i=1,2 \qquad (4\text{-}13)$$

（4）解模糊层　解模糊层的节点记为 F_1、F_2，均为自适应节点，且每个节点的传递函数为线性函数，用以计算每条规则的输出为 $o_i^4 (i=1,2)$

$$o_i^4 = \overline{\omega}_i z_i = \overline{\omega}_i (p_i x + q_i y + r_i), i=1,2 \qquad (4\text{-}14)$$

式中，每个节点中的 p_i、q_i 和 r_i 组成一个参数集，称为结论参数集，同模糊化层中的条件参数集一样，结论参数集需要通过训练来确定。

（5）输出层　输出层只有一个固定节点，记为 S，计算所有规则的输出之和，即整个网络的输出 $o_i^5 = z$

$$z = \sum_{i=1}^{2} \overline{\omega}_i z_i = \frac{\sum\limits_{i=1}^{2} \omega_i z_i}{\sum\limits_{i=1}^{2} \omega_i}, i=1,2 \qquad (4\text{-}15)$$

为提高 ANFIS 的训练效率、减少局部极小，联合梯度下降法和最小二乘法，对网络参数进行更新调整。条件参数采用反向梯度下降法，而结论参数采用线性最小二乘法调整。

3. ANFIS 在滚动轴承智能故障诊断中的应用

以电机滚动轴承为诊断对象，识别其 4 种健康状态：正常、外圈故障、内圈故障与滚动体故障。电机的驱动端安装加速度传感器以采集滚动轴承的振动信号，信号的采样频率为 12kHz，采样时间为 10s。如图 4-14 所示为轴承的 4 种健康状态的振动信号时域波形片段。

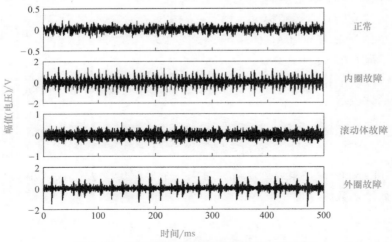

图 4-14　不同健康状态下的振动信号时域片段

从采集的轴承振动信号中截取 1200 个采样点组成一个样本，则获得由 4 种健康状态共 400 个样本组成的数据集，见表 4-2，每种健康状态所对应的数据样本为 100 个。将该数据

集一分为二，随机选取 50 个样本用于模型训练，组成训练集；剩余 50 个样本用于模型测试，组成测试集。

表 4-2　滚动轴承故障数据集

健康状态	训练样本数	测试样本数	样本标签
正常	50	50	1
内圈故障	50	50	2
滚动体故障	50	50	3
外圈故障	50	50	4

结合时域分析与频域分析方法，提取如表 4-1 所示的数据集样本的 11 种时域特征与 13 种频域特征，并将这 24 种特征组成特征数据集，其中，每个样本的维数为 24，每一维代表一种样本特征。然后，利用特征评估技术计算样本特征之间的距离，用以评估特征对故障特征的敏感度。如图 4-15 所示为数据集中每种特征的评估因子。

如图 4-15 所示，每种特征对轴承健康状态的敏感程度不一，因此，不同特征对轴承状态的识别能力也有不同。将特征评估因子降序排列，选取特征评估因子最大的前 4 种敏感特征作为智能诊断模型的输入，并利用带标签的样本训练模型，再识别测试集中的无标签样本。如表 4-3 所示为基于 ANFIS 的智能诊断模型的分类效果。

由表 4-3 可知，基于 ANFIS 的智能诊断模型对测试集的无标签样本具有较高的分类精度，测试样本集中仅有极少数的样本被错误分类，测试精度达到 98.5%。

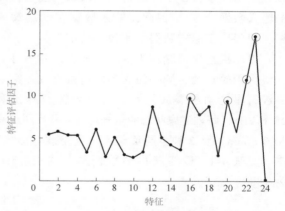

图 4-15　数据特征的评估因子

表 4-3　基于 ANFIS 的智能诊断模型的分类效果

	正常	内圈故障	滚动体故障	外圈故障	分类精度
训练集（+/M）	50/50	50/50	49/50	50/50	99.5%
测试集（+/M）	50/50	49/50	48/50	50/50	98.5%

注：表中"+"为正确分类样本数，"M"为样本总数。

4.4.3　基于深度学习的智能诊断

基于深度学习的智能诊断主要步骤为特征表征及故障分类，其基本流程如图 4-16 所示[27,28,31,32]。与基于浅层模型的智能诊断相比，基于深度学习的智能诊断摒弃了数据特征提取过程中的人为经验干预，利用深度学习方法，如深度置信神经网络（Deep Belief Network，DBN）、栈式自编码神经网络（Stacked Autoencoder，SAE）和卷积神经网络（Convolutional Neural Network，CNN），直接对输入的信号逐层加工，把初始的、与机械设备的健康状态联系不太密切的样本特征，转化成与健康状态联系更为密切的特征表达，即逐渐将初始的"低层"特征表达转换为"高层"特征表达。并将特征提取与故障分类过程合二为一，直接建立"高层"特征与机械设备健康状态之间的非线性映射关系，获得智能诊断模型，以完成复杂的分类学习任务。本节以 SAE 在行星齿轮箱故障诊断中的应用为例进行说明。

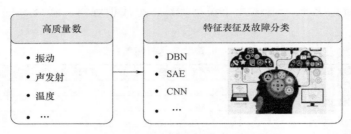

图 4-16　基于深度学习的智能诊断流程

SAE 通过堆叠自编码机（Autoencoder，AE）构建深度神经网络，提取机械设备监测信号的"高层"特征。AE 作为典型的无监督神经网络，尝试学习一个恒等函数，使网络的输出约等于输入。作为 SAE 的基本组成单元，AE 由编码网络和解码网络组成。编码网络将输入数据由高维特征空间映射到低维编码空间，而解码网络基于编码空间的编码向量重构对应的输入数据[32,33]。因此，输入数据在低维编码空间内的特征映射可视为对数据维数的压缩，但保留了原有数据中所包含的信息。

以两级行星齿轮箱为诊断对象，应用 SAE 对其 8 种健康状态进行识别，包括正常、第一级太阳轮点蚀、第一级太阳轮齿根裂纹、第一级行星轮齿根裂纹、第一级行星轮剥落、第一级行星轮轴承裂纹、第二级太阳轮剥落和第二级太阳轮缺齿。信号的采样频率设置为 25.6 kHz，每种健康状态的信号均在 4 种不同转速工况（2100 r/min、2400 r/min、2700 r/min 和 3000 r/min）及 2 种不同负载工况（空载与加载）下采集。每截取 2560 个采样点作为一个样本，见表 4-4，最终获得的数据集共含有 15104 个样本，每种健康状态下的样本总数均为 1888。

表 4-4　二级行星齿轮箱故障数据集

健康状态	样本个数	工况数	样本标签
正常	1888	8	1
第一级太阳轮点蚀	1888	8	2
第一级太阳轮齿根裂纹	1888	8	3
第一级行星轮齿根裂纹	1888	8	4
第一级行星轮剥落	1888	8	5
第一级行星轮轴承裂纹	1888	8	6
第二级太阳轮剥落	1888	8	7
第二级太阳轮缺齿	1888	8	8

对数据集中的每个样本进行傅里叶变换，并将样本的频谱幅值作为 SAE 的输入。堆叠 3 层 AE 构建基于 SAE 的智能诊断模型，该模型的输入层具有 1280 个神经元节点、隐层的神经元个数分别为 400、200 和 100，而考虑到输出层的分类功能，输出层设有 8 个神经元节点。将数据集的样本一分为二，分别选取 5%、10%、15%、25%、25% 的样本作为训练样本集用于 SAE 训练，余下样本用于 SAE 测试。如图 4-17 所示为 SAE 在不同训练样本数量下的诊断精度，其中分类精度为每次实验重复 10 次的统计结果。

如图 4-17 所示，SAE 能够准确地识别测试集中样本蕴含的健康状态信息，其分类精度大于99%。随着训练集样本数量的增加，基于SAE的智能诊断模型的测试精度提高，方差减小，但训练时间提高，说明该模型能够实现大量样本情况下的分类任务，且分类精度高，满足了大数据驱动下机械设备故障智能诊断的需要。

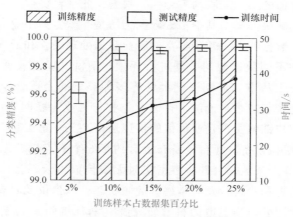

图4-17 基于SAE智能诊断模型的分类效果

4.5 大数据驱动的健康管理案例

大数据驱动的健康管理技术已在国内外的众多制造企业中得到重视并逐步推广，典型的应用案例包括美国通用电气公司（General Electric Company，GE）推出的 Predix 平台，英国飞机发动机制造商罗尔斯·罗伊斯公司的全球发动机健康监测中心，中国华电集团公司华电电力科学研究院（浙江杭州）的新能源远程诊断平台，三一重工股份有限公司的工程机械监测大数据平台，以及西安陕鼓动力股份有限公司的设备大数据系统平台等。本节选取 GE 推出的 Predix 平台及三一重工的工程机械监测大数据平台进行简要介绍，并对华电新能源远程诊断平台进行具体阐述。

Predix 是 GE 公司推出的全球首个专为工业数据分析开发的云服务平台，提供了一套完整的工业领域数据开发与分析平台。开发者可以基于 Predix 平台开发各种工业场景的应用，如机械状态预测与分析，麦克风阵列声音定位分析等。Predix 平台起初是 GE 为监测航空发动机健康状态而开发的，可帮助发动机监控团队捕捉更多的数据，并使数据分析变得更精确、更快捷。Predix 平台擅长对多变量数据进行分析，例如，一台在高温、沙漠环境下运营的发动机的参数基准与一台在正常环境下运营的发动机完全不同，Predix 平台能够将这些因素全都考虑进去，为每一台发动机提供具体的数据分析，并及时调整那些预警参数。在此过程中，Predix 平台还能够利用额外的变量过滤掉不相关的数据信息，使数据分析更加规范化，结果也更准确。目前约有 35000 台发动机会将其起飞、巡航等关键飞行阶段的数据包传输至 Predix 数据平台。利用这些数据，Predix 平台在发动机产生异常时给出相应的客户通知记录单（Customer Notice Record，CNR）。2015 年，Predix 系统产生了约 35 万个警告信息和9000 份 CNR，其中 86% 的 CNR 都是准确的。此外，随着 CNR 数量的增加，虚警率不断下降，这意味着这一平台通过预测发现的问题数量越来越多，能够更好地完成预测性分析。下一步，Predix 将会实现数据流的在线实时分析，以更好地进行故障预测。

三一重工物联网核心团队创业创建的树根互联技术有限公司于 2017 工业互联网峰会上发布了中国最具客户价值的工业互联网平台——根云，此平台提供了从硬件接入、大数据分析到金融服务的端到端解决方案。其中根云数据工坊是一款专为工业大数据打造的智能化数据处理平台，依据工业数据特点，基于丰富的工业数据处理经验和云平台强大的数据计算和存储能力，帮助用户把不同数据源的数据进行探索、清洗、验证、融合和发布等工作。目前，根云已经广泛服务于从重工业制造到金融等多种类型的企业合作伙伴，其创新的端到端、即插即用模式，直接创造客户价值，打通了企业与工业互联网应用之间的最后一公里，在智能物联时代，为用户铺就实现企业价值的快速通路。三一重工基于大数据分析平台实时监控着 10 万余台工程机械设备，每台设备布置有约 246 个测点以获取工程机械设备各种运行数据，每天产生约 10 万条数据，并将数据实时无线传输给云平台，实现对工程机械设备运行状态的实时远程监控和管理，及时掌握其健康状态，以提供及时有效的维护。

以下对中国华电集团公司华电电力科学研究院（浙江杭州）的新能源远程诊断平台进行具体阐述。

4.5.1 案例背景

风力发电始于 20 世纪 80 年代，历经三十余年的发展，具有资源丰富、产业基础好、经济竞争力较强、环境影响微小等优势，是最具市场效益和发展潜力的可再生能源技术之一。目前，全球 80 多个国家和地区发展风电产业，并呈现出以亚洲、欧洲和北美洲为主要发展区域，以中、美、德、印四国为领导者的"席卷全球、遍地开花"发展态势[34]。截至 2017 年，全球风电新增装机总量达 54642 MW，风电并网累计装机总量达 486790 MW，连年保持着 30% 左右的增速，并在德国、丹麦等国的电力供应中达到 20% 以上的占比，已经具有对传统能源发电产业发起挑战的实力。我国风力发电产业起步虽晚但发展迅速[35]，截至 2017 年，全国风电并网累计装机总量达 168732 MW，占全球总量的 35%；全国风电新增装机台数达 104934 台，新增装机总量达 23370 MW，连续 8 年居世界首位。随着中国社会经济的发展和社会电气化水平的提高，未来中国对电力的需求将与日俱增。《电力发展"十三五"规划》指出，我国能源行业当前正面临着淘汰火电落后产能、推动煤电转型升级、促进清洁能源发电有序发展的任务，并计划在"十三五"期间将风电并网累计装机容量提升至 2.1 亿千瓦以上，以提高新能源发电的占比[36]。

高速发展的风力发电行业要求风力发电机能够提供更高的单机功率，这迫使风力发电机向大型化、复杂化、高速化的方向演进，风力发电机机械结构日趋复杂，部件间相互联系耦合愈发紧密，一个部件出现故障将可能快速引起连锁反应导致整台风力发电机损毁，带来巨大的经济损失，甚至造成人员伤亡[37]。以齿轮箱故障为例，一旦发生故障，其直接维修成本就高达百万元，而由停机维护造成的发电量下降将带来更难以估量的经济损失甚至是严重的安全事故。因此，有必要根据现有风力发电机组运行记录，统计分析各部件的故障率及停机时间，据此对风电机组状态进行监测，并从监测数据中挖掘风电装备的运行状态信息，从而有的放矢地制订维护维修计划，减少强迫停机的次数，同时降低事故发生率。

4.5.2 大数据驱动的新能源诊断平台

为实现对风电机组的全面监测，越来越多的风场已接入数据采集与监视控制（Supervisory Control and Data Acquisition，SCADA）系统和状态监测系统（Condition Monitoring System，CMS），以实时采集电机转速、有功和振动加速度等能够反映风电机组运行状态的物理量。由于风电机组健康监测规模大、测点多、采频高、历时长，从而获取了海量的监测数据。以中国华电集团公司华电电力科学研究院（浙江杭州）的新能源远程诊断平台为例，该远程诊断平台获取的监测数据：①数据量极大。监测数据涉及浙江、蒙东、黑龙江、山东等国内 17 个区域，包含舟山长白、库伦、七台河、虎头崖等 110 个风场的 4000 余台风电装备，每台风电装备布置有 308 个测点，每日共存储数据量约 120 G，截至 2017 年已累积存储约 237 T；②监测数据价值密度低。各风电机组长期处于正常工作状态，获取的监测数据包含大量重复的正常状态数据，加之监测数据中包含风电机组停机、传感器故障等状态下的"脏数据"，致使获取的风电机组监测数据价值密度低；③数据类型多样。SCADA系统主要获取风电机组的电气系统、控制系统和机舱的数据，涉及电机转速、功率和齿轮箱油温等，CMS 系统主要采集风机主传动链的振动数据；④数据时效性强。风电机组连续作业过程中，监测数据源源不断地产生，要求数据处理方法能够实时分析新产生的监测数据，并及时响应风电机组运行状态的变化，最后制定出适宜的维护策略。

为监测大数据中的"真金白银"，实时监测风电机组的健康状态，最终为维护策略的制定提供指导，西安交通大学和中国华电集团公司华电电力科学研究院（浙江杭州）合作开发了大数据驱动的风电机组故障监测算法，对风电机组主传动链的健康状态进行监测。如图 4-18 所示，该算法首先根据风机主传动链各部件的不同，分类选取存储数据库中的有用数据，并以此作为后续算法的输入；其次，剔除选取数据中的停转空采数据等无效数据，改善数据质量；再次，提取高质量数据中能够反映不同监测部件健康状态的数据特征，作为后续机组健康状态判定的依据；然后，设置报警阈值与判断逻辑，监测所提取特征的变化，并判定机组的健康状态；最后，利用故障雷达图等直观地呈现机组的健康状态监测结果。

图 4-18 风电机组主传动链健康状态监测算法流程图

1. 数据质量改善

通过数据分析，初步确定三类需要剔除的数据：停转空采数据、幅值突变数据和低转速或无转速记录数据。

（1）停转空采数据　如图 4-19 所示，风机主传动链停止运转时，采集的数据为噪声及其他干扰，与风机健康状态无关。剔除时计算数据的均方根指标，若该值小于 0.1，则判定获取数据为在风机停转时采集的。

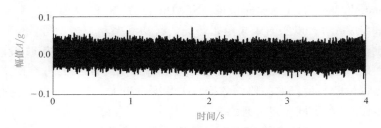

图 4-19　停转空采数据的时域波形

（2）幅值突变数据　如图 4-20 所示，复杂多变的风机工况导致采集的振动信号呈现典型的非平稳性，利用信号处理方法提取数据信息的代价较大，不利于工程分析；加之此类数据量少，数据剔除后对监测风机作业期内的健康状态影响不大，且有利于提高分析效率。观察幅值突变数据的自相关序列可知，与正常数据相比，此类数据在 0s 附近明显偏离 x 轴，且整体趋势有明显转折点。剔除时先对采集的数据进行自相关分析，再统计延时区间 ［-4，4］ 内，自相关序列过 x 轴的次数，若该值大于设定值，则判定采集数据发生幅值突变。

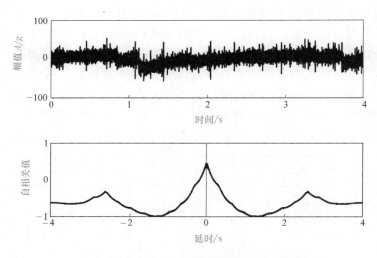

图 4-20　幅值突变数据时域及自相关序列

（3）低转速或无转速记录数据　转速是风电机组健康状态监测的重要物理量。对于无转速记录或转速记录存在严重偏差的数据，可利用价值低；而对于低转速数据，其中所蕴含的信息易被噪声或其他干扰淹没。剔除时判断所采数据对应的转速是否达到 1080 r/min，若未到达则予以剔除。

2. 特征提取

采集风机主传动链中关键部位轴承的振动信号，提取振动数据中的时域与频域特征，见表 4-5。

表 4-5 滚动轴承特征指标列表

	特征序号	指标	健康状态
时域	1	峰峰值	有故障
	2	均方根值	
	3	峰值指标	
	4	峭度指标	
频域	5	外圈故障幅值和（ABPOS）	外圈故障
	6	内圈故障幅值和（ABPIS）	内圈故障
	7	滚动体故障幅值和（ABSS）	滚动体故障
	8	总幅值和（AS）	有故障
	9	外圈故障能量和（EBPOS）	外圈故障
	10	内圈故障能量和（EBPIS）	内圈故障
	11	滚动体故障能量和（EBSS）	滚动体故障
	12	总能量和（ES）	有故障

3. 健康状态判定

通过观察监测数据特征值随时间的变化，判定风电机组各监测部位的健康状态。如图 4-21 所示，以机组非驱动端轴承为例，监测其振动信号均方根值的变化。设置历史时期数据均方根值的 3σ 区间作为报警门限。该策略根据机组长期处于健康作业状态的统计结果，划定特征指标的分布范围。当监测数据的均方根值属于该区间时，说明风电机组处于正常状态。当监测数据的均方根值超出该区间时，说明此时风电机组出现故障或该测点受到噪声干扰严重。为进一步消除噪声干扰产生的扰动，增加基于连续触发机制的故障判断逻辑。当观测数据的均方根值连续稳定超出 3σ 区间时，说明此时机组出现故障。

由图 4-21 可知，风机健康状态监测系统在机组运行 6500 h 前后报警。经拆机验证，监测系统的状态判定结果与实际拆机结果相吻合。

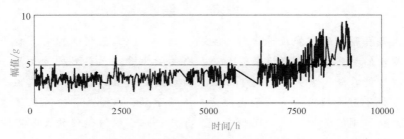

图 4-21 特征值随时间的变化

4. 监测结果可视化

为直观反映风机主传动链的健康状态监测结果，便于维护人员理解，监测结果以总体健康状态预览、故障雷达图与诊断报告三种方式呈现。

总体健康状态预览能够从总体上展示风场中各风力发电机的主轴承、齿轮箱、发电机的健康状态，如图 4-22 所示。当软件界面中的风机背景色显示为红色时（图中印成蓝色），代表此风力发电机有部件严重故障，需要停机维修；当软件界面中的风机背景色显示为黄色时（图中印成浅灰色），代表此风力发电机有部件轻微故障，需要定期关注；当软件界面中的风机背景色显示为绿色时（图中印成深灰色），代表此风力发电机运行正常，不需要维修。

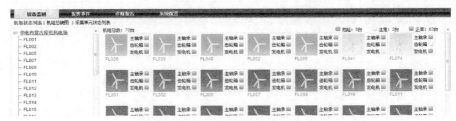

图 4-22　总体健康状态预览

故障雷达图将风力发电机主传动链上的主要监测部位集中绘制在同一图表上，使维护人员能够一目了然地获悉各主要监测部位的健康状态，如图 4-23 所示。

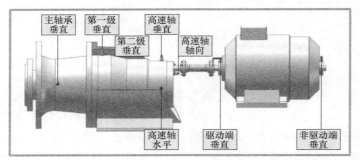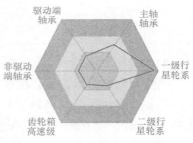

图 4-23　故障雷达图

诊断报告对健康状态监测结果与风机运维方案进行文本描述。为生成正确的诊断报告，需要基于专家经验知识明晰测点与各部位的对应关系、特征指标的物理意义以及健康等级的划分与维护策略建议的对应关系等。

本 章 小 结

　　本章以大数据驱动的智能故障诊断为主题，结合工业大数据的背景、概念与特点，将工业大数据驱动的智能故障诊断框架划分为 3 个关键步骤：大数据质量改善、大数据健康监测和大数据智能诊断。首先，阐述了工业大数据质量对机械设备健康监测及智能诊断的重要意义，分析了影响数据质量的干扰因素，总结了数据质量改善的流程步骤；其次，叙述了大数据健康监测的背景，结合实验分析，介绍了基于故障阈值的大数据健康监测方法和基于智能模型的大数据健康监测方法；然后，描述了大数据智能诊断的内涵与任务，结合实验分析，介绍了基于浅层模型与深度学习的智能诊断的一般步骤与典型方法；最后，通过介绍大数据驱动的新能源诊断平台这一实际案例，展现了大数据健康管理技术在工业应用中的迫切需求与巨大潜力。

思考题与习题

　　4-1　试分析在大数据时代工业大数据兴起的主要因素有哪些？与互联网等领域的大数据相比，工业大数据的领域特点有哪些？互联网大数据与工业大数据在领域特点、技术框架等方面有哪些异同？

4-2 试分析大数据质量改善在大数据驱动的智能故障诊断中的必要性及其主要工作流程。

4-3 试对比基于故障阈值的健康监测与基于智能模型的健康监测在健康监测输出与技术框架上的异同。

4-4 浅层模型与深度学习在大数据智能诊断的应用中有何异同？

4-5 在华电新能源诊断平台案例中，为消除干扰的影响，采用了连续触发机制，思考此方式有何优缺点，针对这些缺点思考是否有更好的报警机制。

参 考 文 献

[1] 李杰，邱伯华. 工业大数据：工业 4.0 时代的工业转型与价值创造 [M]. 北京：机械工业出版社，2015.

[2] 中华人民共和国国务院. 促进大数据发展行动纲要 [J]. 成组技术与生产现代化，2015，32（3）：51-58.

[3] 李国杰，程学旗. 大数据研究：未来科技及经济社会发展的重大战略领域——大数据的研究现状与科学思考 [J]. 中国科学院院刊，2012，27（6）：647-657.

[4] 郎杨琴，孔丽华. 美国发布"大数据的研究和发展计划" [J]. 科研信息化技术与应用，2012，3（2）：89-93.

[5] 卫风林，董建，张群. 《工业大数据白皮书（2017 版）》解读 [J]. 信息技术与标准化，2017，24（4）：13-17.

[6] LEI Y. Intelligent fault diagnosis and remaining useful life prediction of rotating machinery [M]. Oxford：Butterworth-Heinemann，2016.

[7] 钟秉林，黄仁. 机械故障诊断学 [M]. 北京：机械工业出版社，2006.

[8] 雷亚国，贾峰，孔德同，等. 大数据下机械智能故障诊断的机遇与挑战 [J]. 机械工程学报，2018，54（4）：94-104.

[9] 陈吉荣，乐嘉锦. 基于 Hadoop 生态系统的大数据解决方案综述 [J]. 计算机工程与科学，2013，35（10）：25-35.

[10] 雷丽娟，李润珍. 大数据背景下的因果关系与相关关系 [J]. 河南理工大学学报（社会科学版），2017，18（1）：36-39.

[11] ZHOU Z H，CHAWLA N V，JIN Y，et al. Big data opportunities and challenges：Discussions from data analytics perspectives [J]. IEEE Computational Intelligence Magazine，2014，9：62-74.

[12] 马小平，代伟. 大数据技术在煤炭工业中的研究现状与应用展望 [J]. 工矿自动化，2018，44（1）：50-54.

[13] LEE J，KAO H A，Yang S. Service innovation and smart analytics for Industry 4.0 and big data environment [J]. Procedia CIRP，2014，16：3-8.

[14] KARKOUCH A，MOUSANNIF H，MOATASSIME H A，et. al. Data quality in internet of things：A state-of-the-art survey [J]. Journal of Network and Computer Applications，2016，73：57-81.

[15] 肖凯，刘鹏，车建峰，等. 基于电力大数据平台的海量风电数据处理架构与应用研究 [J]. 电力信息与通信技术，2017，15（7）：13-19.

[16] 苏鑫，吴迎亚，裴华健，等. 大数据技术在过程工业中的应用研究进展 [J]. 化工进展，2016，35

（6）：1652-1659.

[17] HAZEN B T, BOONE C A, EZELL J D, et al. Data quality for data science, predictive analytics, and big data in supply chain management：An introduction to the problem and suggestions for research and applications [J]. International Journal of Production Economics, 2014, 154：72-80.

[18] HEINRICH B, KLIER M. Assessing data currency—a probabilistic approach [J]. Journal of Information Science, 2011, 37 (1)：86-100.

[19] 叶鸥, 张璟, 李军怀. 中文数据清洗研究综述 [J]. 计算机工程与用, 2012, 48 (14)：121-129.

[20] XU S, LU B, BALDEA M, et al. Data cleaning in the process industries [J]. Reviews in Chemical Engineering, 2015, 31 (5)：453-490.

[21] 司小胜, 胡昌华. 数据驱动的设备剩余寿命预测理论及应用 [M]. 北京：国防工业出版社, 2016.

[22] 何正嘉, 陈进, 王太勇, 等. 机械故障诊断理论及应用 [M]. 北京：高等教育出版社, 2010.

[23] 雷亚国. 混合智能技术及其在故障诊断中的应用研究 [D]. 西安：西安交通大学, 2007.

[24] LI N, LEI Y, LIN J, et al. An improved exponential model for predicting remaining useful life of rolling element bearings [J]. IEEE Transactions on Industrial Electronics, 2015, 62 (12)：7762-7773.

[25] GUO L, LI N, JIA F, et al. A recurrent neural network based health indicator for remaining useful life prediction of bearings [J]. Neurocomputing, 2017, 240：98-109.

[26] 周志华. 机器学习 [M]. 北京：清华大学出版社, 2016.

[27] GOODFELLOW I, BENGIO Y, COURVILLE A, et al. Deep learning [M]. Cambridge：MIT press, 2016.

[28] LECUN Y, BENGIO Y, HINTON G Deep learning [J]. Nature, 2015, 521 (7553)：436.

[29] 屈梁生, 张西宁, 沈玉娣. 机械故障诊断理论与方法 [M]. 西安：西安交通大学出版社, 2009.

[30] 雷亚国, 贾峰, 周昕, 等. 基于深度学习理论的机械装备大数据健康监测方法 [J]. 机械工程学报, 2015, 51 (21)：49-56.

[31] LEI Y, JIA F, LIN J, et al. An intelligent fault diagnosis method using unsupervised feature learning towards mechanical big data [J]. IEEE Transactions on Industrial Electronics, 2016, 63 (5)：3137-3147.

[32] JIA F, LEI Y, LIN J, et. al. Deep neural networks：A promising tool for fault characteristic mining and intelligent diagnosis of rotating machinery with massive data [J]. Mechanical Systems and Signal Processing, 2016, 72-73：303-315.

[33] HINTON G E, SALAKHUTDINOV R R. Reducing the dimensionality of data with neural networks [J]. Science, 2006, 313 (5786)：504-507.

[34] 阿瑟劳斯. 全球风电发展现状及展望 [J]. 中国能源, 2008, 30 (4)：23-28.

[35] SAHU B K. Wind energy developments and policies in China：A short review [J]. Renewable and Sustainable Energy Reviews, 2017.

[36] 曾鸣.《电力发展"十三五"规划》解读 [J]. 中国电力企业管理, 2017 (1)：14-16.

[37] KAIDIS C, UZUNOGLU B, AMOIRALIS F. Wind turbine reliability estimation for different assemblies and failure severity categories [J]. IET Renewable Power Generation, 2015, 9 (8)：892-899.

第5章

融入新一代人工智能的智能运维

学习要求：

了解新一代人工智能技术的特点。掌握典型的深度学习模型、迁移学习方法。结合实例加深对深度学习与迁移学习的理解与认识。了解结合深度学习和迁移学习的深度迁移学习模型。

基本内容及要点：

1. 人工智能的定义；新一代人工智能的特点；

2. 卷积神经网络的基本结构；深度置信网络的基本结构；堆栈自编码器的基本结构；循环神经网络的基本结构；

3. 迁移学习的特点；基于半监督的迁移策略；基于特征选择的迁移策略；基于特征映射的迁移策略；基于权重的迁移策略；

4. 深度迁移学习模型的种类。

新一代人工智能是人工智能随着互联网、大数据和深度学习等新理论和新技术发展的新阶段。将新一代人工智能技术融入高端装备的智能运维与健康管理是新时代发展的要求和必然趋势。然而如何利用新一代人工智能技术进行智能运维与健康管理呢？首先要了解新一代人工智能的技术特点，然后利用典型的深度学习模型、迁移学习方法，实现智能运维与健康管理。要完成上述这些工作需要掌握哪些知识？让我们开始这部分知识的学习，本章结构如图 5-1 所示。

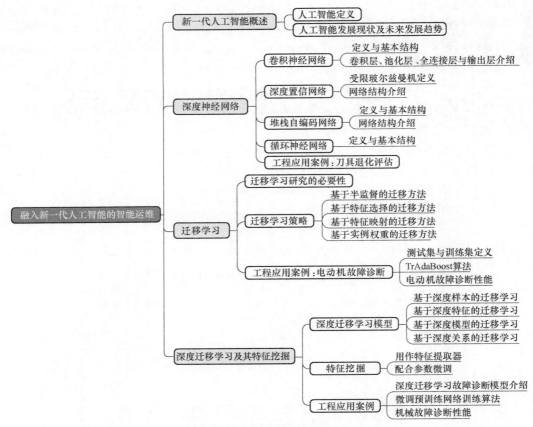

图 5-1　第 5 章思维导图

5.1　新一代人工智能概述

　　人工智能（Artificial Intelligence，AI）早在 1956 年就已经提出，美国斯坦福大学人工智能研究中心尼尔逊教授认为人工智能的定义为：人工智能是关于知识的学科，即如何表示知识、获得知识并使用知识的科学。人工智能所依赖的工具是计算机等具有类人智能的人工系统，其目的是利用计算机软硬件模拟人类某些智能行为的基本原理、方法和技术[1]。人工智能提出之后，在图像处理、语音识别等领域获得了广泛的应用，随着大数据、感知融合和深度强化学习等技术的发展，人工智能开始迈向人工智能 2.0，即新一代人工智能。我国著名人工智能专家潘云鹤院士认为，人工智能 2.0 可初步定义为：基于重大变化的信息新环境和发展新目标的新一代人工智能。其中，信息新环境是指：互联网与移动终端的普及、传感网的渗透、大数据的涌现和网上社区的兴起等；新目标是指：智能城市、智能经济、智能制造、智能医疗、智能家居和智能驾驶等从宏观到微观的智能化新需求。可望升级的新技术有：大数据智能、跨媒体智能、自主智能、人机混合增强智能和群体智能等[2]。

　　2016 年 3 月 DeepMind 团队发布了 AlphaGo，其在围棋对弈中可以击败人类职业选手。

2017 年 10 月 DeepMind 又发布了最强版的 Alpha Zero, 掀起了新一代人工智能浪潮。2017 年 7 月国务院发布的《新一代人工智能发展规划》指出, 大数据驱动的知识学习、跨媒体系统处理、人机协同增强、群体集成智能和自助智能系统等是人工智能的发展重点[3]。新一代人工智能具有数据模式深度挖掘能力强、知识学习能力卓著的特点, 是自人工智能提出 60 年以来的新跨越, 为智能故障诊断的探索研究提供了新的方向, 有望提升重大装备智能化程度。2017 年中国工程院发布了《中国智能制造发展战略研究报告》, 智能诊断运维被列为新一代人工智能在制造业的应用的重点突破方向之一。

重大装备故障诊断方法普遍存在结构复杂、信号微弱等因素影响导致其精度与准确性不高的问题。新一代人工智能技术在特征挖掘、知识学习与智能程度方面所表现出的显著优势, 为智能诊断运维提供了新途径。新一代人工智能运维技术是提高装备安全性、可用性和可靠性的重要技术手段, 有利于制造企业的智能化升级和企业效益的提高, 得到国际学术界与商业组织的重点投入与密切关注。美国 PHM 协会长期致力于基于人工智能技术的状态监测与预测研究, 组织开展数控机床刀具全寿命周期振动、温度等多元异构数据实时监测实验, 并邀请国际学者进行剩余寿命预测竞赛, 以促进数控机床智能化的发展; 美国国家航空航天局 (NASA) 密切关注机械基础部件 (轴承、复合材料结构等) 的服役安全性, 组织开展全寿命周期多源数据监测实验, 开发航空发动机等重大装备的智能诊断与预测技术。新一代人工智能技术也是国际先进航空发动机制造业长期关注的焦点, 美国普惠公司 (Pratt & Whitney Group, P&W) 进行了超过 15 年的持续专项研究, 在 2017 年建立 "先进诊断与发动机管理" 系统, 实现了发动机设计制造数据、运行监测数据与维修保障数据三位一体的深度分析, 具备发动机在线诊断预测、地面维护保障关键功能。2017 年英国罗罗 (Rolls-Royce, 罗尔斯-罗伊斯) 公司提出 "智能航空发动机" 项目, 期望通过专项研究实现发动机整寿命周期内大数据的有效监测与深度分析, 提升发动机的运行安全性与维护保障性。2018 年罗·罗公司提出智能发动机的技术体系架构, 并指出基于先进机器人技术的智能检测与预知、自愈维护是智能发动机的核心技术内涵。

新一代人工智能技术是国际制造业的重要历史机遇, 但是如何融入新一代人工智能技术实现重大装备的运行安全保障, 是挑战难题。根据机械装备检测数据特点实现有针对性的智能诊断模型构造; 针对装备制造业监测数据高维度、多源异构与流数据等大数据特性, 探索多源数据融合、深度特征提取与流数据处理等新一代人工智能技术, 研发基于大数据分析的智能处理框架与技术体系, 是未来的重点发展方向。

5.2 深度神经网络

深度学习 (Deep Learning) 是当前机器学习领域中的最热门技术之一,《麻省理工学院技术评论》将深度学习列为 2013 年十大突破性技术之首 (Top Breakthrough Technology)[4]。深度学习本质上是一种有多隐藏层的深度神经网络, 它与传统的多层感知器 (Multi-Layer Perceptron, MLP) 的主要区别在于学习算法的不同。2006 年机器学习领域泰斗——多伦多大学 (University of Toronto, UT) 的 Hinton 教授在《科学》上发表的一篇文章首次提出了

"深度学习"的概念[5]，从而开启了深度学习研究的浪潮。此文指出了深度学习的两个主要特点：第一，含多隐藏层的神经网络具有优异的特征学习能力，学习得到的特征对数据有更本质的刻画，从而有利于分类；第二，深度神经网络在训练上的难度，可以通过"逐层初始化"（Layer-wise Pre-training）预学习来有效克服。此文中，逐层初始化是通过受限玻尔兹曼机（Restricted Boltzmann Machine，RBM）的无监督学习来实现的。典型的深度神经网络有卷积神经网络（Convolutional Neural Network，CNN）、深度置信网络（Deep Belief Network，DBN）、堆栈自编码网络（Stacked Auto-Encoder Network，SAE）和循环神经网络（Recurrent Neural Network，RNN）。

神经计算、机器学习领域的重要会议 NIPS、ICML 自 2011 年起均开设了深度学习专题，谷歌、微软、百度等企业都纷纷设立专门的深度学习研发部门，对此技术进行产业化研究[6]。可见，深度学习技术在学术界和产业界都已成为新兴的研究热点。目前，深度神经网络被广泛地应用于语音识别[7-9]、图像识别[10-12]和自然语言处理[13-15]等不同领域。

5.2.1 卷积神经网络

CNN 是一种受生物视觉感知机制启发的深度学习方法。1962 年，生物学家 Hubel 和 Wiesel[16]通过对猫脑视觉皮层的研究，提出感受野的概念以及视觉神经系统的层级结构模型。Fukushima 等人[17]根据 Hubel 和 Wiesel 的层级模型提出了结构与之类似的神经认知机。随后，LeCun 等人[18]基于前人的研究基础提出了著名的 CNN 结构：LeNet-5，奠定了现代 CNN 的基础。

CNN 具有局部连接、权值共享、池化操作及多层结构等特点[19]。局部连接使 CNN 能够有效地提取局部特征[18]；权值共享大大减少了网络的参数数量，降低了网络的训练难度；池化操作在实现数据降维的同时使网络对特征的平移、缩放和扭曲等具有一定的不变性；而深层结构使 CNN 具有很强的学习能力和特征表达能力[20]。

CNN 的基本结构包括输入层、卷积层、池化层、全连接层和输出层。相邻层的神经元以不同的方式连接，实现输入样本信息的逐层传递。

1. 卷积层

卷积层中的神经元通过卷积核与上一隐藏层的局部区域相连，卷积核是一个权值矩阵，进行卷积运算时，卷积核滑窗经过输入矩阵各区域，翻转后与该区域对应元素相乘后累加，从中提取特征，见式（5-1）

$$z(x,y) = f(x,y) * k(x,y) = \sum_m \sum_n k(m,n)f(x-m,y-n) \tag{5-1}$$

式中，x、y 分别是输入矩阵的行号和列号；$z(x,y)$、$f(x,y)$ 分别是输出矩阵和输入矩阵第 x 行，第 y 列的值；$k(x,y)$ 是卷积核。

卷积层中通常设置多个卷积核，不同卷积核通过网络的训练获得不同的权值，因此可以从输入中提取不同的特征。每个卷积核与卷积层输入进行卷积运算后，将卷积结果输入非线性激活函数得到一张特征图，通过多个卷积核对上一隐藏层进行特征提取，能够得到一系列特征图。多个卷积层的组合能够使 CNN 逐步提取更复杂的特征。

卷积层的运算见式（5-2）[21]

$$x_j^l = f\left(\sum_{i \in M_j} x_i^{l-1} * k_{ij}^l + b_j^l\right) \tag{5-2}$$

式中，l 是当前层数；M_j 是来自上一层的输入特征图集合；x_j^l 是 l 层第 j 个特征图；x_i^{l-1} 是 l-1

层第 i 个特征图；k_{ij}^l 是卷积核的权值矩阵；b_j^l 是当前输出特征图对应的偏置项；$f(\cdot)$ 是非线性激励函数。

2. 池化层

池化层通常紧跟在卷积层之后，池化层中的特征图与卷积层中的特征图一一对应，池化层的神经元同样与其上一隐藏层局部区域相连，并通过一定数学方法得到该区域的一个统计值，实现降维的同时进行二次特征提取，并使网络对输入样本的特征变化获得一定不变性[22]，其计算公式见式（5-3）[21]

$$x_j^l = f\left(\beta_j^l \text{down}\left(x_j^{l-1}\right) + b_j^l\right) \tag{5-3}$$

式中，β、b 分别是乘法偏置和加法偏置；$\text{down}(\cdot)$ 是降采样函数，一般情况下，降采样函数将输入特征图划分成多个不重叠的区域，对每个区域求一个统计值。

常见的池化方法包括最大值池化、均值池化和随机池化等。最大值池化对池化核连接的局部区域求最大值实现降采样功能，均值池化对池化核连接的局部区域求平均值实现降采样功能，随机池化则根据局部区域内的元素值确定概率矩阵，根据概率矩阵随机选择输出。其中，均值池化运算如式（5-4）所示，输入尺寸为 4×4，池化核尺寸为 2×2，进行无重叠池化时，输入矩阵被划分为 4 个 2×2 的区域，对每个区域求均值，实现特征的降维。

$$f\left(\begin{pmatrix} 2 & 0 & 1 & 3 \\ 0 & 4 & 4 & 6 \\ \hline 1 & 5 & 0 & 4 \\ 2 & 8 & 2 & 2 \end{pmatrix}\right) = \begin{pmatrix} 1.5 & 3.5 \\ 4 & 2 \end{pmatrix} \tag{5-4}$$

3. 全连接层与输出层

CNN 中全连接层一般出现在多个卷积层和池化层后，全连接层中的每个神经元与前一层的全部神经元连接，计算公式如式（5-5）所示。全连接层可以对卷积层和池化层提取的特征进行整合，输出数据的高级特征，传递到输出层中，作为判断样本类别的依据。

$$x^l = f(u^l) = f(W^l x^{l-1} + b^l) \tag{5-5}$$

以 LeNet-5 网络为例，CNN 的整体结构如图 5-2 所示[18]。其中，C1 和 C3 层为卷积层，卷积核尺寸均为 5×5，C1 层卷积核个数为 6，C3 层卷积核个数为 16，因此 C1 层输出 6 个特征图，C3 层输出 16 个特征图；S2 层和 S4 层为池化层，池化核尺寸均为 2×2，因此卷积层输出的特征图经过池化层后，水平、垂直方向的尺寸均下降为原来的一半，特征图数量不变；C5 层和 F6 层为全连接层，节点数分别为 120 和 84。

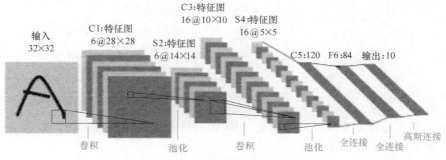

图 5-2 LeNet-5 网络结构

CNN 的训练属于有监督学习，开始训练前，需要对网络的权值和偏置随机初始化，训练过程可分为前向传播和反向传播两个阶段：前向传播是将样本输入网络中，经过各层运算后，通过输出层获得样本分类结果；反向传播是指计算网络输出与样本标签之间的误差后，将误差由输出层逐层传播至输入层，并利用各层残差计算训练误差对该层参数的梯度，用来更新参数取值，实现误差最小化。

5.2.2 深度置信网络

1. 受限玻尔兹曼机

玻尔兹曼机（Boltzmann Machine，BM）是由 Hinton 和 Sejnowski 在 1986 年提出的来源于热动力学能量模型的随机神经网络[23]。

能量模型可以直观的理解为：将一表面粗糙且外形不规则的小球，随机放入表面同样比较粗糙的碗中。由于重力势能原因，通常情况下小球停在碗底的可能性最大，但也有停在碗底其他位置的可能性。能量模型中把小球最终停的位置定义为一种状态，每一种状态都对应着一个能量，并且该能量可以用能量函数来定义。因此，小球处于某种状态的概率可以用当前状态下小球具有的能量来定义。比如，小球停在了距离碗底四分之一处，这是一种状态，且这种状态对应一个能量 E。假设出现"小球停在距离碗底四分之一处"这种状态的概率为 p，能量 E 和状态发生概率存在函数对应关系，可表示为 $p=f(E)$。对于一个系统来讲，系统的能量对应着系统的状态概率。系统越有序，系统的能量越小，系统的概率分布越集中；系统越无序，系统的能量越大，系统的概率分布越趋于均匀分布。

每个玻尔兹曼机均由两层网络组成，可定义为可视层（v）和隐藏层（h），各层中由若干个随机神经元组成，神经元与神经元之间通过权值（w）连接，神经元的输出只有未激活和激活两种状态，可以用二进制 0 与 1 表示，神经元的状态取值根据概率统计规则决定。如图 5-3a 所示，BM 是由随机神经元全连接的神经网络，它拥有强大的从复杂数据中无监督学习到特定规则的能力，但它训练时间很长，计算成本很大。Smolensky[24]结合马尔科夫模型性质，取消 BM 中同层之间的连接，使每层的状态只与上一层状态有关，得到了受限玻尔兹曼机（Restricted Boltzmann Machine，RBM），其结构如图 5-3b 所示，可视层间的神经元相互独立，隐藏层间的神经元也相互独立，但可视层与隐藏层可以通过权值（w）连接。

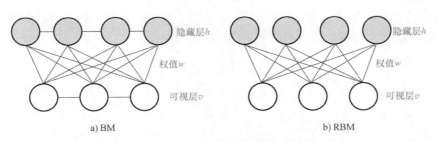

a) BM   b) RBM

图 5-3　BM 与 RBM 结构图

RBM 中可视层和隐藏层具有对称性，RBM 层间连接并没有方向性，如图 5-4 所示，故 RBM 可以看作是一个无向图模型。

图 5-4 中，n、m 分别表示可视层和隐藏层的神经元个数；$v=(v_1, v_2, \cdots, v_i, \cdots,$

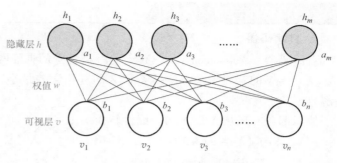

$v_n)^T$ 表示可视层的状态向量，v_i 表示第 i 个神经元的状态；$h = (h_1, h_2, \cdots, h_j, \cdots, h_m)^T$ 表示隐藏层的状态向量，h_j 表示第 j 个神经元的状态；$b = (b_1, b_2, \cdots, b_i, \cdots, b_n)^T$ 表示可视层的偏置向量，b_i 表示第 i 个神经元的偏置；$a = (a_1, a_2, \cdots, a_j, \cdots, a_m)^T$ 表示隐藏层的偏置向量，a_j 表示第 j

图 5-4　RBM 模型结构

个神经元的偏置；$w = (w_{ij})$，$i \in [1, n]$，$j \in [1, m]$ 表示连接可视层与隐藏层之间的权值矩阵，w_{ij} 为可视层中第 i 个神经元与隐藏层中第 j 个神经元的连接权重。

2. 网络结构

深度置信网络（Deep Belief Networks，DBN）是由一系列 RBM 堆叠而成的多层感知器神经网络，每个 RBM 由两层网络组成，即可视层（v）和隐藏层（h），层与层之间通过权值（w）连接，层内无连接，故 DBN 也可以解释为由多层随机隐变量组成的贝叶斯概率生成模型。第一层可视层可为输入数据，在训练阶段，通过吉布斯采样从可视层抽取相关信息映射到隐藏层，在隐藏层再次通过吉布斯采样抽取信息映射到可视层，在可视层重构输入数据，反复执行可视层与隐藏层之间的映射与重构过程。

如图 5-5 所示是一个由三个 RBM 堆叠而成的 DBN 结构模型。第一可视层 v^1 为初始输入数据，和第一隐藏层 h^1 组成第一个 RBM（RBM1）；第一隐藏层 h^1 作为第二可视层 v^2，并和第二隐藏层 h^2 组成第二个 RBM（RBM2）；第二隐藏层 h^2 作为第三可视层 v^3，并和第三层隐藏层 h^3 组成第三个 RBM（RBM3）。各层内部相互独立，但数据可通过激活函数按 RBM 学习规则在层间相互转换。输入数据经低层的 RBM 学习后，其输出结果作为高一层 RBM 的输入，依次逐层传递，从而在高层形成比低层更抽象和更具有表征能力的特征表示。DBN 学习过程包含两部分：由低层到高层的前向堆叠 RBM 学习和由高层到低层的后向微调

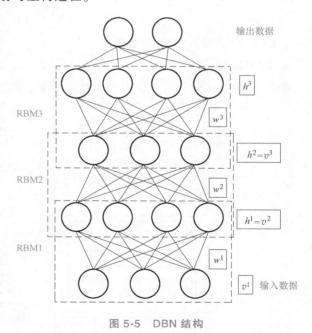

图 5-5　DBN 结构

学习。前向堆叠 RBM 学习过程无标签数据参与，为无监督学习过程，把无监督学习到的模型参数当作有监督学习参数的初始化，相当于为监督学习提供了输入数据的先验知识。监督学习从 DBN 网络最后一层出发，利用已知标签逐步向低层微调模型参数，称为后向微调学习。

5.2.3 堆栈自编码网络

1. 自编码器

自编码器（Autoencoder, AE）[25]是一类特殊的神经网络，结构如图 5-6 所示。网络学习 $g(\sigma(X)) \approx X$ 的映射关系，使得 X 和 Z 的重构误差最小，其中 $\sigma(X)$ 称为编码，$g(X)$ 称为解码。

编码部分实现从 X 到 Y 的非线性转换

$$Y = f_\theta(X) = \sigma(WX + b) \quad (5\text{-}6)$$

$$\theta = \{W, b\}$$

式中，W 是权重矩阵；b 是隐含层的偏置。

解码 $g(X)$ 使得 Y 重构得到 Z

$$Z = g_{\theta'}(Y) = \sigma(W'Y + b') \quad (5\text{-}7)$$

$$\theta' = \{W', b'\}$$

式中，W' 是权重矩阵；b' 是输出层的偏置。

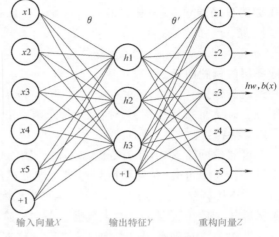

图 5-6 自编码器结构图

以均方误差损失函数为例，重构误差的计算公式如式（5-8）所示。自编码器通过无监督学习更新其参数取值，使重构误差最小。

$$L(X, Z) = L_2(X, Z) = C(\sigma^2)\|X - Z\|^2 \quad (5\text{-}8)$$

式中，$C(\sigma^2)$ 是由 σ^2 决定的常数。

2. 网络结构

类似于 DBN，SAE[26]由多个 AE 堆叠而成，如图 5-7 所示，每个 AE 无监督训练完成后，

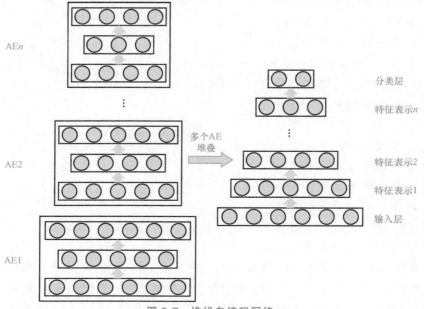

图 5-7 堆栈自编码网络

隐藏层的输出都会作为下一个 AE 的输入，经过逐层堆叠学习，完成了从低层向高层的特征提取。

SAE 网络的堆叠过程为：第一个 AE（AE1）训练完成后，将隐藏层输出的特征表示 1 作为第二个 AE（AE2）的输入，然后对 AE2 进行无监督训练得到特征表示 2，重复这一过程直至所有的 AE 都训练完成为止，形成了空间上具有多个隐藏层的 SAE 网络。为使 SAE 网络具有分类识别的功能，需要在 SAE 网络的最后一个特征表示层之后添加分类层，然后通过有监督学习将神经网络训练成能完成特征提取和数据分类任务的深层网络。

5.2.4 循环神经网络

循环神经网络（Recurrent Neural Networks，RNN）的框架是由 Jordan[27]和 Elman[28]分别独立提出的，其主要特点在于，网络当前时刻的输出与之前时间的输出也有关，可以用如式（5-9）所示的隐函数公式表示

$$Y_t = \mathrm{Fun}(X_t, Y_{t-1}) \tag{5-9}$$

除了引入历史数据外，循环神经网络与传统神经网络在前向计算上并没有显著的差异。但是在反向传播上，循环神经网络引入了跨时间的计算，传统的反向传播算法已经不能用于进行网络训练，于是在传统反向算法的基础上发展出了跨时间反向传播算法（Back Propagation Through Time，BPTT）[29]。

循环神经网络采用跨时间反向传播算法进行网络训练，训练过程分为：前向计算各神经元的输出值，反向计算各神经元的误差项并利用梯度下降算法更新权值。

下面以简化的 3 层循环神经网络为例，简化结构如图 5-8 所示，对其具体计算过程进行描述。假设第 k 层的隐藏层状态向量用 S_k 表示，第 $k+1$ 层隐藏层状态向量用 S_{k+1} 表示，则前向计算可以表示为

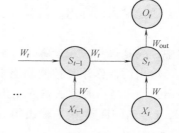

图 5-8　简化的 3 层循环神经网络结构图

$$S_t = f(W * X_t + W_t * S_{t-1}) \tag{5-10}$$

$$Y_t = g(W_{\mathrm{out}} * S_t) \tag{5-11}$$

式中，f 为隐藏层激活函数；g 为输出层节点的激活函数，激活函数一般为 sigmoid 函数、tanh 函数或 relu 函数；W_t 为隐藏层时间连接的权值；W 为输入层和隐藏层之间的权值；S_t 和 S_{t-1} 分别为 t 时刻和 $t-1$ 时刻隐藏层的状态向量。对于时间连接权值矩阵，其在各个时刻是共享的。

循环神经网络的权值矩阵在跨时间共享的结构，在求导数的时候经由链式法则会出现连乘的形式。当时间步长比较大的时候，连乘形式可能引起梯度消失或者梯度爆炸问题，导致循环神经网络不能训练。为解决梯度问题带来的循环神经网络难以训练的问题，长短时记忆单元（Long Short-Term Memory，LSTM）[30]对传统循环神经网络的节点进行了改进，其具体结构如图 5-9 所示。

长短时记忆单元中增加了用于控制网络计算量级的输入门、遗忘门和输出门，从而降低了循环网络由于循环层数的增加而导致激活函数进入梯度饱和区的风险。这些门还有让网络包含更多层用于参数优化的作用。

其中，输入门的作用是控制新信息的加入，通过与 tanh 函数配合控制来实现，tanh 函

数产生一个候选向量 g_s，输入门产生一个值均在区间 $[0，1]$ 以内的向量 i_s 来控制 g_s 被加入下一步计算的量。其计算公式为

$$g_s = \varphi(W_{gx} * x + W_{gh} * h_{t-1} + b_g) \qquad (5\text{-}12)$$

$$i_s = \sigma(W_{ix} * x + W_{ih} * h_{t-1} + b_i) \qquad (5\text{-}13)$$

式中，W_{gx} 和 W_{ix} 分别是输入节点、输入门和网络输入之间的权值；W_{gh} 和 W_{ih} 分别是输入节点、输入门和网络隐层节点上一时刻输出值 h_{t-1} 之间的权值；σ 和 φ 分别是 sigmoid 激活函数和 tanh 激活函数；b_g 和 b_i 是网络计算的偏置。

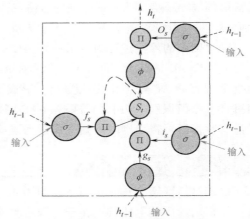

图 5-9 长短时记忆单元的结构

遗忘门将上一时刻的输出 h_{t-1} 和当前时刻的输入 x_t 输入到一个 sigmoid 函数的节点中，为 S_{t-1} 中产生一个在区间 $[0，1]$ 内的向量 f_s 来控制上一单元状态被遗忘的程度。遗忘门的计算公式为

$$f_s = \sigma(W_{fx} * x + W_{fh} * h_{t-1} + b_f) \qquad (5\text{-}14)$$

式中，W_{fx} 和 W_{fh} 分别是当前时刻网络输入 x、网络上一时刻返回值 h_{t-1} 和遗忘门之间的权值；σ 是 sigmoid 激活函数；b_f 是网络计算的偏置。

通过输入门和遗忘门就可以确定当前时刻隐藏层节点的状态向量 S_t，其计算公式为

$$S_t = g_s \otimes i_S + S_{t-1} \otimes f_s \qquad (5\text{-}15)$$

式中，$\otimes$ 是逐点求积运算。

输出门的作用是控制隐层节点状态值 S_t 被传递到下一层网络中的量，其将上一时刻的输出 h_{t-1} 和当前时刻的输入 x_t 为输入到一个 sigmoid 函数的节点中，为 S_t 中产生一个在区间 $[0，1]$ 内的向量 O_s。输出门的计算公式为

$$O_s = \sigma(W_{ox} * x + W_{oh} * h_{t-1} + b_o) \qquad (5\text{-}16)$$

式中，W_{ox} 和 W_{oh} 分别是网络当前时刻输入 x、网络上一时刻返回值 h_{t-1} 和输出门之间的权值；σ 是 sigmoid 激活函数；b_o 是网络计算的偏置。

长短时记忆单元的最终输出可以通过式（5-17）计算

$$h_t = \varphi(S_t) \otimes O_s \qquad (5\text{-}17)$$

式中，h_t 是 LSTM 网络隐藏层在时刻 t 的输出；φ 是 tanh 激活函数；$\otimes$ 是逐点求积运算。

5.2.5 基于深度学习的刀具退化评估

装备在运行过程中受到机械应力和热应力的共同作用产生疲劳损伤直至故障失效。基于状态监测的动力装备 PHM 得到广泛关注，其主要可以分为状态监测和数据获取、特征提取和选择、故障诊断和健康评估以及系统维护策略等内容。以多传感器监测为基础，从多类监测信号（振动信号、温度信号、油压信号、声发射信号和电信号等）提取具备故障相关性的各类特征用于故障检测及剩余寿命预测，可以有效地降低系统维护成本，避免停机事故的发生。

浅层网络在应对装备退化不确定性时难以高度抽象地深度提取退化特征，只能获取一般的浅层表示。装备退化性能评价涉及评估模型在不同装备件的参数调整和适应，需要评估模型对采集信号进行深层次的特征挖掘和提取，是一类典型的深度学习问题。装备性能监测数

据往往存在严重的信息冗余，增加特征选择和降维的难度。深度自编码网络[31]（Deep Auto-Encoder，DAE）包含多个隐藏层，可以从训练数据中深层次地无监督式自学习，从而获得更好的重构效果。同时退化评估模型应结合时序数据的互相关性来综合判断装备性能，获取装备退化状态的量化判断。针对多维特征提取降维和退化信号时序相关性建模两个问题，提出了一种基于DAE-LSTM的装备退化评估方法，通过无监督式的特征自学习降维和监督式反向微调得到特征提取器，将优化后的特征序列作为长短时循环神经网络的输入。通过长短时循环神经网络获取退化过程信息的互相关性，从而充分利用装备退化过程数据的完整信息来定量评估装备退化状态。

基于DAE-LSTM的退化评估方法流程图如图5-10所示。从多传感器监测信号中提取出信号的统计特征后，将训练数据的退化特征数据集作为DAE网络的输入，利用DAE无监督式自学习从高维特征信号提取出与故障高度相关的低维退化信号。为了保证降维编码与故障特征的最大相关性，通过低学习率带标签微调学习的方法调整DAE的权值参数。参数微调后的DAE编码按时间排列后作为LSTM网络的输入。在构建DAE和LSTM网络时，采取了中间隐藏层堆叠的方法，将原本需要的中间层各层节点数简化成两个网络参数，即中间隐藏层数和中间隐藏层节点数，避免了层数不确定时节点数无法选取和层数多时网络参数过多的问题。网络结构参数可以采用粒子群算法确定[32]。

为了验证所提基于DAE-LSTM的装备退化评估方法在工业数据上的有效性，对铣刀磨损数据进行分析。实验数据来源于美国国家航空航天局艾姆斯（Ames）研究中心，共包含16组刀具磨损退化的监测数据[33]。

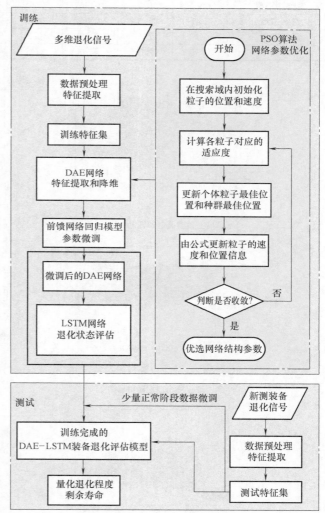

图5-10　基于多维特征与DAE-LSTM的装备退化评估方法

每组数据包含不同数量的信号样本，均采集了刀具磨损过程中的振动信号、声发射信号和电流信号，采样频率为250 Hz。各组数据采集时的工况和铣刀最终磨损情况见表5-1。

第1次采样时（CASE1）各监测传感器获取的原始时域信号如图5-11所示，分别为主轴交流电动机电流信号、主轴直流电动机电流信号、工作台面振动信号、机床主轴振动信号、工作台面声发射信号和机床主轴声发射信号。

表 5-1　铣刀数据的工况和磨损情况

CASE	1	2	3	4	5	6	7	8
采样个数	17	14	16	7	6	1	8	6
最终磨损量	0.44	0.55	0.55	0.49	0.74	0	0.46	0.62
切割深度	1.5	0.75	0.75	1.5	1.5	1.5	0.75	0.75
切割速度	0.5	0.5	0.25	0.25	0.5	0.25	0.25	0.5
材料	铸铁	铸铁	铸铁	铸铁	钢	钢	钢	钢
CASE	9	10	11	12	13	14	15	16
采样个数	9	10	23	15	15	10	7	6
最终磨损量	0.81	0.7	0.76	0.65	1.53	1.14	0.7	0.62
切割深度	1.5	1.5	0.75	0.75	0.75	0.75	1.5	1.5
切割速度	0.5	0.25	0.25	0.5	0.25	0.5	0.25	0.5
材料	铸铁	铸铁	铸铁	铸铁	钢	钢	钢	钢

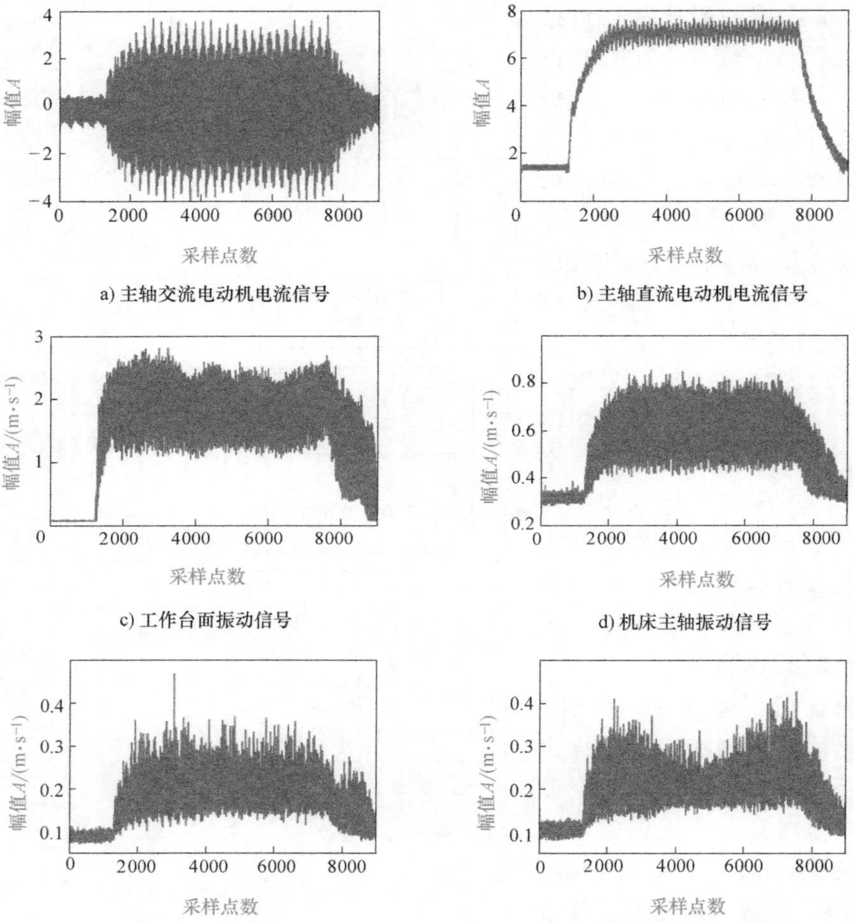

a) 主轴交流电动机电流信号　　　　　　　b) 主轴直流电动机电流信号

c) 工作台面振动信号　　　　　　　d) 机床主轴振动信号

e) 工作台面声发射信号　　　　　　　f) 机床主轴声发射信号

图 5-11　铣刀数据监测传感器时域信号

　　由时域数据可以看出铣刀在进行切割工序时，刀具有进入阶段、稳定切割阶段和退出阶段，选取稳定切割阶段的信号进行分析。从 6 个传感器监测数据中提取其有效值、绝对均值、方差和峰峰值 4 个时域特征形成训练数据特征集作为深度自编码网络的训练样本，将

24 维高维特征样本经由深度自编码特征提取器进行特征降维和提取。降维编码后的重构误差作为粒子群算法参数更新的适应度，由此确定网络结构参数。降维特征的回归模型输出如图 5-12 所示，回归模型的标签值为刀具磨损量。

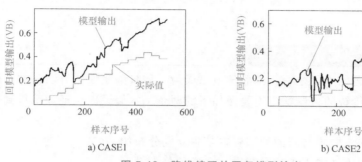

图 5-12　降维编码的回归模型输出

在对 CASE1 数据的特征进行降维编码时，采用 CASE1 之外的 15 个 CASE 的数据作为训练数据进行深度自编码网络的训练，CASE1 的降维编码经由回归模型输出后如图 5-12a 所示。采用 CASE2 之外的 15 个 CASE 的数据作为训练数据进行深度自编码网络的训练，CASE2 的降维编码经由回归模型输出后如图 5-12b 所示。由降维编码的回归输出可以看出，降维编码保留的信息和磨损量高度相关。经过有标签数据的训练和微调，降维编码在变化趋势上与磨损量保持一致，但是在幅值上有所偏差，这表明深度自编码网络对多维传感器特征集的特征提取和降维是有效的。可以通过保留回归模型的低层网络，即深层自编码网络，作为新测得退化数据的特征提取器。

通过 DAE 网络构建了降维编码的特征提取器之后，将降维编码进行时间步设置后作为长短时循环神经网络的输入，以磨损量百分比作为退化程度标签。

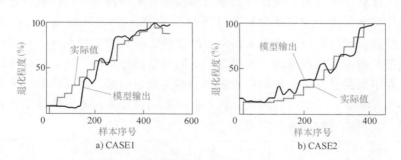

图 5-13　DAE-LSTM 模型退化程度识别结果

通过 CASE1 之外的 15 个 CASE 训练的深度自编码特征提取器，对 CASE1 特征集进行降维编码。在 LSTM 退化模型中，这 15 个 CASE 的数据用于带标签训练。CASE1 的模型预测输出如图 5-13a 所示，CASE2 的模型输出通过同样的做法获得，如图 5-13b 所示。

铣刀磨损数据的实验表明，深度网络作为特征提取器在进行参数优选的训练之后可以获得在训练数据上拟合效果足够好的深层网络。去除其回归层之后的低层网络在差异不大的同类测试数据中仍然有较好的特征提取效果，这表明深层网络可以在浅层学习到一般而概括的特征，并将浅层特征进一步抽象提取和深度挖掘。将低层特征编码作为输出结合其他深度网络模型进行后处理即可得到适用于装备退化评估的深度学习模型。

5.3 迁移学习

5.3.1 从机器学习到迁移学习

作为解决分类问题的手段之一，机器学习已成为一种日渐重要的方法，并已经得到广泛的研究与应用。然而传统的机器学习需要做如下的两个基本假设以保证训练得到的分类模型的准确性和可靠性：

1）用于学习的训练样本与新的测试样本是独立同分布的。

2）有足够多的训练样本用来学习获得一个好的分类模型。

但是，在实际的工程应用中往往无法同时满足这两个条件，导致传统的机器学习方法面临如下问题：随着时间的推移，原先可用的样本数据与新来的测试样本产生分布上的冲突而变得不可用，这一问题在时效性强的数据上表现得更为明显，比如基础部件随时间退化而产生的数据。而在另一些领域，有标签的分类样本数据往往很匮乏，已有的训练样本不足以训练得到一个准确可靠的分类模型，而标注大量的样本又非常费时费力、甚至不可能实现，比如大规模风电场的设备故障分类。

因此，研究如何利用少量的有标签的训练样本建立一个可靠的模型对目标领域数据进行分类，变得非常重要，并据此引入"迁移学习"的概念。迁移学习是运用已存有的知识对不同但相关领域问题进行求解的一种新的机器学习方法，其放宽了传统机器学习中的两个基本假设，目的是迁移已有的知识来解决目标领域中仅有少量甚至没有有标签样本数据的学习问题[34]。

简而言之，迁移学习是指一种学习或学习的经验对另一种学习的影响，迁移学习能力代表不同领域或任务之间进行知识转化的能力[35,36]，如图5-14所示给出了传统机器学习和迁移学习过程的差异，可以看出，传统机器学习的任务之间是相互独立的，不同的学习系统是针对不同的数据分布而专门训练的，即当面对不同的数据分布时，已在训练数据集训练好的学习系统无法在不同的数据集上取得满意表现，需要重新训练。而迁移学习中不同的源领域任务之间不再相互独立，虽然两者不同，但可以从不同源任务的不同数据中挖掘出与目标任务相关的知识，去帮助目标任务的学习。

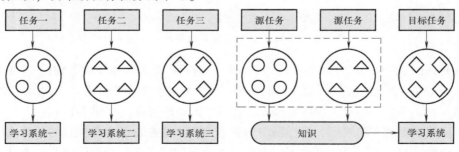

a）传统机器学习　　　　　　　　　　　　b）迁移学习

图 5-14　传统机器学习和迁移学习过程的差异

对于两个特定概念"领域 D"和"任务 T":

1)"领域 D"由特征空间 X 和边缘概率分布 $P(X)$ 两部分组成,其中 $X = \{x_1, x_2, \cdots, x_n\} \in \mathcal{X}$,即 $D = \{X, P(X)\}$;

2)"任务 T"由标签类别空间 γ 和目标预测函数 $f(x)$ 两部分组成,其中 $f(x)$ 能够从由 $\{x_i, y_i\}$,$x_i \in \mathcal{X}$,$y_i \in \gamma$ 组成的训练数据集中学习得到,且能被用于新样本 x 类别预测,预测结果为 $f(x)$,即 $T = \{\gamma, f(x)\}$。迁移学习数学上的定义如下[35]:给定源领域 D_s,目标领域 D_t,源任务 T_s,目标任务 T_t,迁移学习的目的在于借助 D_s 和 T_s 的知识提高目标任务 T_t 中目标预测函数 $f_t(x)$ 的能力,其中 $D_s \neq D_t$,$T_s \neq T_t$。

5.3.2 迁移学习策略

1. 基于半监督学习的迁移方法

半监督学习指的是学习算法在学习过程中不需要人工干预,基于自身对无标签数据的利用,在这些数据上取得最佳泛化能力。相比较而言,主动学习的学习过程需要人工干预,其尽可能通过学习过程中的反馈找到那些含有大信息量的样本去辅助少量有标签样本的学习。基于半监督学习实施迁移学习的主要方法概括如下:

1)跨领域主动迁移[37]。通过似然偏置的高低选择领域外有标签的样本实现迁移学习。能够正确预测领域内数据且似然偏置高的有标签样本会被直接利用,而似然偏置低的样本则通过主动学习进行选择。

2)不匹配程度迁移[38]。通过估计源领域中的每个样本与目标领域中少量标签数据之间的不匹配程度实现迁移学习。

3)正则化优化迁移[39]。通过源领域数据训练得到一个分类器,然后综合利用半监督学习的正则化技术(流形正则化、熵正则化以及期望正则化等)优化目标领域数据实现迁移学习。

4)自学习迁移[40]。自学习迁移实现过程中并不要求无标签数据的分布与目标领域中的数据分布相同。自学习迁移过程中可利用各种现代信号处理技术(稀疏编码)对无标签的样本数据构造高层特征,然后少量有标签的数据以及目标领域无标签的样本数据可通过这些高层特征进行表示。

2. 基于特征选择的迁移方法

基于特征选择的迁移学习方法主要通过寻找源领域与目标领域中的共有特征对知识进行迁移,利用特征选择实施迁移学习的主要方法概括如下:

1)两阶段特征选择框架[41]:第一阶段利用寻找出的源领域和目标领域的共有特征训练一个通用的分类器,第二阶段则选择并利用目标领域的无标签样本中的特有特征来对通用分类器进行调整从而得到适合于目标领域数据的分类器。

2)联合聚类特征选择框架[41]:通过类别和特征的同步聚类实现知识与类别标签的迁移。联合聚类算法的关键在于识别出目标领域与源领域数据的共有特征,然后类别信息以及知识通过这些共有特征从源领域迁移到目标领域。

3)挖掘隐性结构特征[43]:该方法试图从源领域将共同的隐性结构特征迁移到目标领域。如通过构造源领域和目标领域的类别标签传播矩阵来挖掘这些隐性特征。

3. 基于特征映射的迁移方法

基于特征映射的迁移学习方法通过把源领域和目标领域的数据从原始的高维特征空间映射到低维特征空间，使得源领域据和目标领域的数据在低维空间拥有相同的分布，进而实现知识的迁移。该方法与特征选择的区别在于映射得到的特征是低维特征空间中的全新特征。利用特征映射实施迁移学习的主要方法概括如下：

1）降维时最小化源领域和目标领域的偏差[44]。该方法通过最小化源领域与目标领域数据在隐性低维空间上的最大偏差，从而求解得到降维后的特征空间。在该低维隐性空间上，源领域和目标领域具有相同或者接近的数据分布。

2）将源领域和目标领域特征映射到共享子空间[45]。该方法将目标领域数据和源领域数据映射到一个共享的子空间，在该子空间中，源领域数据可以由目标领域数据重新线性表示，因而可利用监督模型进行学习分类。

4. 基于实例权重的迁移方法

基于实例权重的迁移学习通过度量有标签的训练样本与无标签的测试样本之间的相似度来重新分配源领域中样本的采样权重。相似度大的，即对训练目标模型有利的训练样本被加大权重，否则权重被削弱，主要方法概括如下：

1）基于实例的不同分布以及分类函数的不同分布[46]。这是一种通过实例权重框架来解决领域适应性问题的方法。其从分布的角度分析产生领域适应问题的两个原因：实例的不同分布以及分类函数的不同分布，通过构造最小化分布差异性的风险函数来解决领域适应性问题。

2）TrAdaBoost算法[47]。该方法将Boosting学习算法扩展到迁移学习中，通过不断的迭代改变样本被采样的权重。其利用Boosting技术去除源领域数据中与目标领域中的少量有标签样本最不像的样本数据。其中，Boosting技术用来建立一种自动调整权重机制，使得重要的源领域样本数据权重增加，不重要的源领域样本数据权重减小。

5.3.3 TrAdaBoost 电动机故障诊断算例[48]

1. 测试集和训练集

针对电动机故障诊断目标振动数据较少，单纯机器学习无法达到理想效果的情况，TrAdaBoost算例通过引入大量辅助振动数据来帮助其进行故障诊断的迁移学习方法，算法如下：设利用SVD得到的目标振动数据和辅助振动数据组成的训练数据集 T

$$T = \{T_a, T_b\}$$
$$T_a = \{(f_i^a, y_i^a)\}, i = 1, 2, 3, \cdots, n$$
$$T_b = \{(f_i^b, y_i^b)\}, i = 1, 2, 3, \cdots, m \tag{5-18}$$

式中，T_a、T_b 是目标和辅助振动训练数据集；f_i^a、f_i^b 是第 i 个样本的奇异值向量；y_i^a、y_i^b 是第 i 个样本奇异值向量对应的故障标识；n、m 是目标和辅助振动数据集样本数，一般 $n < m$，选取辅助振动数据时，一般应包含目标数据所有故障类型。

设未标识的测试数据集 $S = \{f_j^a\}$，$j = 1, 2, 3, \cdots, k$，其中 f_j^a 为选取与训练集不同的目标振动数据，k 为样本数量，迁移学习分类器的设计目的是使得在 S 上的分类错误率最小。

2. TrAdaBoost 算法

TrAdaBoost算法的基本思想是，辅助振动数据 T_b 中包含能帮助学习的重要数据和不能帮助学习的次要数据，通过 Boosting 迭代算法建立一种自动调整权重的机制，将前者的权重增加，后者的权重减小，最后与目标振动数据 T_a 训练以提高分类模型的准确度，步骤如下：

1）设置数据集 T 作为训练样本，数据集 S 作为测试样本，迭代次数为 Ite；

2）初始化权重向量 $W^1 = (w_1^1, w_2^1, w_3^1, \cdots, w_{n+m}^1)$，其中，$n$、$m$ 为训练样本 T 中目标振动数据和辅助振动数据个数，且 $n < m$；初始化 $\beta = 1/(1+\sqrt{2n/Ite})$。

3）迭代（$t = 1, 2, \cdots, Ite$）：

① 归一化权重，令 $P^t = W^t / \sum_{i=1}^{n+m} w_1^t$；

② 训练样本集 T 和归一化权重 P^t 作为 KNN 算法学习参数，得到机器学习模型，并在测试集 S 上得到分类器 h_t：$F \rightarrow Y$，其中 F 为 S 的奇异值向量，Y 为对应的分类标识；

③ 计算分类器 h_t 在数据集 T_a 上的错误率：$e_t = \sum_{i=1}^{n} (w_i^t \cdot \text{sgn}(|h_t(f_i) - y_i|)/\sum_{i=1}^{n} w_i^t)$，其中 $h_t(f_i)$ 为分类器对 f_i 得到的学习标识，y_i 为 f_i 的正确标识，sgn 为符号函数；

④ 设置 $\beta_t = e_t/(1 - e_t)$；

⑤ 根据 e_t 值分配下一次迭代的权重，即增加 T_a 的权重，减少分类错误的 T_b 权重

$$w_i^{t+1} = \begin{cases} w_i^t \cdot \beta_t^{-\text{sgn}(|h_t(f_i)-y_i|)}, & i = 1, 2, \cdots, n \\ w_i^t \cdot \beta_t^{\text{sgn}(|h_t(f_i)-y_i|)}, & i = 1, 2, \cdots, m \end{cases} \tag{5-19}$$

⑥ 根据 β_t 值计算 $Ite/2$ 至 Ite 次的平均分类结果和诊断正确率。

3. 电动机故障诊断性能

利用如图 5-15 所示的电动机模拟试验平台进行试验，其中轴承转速设定条件包括：20 Hz，30 Hz，40 Hz，50 Hz；其中故障类型包括：转子不平衡（UBM），转子弯曲（BRM），断条（BRB）和健康（HEA）；电动机模拟试验平台实验中，第 id 类故障数据选取示意如图 5-16 所示，图中包括小幅变速和大幅变速曲线，实验分别选取转速变化（图中①、②点）和转速恒定（图中③、④点）为故障诊断时刻；目标数据选取少量诊断时刻的样本而辅助数据选取大量诊断时刻前的样本，

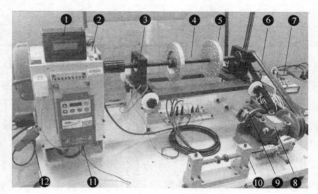

图 5-15　电动机模拟试验平台

1—转速计　2—感应电动机　3—轴承　4—转轴
5—载荷　6—传动带　7—数据采集板　8—减速器
9—磁负荷　10—曲拐机构　11—变速器　12—电流探针

其接近目标数据振动特征；设定第 id 类每类故障目标和辅助样本量为 10 和 50 组、30 和 30 组，故 4 类故障均等选取时，迁移学习训练样本中目标和辅助总数据量为 40 和 200 组、120 和 120 组，测试样本 300 组，诊断结果如表 5-2 所示，表中诊断正确率公式为

$$C = \frac{R_{\text{UBM}} + R_{\text{BRM}} + R_{\text{BRB}} + R_{\text{HEA}}}{U} \times 100\% \tag{5-20}$$

式中，R_{UBM}、R_{BRM}、R_{BRB} 和 R_{HEA} 分别是 UBM、BRM、BRB 和 HEA 类别中诊断正确的样本数；U 是总样本数。

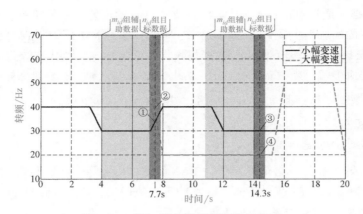

图 5-16　第 id 类故障数据选取示意图

表 5-2　传统机器学习和迁移学习诊断正确率比较

机器学习	转速变化时刻诊断正确率		转速恒定时刻诊断正确率	
	小幅变速	大幅变速	小幅变速	大幅变速
$m=40$	76.67%	72.33%	78.00%	79.67%
$m=120$	81.33%	77.00%	94.33%	96.67%
迁移学习	小幅变速	大幅变速	小幅变速	大幅变速
$m:n=40:200$	91.00%	91.00%	96.33%	100.00%
$m:n=120:120$	92.33%	89.67%	96.00%	100.00%

　　对比转速变化和转速恒定时刻诊断正确率，当目标数据不足时，不论是转速恒定点还是变化点，迁移学习对机器学习的诊断性能提升均较为明显（约 25%）；目标数据充足时，转速变化点的提升性能（16.45%）优于转速恒定点（3.44%），即转速变化点振动特性不一致时，即使增加目标数据量，机器学习性能也无法显著提升；大幅变速和小幅变速实质是针对不同测试时刻而言，在 7.7s 时虚线为大幅变速，而在 14.3s 时则为小幅变速，并且可以看出，电动机转速幅值变化对机器学习诊断性能的影响较大（$m=40$ 时诊断正确率相差 4.34%），而对迁移学习算法影响较小（$m=40$ 时两者均为 91.00%）。试验证明，在变转速数据中迁移学习比机器学习更具优势，后者若将振动特征不同的辅助数据并入目标数据，其不但没有帮助，反而会误导诊断结果，而迁移学习则会对诊断性能产生正向效应。

5.4　深度迁移学习及其特征挖掘

5.4.1　深度迁移学习模型

　　本书第 5.2 节和第 5.3 节分别描述了深度学习和迁移学习的模型特征，不难发现，深度学习注重模型的深度和自动特征提取，逐层地由高到低进行特征学习，具有较高的特征提取和选择能力，而迁移学习注重不同领域的知识转化能力，两者描述的是不同的概念，就学习能力而言，它们也有自身的局限性。

迁移学习对事物的表达能力不如深度学习：一个模型毕竟是一种现实的反映，等于是现实的镜像，它能够描述现实的能力越强就越准确，迁移学习作为一种进化的机器学习，本质上还是单层分类器，它所描述世界的变量数是有限的，深度学习的深度虽然也有限，但其多层的复杂度极大地加大了对客观事物的描述能力，故迁移学习对事物的表达能力不如深度学习；

深度学习对事物的转化能力不如迁移学习：深度学习本质上属于传统机器学习，因此必须满足传统机器学习执行的两个基本的假设，故而深度学习所描述世界也是单一的，模型与事物是一对一的，深度学习的模型难以像迁移学习模型那样适应不同的环境，难以满足不同的对象，故深度学习对事物的转化能力不如迁移学习。

从两者的局限性可以看出，如果能够建立深度学习和迁移学习相补的模型，用于特征挖掘，势必会同时提升模型对事物的表达能力和转化能力，本节将对此进行初步探索。深度迁移学习模型目前没有标准的划分方法，但其本质属于迁移学习，可分为四种模型：基于深度样本的迁移学习、基于深度特征的迁移学习、基于深度模型的迁移学习和基于深度关系的迁移学习。

1. 基于深度样本的迁移学习

一般的基于样本的迁移学习是在源领域中找到与目标领域相似的数据，把这个数据的权值进行调整，使得新的数据与目标领域的数据进行匹配，然后通过加重该样本的权值，使得在预测目标领域时的比重加大，拓展至深度样本的迁移学习，即将普通样本替换为经过深度学习之后的包含源数据的多层样本。

2. 基于深度特征的迁移学习

首先通过深度学习，获取中间层的源领域数据与目标领域之间的共同特征，然后利用其所获得的共同特征在源领域和目标领域之间实施迁移。与传统基于特征的迁移学习不同，深度学习的中间层特征的一般是无意义的，仅作为共性特征实施相互迁移的手段。

3. 基于深度模型的迁移学习

该类模型应用最为广泛，首先利用深度学习在大数据量下训练一个识别系统，得到训练模型函数 A，当遇到一个新训练任务 B 时，无需 B 领域的大数据量样本，仅利用训练模型函数 A 和少量 B 领域样本即可完成训练，该方法可以区分深度学习不同层次可迁移的程度，相似度比较高的那些层次被迁移的可能性更大。

4. 基于深度关系的迁移学习

该模型一般用于社交网络，首先通过深度学习获取不同样本对象之间关系，其次可利用迁移学习直接对关系而非样本对象实施迁移，如源领域样本中有教师、学生样本，目标领域中有老板、员工样本，可将深度学习获得的源领域师生关系迁移至目标领域老板与员工间关系。

5.4.2　特征挖掘策略

通常，从零开始训练的深度网络结构采取网络参数随机初始化，这在实际应用中不仅需要足够大的有标签训练数据集，而且需要耗费大量的时间进行训练，对深度神经网络的实际应用造成了一定的阻碍。深度迁移学习是解决深度神经网络训练难题的方法之一。其在具有充足数据集的源领域中训练深度神经网络，保存网络参数，利用迁移学习思想，将学习到的网络参数或是学习到的特征信息应用到新的目标域任务中，实现深度模型间的特征迁移。一般地，深度迁移学习用于特征挖掘有如下两种策略：

1. 深度学习用作特征提取器

深度学习模型可以作为特征提取器。在源领域数据上进行深度神经网络的训练学习，通过大量的训练数据、恰当的超参数设置以及足够的训练迭代次数，使得深度神经网络可以能够在源领域数据上进行较好的拟合，模型参数达到最优化，深度网络训练完全。此时，固定训练好的深度网络参数，去除顶层实现逻辑回归或分类任务的全连接层，将剩下的网络模型看作一个特征提取器，应用到新的目标领域数据中，此时，网络将计算出目标领域数据的一种特征表达。当然，可以根据需要提取深度网络结构中任一隐藏层的特征，不同的隐藏层提取到的特征信息具有不同的特性。对于一个深度网络结构而言，其每一层隐藏层对应一种特征表示，处于网络低层的隐藏层学习到的是较为一般而概括的特征信息，而处于网络高层的隐藏层通过组合低层特征从而学习到更为抽象的特征。这一类深度迁移学习方法只需要在源领域上进行训练学习，当应用到目标领域数据中时不需要再进行参数更新，直接使用源领域模型进行特征提取，因此将该深度迁移模型视作特征提取器，同时，深度学习具有特征的分层学习能力，基于深度神经网络的迁移学习模型可以提取目标领域中多层次的特征信息。

2. 深度学习配合参数微调

该深度迁移学习模型不再只是将深度迁移学习模型当作特征提取器，而是将已经训练完全的源领域模型参数或源领域模型学到的知识，通过一定的方式传递给目标领域模型从而帮助新模型优化。当深度神经网络模型在源领域上训练完全后，再根据目标领域数据集进行参数微调，此时，可以选择微调全部的网络参数，也可以选择固定低层网络参数不参与更新，只对高层网络进行参数更新，这是因为对于低层网络特征而言，其具有一般性和概括性，对于不同领域的数据都适用，而高层网络特征更加抽象，更能反映一类数据特有的信息，考虑到源领域与目标领域的差异性，对高层抽象特征部分进行参数微调，使得新模型可以更好地适应目标领域数据。

在实际应用之中，不同的深度迁移学习方法具有不同的适应性。当目标领域数据较少，且源领域与目标领域数据差异性较小时，由于数据具有较高的相似性，不需要重新训练模型，直接使用深度迁移学习模型作为特征提取器。当目标领域数据较少，但源领域与目标领域数据差异性较大时，考虑到训练数据较少，为了避免产生过学习现象，一般不采取参数微调策略，仍然使用深度迁移学习模型作为特征提取器，通常只提取低层概括性特征信息，针对不同分类任务再设计适当的非线性分类器。当目标数据较充足时，为了更好地拟合目标域数据，可以将源领域模型参数迁移到目标领域中，初始化目标领域新模型，再通过目标领域数据进行整体网络的训练学习和参数微调。

5.4.3 基于深度迁移学习的故障诊断实例

对于搭建深度神经网络应用于机械故障诊断的实例中，在实际操作中会遇到网络训练的难题，通常对于一个具有多个隐藏层的深度神经网络而言，其包含大量的网络参数，为了达到一定的模型精度，训练这些网络参数需要大量的有标签数据进行监督学习，并且将耗费大量的训练时间[49]；同时，超参数（包括网络结构、学习率等）的选择也将大大影响模型的最终表现。深度迁移学习是一种有效解决深度网络训练困难的方法，与传统的随机初始化网络参数方法不同，基于深度迁移学习的方法是利用在图像领域已完全训练的深度网络模型，将其网络结构与参数迁移到故障诊断模型中，考虑到自然图像与机械传感器信号的实际差异，再通过适当的参数微调策略来实现最终的故障状态准确识别。

1. 深度迁移学习故障诊断模型

VGG-16[12]模型是一个 16 层的深度卷积网络模型，隐藏层由五个卷积模块和一个全连接模块组成，在大型自然图像数据集 ImageNet 上完成预训练学习后，具有预训练权值和强大的图像特征学习能力。选取 VGG-16 模型为预训练模型，作为迁移学习对象，使用其网络参数初始化故障诊断模型，整体模型如图 5-17 所示，主要包含四个方面：

1）时频成像。为了实现从 VGG-16 模型到故障诊断模型间的参数迁移，需要将原始一维信号进行预处理从而符合预训练模型的输入格式，使用连续小波变换将一维原始信号转换成二维时频分布图像，作为故障诊断模型的输入图像数据集。

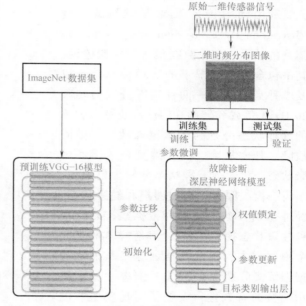

图 5-17　深度迁移学习的故障诊断模型

2）数据集准备。将数据划分成训练集与测试集，仅使用训练集对新模型进行训练学习，完成网络参数微调，训练完成后，利用测试集数据对最终模型进行测试，验证模型的有效性。

3）模型搭建与参数微调。利用 VGG-16 网络参数初始化故障诊断模型，改变输出层，使其神经元数与故障状态种类相对应，并随机初始化输出层参数。

模型搭建完成后，设计参数更新策略，锁定低层三个卷积模块不参与更新，只对高层两个卷积模块以及全连接模块进行参数更新。使用训练数据集对深层网络模型进行训练，在训练过程中采用十折交叉验证来防止网络过学习，在经过一定的迭代之后，模型参数收敛，训练完成。

4）故障诊断模型应用。用测试数据集对最终模型进行测试验证，参数优化完全的模型可以应用到故障诊断的任务中。

2. 微调预训练网络训练算法

基于微调预训练网络算法的具体流程如图 5-18 所示：

1）设置故障诊断模型的输出层，使其含有 5 个神经元，对应 5 种不同的机械状态，并随机初始化输出层权值；

2）使用预训练 VGG-16 模型网络参数初始化故障诊断模型；

3）设置前 7 层网络参数不可更新，锁定前 3 个卷积模块的权值，设置 8~16 层网络参数可更新，卷积模块 4、5 以及全连接模块进行参数微调；

4）使用有标签的训练集数据进行网络训练，计算模型输出标签值与真实标签值的交叉熵作为模型误差，通过 Adam 算法进行模型优化与权值更新，记录模型误差与分类正确率，完成一次训练；

5）重复训练过程直到最终分类正确率不再有明显提升，结束训练，固定网络参数，得到训练完全的故障诊断模型。

3. 机械故障诊断性能

利用动力传动系统模拟测试平台（Drivetrain Dynamics Simulator，DDS）采集到的轴承、齿轮数据集进行实验验证。其中包含两种工况下的 5 种轴承状态以及 5 种齿轮状态。两种工况分别为转频 20 Hz 无负载和转频 30 Hz 有负载，轴承的五种状态分别为轴承滚珠故障、内圈故障、外圈故障、内外圈复合故障和健康状态，齿轮的五种状态分别为齿缺损、断齿、齿根磨损、齿面磨损和健康状态。经过前期数据预处理和数据集准备，每种故障状态拥有 1000 个训练样本和 1000 个测试样本，轴承数据训练集和齿轮数据训练集分别含有 5000 个样本。为了展示模型的有效性，设置了对比实验。设计了一个具有三层隐藏层的卷积神经网络，采用随机初始化权值的方法从头开

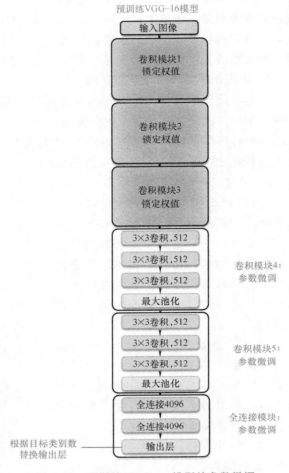

图 5-18　预训练 VGG-16 模型的参数微调

始训练该网络（CNN-Lfs），与基于深度迁移学习的故障模型（TL-DCNN）进行对比。分别记录训练过程的故障分类正确率、十折交叉验证结果，如表 5-3、图 5-19 和图 5-20 所示。

表 5-3　传统卷积网络与深度迁移学习模型的故障分类正确率比较

故障诊断方法	轴承		齿轮	
	20 Hz	30 Hz	20 Hz	30 Hz
CNN-Lfs	98.9%	98.84%	98.70%	94.14%
TL-DCNN	99.94%	99.42%	99.64%	99.02%

如表 5-3 所示，基于深度迁移学习的方法在轴承数据集和齿轮数据集上都获得了更高的分类正确率，对故障诊断识别率有了一定的提升。如图 5-18 所示，与传统的从头开始训练深层卷积网络（CNN-Lfs）方法相比，TL-DCNN 方法在第二次迭代训练时就已经达到较高的分类准确率，且保持稳定的结果，而 CNN-Lfs 方法需要在第五次迭代训练后才出现较好的结果，但分类准确率存在一定的波动。TL-DCNN 方法能够实现快速收敛，缩短训练时间的同

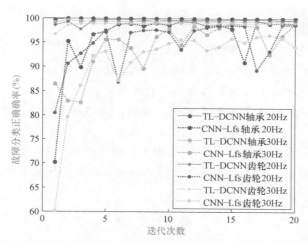

图 5-19 TL-DCNN 与 CNN-Lfs 方法在 DDS 测试数据集上故障分类结果

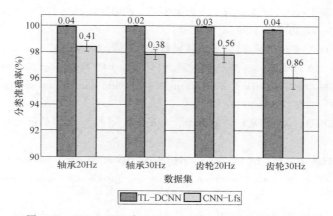

图 5-20 TL-DCNN 与 CNN-Lfs 的十-折交叉验证结果

时保证了网络结构的深度，可以学习到更为抽象而利于分类的图像特征，从而提升了分类的准确率。通过使用预训练网络的迁移学习方法，选取故障诊断模型较优的迭代初始点，避免在训练网络过程中陷入局部最小值或因训练数据不够大而产生网络过学习现象。

本 章 小 结

　　本章在对新一代人工智能进行概述的基础上，介绍了深度学习中四种主要的网络模型：卷积神经网络、深度置信网络、堆栈自编码器和循环神经网络，并给出了每种网络的基本结构。结合刀具退化案例，具体描述了如何应用深度神经网络进行机械装备的退化评估。紧接着介绍了迁移学习的必要性，并给出了四种迁移学习策略：基于半监督学习的迁移、基于特征选择的迁移、基于特征映射的迁移和基于权重的迁移。结合电机故障实例，具体展示了迁移学习在目标数据不足时进行故障分类的优势。最后结合深度学习和迁移学习的优势，提出了深度迁移学习模型用于深度特征挖掘，并给出了工程应用实例。

思考题与习题

5-1 常见的深度学习模型有哪些，它们分别有什么特点？

5-2 网络节点的激活函数和参数更新的优化算法有哪些？

5-3 堆栈自编码网络和深度置信网络有何异同？

5-4 为何卷积神经网络常用于图像识别领域，而循环神经网络常用于语音识别、自然语言处理领域？

5-5 选择 2 个深度学习模型，编写 MNIST 手写体识别程序。

5-6 通过深度学习、深度迁移学习进行装备智能运维的研究有什么优点？

参 考 文 献

[1] 邹蕾，张先锋. 人工智能及其发展应用 [J]. 信息网络安全，2012（2）：11-13.

[2] 潘云鹤. 潘云鹤院士：人工智能迈向 2.0 [EB/OL].（2017-01-15）[2018-09-10]. http：//news. sci-encenet. cn/htmlnews/2017/1/365934. shtm.

[3] 高新波. "AI 2.0+" 专辑序言 [J]. 模式识别与人工智能，2018（1）.

[4] ROBERT D HOF. 10 Breakthrough Technologies 2013 [J]. MIT Technology Review，2013.

[5] HINTON G E, SALAKHUTDINOV R R. Reducing the dimensionality of data with neural networks [J]. Science，2006，313（5786）：504-507.

[6] 余凯，贾磊，陈雨强，等. 深度学习的昨天、今天和明天 [J]. 计算机研究与发展，2013，50（9）：1799-1804.

[7] ZHANG Y, CHAN W, JAITLY N. Very deep convolutional networks for end-to-end speech recognition [C] // 2017 IEEE International Conference on Acoustics, Speech and Signal Processing (ICASSP)，2017：4845-4849.

[8] MITRA V, SIVARAMAN G, NAM H, et al. Hybrid convolutional neural networks for articulatory and acoustic information based speech recognition [J]. Speech Communication，2017，89：103-112.

[9] ZHANG Y, PEZESHKI M, BRAKEL P, et al. Towards end-to-end speech recognition with deep convolutional neural networks [EB/OL].（2017-01-10）[2018-09-10]. http：//cn. arxiv. org/pdf/1701. 02720v1.

[10] KRIZHEVSKY A, SUTSKEVER I, HINTON G E. Imagenet classification with deep convolutional neural networks [C] //Advances in Neural Information Processing Systems. 2012：1097-1105.

[11] SZEGEDY C, LIU W, JIA Y, et al. Going deeper with convolutions [C]. CVPR，2015.

[12] SIMONYAN K, ZISSERMAN A. Very deep convolutional networks for large-scale image recognition [J]. Computer Science，2014.

[13] DESELAERS T, HASAN S, BENDER O, et al. A deep learning approach to machine transliteration [C] //Proceedings of the Fourth Workshop on Statistical Machine Translation. Association for Computational Linguistics，2009：233-241.

[14] COLLOBERT R, WESTON J, BOTTOU L, et al. Natural language processing (almost) from scratch [J]. Journal of Machine Learning Research，2011，12（Aug）：2493-2537.

[15] GLOROT X, BORDES A, BENGIO Y. Domain adaptation for large-scale sentiment classification：a deep learning approach [C] // International Conference on International Conference on Machine Learning. Omnipress，2011：513-520.

[16] HUBEL D H, WIESEL T N. Receptive fields, binocular interaction and functional architecture in the cat's visual cortex [J]. The Journal of physiology, 1962, 160 (1): 106-154.

[17] FUKUSHIMA K, MIYAKE S. Neocognitron: A self-organizing neural network model for a mechanism of visual pattern recognition [J]. Systems Man & Cybernetics IEEE Transactions on, 1982, SMC-13 (5): 826-834.

[18] LECUN Y, BOTTOU L, BENGIO Y, et al. Gradient-based learning applied to document recognition [J]. Proceedings of the IEEE, 1998, 86 (11): 2278-2324.

[19] LECUN Y, BENGIO Y, HINTON G. Deep learning [J]. Nature, 2015, 521 (7553): 436-444.

[20] 周飞燕, 金林鹏, 董军. 卷积神经网络研究综述 [J]. 计算机学报, 2017, 40 (06): 1229-1251.

[21] BOUVRIE J. Notes on convolutional neural networks [J]. Neural Nets, 2006.

[22] GU J, WANG Z, KUEN J, et al. Recent advances in convolutional neural networks [J]. Pattern Recognition, 2017.

[23] HINTON G E, SEJNOWSKI T J. Learning and relearning in Boltzmann machines [M] //Parallel distributed processing: explorations in the microstructure of cognition, vol. 1. New York: MIT Press, 1986: 45-76.

[24] SMOLENSKY P. Information processing in dynamical systems: Foundations of harmony theory [M] //Parallel distributed processing: explorations in the microstructure of cognition, vol. 1. New York: MIT Press 1986: 194-281.

[25] BOURLARD H, KAMP Y. Auto-association by multilayer perceptrons and singular value decomposition [J]. Biological cybernetics, 1988, 59 (4-5): 291-294.

[26] BENGIO Y, LAMBLIN P, POPOVICI D, et al. Greedy layer-wise training of deep networks [J]. Advances in Neural Information Processing Systems, 2007, 19: 153.

[27] JORDAN M I. Serial order: A parallel distributed processing approach [J]. Advances in psychology, 1997, 121: 471-495.

[28] ELMAN J L. Finding structure in time [J]. Cognitive science, 1990, 14 (2): 179-211.

[29] WERBOS P J. Backpropagation through time: what it does and how to do it [J]. Proc IEEE, 1990, 78 (10): 1550-1560.

[30] HOCHREITER S, SCHMIDHUBER J. Long short-term memory [J]. Neural computation, 1997, 9 (8): 1735-1780.

[31] KERAS. The Keras Blog [EB/OL]. (2016-05-14) [2018-9-10]. https://blog. keras. io/building-autoencoders-in-keras. html

[32] Kennedy J. Particle swarm optimization [M]. New York: Springer US, 2011: 760-766.

[33] AGOGINO A, GOEBEL K (2007). BEST lab, UC Berkeley." Milling Data Set", NASA Ames Prognostics Data Repository (http: //ti. arc. nasa. gov/project/prognostic-data-repository), NASA Ames Research Center, Moffett Field, CA

[34] 庄福振, 罗平, 何清, 等. 迁移学习研究进展 [J]. 软件学报, 2015, 26 (1): 26-39.

[35] PAN S J, YANG Q. A Survey on Transfer Learning [J]. IEEE Transactions on Knowledge & Data Engineering, 2010, 22 (10): 1345-1359.

[36] WEI F, ZHANG J, YAN C, et al. FSFP: Transfer Learning From Long Texts to the Short [J]. Applied Mathematics & Information Sciences, 2014, 8 (4): 2033-2040.

[37] SHI X, FAN W, REN J. Actively Transfer Domain Knowledge [C]. Machine Learningand Knowledge Discovery in Databases, European Conference, Ecml/pkdd 2008, Antwerp, Belgium, September 15-19, 2008, Proceedings. DBLP, 2008: 342-357.

［38］ LIAO X, XUE Y, CARIN L. Logistic regression with an auxiliary data source ［C］ //International Conference on Machine Learning ACM, 2005：505-512.

［39］ ZHUANG, F Z, PING, et al. Inductive transfer learning for unlabeled target-domain via hybrid regularization ［J］. Chinese Science Bulletin, 2009, 54（14）：2470-2478.

［40］ DAI W, YANG Q, XUE G R, et al. Self-taught clustering ［C］. International Conference on Machine Learning. ACM, 2008：200-207.

［41］ JIANG J, ZHAI C X. A two-stage approach to domain adaptation for statistical classifiers ［C］ //Proc. of the 16th ACM Conf. on Information and Knowledge Management. New York：ACM Press, 2007. 401−410

［42］ DAI W, XUE G R, YANG Q, et al. Co-clustering based classification for out-of-domain documents ［C］. ACM SIGKDD International Conference on Knowledge Discovery and Data Mining. ACM, 2007：210-219.

［43］ FANG M, YIN J, ZHU X. Transfer Learning across Networks for Collective Classification ［C］. IEEE, International Conference on Data Mining. IEEE, 2014：161-170.

［44］ PAN S J, KWOK J T, YANG Q. Transfer learning via dimensionality reduction ［J］. Proc. 23rd National Conf. on Artificial Intelligence, 2008, 2：677-682.

［45］ KAN M, WU J, SHAN S, et al. Domain Adaptation for Face Recognition：Targetize Source Domain Bridged by Common Subspace ［J］. International Journal of Computer Vision, 2014, 109（1-2）：94-109.

［46］ JIANG J, ZHAI C X. Instance Weighting for Domain Adaptation in NLP ［C］. Meeting of the Association of Computational Linguistics. 2007：264-271.

［47］ DAI W, YANG Q, XUE G R, et al. Boosting for transfer learning ［C］. International Conference on Machine Learning. ACM, 2007：193-200.

［48］ 沈飞, 陈超, 严如强. 奇异值分解与迁移学习在电机故障诊断中的应用 ［J］. 振动工程学报, 2017, 30（1）：118-126.

［49］ TAJBAKHSH N, SHIN J Y, GURUDU S R, et al. Convolutional neural networks for medical image analysis：Full training or fine tuning? ［J］. IEEE transactions on medical imaging, 2016, 35（5）：1299-1312.

第6章

设备安全智能监控

学习要求：

了解设备工程精益管理的重要性、内容与措施；掌握设备安全智能监控信息化管理的具体内容与实施手段，包括设备安全信息化管理、仪器仪表安全检测、工业智能检测监控和风险评估检验；并在上篇基础理论的理解与掌握后，通过下篇工程应用中五大重要工业领域健康管理的典型介绍，对智能运维与健康管理技术的发展与应用有更深入的理解。

基本内容及要点：

1. 设备工程精益管理的重要性、主要内容、新特征以及管理实施措施；

2. 设备安全智能监控技术4个方面的理解与掌握：设备安全信息化管理、仪器仪表安全检测、智能工业检测监控和风险评估监控检验；

3. 典型行业领域智能运维应用介绍：机床加工过程智能运维、石化装备智能运维、船舶装备智能运维、高铁装备智能运维以及航空航天智能运维。

为满足现代设备工程的需要，适应"工业4.0"、"中国制造2025"等的需求，以市场需求为动力，我国对现代企业设备在智能运维与健康管理方面，提出了如下技术要求与发展方向：不断创新和融合光机电一体化技术、信息化技术、计算机技术、智能化技术以及"互联网+"、大数据和云计算等新技术，不断开发和应用信息化、程序化的现代设备工程管理技术、安全可靠的监测检验技术、数字化和智能化的故障诊断及预警技术、设备绿色润滑技术、高级设备修复技术以及高效和节能环保的更新改造技术等，以确保设备高效、安全、可靠、绿色运行及实现设备科学维护，做好设备安全智能监控工作。为了更好地认识智能运维与健康管理技术在工程方面的应用，本章主要从设备工程精益管理、安全智能检测监控和行业智能运维典型应用三个方面展开，如图6-1所示。

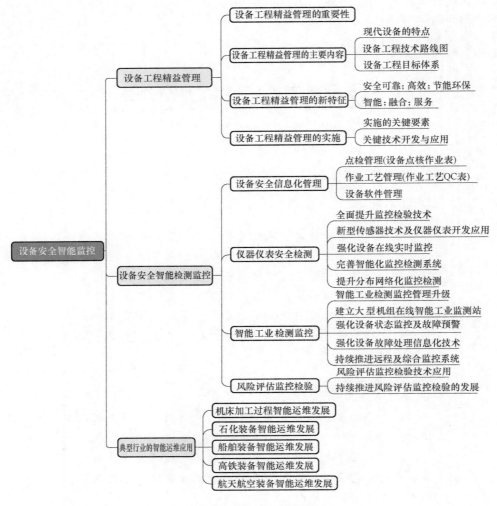

图 6-1　第 6 章思维导图

6.1　设备工程精益管理

设备是可供在生产或生活中长期使用，并在反复使用中基本保持原有实物形态和功能的劳动资料和物质资料的总称。设备工程精益管理是以设备为研究对象，根据企业生产经营的目标，应用一系列理论方法，通过采取技术、经济、组织措施，对设备的物质运动和价值运动进行全过程科学管理，从规划设计、选型、购置、安装、验收、使用、保养、检验、维修、改造、更新直到报废，保持设备的良好运行状态并不断提高设备的技术素质，使设备效益最大化，进而使企业获得最佳的经济效益。所以设备工程精益管理是精益生产的基础条件，而设备安全智能监控是设备工程精益管理的主要环节。

现代企业要在市场竞争中立于不败之地，就必须保证高效率、高质量、低成本生产，而效率、质量、成本在很大程度上越来越受到设备的制约。设备的技术状况将直接关系到企业的生产水平；设备的管理水平直接影响到企业的经营效益。因此，企业的产品、质量、生产、技术、物资、安全、能源、环保和财务管理，都与设备工程精益管理有着紧密的关联。

6.1.1 设备工程精益管理的重要性

1. 设备精益管理是工业生产运行的必备条件

设备一般占工业企业固定资产总值的 60% 及以上，是工业生产的物质技术基础。工业企业的劳动生产率不仅受员工技术和管理水平的影响，而且主要还取决于所使用设备的完善程度，因此设备工程精益管理直接影响企业生产过程各环节之间的协调配合。

2. 设备精益管理是提高经济效益的重要条件

随着生产的现代化发展，企业用在设备方面的费用（如能源费、维修费和运行费等）越来越多，做好设备的经济管理，提高设备技术水平和利用率，对降低成本意义重大。另外，设备的技术状态也影响企业的能耗、有害物的排放、停产损失、产品质量、原材料消耗和产品工时消耗等。而通过有效的设备工程精益管理方式，可以将生产过程中设备的各项费用降到最低，从而提高企业的经济效益。

3. 设备精益管理是技术进步、工业现代化的直接体现

科学技术进步的过程是劳动手段不断完善的过程，科学技术的新成果会迅速地应用在设备上，所以设备是科学技术的结晶；而新型劳动手段的出现又进一步促进科学技术的发展，新工艺、新材料的应用以及新产品的发展都是靠设备来保障的。这就要求企业的设备水平要随着科技进步的不断发展而不断提升。因此在企业中通过实施设备管理工程的相应技术手段，加强在用设备的技术改造和更新，使设备运行水平跟上行业技术进步的步伐十分必要。从这一角度上来说，设备工程精益管理对促进企业技术进步、实现工业现代化具有重要的作用。

4. 设备精益管理是保证产品质量的基础

设备是影响产品质量的主要因素之一，产品质量情况如何将直接受到设备精度、性能、可靠性和耐久性的影响，高质量的产品需要靠高性能的设备来获得。如果缺少设备的科学有效管理，设备的技术状态就很难保证稳定，从而造成产品质量不稳定，并且运行效率不高。所以做好设备工程精益管理，保证设备处于良好技术状态，是实现产品优质生产的必要条件。

6.1.2 设备工程精益管理的主要内容

1. 现代设备的特点

随着科学技术的迅速发展，科技新成果不断地应用在设备上，要求设备的性能更高级、技术更加综合、结构更加复杂、作业更加连续并且工作更加可靠，设备将为经济发展、社会进步提供更强大的创造物质财富的能力。为满足上述要求，设备正在朝着大型化、高速化、精密化、数字化和智能化五个方向发展，如图 6-2 所示。

2. 设备工程技术路线图

结合我国经济社会发展需求，以及发展

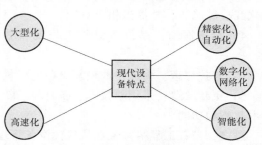

图 6-2 现代设备特点示意

环境、技术研发、市场实践之间的关系，设备工程技术发展确定了设备管理、监测检验、故障诊断、设备润滑、维护修理和更新改造技术六个方面具体内容，如图 6-3 所示。

随着信息网络技术与制造业的深度融合发展，互联网技术的发展对装备制造业带来了颠覆性影响，利用感知、采集、监测检验的运行设备的大量数据，实现设备系统的智能分析和决策优化，使智能化、网络化、柔性制造成为生产方式变革的方向，促进我国设备工程精益管理迈向新台阶。

图 6-3　设备工程技术路线图框架示意图

在设备全寿命周期科学管理中，通过推行设备工程精益管理为企业设备的高效运转、生产过程的正常运行提供可靠保障，其中包括 6 方面技术和管理内容：

1）现代设备管理：采用与企业生产经营模式相适应的、稳健高效的设备管理措施，提高企业的设备利用率和经济效益。

2）监测检验：对设备的信息载体或伴随着设备运行的各种性能指标的变化状态进行安全监测、记录、分析，了解设备运行状态，为做出调整、控制决策提供依据。

3）故障诊断：通过对监测数据进行分析，查明故障部位和原因，或预测有关设备异常、劣化或故障趋势，并提出相应对策。

4）设备润滑：是设备维护工作的重要环节，目的是保护设备，确保设备正常可靠运行。

5）维护修理：为保持或恢复设备完成规定功能的能力而采取的技术活动。

6）更新改造：采用新技术、新材料、新工艺和新部件对现有设备进行改造，以提升其技术状态和功能。

总之，设备工程精益管理从现代设备管理、监测检验、故障诊断、设备润滑、维护修理和更新改造 6 个管理技术层面出发，分析其内容、实施目标和有效实施途径，为实现设备工程的现代化、市场化、社会化奠定扎实的基础。

3. 设备工程目标体系

设备工程目标体系是企业目标体系的一个重要组成部分，是企业总体系的一个分系统，是衡量现代企业设备精益管理水平的尺度，如图6-4所示。

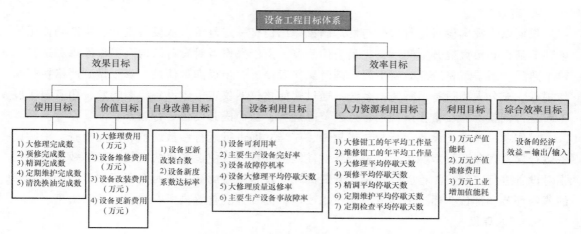

图6-4 设备工程目标体系

6.1.3 设备工程精益管理的新特征

新一轮科技革命与产业变革对传统生产方式带来革命性创新，由规模批量生产向大规模定制生产转变，现代生产方式的转变对设备的依赖程度越来越大，对技术人员全面掌握设备技术状态的要求越来越高；可以预见，设备工程精益管理与技术也将呈现出"安全可靠、高效、节能环保、智能、融合、服务"的新特征。

1. 安全可靠

长期以来，设备与人民群众的生命财产安全息息相关。近年来，随着我国经济的快速发展，特别是特种设备、高危设备数量也在相应迅速增加，由于特种设备、高危设备本身所具有高温高压、高空、易燃易爆、有毒等危险性，与迅猛增长的数量因素双重叠加，使得设备的安全形势更加复杂。

未来确保设备的安全可靠，不能仅靠事后监管，而要将安全意识贯彻到设备从制造到使用、从检测到诊断、从维护到报废的全过程，对每一个过程、每一个环节都要有明确的制度、操作规程，落实到企业每个员工，才能有效避免故障及事故发生。从发生的设备安全事故看，多数是由于安全管理不善，安全责任不落实甚于违章导致的。当前颁布的有关法律、法规已明确规定设备使用单位必须承担安全主体责任。强调安全主体责任，就是要求每个单位牢固树立"以人为本，安全至上"的责任意识，构建起有效的责任约束体系，真正把安全放在重要位置。

不断开发和应用设备安全智能监控技术、故障预估预报技术、事故预示报警技术等，将在第一时间获得设备运行的技术信息，如温度、压力、电流、电压、振动波形和应力应变等，及时反馈到设备显示屏，由操作者进行针对性调整和处理，将设备事故和隐患消灭在萌芽状态，以减少设备停机损失，同时逐步建立在线监测监控及故障预警系统、泄漏监视及预警系统等，为设备安全运行提供有力保障。设备可靠性的提升，会有效降低设备故障率，延长设备寿命周期，减少维护成本。今后将综合运用计算机技术、故障诊断及趋势预测技术、监测检验技术和安全智能监控技术等，使设备可靠性大大提高，为企业创造更高效益。

2. 高效

长期以来我国设备运行效率与发达国家相比仍有一定差距，从设备设计、制造到使用等各环节都存有很大提升空间。首先是使用环节，由于操作者对设备结构、工作原理和运行规律不熟悉、不了解将造成效率下降；同时操作者要进一步提高责任性，真正做到严格执行操作规程，充分采用设备运行监控系统，通过智能化仪器仪表提供设备状态参数，用有效手段不断进行调整确保设备在最佳运行点及范围运行，从而提升设备运行效率。

操作者一旦发现设备运行异常或故障，应当立即进行运行参数调整和全面检查，消除设备运行异常现象及故障隐患，并进行针对性维护或抢修，使设备尽快恢复正常高效运行。加强对设备进行定期检测检验，特别是开展高耗能设备能效测试，同时全面了解设备影响效率的薄弱环节和部位，通过大修或节能技术改造，弥补并妥善解决所有薄弱环节和隐患。

3. 节能环保

一方面设备制造过程要消耗大量的钢材、有色金属、塑料及辅助材料；设备在运行中要消耗大量能源和各种生产原料；另一方面设备运行也会产生大量废料（渣）和废气、废水，并造成环境污染。

设备的节能环保：①设备设计、制造、用料要节能节材；②资源消耗环节要加强对冶金、有色、电力、煤炭、石化和建材（筑）等重点行业的能源、原材料、水等资源管理，努力降低消耗，提高资源和材料利用率；③对废物产生环节要强化污染预防和全过程控制，加强对各类废物的循环利用，推进企业废物"零排放"，加快再生水利用设施建设以及降低废物最终处置量；④做好再生资源工作，要大力回收和循环利用各种废旧资源，支持废旧机电产品再制造，不断完善资源回收利用体系；⑤大力倡导有利于节约资源和保护环境的消费方式，鼓励使用具有能效标志产品、节能节水认证产品和环境标志产品等，减少过度包装。

4. 智能

近年来随着信息技术、监测监控与诊断技术的不断发展，企业设备工程水平日益提高，设备智能发展趋势表现为：

1）通过 ERP、EAM 等管理信息化、智能化系统的应用来优化设备管理及运行的各项流程。

2）通过应用智能自动监测及智能辅助诊断技术，由各种离线及在线监测仪器仪表，包括智能点检仪、频谱分析仪、智能燃烧控制组合群和新型无线监测装置等实现状态数据自动交换。

3）借助系统提供丰富数据状态分析和智能诊断技术，实现对设备状态的自动报警及自我保障，并对设备故障进行早期诊断与趋势预测。

未来设备工程发展趋势首先是提高安全可靠性、降低劳动强度，实现数字化、网络化、智能化；其次是提高机器的精度和动态性能，要求对运行与动力系统具有更高控制能力；为了提高产品服役期内的可靠性和寿命，减少维修保养时间，降低生产成本，要求系统具有状态监控、故障诊断和智能维护的能力。通过提高设备的智能化程度，深化动力传动、控制部件与电子技术的融合，提高传感器和电子控制器与液压、气动及密封元件的集成度和一体化水平。

5. 融合

当前，世界经济正处于持续调整和快速变革的关键时期，信息化与工业化融合正在加速重构全球工业生产组织体系，不仅为企业创新发展带来了新的机遇，而且为应对资源及环境的挑战提供了新的方式。信息化与工业化的融合已经成为我国发展现代装备制造业的重要途径。推动装备制造业转型，把不断提升设备档次和加工能力作为企业两化融合的出发点和落脚点，通过政策引导和技术支持，我国培育了一批实现数字技术集成应用、具有全球配置资源能力的智能制造装备企业，通过运用精益设计、高效自控和服务型协同等先进管理模式，促进了现代设备工程技术创新发展。

不断促进设备工程融合规范化、综合化、实时化，从设备简单检查、监视向智能检测、诊断、控制方向发展；从简单监测向信息网络综合监视、安全保障方向发展；从事后检查向实时监测、诊断、预报、视情维护方向发展；从针对单一机组装备向建立开放系统构架、通用模块方向发展。在设备工程发展中，将更多地融入各种新理念和新技术，促进现代设备工程技术发生质的变化，不断推进设备工程管理技术融合发展。新时期的机械、高铁、航天航空、石化和船舶等行业中，将涌现一批数字集成应用水平世界领先的大企业。通过现代设备工程精益管理、企业人才管理、供应链管理加速网络和数字集成，我国实现了产销一体、管控衔接和集约定制生产，促进了企业组织现代化、决策科学化和运营一体化。

6. 服务

工业发达国家已从生产型制造向服务型制造转变，从重视设备设计与制造技术的开发，到同时重视设备使用与智能监控技术的开发，通过提供高技术服务来获得更高的利润。随着经济持续发展，企业自动化高档设备及柔性加工自动生产线越来越普及，尽管操作人员减少，但设备维护人员会相应增加，为了降低生产成本，企业将通过充分利用社会维修资源，所以未来设备维修工程将成为专业化第三方服务模式，并且具有很大市场，设备维修工程不再是制造商的附属，而成为制造业服务化的重要抓手。特别在未来，通过开发的安全智能监控技术，我国远程安全运行状态检测与管理的实验，将进入到实用阶段。这些远程监控系统在机组系统健康管理服务方面，能够提供远程监测与故障诊断，以保证机组安全可靠运行。

为了确保未来现代设备健康发展，并满足国民经济持续发展的需求，需要加速加快制定设备市场进入准则和设备市场监督管理办法；加强设备市场价格管理和合同管理；进一步健全设备市场监督和仲裁机构；构建设备交易中心、设备维修与改造专业化服务中心、设备诊断技术服务中心、设备技术信息中心和设备劳务及教育培训中心，更好地为设备服务。为适应社会经济发展带来的新时代需要，设备工程精益管理在实施方面需要重点开发和发展信息化、程序化现代设备管理技术；安全可靠监测检验技术；数字化、智能化故障诊断技术；设备绿色润滑技术；设备高级修复技术；高效、节能环保更新改造技术等。同时还需要不断创新发展与新时期下现代企业生产经营特点相适应的运作机制和模式，通过信息化与工业化的有机结合达到保障实现经济和社会效益最大化的目标。

6.1.4 设备工程精益管理的实施

设备工程精益管理的发展与创新必将为我国经济发展提供更加坚实的装备保障与服务。随着经济产业的调整和发展模式的创新，"一带一路"、"中国制造2025"的实施，以及

"互联网+"、智能制造发展蓝图的确立，为我国设备工程发展拓展了更为广阔空间，同时也对设备工程精益管理与装备的创新发展提出了更高的要求。

1. 实施关键要素

（1）创新是核心 创新是一个国家、一个产业的灵魂和生命力所在。我国设备发展历程告诉我们，必须始终把自主创新作为设备工程精益管理的核心点。改革开放以来，在经济管理体制改革和企业整顿的过程中，我国设备管理与维修工作得到了恢复、巩固和提高，开始大量引进国外设备工程技术的新方法，同时设备管理与学术活动得到了蓬勃发展，设备领域出现了崭新局面，这是设备工程管理与技术走向规范化、科学化、系统化及全球化的一个良好开端。

近年来，我国设备工程管理上涌现出了多种创新模式，这些创新紧密结合企业生产的特定条件，充分发挥员工的生产积极性，不断提高设备综合效率，确保了生产的安全可靠运行及持续增长。我国设备工程管理与技术在积极消化吸收再创新的基础上，努力提高原始创新的能力，同时根据当代新技术、新工艺强化集成创新，与各种相关现代技术有机融合，提高系统集成能力，完成目标任务。随着信息技术在工业领域的广泛渗透，以制造业数字化为核心，互联网和（服务）物联网、云计算、大数据，以及人工智能、机器人等在设备工程技术及管理中的大量运用，将全面加快提升我国设备工程的创新能力，特别是通过创新，使得设备工程的一些关键技术得到重点开发和应用。如：高端、大型及关键设备的现代工程及科学维护技术；状态检测信息化技术；设备安全智能监控技术；高端设备健康运行及故障诊断预报技术；设备远程状态监测及优化控制技术；全优润滑油技术及管理方式；设备高级修复技术等。设备工程精益管理的内涵也发生了深刻变化，由单一的完成生产任务，转向实现企业总体经营目标和提高经济效益及绿色运营上，使得设备工程的技术指标、经济指标与健康节能及环境保护实现最佳结合。

（2）人才是基础 人才是设备工程精益管理发展的基础条件，也是设备工程发展的永恒主题。设备领域中不仅要有一批领军人才，还要有大批中高级的技术人才及管理人才，同时吸纳更多的年轻人加入到设备领域中来。设备领域对复合型人才的需求已经成为当前亟待解决的问题。虽然我国科技人才数量已达到一定规模，但结构性失衡比较突出。根据人力市场提供的信息，企业对设备技术人才的需求十分迫切。随着信息技术与制造技术的深度融合，企业对设备人才提出了更高的要求，不仅需要具备良好的素质以及掌握信息技术、制造技术在设备工程技术及管理中的运用，还需要具备一定的研究开发和设计能力，特别还需要具备经济意识和组织管理能力。所以人才的培养要适应产业结构调整的需要，要满足社会、企业对人才的需求，这也是我国工程教育的神圣历史使命。

设备工程精益管理的实施，迫切需要建立完善的设备工程人才培养机制，利用社会各方面的资源，包括企业、大专院校和科研院所，加快设备技术人才和管理人才的培养速度，强化设备技术人才和管理人才的培养投入强度，特别做好高层次设备人才的培养，同时积极开展在岗人员的知识更新与提升，创造条件使设备工程人才留得住、用得好，使设备工程人员在岗位上发挥更大作用。

（3）机制是关键 实施设备工程精益管理，一是要靠政府及行业组织的指导和支持，发挥专业学会的技术引导和业务协调的作用。目前设备工程产业规模小，自主创新能力薄弱，要实现设备工程技术超越，需要政府及行业组织提供特殊扶持政策。二是要建立稳固的创新体系和机制。企业是技术创新的主体，通过建立"产学研"结合的自主创新队伍，充分发挥各自的优势，创造条件建立一批高端设备专业维修网络中心、设备高级修复技术研发中心和设备交易市场，以更经济合理的方式为全社会设备资源的优化配置和有效运行提供保障，促使设备工程技术由企业自我服务向市场提供优质服务转化。三是建立高效的激励机制。尊重知识、尊重人才、尊重创新成果，营造良好的创新氛围和环境。

（4）开放是方针　创新来源于探索，科技开发研究更需要开放探索，自由开放探索的主要体现是一种学术氛围、学术方法或学术精神，在设备科技研发过程中，需要提倡开放自由探索创新，不仅要鼓励个人研究创新，更要鼓励团队领军人才具有带动整个团队科技开发的探索精神。

改革开放以来，我国设备工程发展产生了很大变化，面向"中国制造2025"，设备工程产业将进一步实施对外开放的国际化战略，参与全球资源的整合，充分利用优质资源和国际的先进理念和技术，结合我国设备工程精益管理的特点和特色，在坚持开放的同时，更坚持走适合中国国情的路。行业及企业应根据自身的实际情况，结合行业及企业现代化进程，制定规划，分步实施，积极创造条件，不失时机地努力推进设备技术科学发展。在开放的环境中坚持自主创新，在自主创新过程中坚持开放，这是我国设备工程精益管理发展的基本方针。

2. 关键技术开发与应用

（1）高端及大型设备状态检测监控技术　未来，开展高端及大型设备状态检测监控信息化技术开发与应用十分重要，物联网、互联网、云计算、大数据以及人工智能、机器人等在设备工程技术及管理中的运用，对于实现设备高效、健康及节能运行的作用将愈加明显，将设备正常运行的大量参数与现场直接获取的大量参数进行比较分析，当监测的参数超过初始限值，通过预警系统检测到设备某部位将出现问题，需要操作人员采取有效措施，妥善解决。为设备状态优化运行及健康节能运行打好技术基础，也为实施设备动态的科学维护提供技术条件。

（2）旋转及大型机组故障诊断及预报技术　重点面向旋转及大型机组等关键设备，通过传感器及物联网信号采集技术、信息融合技术、状态监测及远程网络技术和云计算及大数据处理技术，建立相关软件环境，结合企业及设备管理平台，在未来逐步强化网络数据库相应的网站技术研究，加快开发应用程序服务器中的程序来提取实时数据，进行故障分析及故障趋势预测，实现预知维护等现代科学维护方式。由于故障诊断及故障预报中心的建立，企业群体及大型机组群体的状态监测、故障诊断、故障预报及科学维护能够方便实施，有利于提高趋势预测等故障预警方法的有效性和工程应用价值。

（3）设备绿色润滑技术　进一步开展设备绿色润滑技术的开发与应用，改变润滑材料和润滑管理方式上的传统理念，推广全优精确润滑、污染控制和油液监测等关键技术。同时，为改善油品的性能及质量，开发润滑油的多种添加剂。添加剂的存在增加了接触面积，降低了接触应力，使润滑油边界负电荷变成正电荷，使表面逐渐趋于光滑，从而大大改善了润滑状态。我国润滑油添加剂技术研究的工作起步较晚，然而通过不断努力已改变相对落后的状况，并已取得成效。如果国产设备大力推广应用润滑油添加剂技术，不仅能够节约大量宝贵的润滑油，而且能够大大提高设备效率，确保良好的设备状态，所以大力开发润滑油添加剂技术是十分必要的。

（4）设备高级修复技术　设备高级修理技术是由多种具有先进技术的工艺、专用设备和超强性能特殊材料组合而成的。在对设备及零部件开展维修时取得显著成效，由于在修理时设备及零部件始终处于常温状态，局部不升温，故设备及零部件在修理后不会发生变形，无内应力产生，原有的尺寸精度保持不变，不会造成潜在的断裂失效等安全隐患。同时其修理周期更短，修复速度更快，而且有可能在现场进行不解体修理。通过进一步开发相关的高级修复工艺，强化对设备高级修复技术研究，将会收到更好的技术经济效果。

（5）高耗能设备能效监控技术及节能环保更新改造技术 未来，我国以化石为主的能源结构不会有突破性改变，同时为了确保经济持续增长，必须严格控制能耗总量，所以加大对主要耗能设备能效监控技术和高效、节能环保设备更新改造技术的开发与应用是十分必要的。首先要规范各种主要耗能设备能效测量仪器仪表和测量点；其次要统一对测定数据的折标和换标系数；再次要统一能效计算公式和计算方法，使得同类耗能设备的能效具有可比性，通过对能效监控技术的不断开发和应用，使在用主要耗能设备能效有较大提高，再进一步扩展到整个生产系统的能效提升，同时通过开展节能环保更新改造新技术应用，以促进各行业设备运行达到高效、节能环保。

6.2　设备安全智能检测监控

安全智能检测监控是先进安全监控技术和新一代人工智能检测技术的深度融合，对设备的运行状态参数（如温度、压力、振动、噪声和润滑等参数）及生成工艺流程进行在线实时监控和检测记录，对运行大数据通过云计算进行智能分析，动态检测监控设备的运行状态和工艺进度，智能预测设备的运行状态发展趋势，尽早发现设备运行过程中的早期故障，通过智能分析判断故障部位和原因，提出相应维修对策，进行智能维修，从而达到设备安全智能监控的目的，确保设备安全、可靠、高效运行。

随着现代工业智能化不断发展，设备安全智能检测监控技术也不断得到开发和应用，其中主要是在设备安全信息化管理、仪器仪表安全检测、工业智能检测监控和风险评估监控检验技术四方面不断取得进步。

6.2.1　设备安全信息化管理

设备安全信息化管理是开展设备安全智能监控重要的基础条件，主要包括设备点检管理、作业工艺管理和设备软件管理三方面。

1. 设备点检管理

设备点检管理是当前做好现代设备安全可靠运行与信息化管理的关键点，是正确认识和处理操作人员与设备之间关系的核心，也是正确认识和处理生产部门与设备部门关系的核心，操作人员正确运用设备点检管理，将有效推进现代设备工程水平的提升。

技术含量较高的设备，对操作人员素质要求更高，只有两者相匹配时才能发挥出设备应有的技术优势。提高操作人员的技能不仅能提高产品的产量和质量，而且还能延长设备的使用寿命。随着高端设备与自动线持续增长，设备点检技术也随之进一步发展，设备点检又分岗位点检和专业点检两种形式。其中，岗位点检必须由操作人员完成，主要负责设备的日常巡检；专业点检必须由专业点检人员完成，这样才能体现出设备全寿命周期管理的特征。

（1）岗位点检要求 岗位点检是操作人员的日常巡检，通过点检要充分体现操作人员是设备第一责任人的理念，所以操作人员必须熟悉生产工艺设备的结构，掌握相关的设备基本知识，拥有较强的责任心和观察力，能凭借经验和简易仪器仪表对设备的信息表征进行观察分析，及时发现设备的异常情况，同时做好排除设备简易故障的工作。岗位点检是设备安全信息化管理中的最基本环节，是确保设备安全可靠运行的第一防线。要确保岗位点检发挥应有的作用，设备操作人员必须熟悉点检要求，根据点检要求制定好点检作业表，并且把设备故障动态情况记入表中，并且不断提高工作素质，正确维护保养设备；提升检查及调整设备的基本技能，如紧固螺钉、合理加润滑油、调整间隙和更换设备部件等；还有做好简单故障排除等。

（2）专业点检要求 对于技术含量较高的设备、流水线及智能柔性加工自动线等可设置专业点检岗位，其要求如下：

1）专业技术方面：要求点检人员具有预防维修的基础知识，掌握设备的有关技术图样、资料，制定专业点检标准，确定进行自主管理的项目，并且结合精密点检、简易诊断技术的实施，对主要易损件进行定量化管理。

2）管理业务方面：在开展点检工作的基础上，编制各种自主维修计划预算，如维修工程计划、维修备件材料计划、维修费用计划等，做好原始记录、信息传递、实际数据整理和分析，不断提高设备点检技术的管理水平。

（3）两种点检形式需要有机结合 岗位点检和专业点检是设备点检管理两个基本方面，是设备管理发展和分工的产物，是现代设备工程安全信息化管理的具体表现形式。只有根据要求对岗位点检和专业点检进行合理的分工，明确相应的责任，两者有机结合并且充分发挥团队精神，才能充分发挥设备效能。

（4）实施途径

1）树立操作者是设备第一责任人的理念。设备的安全可靠运行是操作人员完成生产任务的首要条件，因此关注设备的运行状态及安全信息是操作人员的一项重要工作。

2）建立设备故障信息反馈——设备点检作业表。只有在熟悉设备的功能和结构的情况下，才能熟练地使用设备，避免因操作失误造成的各种设备故障。不断研发和应用的设备点检技术，在设备点检作业表的具体执行过程中得到了更好的体现。

3）做好设备点检作业表，既是对设备进行巡回检查记录，又能真实、及时地了解设备的缺陷或故障情况，同时还可以为设备开展大修或项修提供可靠的依据。同时，点检作业表也客观反映了设备运行工作质量，鼓励操作人员和维修人员积极参加排除故障，为确保设备完好打下基础。

4）通过设备点检作业表的运用，必须明确：①设备什么时间发生故障；②什么时间已排除故障；③主要由谁排除设备故障等。这些情况必须在点检作业表上得到反映，正确认识和使用点检作业表是十分重要的。

5）点检作业表的巡检内容和部位应根据具体设备而定，要以"六化"为指导，即"点检管理制度化、点检队伍专业化、点检内容标准化、点检过程规范化、点检工作信息化和点检结果效益化"，建立科学的点检管理机制，利用点检结果来研究和分析设备状态，促进落实设备工程精益管理的相关要求。

2. 作业工艺管理

建立设备安全信息化管理是为了更好地发挥设备的综合效益和提高设备的技术功能，从当前推行的现场管理情况来看，管理人员一致认识到提高设备综合效益不能局限于设备管理本身，还应包括生产管理、质量管理、现场管理和安全管理等多项内容，特别是将设备管理与生产、质量、现场安全等内容有机地结合起来，才能使现代设备工程安全信息化管理体系得到持续改进。持续改进的主要内容就是大力引入作业工艺综合管理，具体体现为作业工艺QC表的编制、正确运用和改善改进等。

1）作业工艺QC表是将生产零部件及设备作业的各道工序用图表与数据表示出来，使生产员工明确了解工艺要求、品质要求、设备运行和安全维护要求等，确保现场生产的安全可靠进行。

2）作业工艺QC表是用来指导作业人员具体操作设备的一种综合作业工艺管理技术文件，在表内要明确设备现场作业的各项技术要求，让操作人员理解设备运行中的核心技术要素，在操作时严格按作业工艺表的操作规程要求执行。为了使操作人员更好地理解设备运行重点和要领，在表内"示意图"栏目里专门配备了加工设备的图片、操作时的细节和显示仪器仪表的图片等。

3）为了确保每道工序的加工品质，表内设立了设备作业程序栏目，规定了使用设备作业前、作业中和作业结束三阶段操作者必须执行的具体规程；也可以设立设备工序作业指导栏目，规定设备使用、刀具使用、品质检验等方面必须执行的内容。

4）对重点工序，要在"管理重点"栏目里填写清楚，作业工艺QC表详见表6-1。

表 6-1　作业工艺 QC 表

作业工艺			完成日期：　年　月　日		修订日期		批准		审核		编制
			批准	审核	编制						
图号	名称	工序名称	设备名称	作业标准时间		工具、检具名称			其他		
				工时							
				人员							
材质	规格	其他		安全管理		制造条件管理					
				口罩、手套、袖套		管理项目	管理评价	确认方法	确认次数	记录方式	
				保护眼镜							
				工作服							
				工作帽							
				其他							

示意图：

设备作业程序		
作业前	作业中	作业结束
1.	1.	1.
2.	2.	2.

（续）

设备作业程序		
作业前	作业中	作业结束
3.	3.	3.
4.	4.	4.
5.	5.	5.
管理重点		
1.		
2.		
3.		
4.		
5.		

3. 设备软件管理

在深入了解企业设备管理现状及需求的基础上，建立以设备状态监测数据和信息化软件技术为支撑的设备管理系统，将使企业建立全寿命周期的现代设备工程平台，它直接支持底层的各种离线及在线监测仪器，包括点检仪、频谱分析仪、在线监测站及最新的智能监测仪器，并与企业 ERP、MES 等管理信息化和自动化系统实现数据交换。通过人工点检或在线智能点检收集设备状态数据，记录并管理设备运行的积累历史数据，通过对设备状态数据的分析给出状态报警信息及异常状态记录，并结合设备故障数据及其他相关运行数据指导设备可靠性维护与检修工作的实施，以及相关备品配件的优化采购，为优化检修提供技术支撑。不断强化设备软件管理，从而可以在保证机组安全、稳定和可靠运行的基础上，最大限度地降低设备的运行维护成本。

不断开发设备软件管理，主要从设备信息化管理、全面获取设备状态信息和促进设备最优运行三方面展开。

（1）设备信息化管理

1）开发设备软件管理，实现设备状态管理的信息化。将设备点检与在线监测的信息纳入计算机管理，实施设备状态的信息化管理；且设备管理系统可与 ERP 等软件技术信息化系统实现信息的交换与共享，解决了信息化系统缺少基础状态数据的难题。

2）实现设备的智能点检和预知维修。可以最有效地实现设备状态受控，实现状态预知维修。

3）实现设备管理的标准化和规范化。借助系统提供的综合点检仪和 ID 纽扣，可以使现场工作标准化和程序化，解决现场工作管理难的问题。

4）强化数据分析。借助软件技术系统提供的丰富的状态分析工具和智能辅助诊断功能，对设备状态进行精密分析和诊断，实施对设备状态的准确掌握，为实现优化检修提供技术支撑。

5）规范异常处理。根据设备状态数据产生的报警及异常信息，通过软件技术系统对设备进行相应处理，并对处理结果进行跟踪监测，进行技术积累，以提高整体的设备检修技术水平和管理水平。

6）规范维修作业流程。从检修计划编制、审核、检修结果记录、备件更换和材料消耗等方面，实现软件技术系统的规范管理。

（2）全面获取设备状态信息　结合企业设备工程的现状及未来发展的需求，提出应用设备软件管理来解决管理系统问题的方案：对于生产线上的关键设备，将采用在线监测的方式实现状态实时受控；对于其他重要设备，将采用离线专业点检的方式进行监控；系统通过点检或在线监测收集设备状态数据，并通过对状态数据的分析，使得与设备管理相关的工作有序、高效地开展，并最大限度地降低设备维修费用。

通过实施应用设备软件管理系统，企业将实现对所有重要及关键设备的状态受控与预知维修，并将规范与优化设备工程的各项工作流程，其主要功能模块包括：基础数据维护、设备资产管理、状态管理、维修工程、备件库存和运行分析等。系统将达到如下效果：

1）促进设备管理信息化建设，实现企业内部各种设备信息的积累与共享。

2）为企业提供先进的状态监测及状态分析手段。

3）提高设备管理人员的工作效率与技能。

4）规范与优化设备工程的各项程序化流程。

5）及时发现故障隐患，科学指导设备维修及备件采购。

6）促使企业实施重要设备状态预知维修，提高设备利用率，降低维修成本。

（3）促进设备最优运行　根据设备及人员现状，并结合自身的产品及技术服务优势，通过应用软件技术管理系统提出针对性的智能监测方案，促进设备达到最优运行。

1）对于关键设备，采用在线监测站，对设备振动信号进行多通道实时监测和诊断，并同步监测设备的温度、转速及各种工艺量信号等。

2）对于测点较分散、敷设电缆不方便的重要设备，采用无线监测器监测设备温度及振动信号，并通过无线通信站将数据传送到数据库服务器。

3）对于其他设备采用仪器仪表进行周期性监测，在设备异常时采用频谱分析仪对设备进行精密监测和诊断，从而以最优成本实现整条生产线设备的状态受控。

设备状态管理系统采用 B/S 结构，兼容单位所有在线与离线监测仪器，作为整个生产线设备综合监测与管理的平台，实现对生产线重要设备状态的自动监测、智能报警及精密故障诊断，为实现设备状态的预知维修提供了科学依据。通过数据采集及存储、数据处理、故障诊断等手段，实现远程监控和智能化、数字化管理。系统主要软件管理模块有：设备状态信息、状态分析、在线监测和维修信息等。将各个测点纳入监测网络，实现设备状态信息的有效积累和共享，减少了设备事故的发生，减少了生产线的非计划停机时间。支撑企业实施设备状态预知维修，科学指导设备维修及备件采购，大大降低了维修成本。另外还要提高设备管理人员的工作效率与技能。设备软件管理应用达到最优运行如图 6-5 所示。

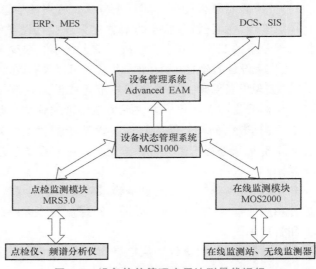

图 6-5　设备软件管理应用达到最优运行

6.2.2　仪器仪表安全检测

仪器仪表检测是设备安全智能监控的主要基础手段，未来主要提升检测仪器仪表的三性：技术先进性、准确性和安全可靠性，重点开发信息化的整合技术。要从温度、压力、振动（声发射）和油液主要四大方面形成完整的仪器仪表安全检测监控技术，具体包括：在大型设备、成套设备的综合、复合、多功能仪器仪表应用上自成体系；主要生产设备仪器仪表检测技术与设备状态监控有机结合，充分发挥设备效能；高危设备、重点设备及系统逐步建立在线监测系统等。仪器仪表安全检测的发展方向有：全面提升监控检验技术、新型传感器技术及仪器仪表开发应用、强化设备在线实时监控、完善智能化监控检测系统以及提升分布网络化监控检测等五个方面。

1. 全面提升监控检验技术

在大数据时代背景下，全面提升监控检验仪器的数据处理和分析能力。对国民经济主要产业，特别是化工、石油、机械、航天航空和高铁等行业的复合仪器仪表监控检验技术应用全面覆盖，减少或杜绝恶性事故发生，使设备能效明显提高。具体包括：提高检测设备整体经济性能和效益；根据监测检验信息，确保设备在故障或事故来临前立即停机，并具有及时有效的措施来恢复设备运行；提高对设备现场运行参数的分析能力，自动有效调整参数，确保设备在最佳范围内运行等。

2. 新型传感器技术及仪器仪表开发应用

（1）新型传感器技术　新型 MEMS 传感器在检测技术中的应用将越来越广泛。与传统的传感器相比，MEMS 传感器具有体积小、重量轻、成本低、功耗低、可靠性高、适于批量化生产以及易于集成和实现智能化的特点。同时，微米量级的特征尺寸使得它可以完成某些传统机械传感器所不能实现的功能。

MEMS 传感器的门类品种繁多，按照被检测的量可分为加速度、角速度、压力、位移、流量、电量、磁场、红外、温度、气体成分、湿度、pH 值、离子浓度、生物浓度和触觉等类型的传感器。MEMS 传感器可应用于众多与检测相关的领域，如消费电子领域的加速度计、陀螺仪等，汽车工业领域的压力传感器、加速度计、微陀螺仪等，以及航空航天领域的惯性测量组合（IMU）、微型太阳和地球传感器等。

（2）新型便携式仪器仪表开发应用　新型便携式仪器仪表是现代仪器仪表的重要发展方向，主要应用于生产、科研现场，具有测量速度快、可靠性高、操作简单、功耗低、小巧轻便等特点。新型便携式仪器仪表遵循低功耗、低成本、高可靠性的设计原则，为提高新型便携式仪器的性能，采用精密单片机技术，以数字量的形式输出测量信息。今后的新型便携式智能仪器不仅可以作为现场仪器单独使用，还可以作为智能传感器与上位机连接，成为智能测试系统的分机。

3. 强化设备在线实时监控

在设备上安装必要的传感器，在线实时监测设备运行过程中的温度、压力、振动、噪声、电流和电压等工作参数，现场实时显示监测结果并将监测数据上传到数据中心，由数据中心将各项工作参数按一定规则存入数据库，数据中心同时按设定规则将监测数据实时传送到具有查看权的管理终端，方便管理人员动态实时监控设备的运行状态。故障诊断中心可动态获取数据库中保存的监测数据，运用大数据分析和云计算方法对监测数据进行智能诊断分析，对设备的运行状态进行智能监控。

4. 完善智能化监控检测系统

以单片机为主体，将计算机技术与测量控制技术结合在一起，组成智能化监测检测系统。智能仪器仪表最主要的特点便是智能检测，其包含采样、检验、故障诊断、信息处理和决策输出等多种内容，具有比传统测量更加丰富的范畴，是检测设备采用现代传感技术、电子技术、计算机技术、自动控制技术和模仿人类专家信息综合处理能力的结晶。现代计量测试仪器充分开发、利用计算机资源，在最少人工参与的条件下尽量以仪器设备（尤其是软件）实现智能检测功能。与传统仪器仪表相比，智能化监控检测系统具有以下功能特点：

1）操作自动化。仪器的整个测量过程如键盘扫描、量程选择、开关启动闭合、数据的采集、传输与处理以及显示打印等都用单片机或微控制器来控制操作，实现测量过程的全部自动化。

2）具有自测功能，包括自动调零、自动故障与状态检验、自动校准、自诊断及量程自动转换等。智能仪表能自动检测出故障的部位甚至故障的原因。这种自测试可以在仪器启动时运行，同时也可在仪器工作中运行，极大地方便了仪器的维护。

3）具有数据处理功能，这是智能化系统的主要优点之一。由于采用了单片机或微控制器，使得许多原来用硬件逻辑难以解决或根本无法解决的问题，现在可以用软件非常灵活地加以解决。例如，智能型的数字万用表不仅能进行上述测量，而且还具有对测量结果进行诸如零点平移、取平均值、求极值和统计分析等复杂的数据处理功能，不仅使用户从繁重的数据处理中解放出来，而且有效地提高了仪器的测量精度。

4）具有友好的人机对话能力。智能化系统用键盘代替传统仪器中的切换开关，操作人员只需通过键盘输入命令，就能实现某种测量功能。与此同时，智能仪器还可以通过显示屏将仪器的运行情况、工作状态以及对测量数据的处理结果及时告诉操作人员，使仪器的操作更加方便直观。

5）具有可编程控制操作能力。一般智能化系统都配有 GPIB、RS232C 和 RS485 等标准的通信接口，可以很方便地与 PC 机和其他仪器一起组成用户所需要的多种功能的自动测量系统，来完成更复杂的测试任务。

5. 提升分布网络化监控检测

分布网络化监控检测技术是在计算机网络技术、通信技术高速发展以及对大容量分布式检测的大量需求的背景下，由单机仪器、局部自动检测系统到全分布网络化监控检测系统而逐步发展起来的。

基于分布网络化监控检测系统的体系结构应为如图 6-6 所示的多级分层的

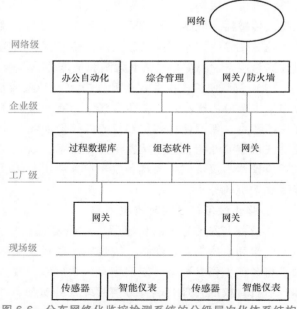

图 6-6　分布网络化监控检测系统的分级层次化体系结构

拓扑结构，即由最底层的现场级、工厂级、企业级至最顶层的网络级。而各级之间则参照ISO/OSIRM 模型，按照协议分层的原则，实现对等层通信。这样，便构成了纵向的分级拓扑和横向的分层协议体系结构。图 6-6 中各级功能简述如下：现场级总线用于连接现场的传感器和各种智能仪表，工厂级用于过程监控、任务调度和生产管理，企业级则将企业的办公自动化系统和检测系统集成而融为一体，实现综合管理。底层的现场数据进入过程数据库，以供上层的过程监控和生产调度使用，从而进行优化控制，数据处理后再提供给企业级数据库，以进行决策管理。

6.2.3 智能工业检测监控

1. 智能工业检测监控管理升级

近期企业的主要生产设备已经过渡到流水线、自动线等，不仅本身价值越来越高，而且其维护费用也越来越大，对企业实施智能工业检测监控管理升级是十分必要的，通过实施设备状态的自动监测、自动报警及智能辅助诊断，实现最有效地设备状态受控，在人员分流和费用减少的情况下，保证了设备的高效、安全可靠运行。

（1）为企业带来的改变

1）实现重要设备的状态预知维修，延长设备检修间隔时间。

2）设备运行可靠安全，减少人为带来的安全风险。

3）智能点检与 EAM 的结合将推动设备技术管理的真正升级，促进向智能维修、优化检修的方向转变。

4）以互联网为基础，结合大数据技术、云计算及云存储技术，对大量设备运行状态信息应用智能工业监测技术进行综合全面的分析，为故障的发生、发展及预测预报、控制提供科学全面、标准化支持，为专家系统的有关效能性、准确性提供科学的支撑。

（2）智能工业检测监控的发展

1）智能工业检测监控技术，主要从智能采集、智能分析、智能报警与预测方向进行发展，具体包括：①应用设备安全信息化技术优化设备管理各个流程，使设备运行负荷、效率等在最佳范围内；②开发和实施现场设备运行趋势预测及故障预测预估技术，使操作人员及时对设备运行参数调整；③建立设备状态全息图。

2）未来智能工业检测监控技术，主要逐步延伸到感知技术、智能服务技术和流程智能服务技术等三方面进行研发，具体包括：①大力发展及应用服务状态感知技术；②大力发展及应用设备智能服务技术；③大力发展生产流程智能服务技术。

（3）实施途径　智能工业检测监控技术将重点围绕建立大机组在线智能工业监测站、推进设备状态综合监控系统、持续改进高速旋转大设备智能工业监测以及强化设备状态监控及故障预警的信息化技术等方面展开。

2. 建立大型机组在线智能工业监测站

针对企业最关键的大型机组而推出的实时在线监测解决方案，适合对电力、石化、冶金等行业的关键机组进行在线监测，如汽轮发电机组、大型风机、透平机组和压缩机组等，未来将实现对设备振动信号的多通道转速采集，以及温度、电流等工艺量信号的同步监测。一台大型机组在线智能工业监测站可同时接入多路振动量、多路工艺量和多路转速量信号等。

（1）提高可靠性

1）全集成结构：针对在线监测的需求而量身定做的硬件，采用多种综合结构，集信号调理、电源、数据处理和通信于一个箱体内，这样将大幅度减少硬件的散热量，且无硬盘、风扇等易损部件。

2）协调处理：采用 FPGA 对多通道进行转速触发采集，用 DSP 对采集数据作预处理和算法分析。

3）硬件保护：采用软件固化和高级电路，保证系统的稳定，可完全避免病毒的感染，保证系统异常死机的及时恢复。

4）电源设计：双路电源冗余，保证在电力存在的任何时刻系统均能正常工作。

5）完备的自检功能：系统采用模块化设计，对每一独立部分的状态都能进行检测，及时把异常报告提交给软件系统。

（2）数据采集更加准确

1）动态范围宽：调理部分具备高达几千倍的放大功能，使得系统动态范围得到扩大，保证弱信号的准确获取。

2）分析频率宽、计算能力强：系统的分析频率高，通过 DSP 可对采集的数据进行实时计算。

3）黑匣子：系统具备多种保存触发功能，用户关心的数据都能保存下来，触发前、后的保存数据长度将由用户设置。

（3）良好的可扩展性

1）系统采用模块化设计，每个在线智能工业监测站采集箱的最大配置可达多路振动通道、多路工艺量和多路转速量，可对数台设备进行全面智能监测。

2）振动信号兼容加速度、速度、位移等传感器，并可以提供恒流源给各种类型的加速度传感器和涡流传感器。

3）转速通道可以接受光电传感器、涡流传感器和霍尔传感器等不同类型的转速传感器的信号。

（4）易用性强

1）触摸屏与键盘鼠标接口并存，拥有良好的人机界面，可以使用 U 盘备份数据，输入、输出灵活配置。系统采用高端的液晶显示器，现场可以看到系统的工作状态，并能看到数据的动态显示。

2）设备检测检验系统由工厂设备状态监控与管理系统、设备综合维检系统和在线检测系统组成。随着仪器仪表检测技术和专用组合检测仪器仪表的不断开发和应用，为设备检测专业公司开发设备监测检验系统打下了扎实基础，在企业得到试验性应用，并取得初步成效，比较典型的为 TPCM 系统。

3）通过建立 TPCM 型工厂设备状态监控与管理系统，使设备离线巡检与在线监测系统有机结合，与资产管理平台 EAM/SAP 等实现数据共享。

4）研发设备综合维检系统，通过建立设备维检系统，使运行设备等实现有效监测与维护，确保设备安全可靠、高效经济运行。

5）强化在线监测系统和设备综合维检系统相融合，通过系统运行实现智能逻辑数据采集、智能诊断和智能报警，预计能有效解决超低速、工况复杂的设备监测和诊断难题。

3. 强化设备状态监控及故障预警

近年来，状态综合监控系统成功开发，并在企业应用中取得了初步成效，使设备磨损得到有效补偿，该系统还在不断完善中特别对监控功能开发将起到更大的作用，如图6-7所示。

1）利用状态综合监控系统对设备进行状态管理，通过对设备运行状态数据进行实践分析，制定合理维护修理方案。状态综合监控系统通过在设备本体安装加速度传感器和转速传感器对设备振动和转速信号进行实时监控，并通过在线监测站对数据进行处理后传送至数据库服务器。设备工程师、管理人员和点检人员开展对设备进行状态管理、状态分析与设备检修、维护等工作，系统中设备管理高端中心通过远程

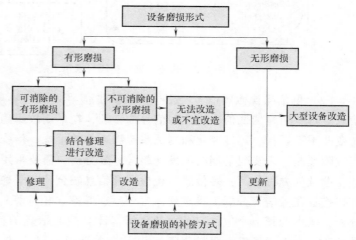

图6-7 状态综合监控系统示意

对设备状态数据进行实时的浏览和分析，制定科学的设备维修计划、下达指令，并对设备维修情况进行及时跟踪等。

2）状态综合监控系统将通过在线监测的方式实现对各类大型设备主轴、两级行星齿轮减速器、发电机和塔体等设备状态的实时受控，并接入机组现有的以维修为核心的重要监测数据，形成完整的设备状态全息图。通过提供给企业的设备状态综合监测系统专业方案，将为企业进行设备验收、设备运行维护、设备状态维修和提高设备使用寿命奠定良好基础，为企业降低运营成本，为提高竞争力带来支持。

3）设备状态综合监控系统提供了以设备维修决策管理为核心的完整设备状态信息，将拥有强大的报警预警体系和诊断分析工具，多层次设备管理人员将在系统提供的合理流程化的平台上共同作业，也为高级诊断专家提供了远程诊断的窗口，高效率地解决设备维修决策问题。

4. 强化设备状态故障处理信息化技术

（1）提取设备运行状态发展趋势特征 大型设备往往具有的复杂运行状态，进行设备运行状态发展趋势信息分析，其中难点问题是面向连续运行的大型设备长历程变工况故障发展趋势的特征提取。

设备长历程运行中工况和负载等非故障因素会造成信号能量变化，故障发展趋势信息往往被非故障变化信息淹没，而通常的基于能量的振动级值及功率谱的发展及变化不一定对应反映故障的发展及变化，且传统的基于能量变化的运行状态发展趋势特征提取方式往往具有不确定性，难以有效实现未来发展状态的趋势预测。因此需要进行设备故障趋势特征与变负载状态特征的解耦和分离，较大程度上消除非故障能量变化所造成的冗余信息，使得提取的故障发展趋势特征与系统负载变化等非故障变化特征弱耦合或分离，同时与系统故障变化强耦合，进而构建预测模型。一种提取长历程变负载设备运行状态发展趋势特征的方法，如图6-8所示。

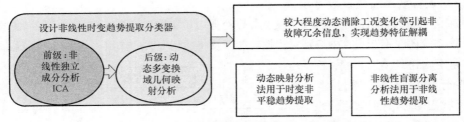

图 6-8　长历程变负载运行状态发展趋势特征提取方法

（2）低信噪比微弱信号特征早期故障的信号处理　早期故障趋势信息是一种故障征兆信息，具有明显的低信噪比微弱信号的特征，在早期故障趋势分析中有用信息极易受到设备时变非平稳运行、环境变化和测试系统噪声等的干扰。传统分析方法往往难以进行有效的早期故障预测，为实现早期故障发展趋势有效分析，需要采用适于低信噪比微弱信息的信号处理，涉及的方法包括：多传感系统检测及信息融合，非平稳及非线性信号处理，故障征兆量和损伤征兆量信号分析，噪声规律（幅度、频率、相位等）与信号特点（频谱、相干性等）分析，噪声背景下小位移、微振动分析，针对微弱信息的信号处理方法（如数据挖掘、盲源分离、支持向量机和粗糙集等）以及有关随机不确定性、模糊不确定性、不完备性和不完全可靠性等的信号处理方法等。

（3）设备早期故障趋势预测模型构建　为实现基于智能信息系统的故障预警，需要构建机电设备早期故障趋势预测模型，构建这类模型大致有两个途径，分别是物理信息预测模型（一般是机械动力学预测模型）以及数据信息预测模型，通常这是两条相互独立且并行的研究途径，近年来构建这两类趋势预测模型相融合的多信息融合新型趋势预测模型，如图6-9所示，采用这种多信息融合模型既利用了物理特性信息又融合了数值规律信息，有利于获得较理想的综合预测结果。

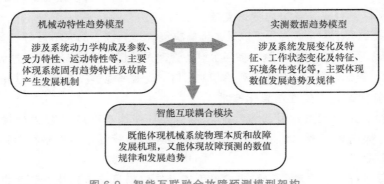

图 6-9　智能互联融合故障预测模型架构

5. 持续推进远程及综合监控系统

通过大力推行设备综合监控技术，特别对远程设备的瞬时转速及频谱进行分析，提取设备故障的参数并进行故障判断及故障定位，以便在设备运行状态恶化初期发现并及时准确地进行调整或修复，就能将故障消灭在萌芽状态，确保生产安全可靠运行。如对远程设备在线故障诊断系统由上止点传感器、转速传感器、监测仪组成。系统具有状态检测、显示记录、故障报警、数据存储及查询等功能。该系统设置多个电转速传感器，用于测量设备的瞬时转速，为远程设备的故障诊断系统提供了详细依据。

1）运用智能工业检测监控技术将实现智能采集、智能分析和智能报警预警，通过对设备信息化、智能化管理，优化设备各项管理流程，逐步实现设备现场运行趋势预测和故障预测预估。同时运用不断发展的服务感知技术和设备智能服务技术和生产智能服务技术达到智能感知、智能服务。

2）先进的网络功能将满足企业对网络化设备状态管理的需要，通过企业的 Internet 网，采用 B/S 结构，软件只需安装在企业服务器或租用的云服务器上，便可以支持足够多的用户。用户通过 IE 浏览器输入服务器的 IP 地址即可进入系统，便于实现设备的远程诊断，且系统的维护工作也大大减少。B/S 结构的网络化设备状态监测整体方案将支持离线监测、在线监测及无线监测方式，兼容所有的 RH 系列监测仪器，可以实现对设备在线监测数据和离线监测数据的统一管理与分析，实现对设备状态的数据智能采集、智能分析和智能报警，并对设备故障进行早期诊断与趋势预测，为企业点检定修、优化维修提供了一个统一的平台，并为企业 ERP、EAM 系统提供科学的设备状态全息图。

3）完善用户权限管理，根据企业实际需要设定用户组权限，并提供相应的密码保护功能，保障系统安全、有序地运行：①直观的树型数据库结构根据企业实际需要建立集团到分厂、到车间、到设备以及到数据测点的完整清晰的数据库结构，并把报警等级指示显示在各结构层次的图标上；②设备智能工业监测系统提供的强大的报警设置功能和设备状态模块，使用户对设备状态一目了然，且可以迅速识别有问题的区域。数据采集点检计划的建立和下达、数据的回收都极为方便，系统还同时支持临时任务数据的回收和转移。

6.2.4　风险评估监控检验

1. 风险评估监控检验技术应用

1）为了确保设备安全运行，做好对设备的状态管理是十分重要的，而加强对设备的监控检验更是重要的环节，为此国际上开始采用 RBI（Risk Based Inspection）——基于风险评估的设备监控检验技术，从而保证这些企业设备安全、可靠、经济地运行，并得到最佳经济效益。近年来，国内引进了 RBI 监控检验技术，并进行试验性应用，同时由专门检测及研发机构开展设备风险管理，并取得了初步效果。

2）基于风险评估的监控检验技术 RBI 是以风险评估管理为基础的设备监控检验技术，最先由美国 APTECH 工程服务公司提出，目前在世界上处于领先地位。

3）RBI 监控检验技术的实施是一个长期的过程，它包括：分析阶段，制定检测计划，实施 RBI，以及对实施效果的检查、审核、修正及提高。后续的工作是根据不断取得的检测数据来进行对主体设备（如反应器、热交换器等）、辅助设备（泵站等）及管线进行 RBI 分析。为进行 RBI 分析就必须有一个强有力的新型软件系统，这是 RBI 核心技术的重要组成之一。

2. 持续推进风险评估监控检验的发展

1）为确保我国高危、特种设备安全可靠运行，有条件的企业应实施根据风险等级制定设备 RBI 监控检验技术应用方案，建立 RBI 监控检验技术软件系统，初步建立 RBI 识别、评估和预估流程等。

2）面向未来，高危设备、特种设备或整个企业设备系统都将应用 RBI 监控检验技术，通过建立国内 RBI 监控检验技术数据库，并根据不断取得监测检验数据，编制整套软件系统，使企业应用 RBI 监控检验技术更优化、更科学化。

3）基于风险监控检验是一个识别、评估和预估工业风险（压力和腐蚀破坏）的流程，在实施 RBI 监控检验技术过程中，可以设计出与衰退预测或观察机制最有效匹配的检验战略。在重型工业企业，特别是石油、化工和医药行业可以从实施 RBI 监控检验技术中获得更大的收益。增加对可能会出现潜在风险设备的了解，以确保设备的正常运行和提高安全水平，使对设备设施的项目监控检验更优化，更科学化，消除一些不必要的停机维护，建立或进一步完善相关的数据库，包括设备流程特性、机械磨损和检验等。

4）RBI 监控检验技术采用先进的软件，结合丰富的实践经验数据和腐蚀及摩擦学方面的知识，将对炼油厂、化工厂的设备以及工业管线进行风险评估及风险管理方面的分析。最终分析的结果是提出一个根据风险等级制定的设备监控检验计划，其中包括：会出现何种故障或事故，哪些部位存在着潜在的破坏，可能出现的故障概率，应采用哪种正确的测试方法进行检测等。并通过对现场人员进行培训，正确地实施、成功地完成这些监控检验工作。

5）RBI 监控检验技术使工厂设备维护维修工作由原来人为的安排转为按设备设施、运行的薄弱环节及风险等级做出科学的安排。这就消除了一些不必要的停机维护工作，从而延长了维修周期，逐步开展 RBI 识别、评估和预估技术应用，使得工厂的生产设备在风险管理下可控、可预见地安全可靠运行，这样通过延长维修周期将给企业带来更大的经济效益。

6.3　典型行业的智能运维应用

随着我国工业经济持续增长，各行业的智能运维都得到了很大的发展，相关的健康管理与故障诊断技术作为实现智能运维的关键手段，为提高工程装备的可靠性、安全性与经济性有着重要意义。国内外工业界的众多公司与研究机构在健康管理系统与故障诊断技术开发中给予持续关注，并投入大量人力物力。智能运维与健康管理技术、健康监测系统的研发不仅与使用目的相关，也与工业装备类型、特点与使用要求密不可分。为了能够更清楚地了解健康管理系统、故障诊断关键技术在行业中的应用，本节将从五大重要典型工业领域出发，介绍机床加工过程智能运维、石化装备智能运维、船舶装备智能运维、高铁装备智能运维以及航天航空智能运维的发展概况、系统架构、关键技术以及应用案例，希望能够使读者对智能运维的应用有更深刻理解与更多启发。

1. 机床加工过程智能运维发展

机械制造加工产业是国家工业发展的基础，在实际机械加工过程中，数控机床健康状态对生产加工过程具有很大的影响，轻则影响产品加工质量，重则造成停机、停产，甚至造成生产事故。通过对数控机床进行高效的健康检测，一方面可以实现对数控机床健康状态的快速、批量检测，对整个车间数控机床的健康状态进行可视化的管理，为制定车间生产计划和维护修理计划提供强有力的数据支持；另一方面可以持续提高产品质量和生产效率，为企业创造更多的效益。

2. 石化装备智能运维发展

石化行业是我国国民经济的最重要支柱之一。透平压缩机组、大型往复压缩机以及遍及化工流程中的机泵群是石化关键设备的代表，通常在复杂、严酷的环境下长期服役，一旦发生故障可能导致系统停机、生产中断，甚至会出现恶性生产事故。石化关键设备故障智能诊断作为智能运维的核心关键之一，是判断系统是否发生了故障、故障位置、故障损坏程度、故障类型的有效途径，也是故障溯源的基础。

3. 船舶装备智能运维发展

以海洋运输装备制造业在智能船舶方面的创新已成为当前研发的热点和前沿。由于船舶运行的特殊性，对船舶装备智能运维技术的需求非常迫切，利用传感器、通信、物联网和互联网等技术手段，自动感知和获得船舶自身、海洋环境、物流和港口等方面的信息和数据，并基于计算机技术、自动控制技术和大数据处理分析技术，在船舶航行、管理、维护保养和货物运输等方面实现智能化运行的船舶，以使船舶更加安全、更加环保、更加经济和更加可靠。

4. 高铁装备智能运维发展

高铁装备是中国高端制造业崛起的重要标志，高铁车辆属于典型复杂机电系统，以分布式、网络化方式集成了机、电、气和热等多个物理域的部件，导致故障表现方式高度复杂化。由于缺乏有效技术装备和智能运维系统，我国铁路部门普遍沿用不计成本保安的定期维修方式。新时期将基于列车运行状态、重要部件等实时参数和设计数据等非实时参数，对高铁故障早期特征、部件寿命预测展开研究应用，实现高铁高效、准确、低成本的运行维护。

5. 航天航空装备智能运维发展

健康管理系统是先进航天航空装备的重要标志，也是构建新型维修保障体制的核心技术，同时也在深刻地改变着先进航天航空装备的运行和维修保障模式，它可用于对关键部件状态进行实时监测，对运行过程中系统部件尤其是发动机的运行信息以及异常事件进行记录和存储，通过影响发动机的状态监测方法、维修方式以及维修保障，最大化提升装备的安全性、完好率，最小化降低维修保障费用以及运行危险性，进而减少维修保障费用，提高维修效率。

本 章 小 结

以"中国制造2025"和现代设备工程需求为动力，工业生产对现代企业设备提出了智能运维与健康管理的要求。本章主要介绍了设备工程精益管理、安全智能检测监控、行业智能运维典型应用三个方面的内容：首先详细阐述了设备工程精益管理的重要性、主要内容、新特征和实施方法，然后给出了设备安全智能监控的信息化管理方法、仪器仪表安全检测方法、智能工业检测监控技术和风险评估监控检验方法，最后简要介绍了本书下篇介绍的典型行业（数控加工、冶金、船舶、高铁与航天航空）中智能运维与健康管理系统的应用情况。

思考题与习题

6-1 未来设备工程发展六个方面是什么?

6-2 设备工程精益管理的新特征是什么?

6-3 阐述设备安全智能监控的含义。

6-4 设备安全信息化管理有哪些内容?

6-5 如何开展智能工业检测监控工作? 并举例说明。

6-6 如何强化设备在线实时监控?

6-7 智能工业检测监控为企业带来什么好处?

6-8 阐述智能工业检测监控技术发展方向。

6-9 为什么要建立大型机组在线智能工业监测站?

6-10 开展风险评估监控检验有什么意义?

参 考 文 献

[1] 中国机械工程学会设备与维修工程分会. 设备管理与维修路线图 [M]. 北京: 中国科学技术出版社, 2016.

[2] 杨申仲, 等. 现代设备管理 [M]. 北京: 机械工业出版社, 2012.

[3] 徐小力, 王红军. 大型旋转机械运行状态趋势预测 [M]. 北京: 科学出版社, 2011.

[4] 杨申仲. 精益生产实践 [M]. 北京: 机械工业出版社, 2010.

[5] 杨申仲, 等. 压力容器管理与维护问答 [M]. 2版. 北京: 机械工业出版社, 2018.

[6] 杨申仲等, 企业节能减排管理 [M]. 2版. 北京: 机械工业出版社. 2017.

[7] 徐小力. 机电设备故障预警及安全保障技术的发展 [J]. 设备维修与管理. 2015, (8): 7-10.

[8] 徐小力. 机电系统状态监测及故障预警的信息化技术综述 [J]. 电子测量与仪器学报. 2016, 30 (3): 325-332.

[9] 徐小力. 状态监测及故障预警: 在役设备的安全保障 [J]. 中国设备工程. 2016, (5): 26-27.

[10] 徐小力, 刘秀丽. 不治已病治未病——读懂远程故障预报智能监测系统 [J]. 中国设备工程. 2017, (11): 22-23.

[11] 杨申仲, 等. 工业锅炉管理与维护问答 [M]. 2版. 北京: 机械工业出版社. 2018.

工程应用篇

第7章

加工过程智能运维

7.1 加工过程智能运维概述

机械加工制造业作为国家工业发展的基础，体现着一个国家的综合实力[1]。近年来，在信息技术强有力的推动下，机械加工制造业逐渐趋向于"数字化""网络化"和"智能化"[2]。同时，为了满足多样化产品需求，传统制造业也正处于转型升级阶段。《中国制造2025》将数控机床和基础制造装备列为"加快突破的战略必争领域"，其中提出要加强前瞻部署和关键技术突破，积极谋划抢占未来科技和产业竞争制高点，提高国际分工层次和话语权。《中国制造2025》将数控机床和基础制造装备行业列为中国制造业的战略必争领域之一[3]，主要原因是其对于一国制造业尤其是装备制造业在国际分工中的位置具有"锚定"作用。数控机床和基础制造装备是制造业价值生成的基础和产业跃升的支点，是基础制造能力构成的核心。唯有拥有坚实的基础制造能力，才有可能生产出先进的装备产品，从而实现高价值产品的生产。

在实际生产加工过程中，由于数控机床的机械结构、数控系统以及控制部分具有较高的复杂性，并且加工环境恶劣，强度高，导致机床的可靠性、稳定性面临巨大挑战，其故障发生率也不断提高。机床故障呈现出多样性的特点，可能是机械故障、电气故障、液压故障、缓变故障等一种或多种情况。对于发生的故障机床，往往是进行事后维修，不仅效率极低而且故障损失极大。在制造业数字化趋势的推动下制造业大数据时代即将到来，生产过程数据的利用有极大发展空间。本章要解决的一个主要问题是，如何利用机床自身的数据和可能外加的传感数据，建立有效的加工过程健康保障系统和智能运维机制。

7.2 加工过程智能运维系统架构

7.2.1 数控机床控制模型

传统制造系统是人和物理系统的融合。机床加工过程中，人需要通过手眼感知，完成分析决策并控制操作机床，完成整个加工任务。这就是一个典型的 HPS（Human-Physical Systems）。

随着数控技术的发展，在人和机床之间增加了数控系统。加工工艺知识通过 G 代码，输入到数控系统，数控系统替代了人，操作控制机床。此时，数控机床就变成了 HCPS，即在人（Human）和物理系统（Physical System）之间增加了一个信息系统（Cyber System），这是与传统制造系统最为本质的变化，如图 7-1 所示。信息系统可以通过传感器系统替代人的手眼感知，同时，信息系统运算水平的提升也可以替代人类的部分脑力劳动，从而可以节省人的体力劳动。在 HCPS 中，信息-物理系统（Cyber Physical System，CPS）是非常重要的组成部分。CPS 是美国在 21 世纪初提出的理论，实现了信息系统和物理系统的深度融合。另外，德国也将 CPS 作为工业 4.0 的核心技术，西门子基于 CPS 理论提出了数字双胞胎（Digital Twin）理论，成为第一代和第二代智能制造的技术基础。

近年来，物联网技术、"互联网+"和人工智能 2.0 技术横空出世，在智能制造领域正在加速融合，并且取得了举世瞩目的成就，孕育出了新一代智能制造系统。新一代智能制造系统与 HCPS 的不同之处，在于其信息系统不再仅仅局限于感知和控制，而是增加了认知和学习的能力。在这一阶段，新一代人工智能技术将使 HCPS 系统发生最为本质的变化，形成新一代的人-信息-物理系统（HCPS 2.0）[4]，如图 7-2 所示。HCPS 2.0 与 HCPS 相比的主要变化在于人将部分认知与学习型的脑力劳动转移给了信息系统，这样信息系统在具备认知和学习的能力后，人和信息系统关系发生了根本变化，实现了从"授之以鱼"到"授之以渔"的飞跃。同时，通过"人在回路"的混合增强智能，人机深度融合将从本质上提高制造系统处理复杂性和不确定性问题的能力，极大地提高制造系统的性能。总的来说，新一代智能制造进一步突出了人的中心地位，是统筹协调人、信息系统和物理系统的综合集成大系统，将使制造业的质量和效率跃升到新的水平，将使人类从更多的体力劳动和大量的脑力劳动中解放出来，使得人类可以从事更有意义的创造性工作，人类思维将进一步向互联网思维、大数据思维和人工智能思维转变，人类社会开始进入到智能时代。

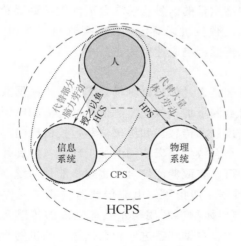

图 7-1 HCPS 系统架构

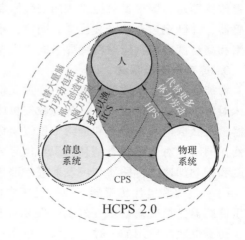

图 7-2 HCPS 2.0 系统架构

7.2.2 传感器测量系统

1. 传感器简介

传感器是一种检测装置，能感受到被测量的信息，并能将感受到的信息，按一定规律变换成为电信号或其他所需形式的信息输出。在数控机床加工运行过程中，工况状态的检测信号是反映机床设备运行状态正常或异常的信息载体，智能化数控机床通过检测信号感知机床的状态信息，并经信号的分析和处理，能够实现加工过程的控制决策和实时状态显示。适当的检测方法是数控机床实现自助感知的重要条件，因而也是数控机床智能化技术中必不可少的环节。能否准确、有效地检测到足够数量并能客观反映机床运行的工况信号，是智能化功能可否成功实现的前提，它涉及根据检测对象选择合适的传感器，特征信号及分析方法，采样方法及检测系统等许多问题。本节从智能化数控机床的工况监视与功能实现的角度，结合其内部自身传感器和外接传感器在智能运维中的使用，对传感器测量系统进行介绍。

2. 数控机床对传感器的要求

不同类型数控机床对传感器的要求也不尽相同。一般情况下，机床主要对传感器有如下要求[5,6]。

1）高可靠性、稳定性及抗干扰能力。

2）满足精度要求，灵敏度高和响应速度快。

3）使用维护方便，适合机床运行环境和快速配置。

4）价格低廉，成本低。

除以上要求外，数控机床在对传感器的选择上还要考虑实际机床上安装的可行性及对传感器类型选择的要求。数控机床是工业实际生产中的机械工具，其上通过传感器感知来完成功能是在实验研究条件下实现的。实验研究中使用传感器没有太多限制，能够获得很好的特征信号，并用于分析，但在实际生产中却无法实现。例如，在轴承壳体上钻孔安装热电偶，而实际生产中，在机械设备上钻孔是不允许的，因此在实际生产中，不一定能获得实验条件下稳定可靠的信号，并且数控机床安装传感器较多，还存在信号线之间的屏蔽问题。因而在配置传感器时，要根据数控机床的安装限制及获取高质量的信号，选取合适性能参数型号的传感器，并确定适合的安装位置。同时，不同类型的数控机床对传感器的要求也不尽相同，中型和高精度数控机床对精度要求高，大型机床以传感器响应速度为主。

3. 传感器测量系统

智能运维中，对数控机床状态和加工信息的感知是通过传感器测量来实现的。根据数控机床对测量信息的使用，将其分为数控机床用于自身测量加工状态监测信息的电流和电压传感器，及获取电动机转速和进给轴位置坐标的光栅尺位移传感器和编码器等数控机床内部传感器，同时，对工况状态信息辨识与信号分析上，结合数控机床不同的加工环境，对其外接温度和振动加速度传感器和声发射等外部传感器，可以获取特征信号，实现智能化功能[6]。

（1）电流和电压传感器　数控机床中电流传感器一般指霍尔电流传感器（霍尔元件），电压传感器是指交流电压变送器。霍尔元件是用半导体材料利用霍尔效应制成的传感元器件，是磁电效应应用的一种。在数控机床加工过程中，主轴和各进给轴在伺服电动机的驱动下，分别进行切削运动和进给运动，随着工况状态和切削过程的变化，主轴和各进给轴所受到的切削力和切削载荷都在不断变化。而对于切削力和切削载荷的直接标定测量都很困难（难以实现，或者成本高昂），但切削过程的电流信号和电压信号，通过一定的计算公式和线性拟合等处理，经特征提取和信号分析，能对加工过程切削力和切削载荷的变化做出辨识，从而能获取到加工过程的状态信息。因此，通过在主轴和各进给轴加装霍尔元件和电压传感器，对加工过程的电流和电压信号进行测量，即可实现对数控系统加工状态的实时监测。

在智能运维中，数控系统采集电流和电压信号，一方面可用于机床数据的实时监控显示，提取信号变化的规律或趋势，同时，对信号的实时分析和处理，结合人工神经网络，模糊控制，专家系统等智能化技术，可以对加工状态进行辨识，运行状态进行识别，并能自主做出控制决策，进一步优化加工参数，提高加工效率，保证加工质量，提高机床的使用寿命。

（2）光栅尺和编码器　位移传感器是检测直线或角位移的传感器，主要包括光栅尺，感应同步器，脉冲编码器，电涡流等位移传感器等类型，数控机床中使用较多的是测量直线位移的光栅尺和测量角位移的编码器。在数控加工中，为获取工作台任意时刻的位置信息，可在机床床身上安装光栅尺，其产生的脉冲信号直接反映工作台实际位置，位置信息主要用于数控机床的全闭环伺服控制中。位置伺服控制是以直线位移或角位移为控制对象，对测得的位移量建立反馈，使伺服控制系统控制电动机向减小偏差的方向运动，从而提高加工精度。

脉冲编码器用于测量角位移，能够把机械转角变成电脉冲。数控机床进给轴上配置光电编码器，用于角位移测量和数字测速，而角位移通过丝杆螺距能间接反映工作台或刀架的直线位移。在驱动电动机上安装编码器能获取电动机的转速信息，从而使数控系统能实时感知到加工过程中机床实际加工位置和转速信息。

除光栅尺和编码器外，数控机床还会安装旋转式感应同步器和电涡流传感器等位移传感器。旋转式感应同步器被广泛地用于机床和仪器的转台以及各种回转伺服控制系统中。电涡流传感器是利用电涡流反应将非电量转换成阻抗的变化从而进行测量的传感器，可进行非接触测量。这类传感器测量范围大，灵敏度高，结构简单，安装方便，但价格高昂。

在智能运维中，光栅尺和编码器等位置位移传感器，能准确获取到数控加工位置和转速等机床部件实时状态信息，可用于对数控机床的虚拟建模过程；能对坐标、加工进给速度实现实时显示，并基于反馈控制，与其他采集数据信息相结合，利用智能化技术能更好辨识、感知机床状态，做出更好的控制决策。

（3）温度传感器　在加工过程中，电动机的旋转、移动部件的移动、切削等都会产生热量，且温度分布不均匀造成温差，使数控机床产生热变形，影响零件加工精度。为避免温度产生的影响，可在数控机床上某些部位装设温度传感器，感受温度变化并转换成电信号发送给数控系统，以便进行温度补偿。如图7-3和图7-4所示的三维模型图，给出了车床、铣床中，温度传感器在主轴，各进给轴和床身上安装的位置，主要位于轴承座，螺母座，电动机座，这三个位置是加工中轴运动主要的发热位置。此外，在电动机内等需要过热保护的地方（如电动机内部），应埋设温度传感器，过热时通过数控系统进行过热报警。在智能运维中，通过对数控机床配置温度传感器，不仅可以在虚拟环境下对其进行温度场显示，动态反应加工过程的热量状况，同时，温度数据还是智能加工中分析健康状况、加工精度的重要数据基础。

（4）振动传感器　在数控机床中，加速度传感器主要用来测量主轴、进给轴、工作台的振动信号，也称为振动传感器，可用于对加工状态，加工环境，机床健康状况等信息做出判断。如图7-3和图7-4所示的三维模型图，给出了车床，铣床上振动传感器在主轴和工作台上的测点位置，对机床振动信号的测量主要是主轴和工作台。在加工过程中，电动机转

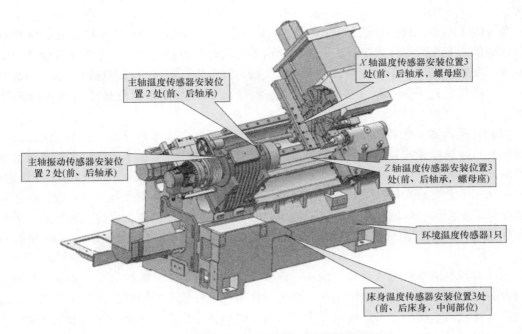

主轴温度传感器安装位置 2 处(前、后轴承)

X轴温度传感器安装位置3处(前、后轴承,螺母座)

主轴振动传感器安装位置 2 处(前、后轴承)

Z轴温度传感器安装位置3处(前、后轴承,螺母座)

环境温度传感器1只

床身温度传感器安装位置3处(前、后床身,中间部位)

图 7-3　车床温度、振动加速度传感器布局图

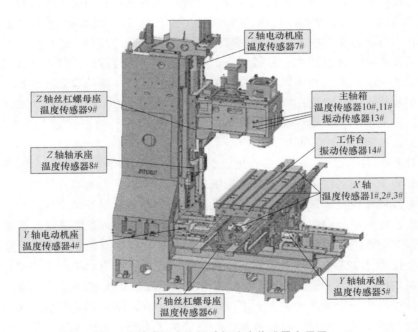

Z轴电动机座温度传感器7#

Z轴丝杠螺母座温度传感器9#

主轴箱温度传感器10#,11#振动传感器13#

工作台振动传感器14#

Z轴轴承座温度传感器8#

X轴温度传感器1#,2#,3#

Y轴电动机座温度传感器4#

Y轴轴承座温度传感器5#

Y轴丝杠螺母座温度传感器6#

图 7-4　铣床温度、振动加速度传感器布局图

动,伺服控制运动都会产生振动信号,主轴的振动加速度信号通过频域分析可以规避主轴加工的共振频率。主轴的动平衡功能,对工作台、各进给轴的振动信号特征分析,可以对机床的健康状况进行评估。此外,振动加速度信号对机床的故障诊断和工况监视具有重要的测量效果。因此,给数控机床重要的部件及工作台安装灵敏度高、抗干扰能力强的加速度传感

器，检测振动信号显得尤为重要。

7.2.3　数控系统

数控系统（Numerical Control System）是数字控制系统的简称，其内部一般由 I/O 设备、计算机数字控制（CNC）装置、可编程控制器（PLC）、伺服系统、驱动装置以及检测装置等部件组成，详细框图如图 7-5 所示。其作为数控机床的大脑，主要负责完成加工过程中的数据采集及处理计算、插补运算、多轴控制、补偿控制、辅助部件控制等功能，以实现加工过程的自动化。

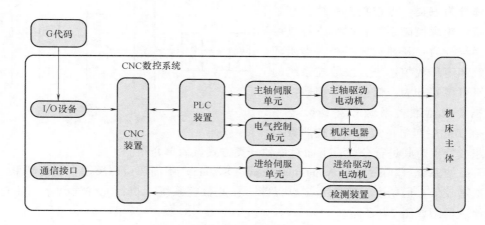

图 7-5　数控系统框图

数控系统的主要组成部分介绍如下[7,8]：

（1）I/O 设备　I/O 设备作为机床操作人员与数控系统的交互工具，其输入部分主要负责将加工信息、操作指令等消息送至数控装置，输出部分则主要显示系统内部的实时工作信息，如坐标值、进给速度、主轴转速、报警信号和故障诊断参数等，方便加工人员及时掌握机床的加工状态。

（2）计算机数字控制（CNC）装置　CNC 装置作为数控系统的核心，主要负责数据的采集运算、信息处理以及运动控制等工作。在加工过程中，CNC 装置从输入接口读入加工信息并处理，并将处理结果分发到相应单元。

（3）伺服驱动装置　数控系统中的伺服驱动装置从 CNC 装置接收控制指令，对其进行信号的调理、转换和放大之后，进而驱动伺服电动机，使刀具或工件按规定路径移动并精确定位。

（4）检测装置　计算机数控系统作为一种位置控制系统，在控制过程中需实时获取各电动机的速度或位移值，以保证机床的加工精度。其中，实际数据的采集和反馈，都是由数控系统中的检测装置完成。

（5）可编程逻辑控制器（PLC）　PLC 模块作为一种辅助控制装置，可对各设备的动作进行逻辑控制，如主轴起动、停止、换向，工件夹紧、松开，刀库换刀，冷却、润滑、液压系统的启停等，避免危险动作的发生。

数控系统在加工过程的主要工作流程如图 7-6 所示。数控系统读取加工人员所编写的 G

代码加工文本，并以程序段为单位对其进行转换。由于用户零件加工程序主要按零件轮廓编制，而数控机床加工过程中主要考虑的是刀具中心轨迹，故数控系统在生成运动轨迹时必须先进行刀具偏置及刀具长度补偿处理，以完成轨迹转换。在插补计算中，CNC 装置根据轨迹信息（直线、圆弧等）及进给速度 F 等信息，实时计算出各进给轴在下一个插补周期内的位移量，并发送至进给伺服系统以实现成形运动。

目前，数控系统种类繁多，分类方式也多种多样。按控制运动的方式可将数控系统大体分为三类：点位数控系统，直线数控系统和轮廓控制系统；按组成特点可将数控系统分为：开环数控系统、半闭环数控系统和闭环数控系统；按数控系统的功能水平可将其分为：低档经济型数控系统、中档普及型数控系统和高档数控系统[9]。在实际生产中，人们通常按照数控系统的组成特点对其进行分类，下面对该种分类方式做简单介绍。

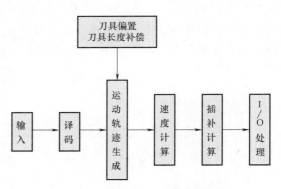

图 7-6　数控系统加工工作过程

开环数控系统（Open Loop Numerical Control System）不需要检测反馈，结构简单，调试简单，成本较低，但精度、速度都难以保障，在此数控系统下执行元件通常采用步进电动机，其原理框图如图 7-7 所示。

半闭环数控系统（Semi-closed Loop Numerical Control System）带有检测反馈（通常是电动机编码器），但无法检测机械传动过程中产生的误差，该数控系统精度较高，稳定性高，调试简单，其执行元件常用伺服电动机，原理框图如图 7-8 所示。

闭环数控系统（Closed Loop Numerical Control System）带有包含检测位置误差（常用光栅尺）的检测反馈，精度最高，但是稳定性不易保证，调试相对复杂，其原理框图如图 7-9 所示。

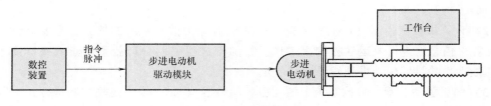

图 7-7　开环数控系统

在实际生产加工过程中，为保证数控机床安全、稳定地运行，保证工件加工质量，就必须对数控机床的工作状态进行监控。目前各数控系统都提供二次开发接口或者数据采集软件，方便研究人员实时获取机床加工过程中的状态参数，以实现数控系统的状态检测及健康保障功能。

目前从数控系统采集数据的方法主要有三种：基于 PLC 信号的数据采集，基于 RS-232 信号的数据采集和基于原始设备制造商（Original Equipment Manufacturer，OEM）软件的数据采集方法。目前广泛使用的采集方式是基于 OEM 软件的数据采集方案，通过该方法可获

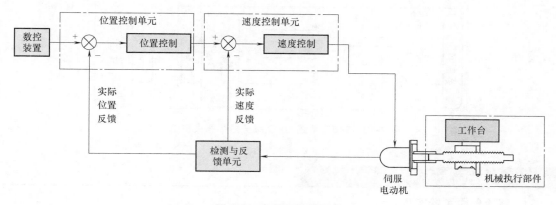

图 7-8 半闭环数控系统

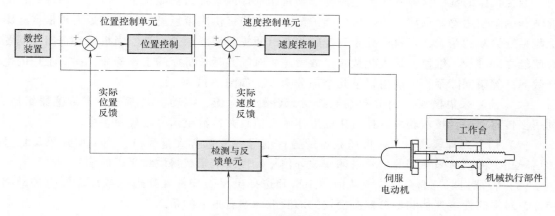

图 7-9 闭环数控系统

取到信息主要包括：机床运行状态、机床运行参数、操作信息、各种实时信息、零件加工工时和报警信息等。西门子（SIEMENS）、发那科（FANUC）、华中数控等公司的高档数控系统都提供互联网接口及相应的 OEM 软件，方便用户进行二次开发，以实现用户自定义的数据采集、分析、存储等功能。有学者使用西门子公司的 DDE/OPC 技术（数据获取流程如图 7-10 所示），并通过 Programming Package 开发包中提供的接口即可访问数控系统的内部数据，并最终实现对某车间所有装有 840D 系统的机床群进行实时监控[10]；或通过 FANUC 公司的 FOCAS 软件包进行二次开发，并获取数控机床的故障信息，随后构建基于故障信息的推理模块，实现 FANUC 数控机床故障的智能诊断[11]；或基于华中 8 型二次开发平台开发数控机床的自检模块，在数控机床运行自检 G 代码的同时通过采样接口以 1kHz 的频率采集数据，并将 G 代码行号与采集数据进行对齐，然后进行健康指数评估，以实现数控机床的健康状态监测[12]。

另外，针对广大用户进行数据采集的需求，一些数控公司还推出专用的数据采集系统，如西门子的 SinCOM 软件可实现与上位机的连接，并实现 NC 程序、刀具数据、机床状态数据等信息的采集。华中数控公司也提供了机床指令域大数据访问接口、机床全生命周期数字双胞胎的数据管理接口和大数据智能（可视化、大数据分析和深度学习）算法库，以实现机床的智能化监测及管理。

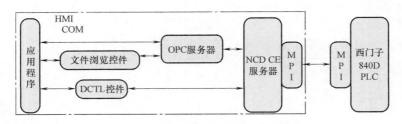

图 7-10　840D 系统 OPC 服务器数据采集流程

7.2.4　数控机床健康保障系统

1. 健康保障系统构成

数控机床的健康保障系统能预测性诊断机床部件或系统的功能状态，包括对部件的性能评估和剩余使用寿命预测，为机床的维护策略的实施提供决策意见。机床维护人员根据健康保障系统诊断的结果，在机床处于亚健康状态时便提前调度相关资源，当机床真正出现问题时就能立即维护、维修，最大化地减少故障停机时间并延长机床的工作寿命，提高工厂的生产效率。健康保障系统一般由以下几个部分构成，如图 7-11 所示。

（1）信号采集模块　由分布在数控机床各处的电流、振动、温度等众多传感器组成，利用多传感器融合技术获取数控机床的工作状态信息并传输至信号处理模块中。

（2）信号处理模块　工业现场获得的各种信号往往包含大量噪声，为了增强采集信号的信噪比，需要对采集到的信号采取滤波等信号处理技术来获得质量更高的信号。

（3）特征提取与选择模块　从信号中准确选择出反映部件性能退化或故障发生的敏感特征，对提高性能评估和寿命预测模块的诊断准确率有重大的帮助。

（4）机床健康评估模块　运用深度人工神经网络、时间序列分析、隐马尔科夫模型、模糊神经网络等众多人工智能技术，在云端建立反映故障规律和部件性能退化趋势的智能计算模型，然后根据上传的信号数据判断对应机床的性能状态并预测剩余寿命。

（5）智能化加工模块　根据从机床中采集到的信号，结合人工智能、虚拟制造、机器人智能控制、智能数控系统等智能化技术来实时监测和优化生产线上的加工制造过程，降低机床发生硬件故障的风险，改善机床的加工性能，提高生产效率和工人的安全保障。

（6）云端数据库　存储从工业现场收集到的宝贵的工业数据，为制造业进入人工智能与大数据时代提供必要的数据支撑。

（7）管理服务器　对单个或多个车间的机床进行统一监督、管理，并将智能健康评估模型诊断的结果发送到对应的机床上，在有机床健康报警时自动启动维护策略。

2. 数控机床健康保障系统功能概述

针对于数控机床健康保障的功能，已有的方案有：

1）MAZAK 及大隈（Okuma）等公司的智能振动抑制模块，通过系统内置的传感器对振动进行测定，经由系统内置的运算器对振动信息进行计算和反馈，最后实现对超出范围的机床振动进行抑制。

2）智能热误差补偿技术。以机床温度为基准温度，通过热变位补偿、主轴冷却装置同

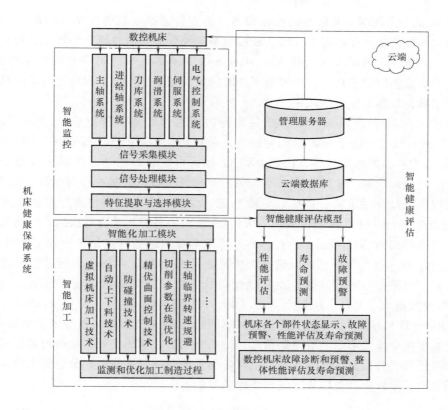

图 7-11　健康保障系统功能框图

时控制，使得长时间加工精度保持稳定，得到机床正确的变位状态。

3）华中数控公司的铁人三项模块，通过采集振动和温度信号、负载电流变化情况，对机床进行运行状态评估、零部件功能评估、可能出现问题提示、优化维修决策等，从而提出全面的健康预警建议。

4）华中数控公司的二维码故障诊断与云管理模块，通过将故障报警信息以二维码形式显示在界面端，通过用手机扫描二维码，实现与手机端互联，并与云端数据库进行同步，以达到实时有效的故障报警信息处理（在后续实例部分有详细介绍，以及加工质量监测与保障的简要介绍）。

（1）智能振动抑制　机床的各坐标轴加减速时产生的振动，直接影响加工精度、表面粗糙度、刀尖磨损和加工时间，而采用主动振动控制模块可使机床振动减至最小。例如，日本 MAZAK 公司智能机床的实时振动控制（Active Vibration Control，AVC）模块，通过系统内置的传感器和运算器计算和反馈振动信息，然后调整指令，从加减速指令去除机械振动成分，从而实现对机床超出范围的振动进行抑制。

再如大隈（Okuma）公司开发的 Machining Navi 工具。利用轴转速与振动之间振动区域（不稳定区域）和不振动区域（稳定区域）交互出现这种周期性变化，搜索出最佳加工条件，最大限度地发挥机床与刀具的能力。这个模块具有两项铣削和一项车削智能加工条件搜索，其中铣削功能 Machining Navi M-i 是针对铣削主轴转速的自动控制，工作流程为：自动进行传感器振动测定→最佳主轴转速计算→主轴转速指令的变更；另外一个铣削功能 Machining Navi M-g 是铣削主轴转速的优化选择。根据传感器收集的振动音频信号，将多个最佳主轴转速候补值显示在画面上，然后通过触摸选择所显示的最佳主轴转速，便可快捷地确认其效果。此外，应用在车床上的技术 Machining Navi L-g 通过调节主轴转速和变化频率，按照最佳的幅度和周期变化，从而抑制车削时的加工振动。车削主轴转速的自动控制则通过自动调节主轴，达到最佳车削效果。

（2）铁人三项　铁人三项通过建立数控机床信息物理系统（Cyber-Physical Systems，CPS）模型的方法进行健康保障功能的研究。数控机床的 CPS 模型是指在特定的制造资源（如立式加工中心、卧式车床等，记为 MR）上运行指定的 G 指令，并获取 G 指令运行过程中数控系统的内部数据，包括与 G 指令相关的工作任务数据（如指令行号等，记为 WT）和运行状态数据（如主轴电流、进给轴负载电流、位置、跟随误差、速度和加速度等，记为 Y），形成指令域上映射关系 $Y=f(WT, MR)$，此映射关系即为数控机床的 CPS 模型。

铁人三项按照图 7-12 所示的运行内容及机床本身的结构特点设定自检 G 指令和数控机床运行设定好的自检 G 指令，同时通过无传感器的方式采集 G 指令运行过程中的数控系统内部大数据，包括指令行行号数据及其他运行状态数据（如负载电流、跟随误差、实际位置等）。将数控机床（MR）、G 指令信息（WT）和运行状态数据（Y）进行映射，建立数控机床的 CPS 模型 $Y=f(WT, MR)$，并通过对不同阶段 CPS 模型中的指令域波形图进行对比、分析，提取出指令域波形显著的特征信息，进而利用指令域的特征信息进行数控机床健康状态的检测与评估，并以雷达图表达单台机床各子系统间的健康状态和分色图表达单台机床所处的健康阶段，最终实现数控机床的健康保障目的。

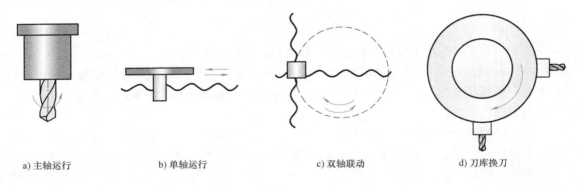

a) 主轴运行　　　　　　b) 单轴运行　　　　　　c) 双轴联动　　　　　　d) 刀库换刀

图 7-12　自检 G 指令运行内容

（3）二维码故障诊断与云管理　在数控机床出现报警信号时，生成二维码并在界面端显示，操作人员可通过手机扫描二维码获取报警信息，并将相关数据上传云端。若在云端中存在对应案例，则返回相应的解决方法，操作人员可及时进行故障处理；若在云端中不存在对应案例，则将相应故障状态录入数据库，并在检修人员处理完成后，将解决方案录入，更新云端的案例库。该功能可以将多种故障案例进行建库存储，并能通过云端进行多台机床的故障管理与健康维护，提高了处理效率。二维码故障诊断流程图如图 7-13 所示。

（4）加工质量监测与保障　在加工过程中，对加工质量影响最直接的加工工艺因素，主要是刀具材料和刀具几何角度、切削用量、切削速度、切削液选择、工件装夹方法等。通过对刀具磨损量的实时监测以及工件表面加工质量分析，可进行加工状态优化，提高加工效

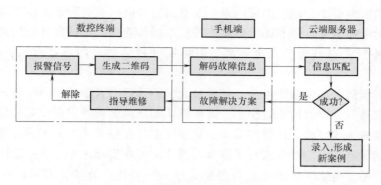

图 7-13 二维码故障诊断流程图

率与加工质量。将相关加工数据上传至云端数据库，可建立不同刀具、不同材料、不同加工方式下的加工工艺数据库，用于加工工艺优化以提高加工质量，并且为其他加工状态下加工过程提供参考数据。

3. 车间的智能调度和管理

调度优化技术是先进制造技术的核心内容，是智能制造系统有效运行的基础。对于一项可分解的工作（通常指一个工件的加工过程等）调度是指以满足约束条件（如机床的选择、各工序先后关系的确定、某机器上所加工工序开工时间的确定、原材料数等）、以保证产品质量为前提，通过制定合理的生产策略（合理地安排资源、确定各工序加工时间等）使得制造成本或加工时间达到最优的一系列决策过程[13]。制造生产过程中相对较多的时间浪费在非加工过程中，因而有效的调度方法可以解决工件在机器上的调度和资源的分配，实现车间调度的合理化、智能化、集成化，实现车间生产物流综合管理，工序紧密连接，提高设备的生产效率，降低物料消耗，缩短交货期。

车间调度对生产过程进行规划和制约，显而易见生产计划的实施由调度系统安排，如图7-14 所示。

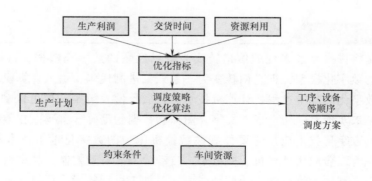

图 7-14 车间调度系统

从车间作业加工特点的角度，可将生产中比较常见的调度类型分为以下几类：

（1）静态调度 指的是所有待安排工件的相关参数均是已知，只要一次调度，各作业的调度即被确定，在后续的加工中保持不变。

（2）动态调度 指的是在实际生产中不定项因素对原先的作业产生不可预测的扰动下

进行实时的调整。需要动态调度的原因是：设备运行等随机扰动和系统各个生产环节的误差等，造成了实际生产进度与静态调度严重不符。车间作业过程中调度计划的突然变更或系统内部状态的意外变化都可能启动再调度，但再调度持续的时间不宜过长，同时次数也有限制。

由于实际工程问题的复杂程度高、规模过大、不确定因素多、约束限制多等特点，要寻找最优调度方案是异常困难的。近年来，智能算法领域的突破性进展使得智能算法为车间调度提供解决方案成为了可能，以遗传算法、禁忌搜索、免疫算法、人工神经网络、多智能体为代表的智能优化算法在理论上取得了很大的进步，并在实际生产中有所应用[14]。

遗传算法，是从生物群体进化过程得到灵感的一种优化算法，有着良好并行性和鲁棒性。典型的应用例如，对原始订单和新订单以最小化生产空闲时间和提前—拖期惩罚为目标，考虑了基于冻结间隔的优先规则，把基于遗传算法的调度方法用于动态生产系统。

免疫算法是相关学者对一系列的免疫系统研究中，发现生命科学中与免疫原理相类似的算法，具有优化其他智能算法的优良特性（抗体多样性的能力、自我调节机制、免疫记忆功能等），在静态调度、动态车间调度以及间歇式调度中得到应用。

神经网络可以将调度问题看成一类组合优化问题，利用神经网络并行处理的能力，降低计算的复杂性。为了减少神经元个数和连接，构造了一个整数线性规划神经网络，从而把车间调度表征成一个整数线性规划问题，并且通过线性规划和整数调整直到收敛。另外可以利用神经网络的学习和自适应能力获取调度知识，以构造调度决策模型。生产中典型的应用是把神经网络应用于制造系统的设计，神经网络需要输入的是每个作业的平均流经时间、平均拖后、最大完成时间、机器利用率等性能指标，神经网络的输出为制造系统中每个工作中心应分配的机器数。

7.3 加工过程智能运维关键技术

7.3.1 数字化技术

数字化就是将许多复杂多变的信息转变为可以度量的数字和数据，再以这些数字和数据，建立适当的数字化模型，把它们转变为一系列二进制代码，引入计算机内部，进行统一处理，这就是数字化的基本过程。计算机技术的发展，使人类第一次可以利用极为简洁的0和1编码技术，来实现对一切声音、文字、图像和数据的编码、解码。在数控机床的加工过程智能运维中，数字化技术应用主要体现在数控机床中的数字化电子技术和数字化控制技术。数控机床作为综合应用计算机、微电子、自动检测、自动控制、精密机械、液压传动等技术的加工设备，利用计算机强大的处理能力，对加工过程的操作可以在一个数控单元内进行。通过数字化电子技术，将机床的运行状态转化为数据信息，作为计算机控制系统的输入，计算机处理分析下发的指令经运算和解码，转换为控制机床加工的信号，即数字化的控制技术。数控机床通过数控系统，PLC程序，硬件电路，伺服控制系统，及加装的各类型传感器具备准确而充足的信息获取能力。本节对数控系统获取机床内部数据和传感数据的采集汇聚系统，对机床状态信息和加工信息的采集和信息处理，以及为智能运维加工过程提供的事件分析方面进行介绍[15,16]。

数控机床通过数据汇聚系统来准确快速获取数控机床内部数据和传感器测量系统的感知数据，对于内部数据，数控系统可通过接入总线直接被计算机处理器从内存中读取，实现起来较为容易。传感器数据由于是外接电子器件获取数据，必须通过外接采集模块使数据汇聚到计算机内部。根据采集模块的不同，数据汇聚系统有基于总线型和基于外部采集卡两种。

（1）基于总线型 数控系统通过自身的 A/D 采集模块，将传感器测量数据接入其采集总线，利用 PLC 资源在寄存器中分配内存用于保存传感器数据，从而实现对数控机床内部和外部数据的同步准确获取。该系统使用方便，配置简单，但由于数控系统总线采集频率低，无法从部分特殊的传感信号中获取到有用的感知信息，从而会带来分析数据不准确的情况。图 7-15 所示为基于总线型数据汇聚系统原理图。

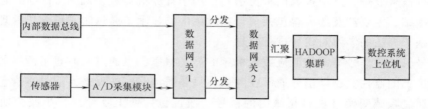

图 7-15 基于总线型数据汇聚系统原理图

（2）基于外部采集卡 由于数控系统总线采样频率过低，一般在 1 kHz 左右，而对于像振动数据的获取，采样频率至少要在 5 kHz，采到的振动数据才有分析的意义。针对这种情况，采用外部采集卡采集振动数据，频率一般在 10 kHz 以上，完全满足振动数据获取的要求。但这种方案的难点在于数控系统获取到的数据是通过两路总线汇聚的，因此，需要专业人员通过编程处理对两路数据实现实时对齐，才能使计算机获取数控机床的同步数据。图

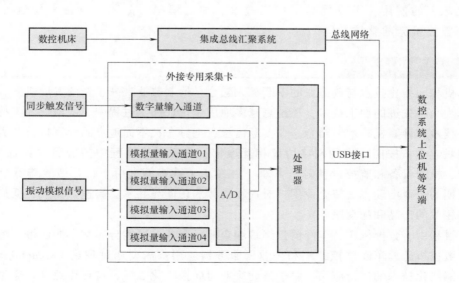

图 7-16 基于外部采集卡的数据汇聚系统

7-16 所示是振动信号采集中，数控系统采用外接采集卡与内部数据总线同步汇聚数据的原理图。

1) 机床的状态信息。实时采集机床的状态信息，主要包括：机床开机、机床停机、机床无报警且运行、机床无报警且暂停、机床有报警且运行、机床有报警且暂停、报警信息等。

2) 机床加工信息。实时采集机床的加工信息，主要包括：加工零件的 NC 程序名、正在加工的段号、加工时间、刀具信息（刀具号、刀具长度）、主轴转速、主轴功率、主轴转矩、进给速度、坐标值（包括 x、y、z、a、b、c）、NC 程序起始、NC 程序暂停和 NC 程序结束等。

3) 信号处理技术。数控机床的计算机系统需通过信号处理技术对数据汇聚系统获得的原始信号进行信号处理，从中提取出特征信号，用于计算机对数控机床工况状态进行监测及提供决策的基础。主要涉及的内容包括信号在时域内的显示，通过时频域分析处理提取频率信号，通过基于算法的学习对信号进行处理。

温度信号、位移信号等都能反应数控机床的静态状态，可通过实时显示测得的数据，来实现界面对工况的监控。振动信号通常在时域内只是振动状态的反映，信号本身包含着许多重要信息，通过频域变换可观察频域内的信号。通过包括傅里叶变换、小波变换等处理方法，获取频域信息，同时，基于采到的信号，通过在操作系统上的算法运行平台，对原始信号进行算法分析，如机器学习分析，动平衡算法分析，温度场显示分析等，都是从原始信号中提取有用信息的信号处理技术。

4) 事件分析。以数控系统通过数字化控制实现工艺参数优化为例，在数控切削加工中，传感器能通过测得的主轴电流信号，来获得主轴所受切削负荷的变化情况。若所受负荷过大或超过一定阈值，计算机可通过实时采集到的信息进行决策，对加工过程中的转速、吃刀量、进给速度等加工参数进行实时调整。由于精密机械，微型电子元件等高精度器件在数控机床的使用，使计算机能高精度控制机床，从而实现数字化技术在机床上的使用，不仅提高了加工效率、加工精度，保证了设备平稳运行，更能充分发挥数控机床的整体性能。

7.3.2 网络化技术

计算机和网络化技术与制造业的不断深入融合，给制造业带来了新的发展机遇。网络化加工，作为一种先进的加工技术，正越来越多地用于现代加工过程中。网络化加工技术是指利用通信技术和计算机技术，结合企业实际需求，把分布在不同地点的计算机及各类电子终端设备互联起来，按照一定的网络协议相互通信，实现制造过程中的资源（如加工代码、数控机床、检测设备和监控设备等）共享，并在相关系统的支持下，开展涵盖整个或者部分产品周期的企业活动，支持企业用户对远程资源的访问与共享，高速、高效、低成本地为市场提供相关的产品和配套服务。

加工过程中，数控机床、车间监控终端和企业云服务器可能分布在不同区域。整个生产过程中，数控机床、车间监控终端和企业云服务器应用都需要通过现场 Intranet/Internet 相互连接。网络化技术的广泛应用，对于推动企业迈向数字化工厂具有重要意义：通过网络化技术，企业可以合理规划自身资源，实现资源共享，并可根据市场需要及时调整加工计划，从而提高企业的生产效率，降低加工成本；企业技术人员可以远程监控生产过程，甚至实现协同管理；通过采集加工过程中加工设备的相关状态参数，便于实现加工设备的远程故障诊断和远程维护。

1. 数控技术网络化概念

网络化技术的关键在于数控技术的网络化。数控技术的网络化主要是指数控系统与外部的其他控制系统或者上位机通过工业总线网络、互联网等实现互联互通，以实现资源共享和网络化加工，进而为其他先进制造环境提供最为基础的技术支持，共同提高加工过程的效率和质量。

当前，数控系统的网络化可以分为内部现场总线的网络化和外部设备间的网络化。目前，数控系统内部硬件一般通过现场总线相互连接。现场总线（Field Bus）是一种工业数据总线，具有实时性好、抗干扰能力强、可靠性高、互换性好且易于集成等优点，完全可以满足数控系统内部的计算机、网络、伺服系统、I/O 接口等硬件的需求。数控系统外部可以通过网络实现彼此互联互通，进而为数控系统、数控机床乃至整个加工过程的设备远程监控、加工工艺优化、远程故障诊断等智能化技术提供网络基础。日本著名机床厂马扎克（Mazak）公司的一项重要研究表明[8]，在多品种小批量的加工需求下，连接进企业的生产中心服务器后数控机床的切削时间将会从单机状态下的 25%提高至 65%，从而可以大幅度提高数控机床的生产效率。

2. 加工技术网络化的体系结构

网络化加工可以通过网络实现跨时空和跨地域的及时沟通，网络化加工体系结构图如图7-17 所示。与传统的加工技术相比，网络化加工可以为企业用户实现网上设计、网上制造、网上监控、网上培训、网上营销和网上管理等功能，使企业更好地发挥先进装备的优势性能，及时从市场的需求出发调整生产计划，从而提高产品的生产效率，降低生产成本，同时也提高产品的竞争力。

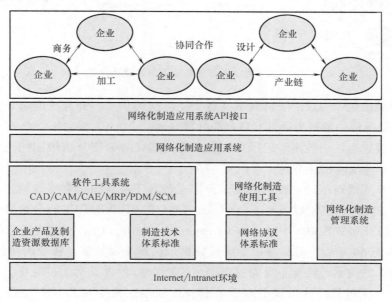

图 7-17　网络化加工体系结构框图

网络加工在其整个加工过程中，可以分为计算机辅助设计（Computer Aided Design，CAD）、计算机辅助制造（Computer Aided Manufacturing，CAM）、计算机辅助工程（Computer Aided Engineering，CAE）、物料管理计划（Material Requirement Planning，MRP）、产品数据管理（Product Data Management，PDM）、软件配置管理（Software Configuration Management，SCM）、虚拟制造（Virtual Manufacturing，VM）和故障诊断等七个功能模块。为了实现网络化加工，上述功能模块并不是孤立的，需要分别与其他模块网络和外部网络实现集成，建立先进制造的内联网（Intranet），并连接于国际互联网（Internet）。

3. 数控技术网络化通信分级

在现代加工过程中，工件可能需要在不同位置进行加工，各个加工设备之间通过网络相互连接，同时工作而且互不干扰，其网络连接示意图如图 7-18 所示。为了实现这种加工系统，需要对整个加工网络进行分级控制。这种通信分级可以分为企业级、工厂级、生产车间级和加工设备级。

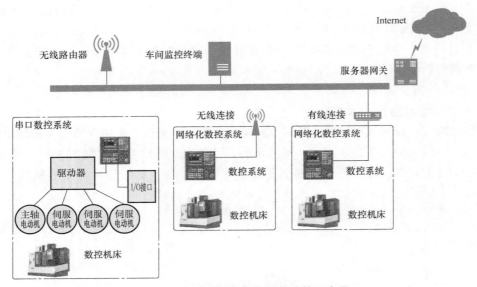

图 7-18　加工网络化各级网络连接示意图

（1）企业级通信　一般用于协调下属各个工厂间的加工，并且按照市场规律分配加工任务。该级别的通信一般需要通过互联网与外界联通。

（2）工厂级通信　一般用于工厂下面各个车间的任务调度。该级别的通信一般视情况采用互联网或者局域网相互沟通。

（3）生产车间级通信　一般用于加工程序上传和下载，PLC 数据传输，系统实时状态监测，加工设备的远程控制以及对 CAD/CAE/CAM/CAPP 等程序进行分级管理。生产车间级通信一般采用分布式控制（Distributed Numerical Control，DNC）方式进行控制。DNC 的研究源于 20 世纪 60 年代，起初是用于向目标机床快速下发数据，随着网络技术和 CNC 技术的发展，DNC 的内涵已经发生巨大的变化。尽管 DNC 的含义发生过变化，但是保障传输过程中数据安全性和及时性以及管理和存储 NC 程序这两个核心任务并没有改变。根据 Quinx 公司的调查，DNC 系统相比于传统的方法，可以降低超过 90% 的生产费用。一个典型的 DNC 系统主要包括 DNC 硬件服务器和服务软件包、通信端口以及 CNC 机床，如图 7-19 所示。

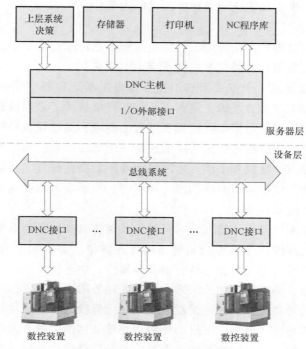

图 7-19 DNC 系统典型结构[7]

（4）加工设备级通信 主要负责底层设备与上级设备联网，并负责加工状态参数与加工情况的获取、存储并上传到上层网络，同时与生产车间级通信等上级网络共同实现上层网络下达的相关管理控制命令的执行。当前制造业中常用的现代集成制造系统（Contemporary Integrated Manufacturing Systems，CIMS）技术、制造执行系统（Manufacturing Execution System，MES）、柔性制造系统（Flexible Manufacturing System，FMS）技术和工厂自动化（Factory Automation，FA）技术的基础就是加工设备级通信和生产车间级通信。

传统的加工设备级通信主要是通过现场总线进行通信。当前，适用于数控加工领域的总线有很多，例如，德国西门子（Siemens）推出的 Profibus 总线，德国 SERCOS 协会提出的 SERCOS 总线及后续提出的 SERCOS Ⅲ 总线，德国倍福（Beckhoff）推出的 EtherCAT 总线，日本发那科（FANUC）推出的 FSSB 总线，日本三菱（Mitsubishi）电机主导提出的 CC-Link 总线等。2008 年 2 月，国内华中数控联合广州数控、沈阳高精、大连光洋和浙江中控五家企业合作成立了机床数控系统现场总线联盟，并于 2010 年 6 月发布了国产首个具有自主知识产权的强实时性现场总线协议中国数控联盟总线（NC Union of China Field Bus，NCUC-Bus）。NCUC 总线[17,18]是一种环形拓扑结构总线，相比其他现场，NCUC 协议具有结构简单、符合数控系统总-分的特点，传输的延时确定且易于安装。

7.3.3 智能化技术

智能化是指在人工智能、互联网、大数据等技术的支持下，让事物具备人的各种思维模式的过程。在《中国制造2025》指导方针下，智能化转型是制造业的重点发展趋势，随着时间的推移，智能化技术在加工过程智能运维中的应用越来越广泛，按使用层面可分为加工智能化、管理智能化、维护智能化和编程智能化四大部分。

1. 加工智能化

加工智能化是指通过将智能化的加工技术应用到数控机床和加工生产线中，使整个生产过程变得更加智能化。典型的智能化加工技术应用主要有：

（1）虚拟机床加工技术　虚拟机床加工技术是虚拟制造领域中的一项关键技术，它以计算机图形学和数控加工技术为基础，集人工智能、网络技术、多媒体技术和虚拟现实等多项技术于一体，在虚拟环境中对实际数控加工过程的环境和全过程进行高度真实的模拟，实现了数控加工的可视化。虚拟机床加工技术能预演一遍真实的数控加工过程，对实际加工中可能出现的诸如机床和刀具碰撞和干涉，程序错误等问题提前排查，还能评估机床的运动行为，确定程序运行时间，优化加工参数和加工过程等，从而最大限度地缩短产品的设计制造周期，提高生产效率，降低成本。

虚拟机床加工技术本质是一种仿真技术，包含几何仿真和物理仿真两个方面。几何仿真主要研究如何将现实世界的物体尽可能完整地镜像到虚拟（计算机）环境中。镜像物体应具备现实物体的实体特征，如几何、材料、密度等属性。物理仿真主要研究如何真实模拟在现实加工环境中切削力、热变形、加工误差、负载变化等因素对工件加工质量的影响。几何仿真可实现验证零件的可加工性、快速编制数控程序、检验数控机床的加工轨迹和碰撞干涉情况、评定加工效率等功能，而物理仿真的应用主要涉及切削力仿真、切削振动仿真、刀具磨损和切屑形状预测、加工误差预测及切削参数、刀具路径优化等诸多方面。两者主要的不同之处在于，几何仿真假设了机床处于理想运行状态下（没有振动、机床不变形、没有定位误差、没有机床运动误差、刀具完好、工件材质均匀等），而物理仿真则考虑机床在实际运行状况下遇到的问题。两者的联系与区别如图7-20所示。

随着"工业4.0"的热潮涌向全球及"中国制造2025"的大力推进，虚拟机床加工技术被涵盖进一个更加新潮的概念之中——数字化双胞胎。该概念由德国西门子公司率先提出，指的是以数字化方式为物理对象在虚拟环境中创建镜像模型，模拟其在现实环境中的行为特征。数字化双胞胎技术不光建立设计、制造过程的镜像，还建立了控制、管理过程乃至整个工厂的镜像，可实现产品全生命周期内生产、管理、连接的高度数字化和模块化。数字化双胞胎已成为制造企业迈向工业4.0的解决方案，正在被大量企业努力应用到加工生产之中[19]。

（2）自动上下料技术　在现代企业工厂的生产流水线中，工件在数控机床上的上下料操作主要由工业机器人完成。工业机器人是综合运用了机械技术、微电子与计算机技术、自动控制与驱动技术、检测与传感技术等多交叉学科技术的产物，具有十分广泛的应用前景。自动上下料作为机械手应用的一种重要方面，在国内外的生产线和高端机床中被大量使用。工业机器人作为机床的附属装置，配合机床的动作自动地完成工件的上下料动作，不仅动作快速，而且重复定位高，可长时间作业，起到了提高产品质量及生产效率、加快生产节拍、节省人力成本等重大作用。

大多的工业机器人是一种多关节、多自由度的机械手臂结构。用以解决机床上下料功能的机械手可分为通用式和专用式两种。通用式机械手是一种可以批量生产的产品，它同数控

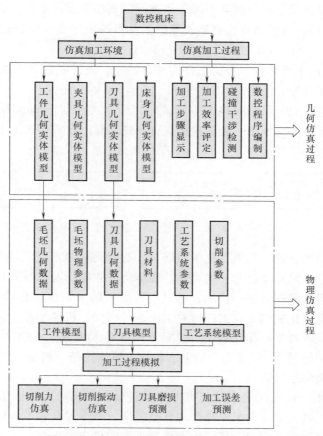

图 7-20 虚拟加工技术的工作流程总体框图

机床一样是一个独立的装置,不依赖工作环境和工作目标,可以根据需求编写特定的控制程序,以完成所需的动作和功能。这类机器人有球坐标式、圆柱坐标式和直角坐标式等多种形式,主要部件有基座、腰关节、大臂、小臂及手爪等,在三维空间内有非常好的灵活性。由于其良好的通用性,只需在手爪部位安装合适的抓紧装置即可完成相应的功能,因此被较多应用在工作环境复杂(如不利于人员行动的环境)或对人体有伤害的场合(如装配、搬运、焊接等场合)。专用式机械手主要附属于机床或生产线上,在轴类及盘类零件的加工机床和生产线上应用尤其广泛。专用式机械手根据不同的驱动结构和功能设计专门的手爪,其优点在于空间占用小,且动作迅速,并可以一次动作同时实现上料、卸料功能,缺点是动作单一、只能实现固定工位的上下料,且手爪的结构与尺寸和使用对象互相对应,具有专一性,仅适用于机床内部使用。图 7-21 所示是一台在加工生产线上工作的通用式上下料机器人。

图 7-21 在加工生产线上工作的通用式上下料机器人

在生产线上布置自动上下料机器人时需要进行以下几个设计步骤，如图 7-22 所示。

1）确定设备布局。决定是单台机器人服务单台数控机床还是单台机器人服务双台数控机床。

2）设计机器人的手爪结构。根据工件的外形特点，设计机器人末端手爪部件，包含气动、传感器及机械部件等。

3）规划机器人上下料运动轨迹。先对机器人上下料的手爪运动路线进行设计，再根据手爪运动路线设计逻辑流程框图，最后根据运行轨迹示意图及机器人上下料逻辑流程图，编制相对应的机器上下料控制程序。

图 7-22　布置上下料机器人所需的设计步骤

近年来，随着制造业逐步向数字化、网络化、智能化转型发展，对工业机器人的发展也提出了新的要求——重复高精度化、模块化、智能化。智能工业机器人是智能制造业最具代表性的装备，也是智能制造的核心技术，通过给机器人的末端增加视觉、力、位置、速度、加速度等传感器，可以让机器人在工作时对工况进行感知，机器学习、人工智能等技术的发展让机器人能自动决策判断与相互协调。智能工业机器人能像人一样"观察"并"思考"，还能在工作中不断"学习"，不仅让自动上下料技术更加快速、精准、低故障，更是在其他技术应用上有着重大深远的影响[20]。

（3）防碰撞技术　在现代生产过程中，随着复合加工机床、五轴联动机床等生产设备的机械结构复杂化，机械运动和机械操作也日益复杂，机床刀具和工件以及夹具的干涉、机床单元间的干涉也更加容易发生。机床的碰撞轻则损害机床的精度，重则导致设备损毁甚至人员伤亡。为了避免这类情况的发生，防碰撞技术的应用显得尤为重要。

数控机床的防碰撞技术结合了虚拟机床加工技术和数控实时控制技术，能够消除因数控机床的潜在干涉碰撞问题引起的操作人员的不安全因素，让操作人员能放心大胆地操作机床，从而大大缩短加工准备时间和试切削时间，并能够消除因意外碰撞造成的停机损失，充分发挥出机床的加工生产优势。

日本大隈 Okuma 公司的数控机床防碰撞系统是机床防碰撞技术的典型体现。该系统主要有两个功能：手动运行时的干涉回避功能和自动运行时干涉程序段的停止功能。在加工准备中需要频繁地手动操作来验证自动加工的正确性，防碰撞系统能提前实时检查机床在运动方向上是否会发生干涉，当检测到有干涉时，自动停止机床的机械运动。在使用加工程序进行自动运行时，防碰撞系统先实时检查加工程序中程序段指令在机床运动方向上是否会发生干涉，在检测到有干涉的程序段时自动停止机床的机械运动。

机床防碰撞技术利用虚拟机床加工技术，在由刀具、工件、夹具、机床可动单元以及非可动单元构成的三维虚拟机床上仿真机床的加工动作。在数控系统根据加工程序或手动操作生成相应的控制信号时，先将机床移动信号输入到三维仿真模块中控制虚拟机床移动，预先检查有无干涉后再控制真实机床进行移动。当在虚拟环境中预检到有干涉发生时，在实际干涉发生之前停止机床的运动，没有干涉时则保持指令动作。

（4）数控系统集成的加工智能技术　由于数控系统本身的计算能力有限，所以很多智能化技术都是部署在云端或工业计算机上，不过也有一些和加工过程紧密相关的智能技术可以直接集成在数控系统内。比较典型的有切削参数在线优化技术、精优曲面控制技术、主轴临界转速规避技术等。

1）切削参数在线优化技术。在目前的数控加工中，数控机床执行的加工程序大多都是人为编制的，所采用的切削参数也是人工根据经验选择最保守的数值，且在切削过程中固定不变。这样在加工具有复杂形貌的工件时，势必会造成数控机床生产率低下，加工刀具、机床易于疲劳损坏。切削参数在线优化技术则弥补了这一大短板。

切削参数在线优化技术结合自适应控制技术、专家系统、人工智能等技术于一体，通过振动、电流等传感器实时感知机床的负载、功率、颤振等情况，自动地调整到最佳的切削参数状态。例如，当发生加工振刀的情况时，主轴上的振动传感器会检测到异常的振动值，数控系统接收到该振动信息后会自动计算出最佳的主轴转速，通过使用最佳主轴转速抑制振刀，提高加工面精度。当刀具切削量较小时，数控系统通过电流传感器检测到机床的负载/功率下降，便自动将机床运行的进给速率调到最佳值，使机床处于恒定功率工作状态，使生产效率最大化。当发生超载时，会自动使机床停机，防止刀具、机床和工件受损。

2）精优曲面控制技术。精优曲面控制技术可以优化复杂曲面的加工过程，通过优秀的运动控制方法，计算出最佳表面过渡，保证刀具的移动速度始终处在最合适的范围内。在进行复杂曲面轮廓铣削或自由曲面铣削时，能够让刀具的各个微小插补路径和谐地重叠前进，从而达到镜面级的加工质量和最佳的轮廓精度，并大大缩减加工时间。

3）主轴临界转速规避技术。主轴临界转速是指主轴的一阶共振转速。当主轴的工作转速处于其共振转速段时，会发生显著的颤振，严重影响机床的加工质量，所以在加工时需要避开主轴的临界转速。主轴临界转速规避技术的工作原理是：让主轴在整个工作转速范围内从低速到高速缓步提升转速运转一遍，再从高速到低速运转一遍，通过振动传感器检测出整个运转过程中的异常值，从而确定主轴的临界转速。在加工时，如果主轴工作转速接近了临界转速附近，则自动控制主轴增大或减小一些转速来跳过其临界转速段，并相应调整进给速率等切削参数来确保机床的实际加工过程符合加工程序的要求。主轴临界转速规避技术以简单的原理增强了机床的灵活性和智能化，提高了加工质量，是非常实用的技术之一。转速规避技术不光被用于主轴之上，还被用于驱动电动机的驱动轴上[21]。

2. 数控机床的管理智能化

（1）网络数控技术 网络数控技术是实现数控机床管理智能化的重要基础，也是制造系统的发展趋势。网络数控系统是网络化制造的基本组成单位，以集成为手段，融合数控技术、网络技术、计算机技术和通信技术等，用于数控系统的网络通信，最终形成一个开放的、智能化网络数控制造单元，得以实现控制远程化、故障诊断分析远程化，并实现资源共享和利用[22]。

网络数控技术主要包括网络通信技术、智能化信息集成技术、信息管理技术和远程监控与诊断技术这四部分。网络通信功能是网络数控技术的关键问题，网络通信技术为数控机床的互联提供了一个共用基础，并引导计算机网络和数据通信系统产品的开发，实现不同制造厂商通信网络设备的兼容。智能化信息集成技术将原来独立运行的多个单元系统集成为一个能协调工作和功能更强的新型系统，这里所指的集成不只是现代制造业先进技术的集成，也包括人的集成，其中，计算机是工具，信息交换是桥梁，信息共享是关键。信息管理技术是整个系统运行的保证，对于数控系统来说信息管理尤为重要。一个管理系统的核心功能，一是对外部数据的采集、处理、存储，二是向外部传送数据。机床加工的所有信息需要建立数据库，数据采集、处理和维护都是通过相应的信息管理系统完成的。另外，随着数控设备自动化程度的提高，复杂性的迅速增加引起了维修费用增高、停机损失巨大等问题，因此，网络数控系统支持远程监控变得越来越重要。当设备产生故障时，数控系统生产厂家可以通过互联网对用户的数控系统进行快速诊断与维护，可以大大减少维护的盲目性，提高设备完好率，满足用户对数控机床的远程故障监控、故障诊断、故障修复的要求。

（2）刀具管理技术　刀具管理是数控机床管理智能化中一项非常重要的功能，在提高设备的利用率、提高产品质量以及延长刀具寿命等方面起到关键作用。与传统普通刀具比较，数控刀具的应用存在专业性强、数据量大、业务过程复杂等显著特点。基于这些特点，在数控刀具管理过程中，需要重点关注刀具应用知识管理和刀具业务协同，其中主要涉及刀具应用知识库、统一的刀具信息数据库，刀具搜索引擎和数据获取机制等关键技术环节。

刀具应用知识库包括切削参数数据库、刀具典型应用数据库、刀具使用经验数据库等，是企业最为重要的智力资产，需要借助相关的辅助工具，建立起知识收集、整理、归纳和管理的机制。建立刀具信息数据库是一项重要的基础性工作，通过建立规范的数控刀具分类编码体系，实现不同种类、不同厂商、不同标准的刀具数据的统一表达和交换。刀具搜索引擎基于刀具应用知识库和刀具信息数据库，实现刀具搜索功能，能够方便地根据加工的具体要求，如加工材料、加工方式、加工特征、尺寸要求、机床条件等，在刀具应用知识库和信息数据库中快速匹配、选择、组装恰当的刀具，是数控刀具管理的一个重要的应用入口。此外，建立包括切削参数、加工性能、刀具寿命参数、使用状态等在内的刀具数据的动态获取机制，是重点也是难点技术。目前获取刀具动态数据的途径主要有两种，一是通过实际生产、试验、仿真等手段，加强刀具标识与自动识别、实时数据采集、状态监控、数据分析与优化等方面的工作，不断采集、积累、更新相关的刀具数据，是优化数控刀具使用的关键；二是加强与企业外部刀具厂商、研究机构的交流、沟通，及时了解新的刀具应用技术数据。

目前，国内外已有不少成功的刀具管理系统及软件投入使用，其中比较成熟和比较具代表性的有：德国 zoller 刀具管理系统、英国 CTMS 公司的计算机用刀具管理系统（CYMS）、美国 Cincinnati Milacron 公司的刀具管理系统软件、瑞典的 Sandvik 公司的成套商用刀具管理软件 Coratas 等。德国 zoller 刀具管理系统是目前功能相对齐全的刀具管理解决方案。它在一个独立的中央数据库的基础上，对加工制造过程实施有组织的管理，并提供铜牌、银牌和金牌三个不同层次的解决方案。铜牌解决方案专为中小企业打造，帮助企业实现刀具数据管理。用户在办公室内就可对刀具、换径套、设置表进行访问、管理和准备，其采用标准化数据导入和网络相机，使用户可以直观地选择刀具。银牌解决方案可记录每把刀具的操作记录，帮助用户查看存储位置、循环状态和当前库存水平。金牌解决方案对刀具全生命周期进行监管，可定位刀具，并利用订单信息进行成本评估和控制。在刀具采购时以实际生产为向导，通过采购流程，避免不必要的存储成本和因缺少刀具造成的停工。

（3）生产过程的智能管理技术　智能化的数控机床只是实现智能化制造最基本的前提，而智能化的生产过程管理才是实现生产计划在制造职能部门进行执行的关键。生产过程管理统一分发执行计划，进行生产计划和现场信息的统一协调管理。生产过程的智能化管理技术通过生产制造执行系统（Manufacturing Execution System，MES）与底层的工业控制网络进行生产执行层面的管控，操作人员/管理人员提供计划的执行、跟踪以及所有资源（人、设备、物料、客户需求等）的当前状态的记录，同时获取底层工业网络对设备工作状态、实物生产记录等信息的反馈[23]。MES 的项目目标如图 7-23 所示。

作为生产过程智能管理技术的载体，MES 在实现生产过程的自动化、智能化、网络化等方面发挥着巨大作用。MES 处于企业级的资源计划系统和工厂底层的控制系统之间，是提高企业制造能力和生产管理能力的重要手段。MES 集成了生产运营管理、产品质量管理、生产实时管控、生产动态调度、生产效能分析、物料管理、设备管理和文档管理等相互独立的功能，使这些功能之间的数据实时共享。同时 MES 起到了企业信息系统连接器的作用，使企业的计划管理层与控制执行层之间实现了数据的流通。随着智能制造时代的到来，MES 被放到了前所未有的重要位置。近年来 MES 的发展呈现出集成范围更为广泛、具有更精确的过程状态跟踪和更完整的数据记录功能，以及支持生产同步性和网络化协同制造的趋势。

西门子的制造执行系统平台 SIMATIC IT 是一套优秀的工厂生产运行系统，它提供了"模型化"的理念，可用于工厂建模和生产操作过程的模拟，它的整个功能体系都是依照功能以模块和组件的协同工作来执行的。SIMATIC IT 提供了生产订单管理、物料管理、人员管理、报告管理和手动操作等功能组件，包含了几乎整个制造的各个方面和相关系统，其行业库更是覆盖从离散到流程的全行业。

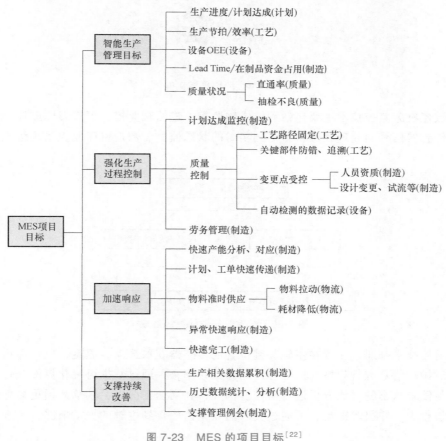

图 7-23 MES 的项目目标[22]

3. 数控机床的维护智能化

（1）智能化数控机床监控技术　该技术主要是通过对数控机床的数据采集、数据压缩和数据可视化等技术，实现对数控机床运行过程的智能监控，提高机床的制造效率。可分为机床终端在线监控与远程监控，主要适用于不同的监控群体需求。前者主要运用三维数字可视化技术搭建机床三维仿真模型，通过实时传输的加工状态信息，能够实际监控机床的运行状态以及加工状态，节约了运维成本。后者运用云端的大数据管理，可以实现远程的数控机床监控，实时监测不同机床的工作状态，并记录机床的各项健康指数评估状态，对整体生产线、车间等进行多方面监控，进行故障状态的实时处理和维护。监控界面实例如图7-24所示。

图 7-24　监控界面实例

智能数控机床监控技术主要包括智能主轴监控、进给轴监控、刀具刀库监控等部分，根据对相应传感器信号的处理和分析，得到实时的状态监测。数控机床监控系统组成如图7-25所示。

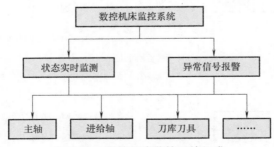

图 7-25　数控机床监控系统组成

主轴监控技术是通过布置在主轴关键位置的传感器获取振动、温度、电流等运行状态信息，通过对振动信号进行频域变换处理得到特征频率，并通过数据可视化界面进行展示，根据其数据与健康状态的对比分析进行监控。例如，在高速工况下，轴承磨损更显著地影响主轴的动力学行为，并引起振动，可通过实时的数据监控得到主轴的振动情况，并进行相应的判断。

智能刀具监控技术是通过相应传感器对刀库换刀是否异常、加工过程中刀具磨损、断刀等情况进行实时监控。一般由机床 PLC 控制程序进行换刀监测，出现异常时在监控界面给出报警信息。刀具磨损最简单的检测方法是记录每把刀具的实际切削时间，并与刀具寿命极限值进行比较，达到极限值发出换刀信号。但是该方法对刀具的实际磨损量的实时监测能力较弱，且不能准确判断不同刀具和不同加工材料的磨损情况。随着技术的进步与发展，出现了光电式监控、声发射监控、切削力监控、功率监控和视觉监测等监控技术。视觉监测通过摄像头进行实时刀具图像采集，采用图像处理得到磨损量变化值，建立图像数据库，通过机器学习的方法，判断刀具的磨损是否已达到极限值等。

（2）智能化健康保障技术　在机床的智能监控技术基础上，通过大数据分析和人工智能相关算法与技术（通常采用的方法包括：神经网络、模糊聚类、支持向量机以及深度学习相关算法）的应用，得到关于机床各部件以及整体的健康状态评估、寿命评估、动态性能评估以及可靠性分析等。同时，可以分析机床的可用性和利用率，采集并统计机床的报警消息，实现在数控机床加工过程中对加工状态的准确分析，为故障分析提供决策依据，帮助用户预防数控机床故障的产生。健康保障关键技术及关键对象如图 7-26 所示。

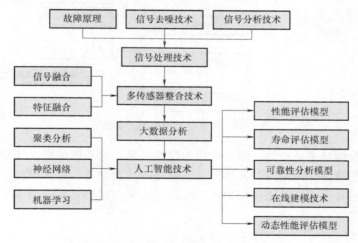

图 7-26　健康保障关键技术及关键对象

华中数控最新智能化数控系统网络平台，可以把整个车间或工厂的各种加工设备（包括数控机床、机器人、PLC 等），各种移动设备（如物料小车、工作用的手机等）以及各种应用连接起来，达到互联互通的效果。采用具有自主知识产权的 NC-LINK 协议实现数控机床及相关智能化设备的互联互通，为制造过程中工艺参数、设备状态、业务流程、多媒体信息以及制造过程信息流的汇集提供基础。将各终端的数据汇集到云端平台服务器，应用人工智能算法进行数据处理、特征提取以及故障分析，将健康评估状态以及故障诊断结果返回到终端机床和移动端，让操作人员可以获取机床的健康状态以及故障解决方案。

沈阳机床发布的 i5 智能数控系统，将工业化和信息化结合起来，通过互联网把生产商、供应商和客户的数据紧紧联系在一起，构成智能制造的生态系统。通过汇集的大数据可以对每一台终端的机床进行实时监控，并可对机床进行全面诊断，实现可视化处理。使用者可以在诊断系统主页面清楚地看到故障的具体位置，根据故障区域选择对应的子菜单进行操作，以进行针对性故障处理。

（3）智能化热误差补偿技术　机床的几何误差（由机床本身制造、装配缺陷造成的误差）、热误差（由机床温度变化而引起热变形造成的误差）及切削力误差（由机床切削力引起力变形造成的误差）是影响加工精度的关键因素，这3项误差可占总加工误差的80%左右，其中热误差是加工过程中主要影响因素。

提高机床加工精度有两种基本方法：误差预防法和误差补偿法。误差预防法是一种"硬技术"，可通过设计和制造途径消除或减少可能的误差源，靠提高机床制作精度来满足加工精度要求。而误差预防法有很大的局限性，即使能够实现，在经济上的代价往往是很高的。而误差补偿法是使用软件技术，人为产生出一种新的误差去抵消当前成为问题的原始误差，是一种既有效又经济的提高机床加工精度的手段。常用的热误差补偿建模方法如图7-27所示。

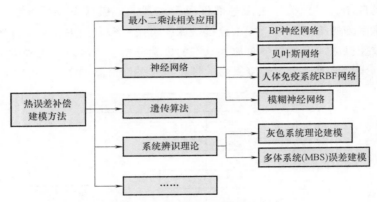

图 7-27　热误差补偿建模主要方法

智能化误差补偿技术是指通过输入机床温度场信息，确定测温点，并建立测温点温升和热误差之间的关系模型，采用神经网络对热误差进行建模分析，得到较优的补偿值，从而降低热误差。国内已有许多高校将研究的热误差补偿成果应用到实际使用中，并取得了很好的效果。

4. 编程智能化

在智能制造发展的进程中，智能化已经成为数控系统发展的明确目标。数控编程系统是CAD/CAPP/CAM（计算机辅助设计/计算机辅助工艺设计/计算机辅助制造）三者的集成，使得编程更加智能化。诸如加工对象，约束条件，刀具选择、工艺参数等减少了人工操作，而直接由CAPP数据库提供，降低了对从业者工程素质的依赖以及工程实践的要求，避免了人工操作的编程错误，提高了编程的准确性和鲁棒性[24]。

一个智能数控编程系统的体系结构包括数据层、应用层、交互层三个层次，如图7-28所示。

数据层提供平台运行的数据库环境，该层次采用开放式结构，可根据应用需求设立或扩展。应用层根据自主识别加工特征，响应系统发出的指令，实现智能化编程和程序拼接，提高效率。交互层为应用层提供集成环境，面向工程师，提供更加人性化的编程环境。典型的应用实例如日本Mazak公司的Mazatrol Fusion 640数控系统，工程师只需输入被加工零件及所用刀具材质、加工部位的工艺要求、被加工工件数据和工件安装位置，编程系统即可计算零件的加工参数（如主轴转速、进给速度等）以及确定刀具路径并输出。

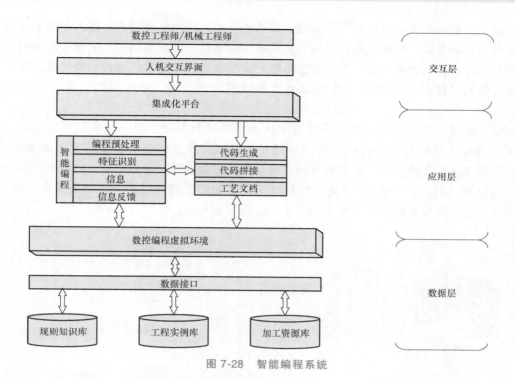

图 7-28 智能编程系统

随着智能化的推进，智能制造意在提供更加智能化、人性化的人机交互。应运而生的触摸屏技术和语音技术，为数控机床操作者提供了更加便捷的操作体验。

触摸屏技术是当前最为常用、最基本的多媒体技术之一，正迅速席卷计算机应用的各个领域，包括数控领域。触摸屏有电阻（电容）式和红外式两大类。电阻（电容）式是在玻璃屏正反涂有特殊的材质，当手指触摸屏幕时，引起触摸点正反面间电阻（电容）值发生变化，从而得到触摸点的坐标值，送往计算机进行后续处理。红外式触摸屏应用了光学技术——用户的手指阻断交叉的红外线光束，从而得到触摸点的坐标值，同样为后续处理提供基础。典型的应用实例如在华中数控系统下位机采用触摸屏技术，便于上、下位机的人机交互，可以让操作员更加便捷地进行数控加工操作。

语音技术可以解放双手，通过语音输入指令操作数控机床，方便机床使用者的操作；或者可以提供预警信号，提醒操作者注意事项。语音识别技术是指机器通过识别和理解过程把语音信号转变为相应的文本或者命令的技术，目的在于使数控机床具有听觉功能。典型应用如 Mazak 公司的 MAZATROL SmoothX 数控系统，能通过语音对操作者的手动操作和调整时的操作内容进行语音安全提示。

7.4 加工过程智能运维系统实施典型案例

7.4.1 机床二维码故障远程诊断

在传统加工过程中，加工机床如果出现故障，则其报警信息将直接显示在机床数控面板上，由操作人员根据经验进行相应的处理。在该流程中，故障的处理速度很大程度上取决于操作人员的相关经验；且在故障解决后，相关解决方案难以形成案例库，无法对后续类似情况起指导作用。针对上述问题，华中数控系统开发了机床二维码故障远程诊断功能，通过扫描机床二维码，即可将检测及检修中遇到的问题提交到云端，并从云端获取相应的指导方案。

相应流程如图 7-29 所示。数控系统在机床出现故障时弹出二维码的显示界面，如图 7-30 所示。操作人员可利用手机扫描该二维码，获取相关的故障信息并上传到云端案例库，由云端案例库进行自动匹配。云端案例库若找到相关案例，则向手机发送已有案例的具体信息（维修时间、地点、人员），并提供维修建议；若无法找到相关案例，则将该故障录入，待成功解决后，形成案例存入云端案例库中，以供后续查找。

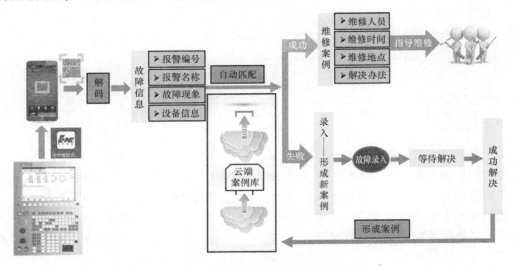

图 7-29　机床二维码故障远程诊断流程图

如图 7-31 所示，在实际生产过程中，某台机床于 2015 年 7 月 5 日下午出现报警提示，使用华中数控云服务平台 APP 扫描报警二维码，可知报警信息为"用户 PLC--G3010.5：主轴电动机油冷异常（x0.5）"，并获取到历史案例信息及相关检修建议。根据检索的信息，可以判断这个报警为外部信号，油冷机工作异常和与油冷机连接的继电器损坏都可产生报警信号。

华中数控公司相关技术人员随后进行跟进，发现警报已解除。询问相关维修人员，了解到该机床在四个月前因油冷机爆裂而更换过油冷机。更换后，机床若是停机三五天，再起动就会出现主轴电动机油冷异常的报警，但将油冷机进行断电重起，警报便能消除。从重起油冷机便可消除报警来看，可基本确定为油冷机工作异常所导致，所以公司技术人员建议现场维修人员在下次出现报警后，及时检查油冷机，根据油冷机上的报警号，对照说明书排查故障原因，即可顺利解决报警问题。在上述案例中可以看到，该机床二维码故障远程诊断系统不仅具有丰富的案例库，可针对相关问题提出切实可行的解决方案，也方便华中数控公司的技术人员在实际问题发生后快速地对问题进行跟进，这在极大程度上提高了实际故障解除的效率。

图 7-30　机床故障的二维码显示界面

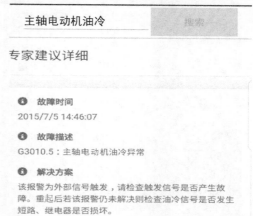

图 7-31　获取历史案例信息

7.4.2　基于指令域的机床健康保障技术

随着数控技术的迅速发展和普及，众多自动化或半自动化生产线开始采用数控机床作为加工设备，这极大地提高了加工效率和加工质量，并减少了人力劳动成本。但与此同时，数控机床故障的诊断与预测性维护变得尤为重要。传统的检修方法为定期检查及维护，会打乱正常的加工秩序，影响生产效率，况且众多机床的检修工作量也太大。然而在数控机床出现故障后才维修，又会造成更大的经济损失，严重时甚至可能导致安全事故的发生。故如何做好机床的健康保障工作，既实现对数控机床健康状态的快速、批量检查及可视化管理，又可以通过预测性维护提前排除机床的隐患，成为目前研究的热点方向之一。

华中数控公司基于其数控系统的机床指令域大数据访问接口，创建了基于指令域的机床健康保障功能模块，其主要工作流程如下：

1）利用指令域分析法，分析机床加工过程中所上传的加工状态数据，如电流值、指令位置、实际位置等，并提取相关的指令特征。

2）对当前的体检数据向量 $B = (b[1], b[2], \cdots, b[n])$ 与基准向量 $A = (a[1], a[2], \cdots, a[n])$ 求欧氏距离，并将获得的距离值采用 Sigmoid 函数进行处理，得到最后的诊断结果。

目前，该健康保障功能模块可对机床的主轴、刀库、X 轴、Y 轴、Z 轴进行分析，并对每一台机床建立与之对应的机床健康档案库。在机床空闲时间（如刚开机时），数控系统执行内部已有的自检程序，便可获取机床当前的健康指数，将其与历史情况（纵向）和与其他机床健康指数（横向）进行比对，便可诊断该机床的健康状态，实现机床的自检测功能。如图 7-32 所示，D08 号机床刀库出现异常情况，D11 号机床主轴出现异常情况。于是检修人员可根据诊断结果进行针对性的维修，这极大地提升了检修效率，同时也避免了对正常机床进行的无用检修。

机床健康指数横向对比						
机床编号	X轴	Y轴	Z轴	主轴	刀库	机床
D01	0.953	0.954	0.921	0.976	0.942	0.9492
D02	0.933	0.969	0.963	0.955	0.954	0.9548
D03	0.95	0.934	0.952	0.944	0.96	0.948
D04	0.9	0.929	0.944	0.936	0.955	0.9328
D05	0.979	0.974	0.984	0.954	0.977	0.9736
D06	0.978	0.973	0.978	0.945	0.977	0.9702
D07	0.948	0.958	0.964	0.949	0.962	0.9562
D08	0.977	0.968	0.963	0.89	0.762	**0.912**
D09	0.957	0.968	0.971	0.883	0.96	0.9478
D10	0.972	0.98	0.953	0.987	0.98	0.9744
D11	0.956	0.941	0.956	0.312	0.907	**0.8144**
D12	0.93	0.952	0.953	0.951	0.98	0.9532
D13	0.962	0.9	0.937	0.974	0.971	0.9488
D14	0.96	0.965	0.965	0.94	0.968	0.9596
D15	0.985	0.976	0.976	0.954	0.892	0.9566

图 7-32　机床健康保障系统横向比对图

7.4.3　某智能工厂简介

　　某智能工厂可以在计算机虚拟环境中，对整个生产过程进行仿真、评估和优化，如图 7-33 所示。在此基础上，利用物联网技术和监控技术加强信息管理服务，提高了生产过程可控性，减少了生产线人工干预，可更加合理地计划排程。同时，该智能工厂集智能手段和智能系统等新兴技术于一体，已构建成为高效、节能、绿色、环保、舒适的人性化工厂。已经具有了自主能力，可采集、分析、判断、规划；通过整体可视技术进行推理预测，利用仿真及多媒体技术，可实境扩增、展示设计与制造过程。该智能工厂智能制造系统已具备了自我学习、自行维护能力。在制造过程中能进行智能活动，诸如分析、推理、判断、构思和决策等。通过人与智能机器的合作，扩大、延伸和部分地取代了技术专家在制造过程中的脑力劳动。把制造自动化扩展到柔性化、智能化和高度集成化。该智能制造系统可独立承担分析、判断、决策等任务，突出人在制造系统中的核心地位，同时在智能机器配合下，更好地发挥了人的潜能。该智能工厂将机器智能和人的智能真正地集成在一起，互相配合，相得益彰。

　　1. 大数据采集技术

　　某智能工厂智能化生产线实现了数控机床及相关智能化设备的互联互通，为制造过程中工艺参数、设备状态、业务流程、多媒体信息以及制造过程信息流的汇集提供基础。主要技术方案如图 7-34 所示。

　　（1）基于主机标识的联网协议实现　智能化数控系统网络平台把整个车间或工厂的各种加工设备（包括数控机床、机器人、PLC 等），各种移动设备（如物料小车、工作用的手机等）以及各种应用连接起来，达到互联互通的效果。部分现场设备（包括传感器和 PLC 等）可以通过数控系统间接地接入平台，其他现场设备也可以直接接入平台，移动设备还可以通过

图 7-33　某智能工厂现场图

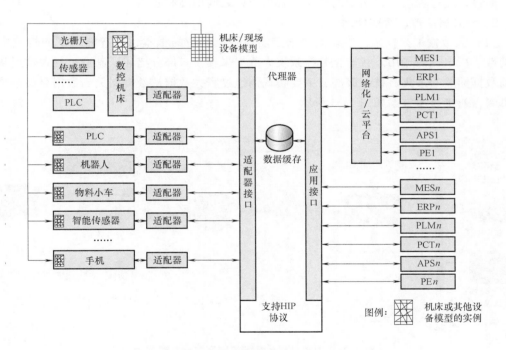

图 7-34　智能数控设备互联互通平台原理

WIFI、蓝牙或者射频识别（Radio Frequency Identification，RFID）等无线协议接入平台。

（2）数控机床及现场设备模型的实例化　为了进行数据采集和命令下发需定义一个机床定义模型。机床定义模型是一个抽象和具有扩展性的模型，将每一种接入网络平台的数控机床和现场设备，根据机床定义模型生成一个实例化的具体设备描述文件，该文件描述设备的结构和属性，并把实例化的模型保存在本地。

（3）中间层代理器及现场设备适配器的设计及实现　采用三层架构，即由适配器（Adapter）、代理器（Agent）和客户应用（Client）组成。项目将实现一个统一的代理服务，代理服务作为中间层在适配器和应用之间传递数据。

针对网络平台中每一种数控机床和设备实现一个特定的适配器（软件插件或者硬件），适配器的主要功能是从数控系统或者设备中采集数据，或者把控制命令下发到数控系统或现场设备。适配器将把自身的接口在代理器上注册，同时代理器还提供一个应用接口。

代理器和适配器以及应用都需要在注册服务器上进行注册。在进行数据传递前，适配器需要把自己所代表的数控机床或者设备的实例化机床或者设备模型传送到代理器上。

（4）数据采集及数据下传　在进行数据采集时，适配器周期性地根据自己的模型结构把需要采集的批量数据通过自己的注册接口传递到代理器，代理器把数据缓存在自己的存储设备上。网络化平台或者云平台将根据代理器提供的接口服务去获取代理器上缓存的数据，然后应用将利用网络平台获取自己所需的数据。当应用需要下发命令时，首先把命令发送的网络平台，再传递到代理器，代理器直接把命令通过适配器提供的接口传递到指定的适配器，由适配器转发到特定的设备或数控系统。应用也可以不通过网络化平台直接和代理器交换数据。

通过以上过程就可以达到网络化平台内设备之间的互联互通。

2. 大数据汇聚、管理技术

（1）大数据汇聚框架　工业大数据是实现智能制造的根本，在智能工厂的构建中起着基础性、决定性的作用。智能化数控系统大数据采集接口部分描述了制造过程大数据从设备层到数据网关的采集流程，该部分主要实现制造过程大数据从数据网关到数据存储系统的汇聚机制，初步技术方案如图 7-35 所示。

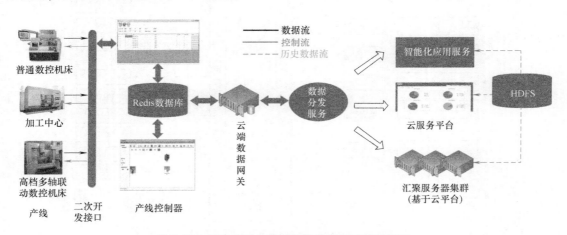

图 7-35　制造过程大数据汇聚及存储系统架构图

数据汇聚系统基于云平台实施，其写入端利用 SPARK 技术实现数据的并行汇聚，并利用 Redis 缓存技术实现数据抽取与持久化的双线程操作，大幅度提高数据汇聚效率。该部分的目的是实现为生产设备提供 7×24 h 不间断的数据采集服务，并将大数据采集的周期提高至毫秒级。

（2）数据访问及清洗、脱敏技术　云端数据网关可为第三方设备/软件提供数据访问服务，包括数据上传、下载、查询等，以及流式数据、文件型块数据访问方法，并提供数据的清洗、脱敏等预处理方法。

其中，数据清洗是指对数据进行重新审查和校验的过程，目的在于删除重复信息、纠正存在的错误，并提供数据一致性；数据脱敏是指对某些敏感信息进行掩盖或消去的过程，实现敏感隐私数据的可靠保护。

（3）制造过程数据流（工艺参数、设备状态、业务流程、多媒体信息）集成　数据汇聚系统利用 Hadoop 分布式文件系统（Hadoop Distributed File System，HDFS）技术，在云端为制造过程大数据提供海量并可弹性扩展的分布式源池，支持工艺参数、设备状态、业务流程、多媒体等数据信息的集成，并通过故障切换与规避、副本等机制保证存储系统的安全、稳定、灵活。

3. 基于 SPARK 并行计算引擎的分布式函数库

该架构引入开源分布式计算引擎 SPARK，在 SPARK 基础上构建数控系统大数据分析引擎。Apache SPARK 是专为大规模数据处理而设计的快速通用的计算引擎，其算法类似 Hadoop MapReduce。相比较 MapReduce 而言，SPARK 基于内存模型，具有更高的计算效率，因此，SPARK 能更好地适用于数据挖掘与机器学习等需要迭代的 MapReduce 的算法。

4. 基于 Hadoop 分布式文件系统的大数据存储技术

由于数控加工数据的海量特征，因此引入分布式、高弹性、高可靠性、高可用性的文件存储系统非常必要。可靠性是对数控系统的基本要求，通过分布式文件系统可以对数据进行多重备份，充分保障数据服务能力。可用性强调在给定时间的条件下，系统提供正常服务的能力，在制造领域提供 7×24 h 不间断服务将是智能制造的一个基本性能指标。

分布式文件系统可以有效解决数据的存储和管理难题。将固定于某个地点的某个文件系统，扩展到任意多个地点/多个文件系统，众多的节点组成一个文件系统网络。每个节点可以分布在不同的地点，通过网络进行节点间的通信和数据传输。分布式文件系统的性能体现在数据的存储方式、数据的读取速率、数据的安全机制三个方面。

利用 Hadoop（一个由 Apache 基金会所开发的分布式系统基础架构）中 HDFS 组件的高容错性、高吞吐量等特性来保证在低廉硬件上进行部署的条件，并具备访问有超大数据集的应用程序的能力，为构建数控 CPS 模型及数据存储架构建立基础。基于 Hadoop 的分布式存储方案如图 7-36 所示。另外，Hadoop 的分布式存储提供了数控系统大数据上传、下载等通道，可为海量数控加工特征数据的传输做准备。

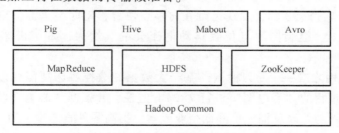

图 7-36　基于 Hadoop 的分布式存储方案

注：ZooKeeper：一个分布式的、开放源码的分布式应用程序协调服务器；MapReduce：一种用于大规模数据集（大于 1TB）的并行运算编程模式；Avro：数据序列化的系统；Mabout：一个基于 Hadoop 的机器学习和数据挖掘的分布式计算框架；Hive：一个基于 Hadoop 的数据仓库工具；Pig：一个基于 hadoop 的数据处理的框架。

5. 基于大数据分析的生产过程智能运维

生产过程中产生的海量特征数据蕴含了大量的故障信息，从智能生产线运行特征大数据中挖掘出故障信息，实现运行故障的快速诊断，对提高智能生产线的安全性，实现稳定运行具有重要意义。基于大数据分析的故障诊断可以在收集到的智能生产线运行特征数据的基础上，应用聚类、决策树等机器学习算法对大数据进行知识挖掘，获得与故障有关的诊断规则，从而实现对智能生产线的智能运行维护。

（1）大数据应用之一——机床健康管理　该智能化生产线采用指令域大数据分析方法，针对主轴、X 轴、Y 轴、Z 轴、刀库等建立机床群出厂健康档案，其中包括负载电流、进给系统弯曲度等，计算出各部分的健康指数，保存档案。

数控机床利用空闲时间自动体检，运行体检程序，比对机床健康档案，诊断机床健康状态，如图 7-37 所示。对单台机床纵向健康对比，实现预测性维护；对同类机床横向对比，实现机床装配质量检查。对指标有下降趋势的部件进行跟踪预警，提前排查原因，直到恢复指数。

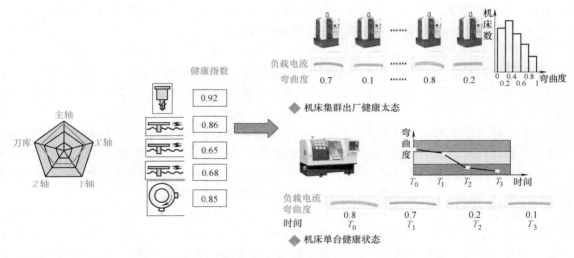

图 7-37　诊断机床健康状态

（2）状态监测案例　2017 年 11 月 12 号查看 A1-CNC4 号机床的健康保障系统运行情况，通过手摇移动 X、Y、Z 轴，发现 X 轴在向零点位置移动时，坐标值到 −95 左右时 X 轴负载电流会突然增大，继续向零点位置移动电流会继续增大，直至机床出现"电动机堵转"[○] 报警。

（3）大数据应用之二——断刀检测　基于大数据的数控机床智能化断刀检测技术，通过对数控机床切削过程的"心电图"进行 7×24 h 监控，并根据"心电图"异常，对机床断刀情况进行准确判断与及时反馈，可降低企业成本，提高零件直通率。刀具断裂检测利用指令域示波器数据，提取刀具断裂时及断裂后的主轴电流的特征，并与正常切削时的主轴电流模板比较，再结合机器学习算法进行学习与分类，进而实现刀具的断裂与否的检测。断刀检测原理图如图 7-38 所示。

○　电动机堵转是电动机在转速为零时仍然输出扭矩的一种状态。

基于指令域分析方法，提取刀具断裂前后的主轴电流特征；使用深度学习算法实现刀具断裂状态的检测；不需要增加任何传感器，即可对刀具状态进行自主检测。

利用大数据采集系统实时采集主轴电流信号，并通过实时断刀检测算法实时检测电流状态，预测刀具工作状态，并且当刀具断裂时，系统报警，机床停机，报警信息上传车间总控中心。断刀检测系统示意图如图7-39所示。

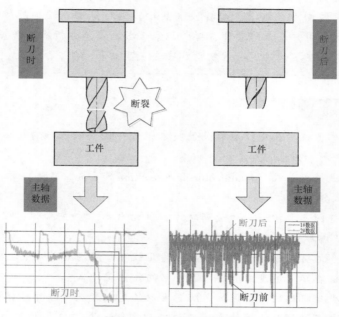

图 7-38　断刀检测原理图

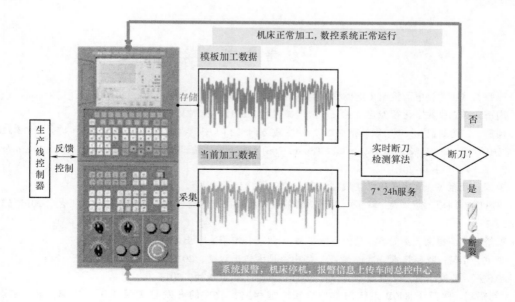

图 7-39　断刀检测系统示意图

本 章 小 结

加工过程智能运维系统利用最新的传感器检测、信号处理和大数据分析等技术，针对数控机床的各项电控数据以及加工过程中的振动、位移和温度等参数进行实时在线/离线监测，并在加工过程中，自动判别数控机床性能劣化趋势，及时制定检修策略。加工过程智能运维系统具有监测参数设置、趋势曲线显示、远程报警、设备故障诊断和手自动控制、报警阈值设定、用户及权限管理、操作记录、数据汇总分析及检修策略制定等丰富功能，进而使数控机床在车间的运行维护更加安全、高效和智能。

思考题与习题

7-1 基于传感器技术和智能运维关键技术，谈一谈数控机床自感知功能与互联网信息技术相结合的理解和看法。

7-2 生产制造执行系统（Manufacturing Execution System，MES）的项目目标有哪些？每部分各起到什么作用？

7-3 请上网查阅各数控公司的最新技术，并结合本章相关知识，谈谈对数控系统未来发展方向的认识和理解。

7-4 智能工厂的智能化网络通信一般分为几级？每级网络有哪些主要任务？

7-5 智能算法在车间调度上有何用途？它的优势是什么？

7-6 请思考数控机床的健康保障系统还可以扩充或者说具备哪些智能化的功能。

7-7 请结合加工过程智能运维系统实施典型案例，思考自己身边的智能运维实例并做出简要描述。

参 考 文 献

[1] 张曙，张柄生. 中国机床工业的回顾与展望 [J]. 机械设计与制造工程，2016，45（1）：1-10.

[2] 周济. 制造业数字化智能化 [J]. 中国机械工程，2012，23（20）：11-15.

[3] 周济. 智能制造——"中国制造2025"的主攻方向 [J]. 中国机械工程，2015，26（17）：2273-2284.

[4] ZHOU J, LI P, ZHOU Y, et al. Toward New-Generation Intelligent Manufacturing [J]. Engineering, 2018, 4（1）：11-20.

[5] 姜蕊，杜雁飞. 传感器技术在数控机床上的应用 [J]. 科技风，2018（6）：139.

[6] 王秋鹏，刘颖，黄周宽. 基于内置传感器的大型数控机床状态监测 [J]. 新技术新工艺，2011（12）：27-29.

[7] 梁桥康，王耀南，彭楚武. 数控系统 [M]. 北京：清华大学出版社，2013.

[8] 李斌，李曦. 数控技术 [M]. 武汉：华中科技大学出版社，2010.

[9] 毕俊喜. 数控系统及仿真技术 [M]. 北京：机械工业出版社，2013.

[10] 刘福民. 西门子840D系统的数控机床群远程监控软件的开发与实现 [D]. 成都：电子科技大学，2016.

[11] 王小姣. FANUC数控机床故障智能诊断系统研究 [D]. 长沙：中南大学，2013.

［12］　周振. 基于指令域的数控机床健康状态监测［D］. 武汉：华中科技大学，2016.

［13］　孙志峻，朱剑英. 具有柔性加工路径的作业车间智能优化调度［J］. 机械科学与技术，2001，20
　　　　（6）：931-932.

［14］　陆惠，江芳. 基于可变约束的多目标模糊柔性车间调度［J］. 计算机与现代化，2010（10）：29-33.

［15］　杨杰. 数控机床在线感知与智能控制技术及应用［J］. 现代制造技术与装备，2018（1）：174-175.

［16］　周济. 制造业日趋数字化智能化［J］. 纺织科学研究，2012（11）：22-26.

［17］　陈天航. NCUC-Bus 现场总线技术研究及实现［D］. 武汉：华中科技大学，2011.

［18］　陈明. 基于 NCUC-Bus 现场总线多功能网络互联装置的研究与实现［D］. 武汉：华中科技大
　　　　学，2012.

［19］　陶飞，刘蔚然，刘检华，等. 数字孪生及其应用探索［J］. 计算机集成制造系统，2018（1）：1-18.

［20］　甘中学. 从智能工业机器人到智慧工业机器人［J］. 智能机器人，2016（12）：18-20.

［21］　黄筱调，夏长久，孙守利. 智能制造与先进数控技术［J］. 机械制造与自动化，2018（1）：1-6，29.

［22］　唐堂，滕琳，吴杰，等. 全面实现数字化是通向智能制造的必由之路——解读《智能制造之路：数
　　　　字化工厂》［J］. 中国机械工程，2018，29（3）：366-377.

［23］　陈明. 智能制造之路 数字化工厂［M］. 北京：机械工业出版社，2017.

［24］　汪俊俊. 论数控技术发展趋势——智能化数控系统［J］. 装备制造，2009（06）：242.

第8章

石化装备智能运维

8.1 石化装备智能运维概述

石化行业是我国国民经济的最重要支柱之一。属于易燃、易爆及有毒物质开发与利用的高风险领域，企业生产属于典型的流程工业。生产装置由炼化机械、静设备、电气设备、仪器仪表和工艺管道组成，布局紧凑，组成一个功能完备的生产体系。该体系所涉及的物料和产品为易燃、易爆的原油、汽油、液化石油气、合成氨、氢气、乙烯、丙烯等，工艺过程所伴生氢或氢的生成物及有机酸、盐类、氨气等对设备还会造成强烈的腐蚀。透平压缩机组、大型往复压缩机以及遍及各化工流程中的机泵群是石化关键动设备的代表，其中很大一部分也是石化等支柱行业的心脏设备。该类设备在石化生产领域中发挥着无可替代的作用，它们通常在复杂、严酷的环境下长期服役，一旦发生故障可能导致系统停机、生产中断，甚至会出现恶性生产事故，危及人们的生命财产安全，所造成的直接经济损失十分巨大，间接损失和社会影响更是难以估量。石化企业静设备主要包括压力容器、压力管道、储罐等设备。腐蚀泄漏是静设备典型的失效形式之一，腐蚀泄漏事件的发生极容易引发安全、环保事故，加强静设备腐蚀监测与控制非常必要。

对于动设备，基于振动、润滑油等物理量的状态监测、故障诊断等技术，是实时了解和掌握机械装备运行状态与功能特性的必要手段。特别地，石化关键设备故障智能诊断作为智能运维的核心关键之一，是判断系统是否发生了故障，故障位置、故障损坏程度、故障类型的有效途径，也是故障溯源的基础。对于静设备，腐蚀监测作为主要手段，针对设备材料的损失速率、断裂失效或点蚀的萌生和发展、锈的沉积速率等腐蚀损伤现象进行监测，常见的腐蚀监测方法有腐蚀挂片法、场图像法（FSM）、电阻探针（ER）、超声检测（UT）、脉冲涡流检测、声发射、定点测厚等；管道检测机器人在管道内、外爬行，实现管道自动无损探测与清理等工作。高风险等级静设备，通过实时监测瞬时腐蚀损耗、腐蚀损耗超限预警、自动控制缓蚀剂的加注量，达到减缓腐蚀速率的目的。当前石化企业先进的设备与相对落后的设备维护管理水平这一矛盾正日益严重地困扰着企业，成为企业设备现代化管理的瓶颈，随着物联网技术的发展和企业的实际需求的日渐突出，在状态监测、故障诊断、腐蚀监测等支撑技术的基础上，石化关键设备向智能运维方向发展已成为必然。

8.2　石化装备智能运维系统架构

随着近年来物联网平台许多支撑关键技术日趋成熟，构建石化企业智能运维平台成为可能，主要表现在如下三方面。

1. 具有较强边缘计算能力的智能数据采集设备、无线物联网节点日趋成熟能够承担物联网网关的角色

传统的数据采集设备仅仅完成将模拟信号转换为数字信号（A/D 转换）并进行转发的功能，较为复杂的计算往往交给上层服务器计算平台，在计算资源紧张情况下复杂的智能运算无法实现。随着 DSP 技术、FPGA 技术的进步，CPU 性能、GPU 性能的大幅度提升，新一代智能数据采集设备不仅能够完成数据采集，还能够进行快速傅里叶变换（Past Fourier Transform，FFT）、复杂智能算法等运算，将数据直接转换为报警、诊断等信息进行上传。具有基本计算能力的无线物联网节点，如测振、测温一体化无线传感器等也日趋成熟，能够在感知设备振动的同时，直接将振动信号转换为数字量以无线方式上传到网关。这在大幅提升监测和预警的及时性、准确性的同时，又大幅降低了构建物联网平台的硬件成本。

2. 4G/5G 通信技术、Wi-Fi 技术的进步使得数据传输带宽不再成为瓶颈，能够承担物联网数据管道的角色

传统的装备远程在线监测技术，在处理以振动波形为代表的海量数据时，往往受到网络传输带宽的制约，甚至不得不采取频谱压缩等有损压缩技术对振动波形进行压缩。而近年来随着 4G 通信、Wi-Fi 技术的迅速进步，通信光纤、交换机等基础硬件性能的提升和成本的大幅降低，使得物联网平台数据管道的建立成为可能。

3. 云计算技术与大数据分析技术的进步使得基于物联网平台的智能决策成为可能

传统的装备远程在线监测和故障诊断系统存在如下问题：不同设备或不同生产区域的系统所使用的服务器、计算机等互相独立，资源不能或难以共享，且计算能力几乎不能满足智能决策计算的需求。随着云计算技术（包括分布式计算技术、计算资源虚拟化技术等）、大数据分析技术的发展，大型石化企业有能力建立自身的私有云平台，即建立基础设施即服务（Infrastructure as a Service，IaaS）平台；IaaS 平台由大量作为基础设施存在的物理服务器（包括 CPU 计算资源、存储资源等）的虚拟化形成（如图 8-1 中所示的 IaaS 承载）。基于这些条件，一方面复杂的智能决策计算具有了较好的技术基础和其他行业成功案例，另一方面所需的计算资源也不再成为制约。

总之，企业对智能运维平台存在迫切需求，主要支撑技术也逐渐成熟，成本也在许多企业能够负担范围内，这都使得构建石化关键设备智能运维系统平台成为必然。参考工业和信息化部信息化和软件服务业司相关报告，智能运维平台的架构如图 8-1 所示。

智能运维系统平台作为离心、往复等所有压缩机组、机泵等动设备，以及压力容器、管线等静设备的监测诊断物联网平台，及开展视情维修的信息与服务支撑系统，需要提供集中监测、智能诊断、维检修建议等预测性维护服务（功能），还需提供备品备件管理、全生命周期管理等服务。平台分为数据层、服务层（IaaS 云服务承载层）和应用层。各层分别介绍如下。

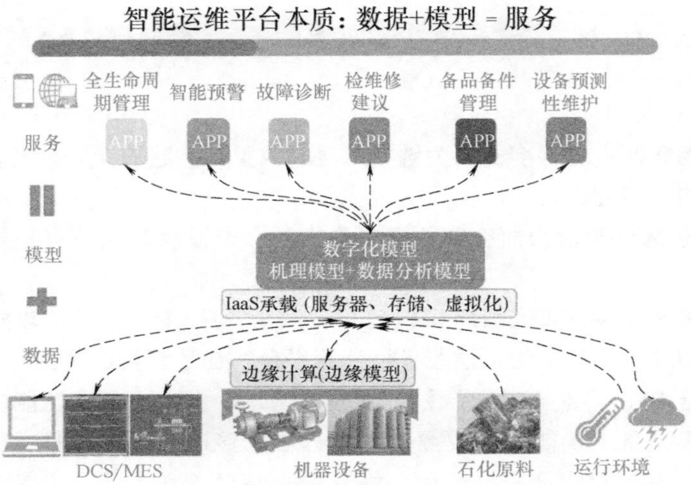

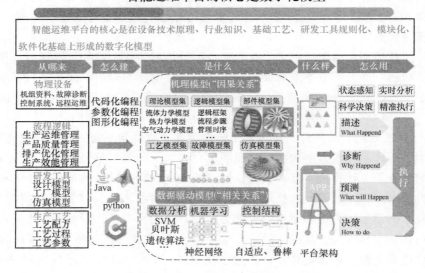

智能运维平台本质：数据+模型 = 服务

服务：全生命周期管理　智能预警　故障诊断　检维修建议　备品备件管理　设备预测性维护　APP APP APP APP APP APP

模型：数字化模型　机理模型+数据分析模型　IaaS承载(服务器、存储、虚拟化)

数据：边缘计算(边缘模型)　DCS/MES　机器设备　石化原料　运行环境

图 8-1　智能运维平台架构图

智能运维平台的核心是数字化模型

智能运维平台的核心是在设备技术原理、行业知识、基础工艺、研发工具规则化、模块化、软件化基础上形成的数字化模型

从哪来　怎么建　是什么　什么样　怎么用

物理设备：机组资料、故障诊断、控制系统、远程运维
流程逻辑：生产运维管理、产品质量管理、排产优化管理、生产效能管理
研发工具：设计模型、工厂模型、仿真模型
生产工艺：工艺配方、工艺过程、工艺参数

代码化编程、参数化编程、图形化编程　Java python

机理模型("因果关系")：理论模型集　逻辑模型集　部件模型集　流体力学模型　逻辑框架　热力学模型　流程步骤　空气动力学模型　管理时序　工艺模型集　故障模型集　仿真模型集

数据驱动模型("相关关系")：数据分析　机器学习　控制结构　SVM　贝叶斯　遗传算法　神经网络　自适应、鲁棒

平台架构

状态感知　实时分析　科学决策　精准执行
描述 What Happend
诊断 Why Happend
预测 What will Happen
决策 How to do

执行

图 8-2　智能运维平台的核心——数字化模型

　　整套系统运行于石化企业内网之中，数据层通过石化流程设备的集散控制系统（Distributed Control System，DCS 系统)[1]、MES 系统[2]等系统的软件接口读取设备相关运行的工艺数据，从传感器、二次仪表、无线物联网节点、具有边缘计算能力的智能数据采集器、便携式采集设备等，将感知的设备运行的状态数据、原料数据（如原油流量、压力、品质等数据）、环境数据（如大气压力、温度等）发送至服务层。服务层的数据转换器（物联网网关）、中间服务器等将数据依据设备的数字化模型（包括基于机理的模型、数据驱动的模型）进行解析、处理、分析，形成智能运维信息转发至应用层。应用层建立 web 端、APP端、CS 端 App 界面，与用户进行交互，为用户提供信息和服务。上述架构反映的智能运维

系统平台的本质是服务＝模型＋数据。显而易见，核心就是设备的数字化模型，参考工业和信息化部信息化和软件服务业司相关报告，智能运维平台的核心数字化模型如图 8-2 所示。

智能运维平台的核心是在设备技术原理、行业知识、基础工艺、研发工具规则化、模块化、软件化基础上形成的数字化模型。数字模型的编程方式可以是代码化的，如采用 C++、Java 等编程语言，也可以是图形化的，如采用 MATLAB 的 Simulink 模型，还可以是参数化的，如采用 Ansys 的参数化模型建立。数字模型分为强调因果关系（实际也是基于因果关系建立）的机理模型，和强调相关关系的数据驱动模型。典型的机理模型有理论模型（如描述旋转机械动力学规律的转子动力学模型、描述流体动力学规律的流体力学模型等）、逻辑模型（如由 IF-Else 组成）、部件模型（如零部件的三维有限元模型）、工艺模型（如石化企业工艺流程的模型）、故障模型（如机械设备故障树模型）、仿真模型（如用于进行机械结构模态分析的仿真模型）等。典型的数据驱动模型可以用于异常判别（二分类问题）、故障识别（多分类问题），有支持向量机（Support Vector Machine，SVM）、贝叶斯模型、神经网络模型（Artificial Neural Network，ANN）、控制结构模型（如自适应控制模型）等。这些数字模型，以软件程序形式存在于平台上（如图 8-1 中所示的 IaaS 层）。数字模型的应用结果是以其产生的信息、结论来对设备运维的"执行"产生影响，数字模型产生的结果是描述被运维对象发生了什么（What Happend）、诊断为什么发生（Why Happend）、预测将要发生什么（What will Happen）、决策应采取什么措施（How to do）。数字模型的目标是状态感知、实时分析、科学决策、精准执行。

8.3　石化装备智能运维关键技术

8.3.1　大型透平压缩机组智能运维技术

1. 大型透平压缩机组状态监测与联锁保护技术

透平是英文 Turbine 的音译技术名称，它泛指具有叶片或者叶轮的涡轮机械。透平机械或叶片机械一般都具有主要的工作元件——叶片，工作轮叶片旋转时与工质（多维气体）相互作用，对气体做功，将机械能加给气体，使之压力升高，速度增大，这就是透平机械的基本功能。透平压缩机在石化企业一般指离心压缩机和轴流压缩机。透平压缩机是用来提高气体压力，并输送气体的机械。通常透平压缩机和汽轮机、燃气轮机、烟机等原动机构成透平压缩机机组。在透平压缩机中应用最广泛的是轴流式与离心式两种，如图 8-3 所示，二者各有合适的工作范围和气动特点。

1）离心式压缩机工作原理：气体在离心式压缩机中的运动是沿着垂直于压缩机轴的径向进行的。气体压力的提高是由于气体流经叶轮时，由于叶轮旋转，使气体受到离心力的作用而产生压力，同时气体获得速度，而气体流过叶轮、扩压器等扩张通道时，气体的流动速度又逐渐减慢而使气体压力得到提高。

2）轴流式压缩机工作原理：气体在轴流式压缩机中的运动是沿着平行于压缩机轴的轴向进行的。在轴流式压缩机中，同样由于转子旋转，使气体产生很高的速度，而当气体流过依次排列着的动叶和静叶栅时，气体的流动速度就逐渐减慢而使气体压力得到提高。

a) 离心压缩机组　　　　　　　　　　　　　　　　b) 轴流压缩机组

c) 烟气轮机（烟气透平）

图 8-3　典型石化透平压缩机组

随着透平压缩机向着高压比、高转速和高性能方向的发展，以离心式压缩机和轴流式压缩机为主的透平机械，以其诸多优点已在冶金、空气分离装置、石化、制药等行业得到广泛的应用。

（1）大型透平机组状态监测技术　在石化行业中，大型透平压缩机组作为关键机械设备之一，其故障维修费用以及由于故障引起整个产业链停工造成的损失，在生产成本中所占比例日益增大。远程状态监测诊断系统是新一代在线监测系统，采用全新的设计理念，大大提高了系统稳定性和可靠性，并可方便地在局域网和互联网上进行查询和分析。该系统针对企业网络特点，形成一套基于互联网的设备实时在线监测诊断系统，将监测、报警、诊断、预防维修集于一体，满足石化企业对于故障诊断平台的要求，能及时有效地提供故障分析诊断。在设备运行过程中，对机组进行在线振动监测，通过实时振动数据提供的多种专业化分析图谱和监测诊断报警手段，能够及时发现设备的异常状态以及原因、部位，进而根据设备状态进行维修，可降低维修成本，减少设备停机次数，提高生产效率，最大化生产效益。

系统从传感器模拟信号缓冲接口直接引出振动信号至系统数采器中，数采器将采集的数据传输到应用数据应用管理器中，分析诊断及维护人员可以在企业内部局域网、广域网上随时随地调用现场数据应用管理器的机组状态数据，查看机组运行信息并可进行故障分析、诊断。离心压缩机组在线监测概貌图如图 8-4 所示。

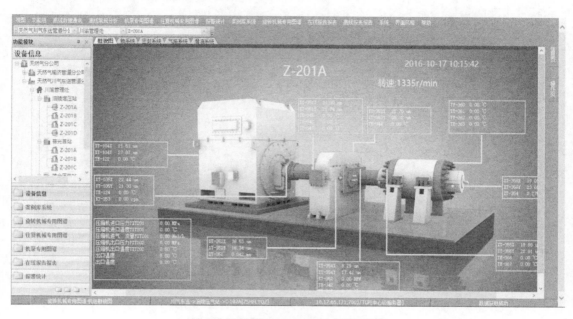

图 8-4 离心压缩机组在线监测概貌图

其中轴系统监测系统界面和密封系统监测系统界面如图 8-5、图 8-6 所示。

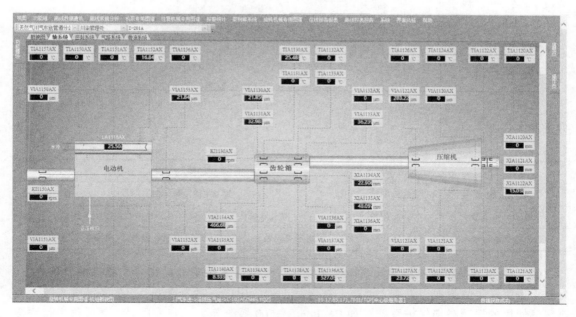

图 8-5 轴系统监测系统

用于大型透平压缩机组的测点布局以常用离心式压缩机为例说明，其测点布置如图 8-7 所示。其中 A 为轴向位移测点，V 为径向垂直测点，H 为径向水平测点。各类测点详细说

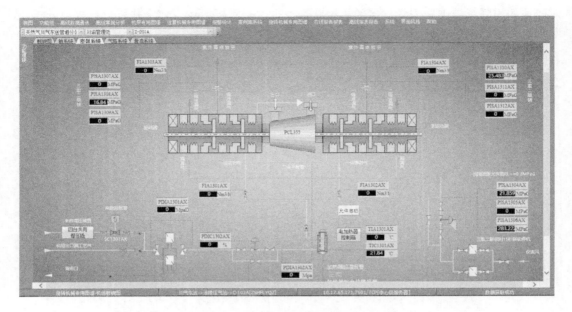

图 8-6　密封系统监测系统界面

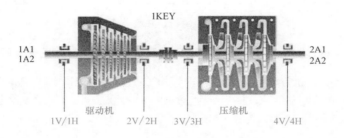

图 8-7　离心式压缩机测点布置图

明见表 8-1。

表 8-1　测点说明

测量对象	传感器类型	功　　能
键相信号	电涡流传感器	测量转速,采集触发信号
轴轴向位移信号	电涡流传感器	测量轴位移值(静态量和动态量),监测轴位移故障
轴径向振动信号	电涡流传感器	测量轴径向振动及轴心轨迹等,监测机组振动、轴承类、摩擦类故障

（2）大型透平压缩机组智能联锁保护技术　大型透平压缩机组作为关键机械设备之一，为防止机组发生故障而引发重大事故，在实际工程应用中通常为透平机组配备联锁系统。目前普遍使用的振动联锁保护系统（如 GE Bently 3500 系统等）一直采用以通频幅值进行联锁停车保护方式，由于该联锁方式对故障种类及其风险度没有针对性，同时又经常出现虚假信号导致联锁停机，造成不必要的过保护问题。为确保连续生产避免造成较大的生产损失，在实际操作中经常人为摘除振动联锁保护或放大报警幅度，由此会带来巨大安全隐患。为解决

该问题，近年来有关学者提出了基于智能联锁保护基础框架[1,2]，如图8-8所示。

根据该智能联锁保护基础框架，针对石化机械异常检测误报、漏报率高的问题，完成基于高斯混合模型的异常检测方法如下：

1）分别采集机械正常工况运行数据和实时工况运行数据。

2）提取数据特征集，构造特征相空间。

3）设定混合模型初始参数值。

4）用正常数据训练得到基于混合模型的统计分布模型，模型数自学习结果为T。

5）计算正常工况数据特征相空间模型间距离，自学习报警门限。

6）将模型数设定为T，训练实时数据统计分布模型。

7）计算正常工况和实时工况运行数据特征相空间模型间的距离。

8）判断距离是否超过设定的报警门限，超过报警门限则报警，反之，继续采集数据。

具体异常检测流程如图8-9所示。

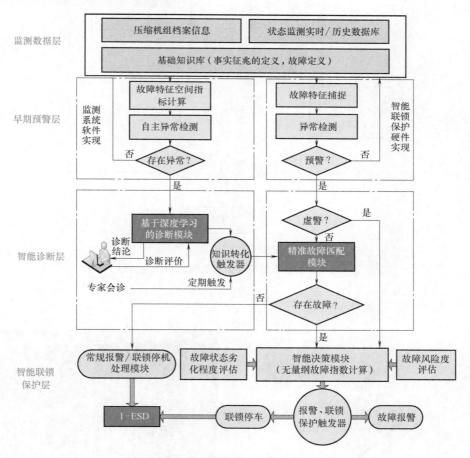

图 8-8　自进化智能联锁保护基础框架

以上智能联锁保护方式，采用新的智能联锁保护理念，突破了传统固定门限加时间延迟的振动联锁保护方式，一定程度上可以代表未来智能联锁的发展趋势。在对智能联锁保护原理和方法研究过程中，开发出智能联锁保护系统，如图8-10、图8-11所示。

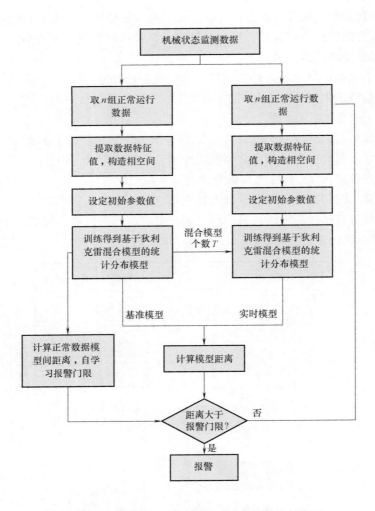

图 8-9 基于高斯混合模型机械异常检测方法

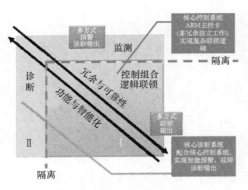

图 8-10 智能联锁保护系统设计理念示意图

图 8-11 智能联锁保护系统样机

在透平机组发生故障时，以上智能联锁保护系统是否执行联锁停机取决于该故障的破坏力大小。当前对不同故障的破坏力界定主要依赖于人的工程经验，在智能联锁保护系统中需要进行量化，该系统采用了基于无量纲参数模型的联锁保护，其中智能联锁保护的无量纲指数计算通用数学模型为：

$$H(i) = V(i) \cdot D(i) \cdot \frac{A_t}{A_{max}} \tag{8-1}$$

式中，$H(i)$ 是第 i 种智能保护无量纲指数；$V(i)$ 是第 i 种故障劣化程度无量纲指数；$D(i)$ 是第 i 种故障风险度指数；$\dfrac{A_t}{A_{max}}$ 是计算故障特征所用监测量的参数比。

机组当前故障劣化程度无量纲指数通用数学模型，定义如下：

$$V(i) = \frac{\sum\limits_{j=1}^{n} \dfrac{f(i,j) - N(i,j)}{F(i,j) - N(i,j)} \cdot k(i,j)}{\sum\limits_{j=1}^{n} k(i,j)} \tag{8-2}$$

式中，$V(i)$ 是第 i 种故障劣化程度无量纲指数；$f(i,j)$ 是第 i 种故障第 j 种故障特征值当前值；$N(i,j)$ 是第 i 种故障第 j 种故障特征值正常值，取自机组无故障平稳运行状态数据；$F(i,j)$ 是第 i 种故障第 j 种故障特征值报警值；$k(i,j)$ 是第 i 种故障第 j 种故障特征值的敏感性系数。

对于故障风险指数，可以采用层次分析法进行计算，参考以可靠性为中心的维修（RCM）技术，以每种故障安全影响、环境影响、生产影响与维修成本为决策指标。

研究人员利用离心压缩机系统进行实验，以验证智能联锁保护原理和方法。针对离心压缩机碰摩故障、不平衡故障，将智能联锁保护方法和传统振动保护系统进行对比实验。实验结果分别如图 8-12、图 8-13 所示，传统振动保护系统和智能联锁方法测试对比结果分别见表 8-2、表 8-3。

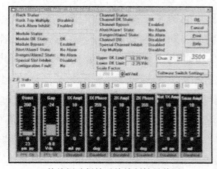 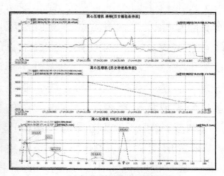

a) 传统振动保护系统控制效果截图　　　　　　　b) 智能联锁方法测试结果

图 8-12　滑动轴承碰摩故障实验结果

表 8-2 滑动轴承碰摩实验传统振动保护系统和智能联锁方法测试对比

控制方法	控制结果对比
传统振动保护系统	传统振动保护系统判断振动峰峰值 23μm 未达到联锁停车值 30μm，因此不执行联锁停车
智能联锁样机	5s 内从 10.3μm 快速升到 22.5μm，智能联锁保护系统识别故障并自动调整联锁停车值为 15.9μm，进行联锁停车

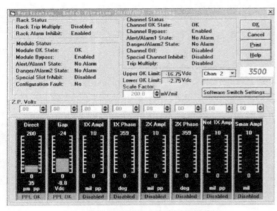

a) 传统振动保护系统控制效果截图

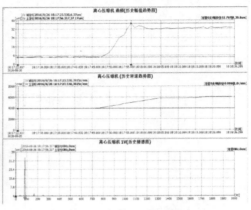

b) 智能联锁方法测试结果

图 8-13 不平衡故障实验结果

表 8-3 不平衡实验传统振动保护系统和智能联锁样机对比

控制方法	控制结果对比
传统振动保护系统	传统振动保护系统判断振动峰峰值超过联锁跳车值 30μm，联锁停车
智能联锁样机	智能联锁保护系统自动调整联锁值 38.4μm，未执行联锁，机组正常升速到工作转速

通过智能联锁保护试验对比验证得出：智能联锁保护样机能够智能识别压缩机发生的故障，根据故障的劣化程度进行联锁停车，有效避免了根据单一报警值联锁停车在实际生产中发生的问题。

2. 大型透平压缩机组故障智能诊断方法及系统

随着人工智能技术的不断发展，智能诊断技术广泛应用于设备故障诊断领域，相比传统人工巡检的故障诊断方式，将智能诊断方法应用大型透平压缩机组故障诊断，对保护机组安全可靠运行具有重要意义，同时为实现透平机组的预知性维修提供准确的决策依据。典型的智能诊断有基于数据驱动的方法、基于机理知识规则的方法、基于数据驱动和知识规则相结合的方法三大类。基于数据驱动的方法，是通过深度学习神经网络等技术，以大量监测数据为基础建立二分类或多分类模型，实现故障的多类识别；基于机理的方法则是通过计算故障关键特征并归纳成计算机可以接受的规则。产生式规则的一般形式是：If<前提条件集>then <结论>（<规则置信度>），其中"前提条件集"表示与数据匹配的任何模型，"结论"表示"前提条件集"成立时可以得出的结论。两者各有优缺点，两者结合的方法可能是效果更佳的实现途径。本小节介绍基于大量故障案例数据学习及故障机理知识（关键故障特征）相结合的智能诊断。首先介绍大型透平压缩机组 15 种主要故障类型及各故障关键特征信号。见表 8-4。

表 8-4　15 种故障名称及特征列表[3]

序号	故障名称	关键特征信号	
1	质量不平衡	主导频率:1 倍频	
		常伴频率:无	
		相位特征:相位稳定	
		变化特征:幅值随转速升高而增大	
2	透平掉叶片导致不平衡	主导频率:1 倍频	
		1 倍频变化模式:幅值突然增长后不恢复到原来大小	
		相位变化模式:相位突然变化后不恢复到原来数值	
3	透平带液导致不平衡	主导频率:1 倍频	
		1 倍频变化模式:幅值突然增长后恢复到原来大小	
		振动异常测点位置:靠近透平末级	
		趋势特征:在趋势图上振动幅值有频繁的突变	
4	不对中	特征频率:2 倍频	
		常伴频率:1、4 倍频	
		轴向振动:明显	
		轴心轨迹:香蕉形或 8 字形	
5	磨碰、摩擦	主导频率:精确分频或同频	
		常伴频率:1/2、1/3、1/4、1X、2X、3X	
		轴心轨迹:杂乱	
		进动方向:反进动	
6	支撑松动	主导频率:精确倍频或同频	
		常伴频率:倍频多峰值	
		轴心轨迹:杂乱	
		进动方向:正进动	
7	旋转失速	主导频率:同频滞后或超低频	
		常伴频率:丰富低频、倍频	
		轴心轨迹:杂乱	
		随工艺流量的变化振动变化明显	
8	气流激振	主导频率:分频	
		常伴频率:1 倍频、2 倍频、3 倍频	
		轴心轨迹图:杂乱	
9	喘振	主导频率:0Hz~0.1 倍频	
		常伴频率:1 倍频	
		随工艺流量的变化振动明显变化	
10	油膜振荡	主导频率:0.45~0.49 倍频	
		转速:2 倍一阶临界转速以上	
		振动主导频率不随转速变化而变化	

（续）

序号	故障名称	关键特征信号
11	油膜涡动	主导频率：0.4～0.45 倍频
		转速：2 倍一阶临界转速以下
		常伴频率：1 倍频、2 倍频、3 倍频
12	齿轮啮合缺陷	测点位置：靠近齿轮
		常伴频率/主导频率：>10 倍的工频
13	测量面缺陷	主导频率：同频或精确倍频
		常伴频率：2、3、4、…. 倍频.
		同测点两相互垂直方向测量位置频率成分相似、其他相邻测点没有相应特征
		振动随负荷变化不明显
		振动随转速变化不明显
14	50Hz 交流干扰	常伴频率/主导频率：50Hz
		50Hz 成分不随转速变化而变化
		断电后 50Hz 振动随之消失
15	联轴器精度过低或损伤	主导频率：同频滞后或同频
		测点部位：联轴节两侧
		特征频率：2 倍、3 倍等高倍频
		联轴节两侧均出现同类特征频率
		轴心轨迹：杂乱
		振动随暖机时间增加无明显变化

　　该领域研究人员通过 300 余台次大型透平压缩机组的故障案例数据形成的故障案例库（故障案例数据来自大数据中心平台，详见 8.4 节中大数据平台的介绍），结合对抗神经网络方法以及典型故障机理形成的智能故障诊断系统框架如图 8-14 所示。

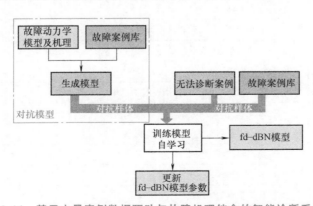

图 8-14　基于大量案例数据驱动与故障机理结合的智能诊断系统框架

　　该智能诊断框架具有以下特征：

　　1）诊断模型采用深度信念网络（Deep Belief Network，DBN）模型，模型参数根据故障机理和故障案例综合学习设置。

2）根据故障案例积累实现自学习。

3）模型输入：机组特性参数、部件失效记录、累计运行时间、实时数据。

4）模型动态化：参数动态化-自学习更新参数，结构动态化-故障类型和征兆的动态增加。

5）采用对抗模型，提高自学习准确率。

8.3.2 往复压缩机状态监测及智能诊断技术

1. 往复压缩机状态监测技术

国内往复压缩机状态监测技术与系统应用在 2000~2010 年迅速起步，截至目前，以中石油、中石化、中海油为代表的国内流程工业企业已为超过 600 台大型临氢类往复压缩机安装了在线状态监测系统，每年成功监测、预警的各类故障上百起，创造了巨大的社会、经济效益。国内外代表性的往复压缩机在线状态监测系统包括：中国博华信智公司的 BH5000R 系统，美国 GE-Bently 公司的 System 1 系统，奥地利贺尔碧格公司的 RecipCOM 系统，德国博格诺斯公司的 PROGNOST-NT 系统。以 BH5000R 系统为例，典型的往复压缩机在线状态监测系统架构图如图 8-15 所示。

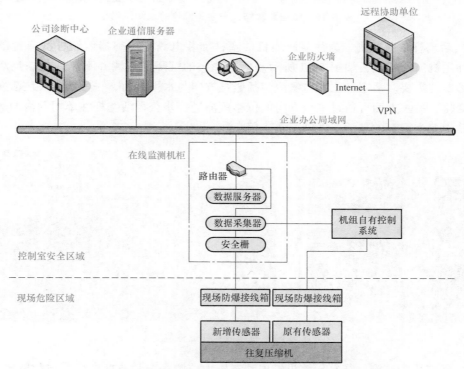

图 8-15 往复压缩机在线状态监测系统架构图

从图 8-15 中可看出，当前往复压缩机在线状态监测系统相对机组自有控制系统，需新增一定数量的传感器，以实现全面的状态监测。新增传感器信号经安全栅隔离后，由数据采集器完成数据采集并通过网络进行远程传输。不同传感器的安装与往复压缩机监测需求相关。当前，主要监测手段包括如下七种。

（1）常规热力性能参数监测　包括进排气温度、进排气压力、排气量、润滑油路压力、冷却水路温度等。这些参数，机组原有监控系统大多已进行在线监测，可直接通过数据通信或原始数据采集的方式接入在线状态监测系统。

（2）振动监测　往复压缩机运行过程中，气阀、十字头、连杆、曲轴等运动部件均会产生振动信号。当机组存在故障时，如撞缸、连杆螺栓断裂等均会导致机组出现强烈的冲击振动。因此，振动监测是一种非常直接、有效的监测手段。目前，对往复压缩机的振动监测主要包括曲轴箱振动监测、十字头振动监测与缸体振动监测，如图 8-16 所示。

图 8-16　机组曲轴箱、十字头部位的振动监测

（3）活塞杆位移监测　为往复压缩机活塞杆加装电涡流传感器监测杆沉降量已逐渐成为国内外主机厂的标配，如图 8-17 所示。但是单一的沉降量监测并不能完全满足活塞杆故障监测诊断的需要。活塞杆位移监测应包括竖直方向与水平方向，一方面需关注活塞杆绝对位置的变化，另一方面可通过多个方向的位移监测进一步获得活塞杆在单周期内的运行状态信息，其中尤为重要的是活塞杆轴心轨迹信息。

图 8-17　机组活塞杆位移监测

（4）气缸压力监测　往复压缩机缸内动态压力监测是一种有效的性能与故障监测方法，可监测气阀、活塞环、填料等部件的泄漏故障，但是对机械故障的监测能力有限。通常中压、低压往复式压缩机气缸开有示功孔，通过螺纹连接进行密封，可利用机组已有示功孔进行气缸内部动态压力的监测；也有通过改造吸气阀，从吸气阀引出压力进行监测的技术。但是，对临氢类往复压缩机或高压、超高压机组，监测缸内动态压力的风险和难度很大，其故障监测诊断的功能可通过温度监测、振动监测、活塞杆位移监测等其他方式进行代替。

（5）活塞外止点/键相监测　该监测手段可获得往复压缩机各气缸活塞实时位置，进而分析振动、位移、压力等信号整周期特征。可采用电涡流传感器、接近开关传感器、光电传感器等监测压缩机曲轴或飞轮的转动信号，以键相槽或键相块标记气缸活塞外止点，计算曲轴平均转速，并进行振动、位移、压力等信号的整周期采集，如图 8-18 所示。

图 8-18　机组键相信号监测

（6）噪声监测　与振动监测类似，机组噪声信号中带有一定的设备运行状态信息，通过对噪声信号进行分离、特征提取与分析，可了解设备运行状态，进行故障监测诊断。如针对往复压缩机气阀泄漏、活塞环泄漏、填料泄漏等故障，已有从噪声监测角度开展监测诊断的相关报道和应用。

（7）油液监测　往复压缩机大部分运动部件都通过润滑油进行润滑，当部件之间存在磨损时，会引起润滑油性能的变化，此类变化是由于零件磨损后金属颗粒进入油液而导致的。因此，可以通过光谱分析、铁谱分析或颗粒计数等设备监测油液状态，反映压缩机零部件的磨损情况。

2. 往复压缩机故障智能诊断方法及系统

（1）基于大数据学习的故障预警诊断　伴随着国内往复压缩机在线监测诊断系统的不断应用，在线监测数据以数百 TB/年的速度快速增加。国内以北京博华信智公司 BH5000R 系统应用为主，目前已应用超过 600 台套，每年积累的各类往复压缩机故障案例数百个，并在不断增加。这些已有的和未来的案例数据不仅数据量庞大，而且数据类型多、特征维度高，属于典型的工业大数据。从大量案例数据中挖掘故障特征、研制故障监测诊断方法是提高往复压缩机故障预警、诊断准确率的一条快速、有效途径，也是往复压缩机故障监测诊断技术未来发展的必然趋势。

1）故障敏感特征挖掘。往复压缩机在线监测系统的振动、温度、位移、压力信号特征值具有不同的动态范围，如振动与温度信号无论是特征大小还是单位都不一致，导致特征值与故障之间的敏感程度无法有效度量和统一分析比较，为故障敏感特征提取带来了困难。为此引入实际故障不同信号报警值，对不同特征实时信号进行去量纲化处理，处理的方法为：

$$V(i,j) = \frac{f(i,j) - N(i,j)}{F(i,j) - N(i,j)} \tag{8-3}$$

式中，$V(i,j)$ 是第 i 种故障第 j 种故障特征值无量纲指数；$f(i,j)$ 是第 i 种故障第 j 种故障特征值当前值；$N(i,j)$ 是第 i 种故障第 j 种故障特征值正常值；$F(i,j)$ 是第 i 种故障第 j 种故障特征值报警值。

上述模型定义的故障参数无量纲指数 $V(i,j)$ 是一个取值范围在［0，1］之间的无量纲指数，综合考虑了不同故障各种故障特征参数当前值、历史正常值与报警值之间的关系。不同机组不同信号的报警值可通过案例数据学习方式获得。经过上述处理，不同参数相对变化实现了归一化，避免了量纲不同导致不同信号对故障敏感性判断失败。在此基础上，可通过信息熵评估构建一种典型的故障敏感特征提取方法。

信息熵评估主要利用信息熵量化特征与故障类别的不确定性程度，来判定特征包含的分类信息含量。其计算过程如下。

若 X 是一个离散随机变量的集合，其概率分布为 $P(X=x_i)=p_i,i=1,2,\cdots,n$，则随机变量 X 的熵可定义为：

$$H(X)=-\sum_i p_i\log_2(p_i) \tag{8-4}$$

由定义可知，熵只依赖 X 的分布，而与 X 的取值无关，所以也可将 X 的熵记作 $H(p)$。熵越大，随机变量的不确定性就越大。在已知另一个特征 Y 的情况下的条件熵：

$$H(X\mid Y)=-\sum_j P(y_j)\sum_i P(x_i\mid y_j)\log_2 P(x_i\mid y_j) \tag{8-5}$$

式中，$P(x_i)$ 是特征 X 取值为 x_i 的先验概率；$P(x_i|y_j)$ 是给定特征 Y 取值为 y_j 时特征 X 取值为 x_i 的后验概率。因此，信息增益为：

$$IG(X\mid Y)=H(X)-H(X\mid Y) \tag{8-6}$$

根据信息增益的定义，如果 $IG(X\mid Y)>IG(Z\mid Y)$，那么特征 Y 与特征 X 之间的相关系数要比特征 Z 与特征 X 之间的相关系数高。同时，信息增益可以归一化为对称不确定性：

$$SU(X,Y)=2\frac{IG(X\mid Y)}{H(X)+H(Y)} \tag{8-7}$$

其取值范围为 $[0,1]$。当 $SU(X,Y)=1$ 时，特征 X 与特征 Y 完全不相关；当 $SU(X,Y)=0$ 时，特征 X 与特征 Y 完全相关。

有了对称不确定性 $SU(X,Y)$ 这个计算相关性的方法，只需用故障类别 C 代替特征 Y，便可得到量化后的特征与故障类别的相关系数 $SU(X,C)$。可按照如下步骤计算 $SU(X,C)$：

① 给定样本中特征 X 的 n 个观察值 x_1，x_2，$\cdots$，x_n，将 X 的取值范围划分为 $n-1$ 个不相交的区间（$i=1$，$\cdots$，$n-1$）$[x_i,x_{i+1}]$，令 $A(x_i)$ 为特征 X 按区间中观察值的个数计数的计算函数，那么 X 的近似概率函数为 $P(x_i)=A(x_i)/n$，特征 X 的信息熵为：

$$H(X)=-\sum_i P(x_i)\log_2 P(x_i) \tag{8-8}$$

② 仍是该特征 X 下的观察值，按故障类别分，$A(c_j)$ 为各类别下的个数，那么 C 的近似概率函数为 $P(c_j)=A(c_j)/n$，故障类别 C 的信息熵为：

$$H(C)=-\sum_i P(c_j)\log_2 P(c_j) \tag{8-9}$$

③ 计算条件熵 $H(X|C)$ 时，在计算 $H(X)$ 时划分的区间中，计算故障类别 c_j 的出现概率 $P(x_i\mid c_j)$，于是可计算条件熵：

$$H(X\mid C)=-\sum_j P(c_j)\sum_i P(x_i\mid c_j)\log_2 P(x_i\mid c_j) \tag{8-10}$$

④ 计算对称不确定性：

$$SU(X,C)=2\frac{H(X)-H(X\mid C)}{H(X)+H(C)} \tag{8-11}$$

计算下一个特征，并重复"①~④"的计算步骤；计算所有的特征之后，只需要设定一个阈值，大于该阈值的特征可作为故障敏感特征，并进一步应用于故障预警与诊断模型中。

2）基于故障敏感特征的预警诊断。上述计算过程实现了从在线监测数据中提取故障敏感特征操作，经过正常与故障案例数据学习可建立不同故障的敏感参数标准库。基于不同的故障诊断算法可构建不同的智能诊断模型，满足故障监测诊断的需求，如基于人工神经网络的诊断模型、基于支持向量机的诊断模型、基于模糊推理的诊断模型等。一种基于故障敏感特征与人工神经网络的预警诊断流程如图 8-19 所示。

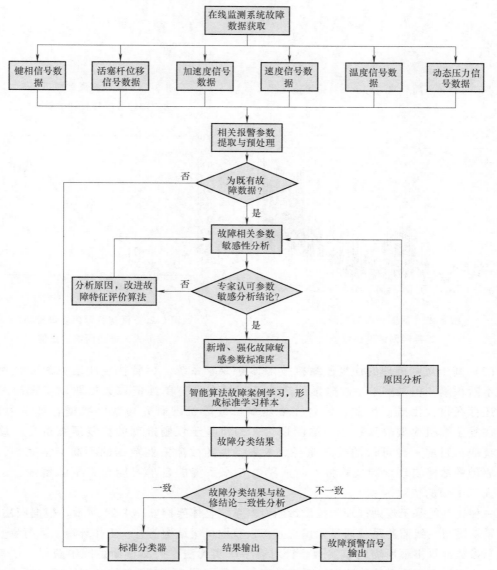

图 8-19　基于故障敏感特征选择与人工神经网络的故障预警与诊断流程

选择活塞杆断裂与活塞杆紧固螺母松动故障案例数据，检验预警诊断模型的实际效果。图 8-20、图 8-21 所示为故障敏感特征的评估结果，图 8-22、图 8-23 所示为人工神经网络输出结果。从图中可看出：不同故障的敏感特征被提取出来，得到了较好区分。同时，通过人工神经网络的学习与测试，可实现典型故障的有效识别，为实际故障预警诊断奠定了基础。

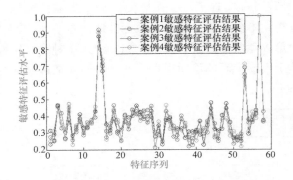

图 8-20 活塞杆断裂故障的敏感特征评估结果

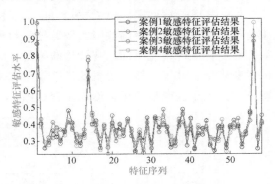

图 8-21 活塞杆紧固螺母松动故障的敏感特征评估结果

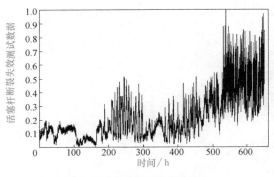

图 8-22 活塞杆断裂故障人工神经网络输出值

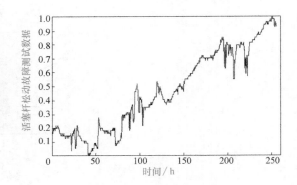

图 8-23 活塞杆紧固螺母松动故障人工神经网络输出值

（2）基于规则推理的往复压缩机故障诊断专家系统　尽管往复压缩机故障案例数据还在不断积累，但某些单一故障案例数据还不够丰富，单纯依靠数据驱动实现故障自动诊断还存在很大困难。因此，结合往复压缩机故障机理研究与案例数据特征学习研究，总结往复压缩机典型故障特征与诊断逻辑，构建基于规则推理的往复压缩机自动诊断专家系统成为目前一种可行的技术途径。未来，伴随故障案例数据的不断丰富完善，基于数据驱动的故障自动诊断技术将不断成熟，专家系统的自学习能力将不断增强，逐步减少对人工干预的依赖。

一种典型的基于规则推理的故障诊断专家系统整体架构如图 8-24 所示。根据应用需求，专家系统需与在线监测系统通过知识交互接口获取机组结构信息、工作环境、运行参数，根据状态参数计算推理所需的事实值。针对有些事实无法在监测诊断系统中获得，如负荷调整、工艺变化、润滑系统故障以及现场外观检查数据等，专家系统可通过人机对话模式由人工输入，提高诊断准确性。专家系统规则库的架构如图 8-25 所示，其由各自独立的诊断规则包组成，根据诊断任务的不同选择启动不同的诊断规则包，进行相应故障推理。

根据往复压缩机故障模式的汇总与整理，还应建立往复压缩机故障模式库。往复压缩机常见的故障模式见表 8-5。

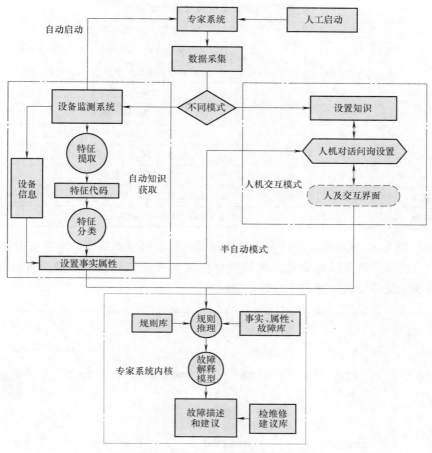

图 8-24　专家系统整体架构示意图

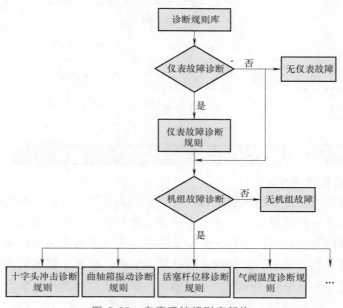

图 8-25　专家系统规则库架构

表 8-5　往复式压缩机常见故障模式

机械系统故障	气阀	气阀泄漏、阀片断裂、弹簧刚度失效
	活塞	活塞组件严重磨损、活塞组件损坏、活塞环泄漏
	活塞杆	活塞杆紧固部件松动、活塞杆断裂
	十字头	十字头滑道磨损
	连杆	连杆螺栓断裂
	曲轴	曲轴不对中、曲轴不平衡、曲轴断裂
	气缸	拉缸、液击、撞缸、缸头余隙容积过小
	密封组件	填料严重磨损
辅助系统故障		冷却系统故障、润滑系统故障
监测系统故障		传感器故障、传感器后端接线故障

图 8-26、图 8-27 所示为应用已有典型故障案例数据对专家系统诊断功能进行测试结果，可以看出，目前基于故障机理研究与案例数据特征学习建立的往复压缩机自动诊断专家系统，已能实现往复压缩机部分典型故障的自动诊断。

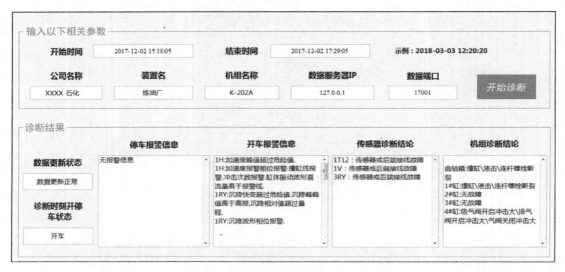

图 8-26　撞缸等严重故障自动诊断结果

8.3.3　离心泵（高危泵/关键机泵）故障智能诊断技术

1. 离心泵振动监测技术

离心泵作为石油行业重要的机械设备，其主要作用是输送介质，如炼制油、油浆、油渣等。这些介质中包含一些危险介质，这就意味着必须保证这些离心泵安全、可靠地运行。大多数企业将这些泵作为重要关注对象，并将其称之为高危泵或者关键机泵。一旦这些机泵出现问题，损失的将不止是机泵，其代价将会是整套装置。因此，对关键离心泵运行实施状态监测至关重要。离心泵由叶轮、泵壳、支撑轴承及密封附件等构件组成，其主要故障包括转子不平衡、不对中，叶轮气蚀、抽空，轴承损伤等类型。如果不能及时发现并处理这些故

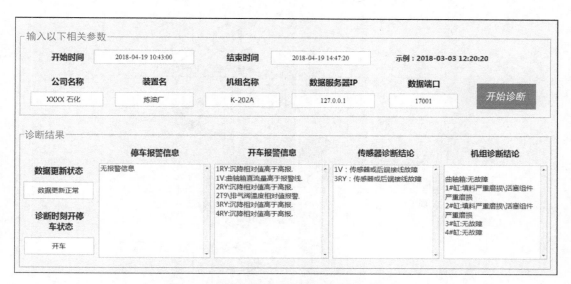

图 8-27　活塞组件严重磨损故障自动诊断结果

障，最终可能会导致泵轴或者叶片断裂，甚至导致高危介质外漏，引发重大事故，因此这类设备的故障监测格外重要。离心泵主要机械故障及其关键特征见表 8-6。

表 8-6　离心泵主要故障及特征

故障类型	特征频率	内　容
转子不平衡	$f=f_r,f_r$——转频	主导频率为转频，并且该成分能量明显增加
转子不对中	$f=2f_r,f_r$——转频	转频的 2 倍频成分突出，其能量大于转频的 2/3 以上
叶轮气蚀	$f=(3,5,\cdots,19)\times f_r,f_r$——转频	转频的 3 倍频以上的奇数倍频成分异常突出
泵抽空	$f=N\cdot f_r,f_r$——转频	离心泵叶片的通过频率异常显著，且其倍频成分突出
轴承外圈损伤	$f_{oc}=\dfrac{1}{2}Z\left(1-\dfrac{d}{D}\cos\alpha\right)f_r$	包络频谱中出现轴承外圈故障频率，严重时出现倍频成分
轴承内圈损伤	$f_{ic}=\dfrac{1}{2}Z\left(1+\dfrac{d}{D}\cos\alpha\right)f_r$	包络频谱中出现轴承内圈故障频率，严重时出现倍频成分
轴承滚动体损伤	$f_b=\dfrac{D}{2d}\left[\left(1-\left(\dfrac{d}{D}\right)^2\cos^2\alpha\right)\right]f_r$	包络频谱中出现轴承滚动体故障频率，严重时出现倍频成分
轴承保持架损伤	$f_b=\dfrac{1}{2}\left(1-\dfrac{d}{D}\cos\alpha\right)f_r$	包络频谱中出现轴承保持架故障频率，严重时出现倍频成分

　　离心泵振动监测系统网络拓扑图如图 8-28 所示。监测系统能够实现离心泵运行状态的远程监控，由现场机组采集振动信号，通过信号传输线缆传至控制室，再由局域网络及集团网实现信号远程传输，最终实现对运行设备远程实时监测，对设备异常状况远程诊断。

　　离心泵在线监测系统所用的振动传感器安装位置均靠近转子支撑处的轴承座上。图 8-29所示为某石化离心泵概貌图及振动测点布置情况，其中传感器为加速度型，速度信

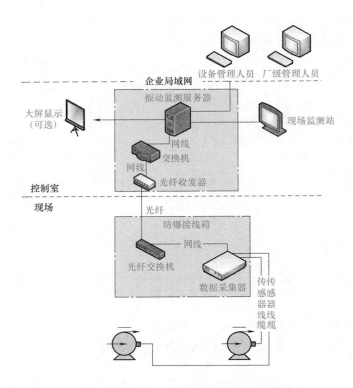

图 8-28　离心泵在线监测系统的网络拓扑图

号由加速度积分得到，测点主要分布在电动机驱动端和非驱动端、泵驱动端和非驱动端轴承座上。

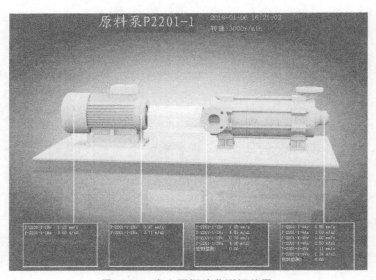

图 8-29　离心泵振动监测概貌图

对于离心泵而言，包含故障的振动信号主要是低频信号和高频冲击信号。常规的低频振动信号可以反映转子不平衡、不对中、连接松动以及叶轮偏心等故障；高频冲击振动信号用加速度（m/s²）和冲击值表示，可以反映轴承故障以及离心泵的气蚀等故障。因此，振动监测技术能够很好地发现高危泵的潜在故障，实现对离心泵运行状态的评估，并指导离心泵的检维修。离心泵的振动监测技术能够完成离心泵实时运行状态的监测，在不停机的情况下，对离心泵存在的故障进行分析和诊断，并给出处理意见，这就是振动监测技术的目的和意义。

2. 离心泵故障智能诊断方法及系统

传统的离心泵振动监测技术基于实时在线监测系统，当出现异常监测数据时，系统初步报警，根据报警信息，诊断人员经过分析给出诊断结论，并提供相应的解决方案，但对于大量运行的设备，人工诊断已无法满足当前故障诊断的需求。离心泵实时自动预警和智能诊断是现今及以后发展的主流趋势，要求实现快速、实时、无间断故障诊断，达到甚至超越专业故障诊断人员故障诊断的准确性。离心泵的智能诊断同样有基于数据驱动的方法、基于机理知识规则的方法、基于数据驱动和知识规则相结合的方法三大类，后者可能代表了未来发展的方向。下面介绍离心泵典型故障自动诊断模型。

考虑离心泵自身的特点，根据振动在线监测系统中历史的典型故障案例以及多名机泵故障诊断专家的经验，总结得到石化企业电动机直接驱动的离心泵典型故障的诊断模型，如图8-30~图 8-33 所示。

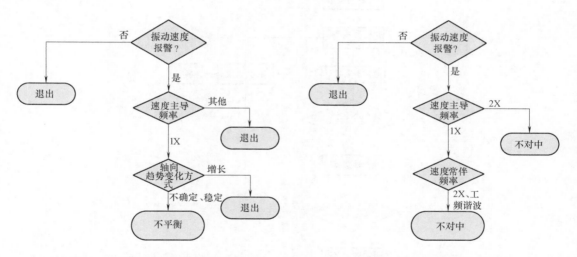

图 8-30　不平衡故障诊断模型　　　　图 8-31　不对中故障诊断模型

离心泵专家系统诊断思路同故障诊断专家对故障的分析思路一致。首先研究离心泵各故障类型、故障机理，然后依据机理对振动信号进行分析，从而实现故障诊断。由上述流程可以发现，基于专家系统的故障诊断最主要的是对相应故障类型的故障特征提取。一种典型的基于知识规则的离心泵智能专家系统流程如图 8-34 所示。通过从任务库中选择离心泵关键部件典型故障诊断任务，激活该任务的关联规则，根据特征提取计算得到特征值的变化，判断需要匹配的诊断规则模型，直到没有匹配到规则模型时推理结束，得出故障结论。推理模块是专家系统的推理引擎，采用正向推理技术。规则推理借助于存放在工作存储器内的事实和规则并将其结合起来，建立推理模型，推理出新的信息。

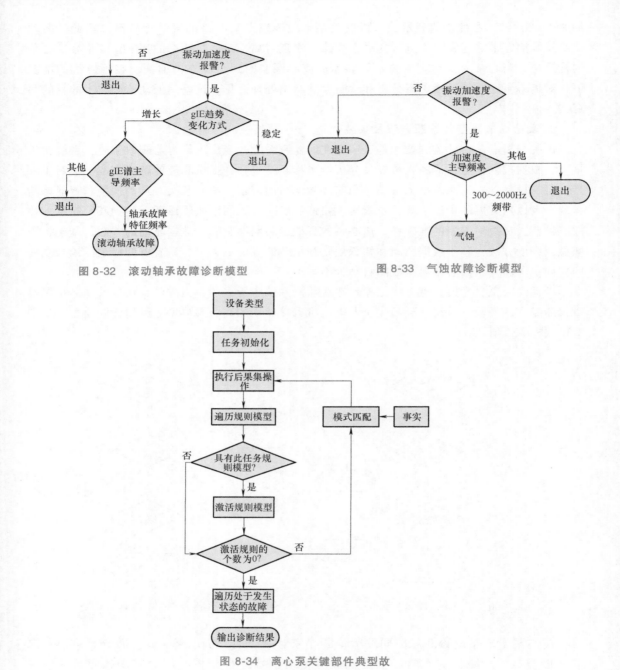

图 8-32　滚动轴承故障诊断模型

图 8-33　气蚀故障诊断模型

图 8-34　离心泵关键部件典型故障智能专家系统推理过程

　　此外，基于数据驱动的离心泵自动诊断系统实现途径是，对于同类型离心泵收集各类故障案例数据后，训练神经网络，将实时监测到的新数据输入训练好的神经网络进行多分类判别。故障识别后，经现场检修确认（即有监督学习），一旦故障结论得到确认，该故障数据可增补到训练数据中，如此反复迭代，使得基于数据驱动的离心泵自动诊断系统不断更新。基于该思路实现的一种故障诊断系统如图 8-35 所示。

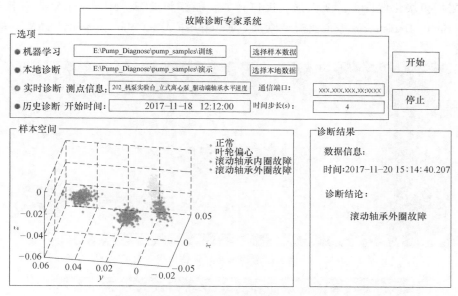

图 8-35 离心泵故障专家诊断系统运行界面

8.4 石化装备智能运维应用实例

8.4.1 典型系统平台介绍

1. 专业化设备管理平台

图 8-36~图 8-38 所示为某天然气管道有限公司开发的"压缩机组远程诊断与评估管理平台"。该平台以可靠性为中心构建，是一种维修与安全保障信息化、智能化、动态决策专业化管理系统平台。它主要由可靠性数据采集（运行信息、故障维修信息、维修保养信息）、设备异常状态管理（设备状态、测点状态、状态监测）、绩效管理（管理报表）等模块组成，其主要功能如下：

1）具有实时在线监测诊断分析、远程协助、报警分级发送、诊断建议即时发布、设备异常报警分级确认和诊断决策知识库生成功能。

2）基于运维系统和状态监测系统判别设备运行状态，通过对设备运行状态变更信息的采集和记录，实现设备运行状态与相应记录一一对应，保证数据采集的客观性、准确性。

3）基于运行信息和检修信息数据量化、自动生成设备管理绩效报表，可实现设备连续运行时间、剩余寿命统计分析，优化设备预防性维修周期，确定最佳维修时间。

4）基于设备预警信息、诊断结论、剩余工作寿命和设备重要度参数可进行维修任务优化，确定最佳维修内容和维修时间，在保证设备运行安全的前提下确定最小的维修任务需求，合理分配维修资源，保证设备运转的可靠性、可用性和安全性，同时大幅度降低维修成本，为日常的设备维修、保养等提供维修决策支持。

5）诊断报告和检修信息可生成故障案例知识库，为监测诊断分析和维修建议提供决策支持。

6）采用模块化设计，扩展性强，接口开放，能够和 DCS、MES、SCADA 等控制系统，ERP、Maximo、Datastream 等企业资产管理（Enterprise Acset Management，EAM）系统实现无缝对接。

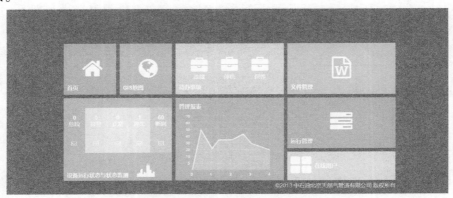

图 8-36　压缩机组远程诊断与评估管理平台（一）

图 8-37　压缩机组远程诊断与评估管理平台（二）

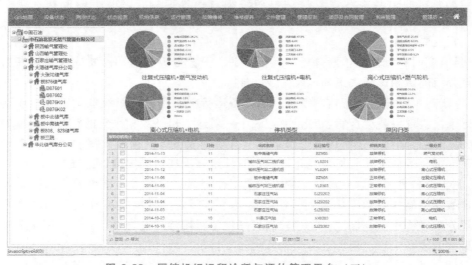

图 8-38　压缩机组远程诊断与评估管理平台（三）

2. 大数据平台

本小节介绍北京化工大学高端机械装备健康监控与自愈化北京市重点实验室建设的动力机械网络化监测诊断大数据中心平台。如图 8-39 所示，该平台覆盖了国内 60 余家企业的 20000 多台动力设备状态监测数据，包括 50000 余个测点，其中 2500 余台为在线监测，主要监测的设备包括离心压缩机组 350 余台、往复压缩机组 450 余台、泵 1000 余台、风力发电动机组 700 余台。该平台每年监测产生数据量约为 25000TB，2009 年至 2017 年底，石化动设备已经产生在线监测的故障诊断案例 1000 余个，包括透平压缩机组故障案例 260 台次、往复压缩机故障案例 492 台次、离心泵故障案例 250 台次。此外，还有离线监测故障案例（以石化企业非关键机泵为主）500 余台次。该平台为石化企业关键动设备的安全平稳运行起到了重要作用，同时也使得建立基于数据驱动和故障机理相结合的智能诊断系统成为可能。

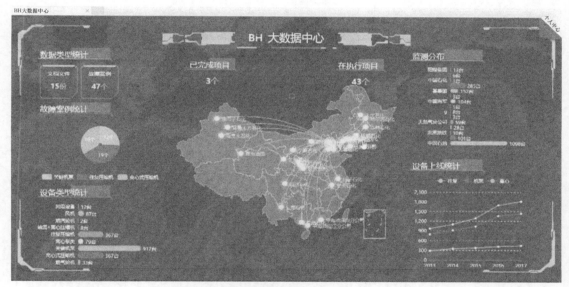

图 8-39　大数据中心平台主界面

该大数据中心平台，在支持处理实时在线监测数据同时可以整合大量分散的历史存量数据，通过解决现有不同数据在管理、使用方面难度大等问题，使各类数据得到统一的维护、管理，便于不同人员调用、查询、学习、分析和数据挖掘；并兼顾未来实验、科研项目产生的各类增量数据，研发数据采集与导入接口，实现数据导入与管理。现场案例数据与文档上传完毕，可通过试验数据模块对试验产生的全部数据进行分析，并对指定故障数据进行标注，即贴标签，如"撞缸故障"等。未来需要重新查阅数据或分析特定设备故障时，即可直接搜索关键字，如"某某石化"（按项目名称搜索）、"撞缸故障"（按设备故障类型搜索），系统根据匹配算法对文档及数据进行搜索匹配，按重要度将最优结果显示出来。例如，搜索"撞缸故障"，数据中心找到相关结果 22 个，文档 8 个，图片 11 个，视频 1 个，案例 2 个，如图 8-40、图 8-41 所示。

通过数据管理系统的应用，可逐渐形成一种数据管理机制，利用数据中心平台统一管理、维护、应用各类项目产生的不同类型数据（表格、txt、word、SQL 数据库、第三方数据库等），从

图 8-40　文档搜索

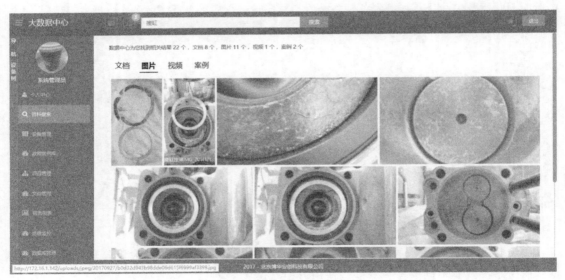

图 8-41　图片搜索

海量数据中挖掘大量富有价值的信息，为企业设备管理工作提供数据和信息支撑。

8.4.2　典型故障诊断案例

1. 透平叶片断裂案例

某石化化肥厂 3102 J 机组对自动诊断专家系统的应用。3102 J 机组概貌图如图 8-42 所示。机组机构为一蒸汽透平直接驱动一个离心压缩机低压缸，再通过增速箱带动一个高压缸，工作转速在 6900 r/min（115 Hz）左右。2009 年 3 月 4 日 11 时 27 分 17 秒 1H 通道全频振动值突然增大，综合分析图谱（振动趋势、转速趋势、波形、频谱图）如图 8-43 所示，自动诊断专家系统诊断为"转子不平衡"，如图 8-44 所示。

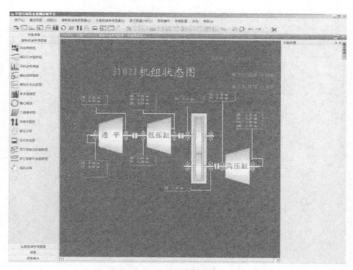

图 8-42 机组概貌图

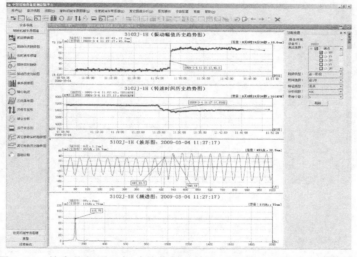

图 8-43 综合分析图（振动趋势图、转速-时间图、波形图、频谱图）

根据监测数据，蒸汽透平侧1#测点工频（1X）振动突然增大，同时相位突变后又恢复到稳定状态，根据以往多次的经验，人工判断应该是突发不平衡（如透平叶片断裂等），与自动诊断专家系统诊断结果一致。该机组3月4日12时停车，在拆机检查时发现透平末级拉筋的位置上断了两个叶片，导致转子系统发生不平衡，如图8-45所示，与自动诊断专家系统诊断结果相吻合。

2. 透平压缩机喘振案例

某压缩机在运行过程中出现振动异常。从历史趋势图上看，振动幅值出现波动，取2009年3月27日19：52：36时刻1H测点振动进行诊断，主导频率在30 Hz左右（<0.3X），常伴频率为200 Hz（同频范围内），转速为11792 RPM（RPM即r/min）。将这些数据输入自动诊断系统，诊断结果为喘振，如图8-46所示。后经现场排故验证，机组实际发生故障与诊断结论一致。

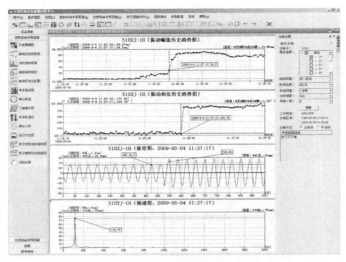

图 8-44 自动诊断专家系统诊断界面

图 8-45 两个叶片断裂

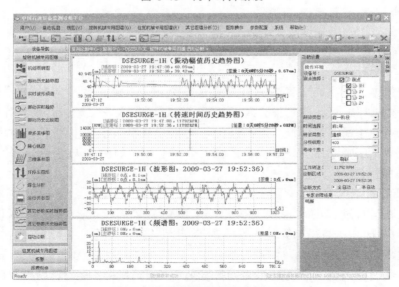

图 8-46 喘振故障自动诊断结果

3. 高危泵组轴承跑套故障

2012 年 4 月 1 日 14：00，某石化用高危泵用电动机的非驱动端轴承加速度、冲击值、速度趋势开始剧烈增长，历时 4h。其他轴承振动值未发生变化。电动机非驱动端的冲击值从 3 增长至 14.7，包络波形每周期均出现一次明显的向上冲击，如图 8-47 所示；加速度值从约 2 m/s² 增长至 3 m/s²，波形每周期均出现一次明显的向上冲击，如图 8-48 所示；速度值从 3 mm/s 增长至 5.7 mm/s，如图 8-49 所示。在线监测诊断系统报警并提示后，现场及时停机，并切换到备用电动机。将上述振动数据输入到离心泵故障智能诊断系统，输出结论为轴承跑套故障。在机组后续解体后发现电动机非驱动端轴承跑套，与系统诊断结论一致，避免了故障进一步恶化给检维修带来的困难和损失。

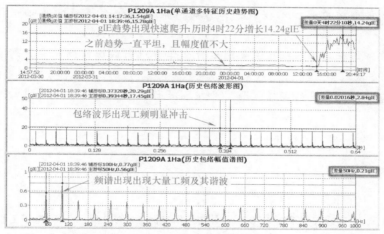

图 8-47 冲击趋势图

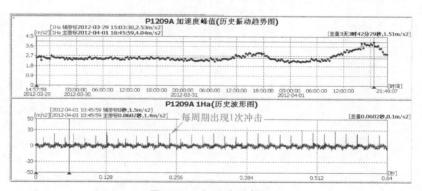

图 8-48 加速度趋势图

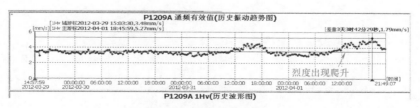

图 8-49 速度趋势图

本 章 小 结

　　装备智能运维关系着石化行业的安全与效益，本章介绍了以数据+模型＝服务为内涵的石化装备智能运维系统架构。针对石化装备智能运维系统的关键技术，着重介绍了大型透平压缩机组、往复压缩机组及关键离心泵的智能诊断及运维。最后，以平台应用案例及故障诊断案例证实了上述系统架构及关键技术的有效性。

思考题与习题

　　8-1　根据智能运维平台的架构，试分析智能运维平台搭建的基础是什么？核心是什么？

　　8-2　石化常用往复压缩机组主要通过什么信号进行故障诊断？简述对应传感器的安装位置和安装方式。

　　8-3　离心压缩机常见的喘振故障发生机理是什么？振动特征是什么？对应解决措施有哪些？

参 考 文 献

[1]　王常力，罗安. 分布式控制系统（DCS）设计与应用实例［M］. 3 版. 北京：电子工业出版社，2016.

[2]　王爱民. 制造执行系统（MES）实现原理与技术［M］. 北京：北京理工大学出版社，2014.

[3]　高金吉. 机器故障诊治与自愈化［M］. 北京：高等教育出版社，2012.

第9章

船舶智能运维与健康管理

9.1 智慧船舶概述

　　船舶由船体结构、动力系统、电力系统、船舶辅助或保障系统（消防、空调、损伤管理等）、平台信息网络系统等组成。由于长期工作在高温、高湿和高盐雾的"三高"海上环境中，且受到浪涌、疲劳、腐蚀、变负载等复杂工况影响，船舶各系统不可避免地会发生不同程度的故障。由各类故障导致的船舶任务中止或失败甚至灾难性事故屡有发生。2010年11月，我国某远洋测量船由于齿轮减速器断齿导致测量任务中止[1]；2012年9月，我国某驱逐舰在南海深处发生主机齿轮箱油封故障致使训练任务失败[2]；2015年2月，美军贾森·杜汉号导弹驱逐舰因动力系统突发异常导致演习任务中止[3]。2015年11月，美国密尔沃基号濒海战斗舰并车齿轮箱发生故障导致巡航任务中止，最终被拖回母港维修[4]。2016年1月，美国沃斯堡号船由于传动系统故障被迫中止任务并停港维修[5]。由此可见，船舶运行过程中故障萌生和演化的准确及时识别、健康状态的评估与预测，对保障其安全运行、任务可靠执行具有重要意义。

　　智慧船舶是指船舶可利用传感器、通信、物联网、互联网等技术手段，自动感知和获得船舶自身、海洋环境、物流、港口等方面的信息和数据，并基于计算机技术、自动控制技术和大数据处理分析技术，在船舶航行、管理、维护保养、货物运输等方面实现智能化运行的船舶，以使船舶更加安全、更加环保、更加经济和更加可靠。通俗地讲，智慧船舶就是"会思考"的船舶，是装备了智能运维与健康管理系统的船舶。近年来，关于智能船舶的消息层出不穷，智能船舶研制俨然成为热点中的热点。欧洲、日本、韩国、中国等国家和地区对智能船舶的研发正如火如荼，但总体来说，各方对智能船舶的研发还处于较初级的阶段。中国、日本、韩国、欧洲都开展了多个有关智能船舶的项目，中国的相关研究处于设备综合控制到半自动化航行监管的过渡阶段。远洋智能船舶方面，各个国家和地区的研究进展相差不大，但对近海智能船舶的研究欧洲要走得更快些。

　　欧洲当前有多家企业正在政府的支持下合作推进无人船的研发，争取在未来3年内在波罗的海实现完全遥控船舶运营，到2025年实现自主控制的商业海上运输。这一项目名为"企业自主控制海洋生态系统"，其创始合作伙伴包括艾波比（Asea Brown Boveri）公司、卡哥特科（Cargotec）公司、爱立信（Ericsson）公司、迈耶图尔库（Meyer Turku）船厂、罗尔斯·罗伊斯（Rolls-Royce，简称罗·罗）公司、叠拓（Tieto）公司以及瓦锡兰（Wärtsilä）公司等。参与该项目的企业已经开始研发能够实现自主海上运输的船舶、软件和解决方案。此外，罗·罗公司于 2015 年开展了"高级无人船舶应用开发计划"项目，还将和瑞典渡船公司 Stena Line AB 合作研发首套船舶智能感知系统，与麦基嘉联手研发智能集装箱船航行及货物系统。目前，罗·罗公司已在"Stella"号渡船上进行了各种操作环境和气候条件下的一系列传感器阵列测试。

日本对智能船舶的研发已经被列为该国船舶界未来 5 年发展的重点。DNV GL 与日本邮船联合开展的海事数据中心项目于 2015 年 11 月启动，并且得到了曼公司的支持。自项目启动以来，日本邮船旗下的 4 艘集装箱船已持续将运营数据传输至 DNV GL 的 Veracity 数据平台。基于这些运营数据，研究团队创建了一个与实船相对应的"数字化双胞胎"，实现了船舶性能监测、基于状态的维护检验等功能。除日本邮船与 DNV DL 的合作项目外，2012 年 12 月，包括日本船舶配套协会和日本船级社等在内的 29 家单位还联合开展了智能船舶应用平台项目研究。2017 年 5 月，由商船三井、三井造船、国家海事研究所、港口和航空技术协会、东京海洋大学、日本船级社、日本船舶技术研究协会，以及三井造船昭岛实验室等联合开展的自主远洋运输系统技术概念项目，入选日本的"FY2017 交通运输研究和技术推广计划"。此外，由日本船级社主导制定的多项智能船舶相关标准已成为国际标准。

韩国现代重工是智能船舶研发的先导者。2016 年，在以前合作研发的基础上，现代重工宣布与英特尔、SK 航运、微软等企业合作开发智能船舶。根据计划，到 2019 年其研发的航运服务软件将被部署至智能船舶，以实现船员获得远程医疗服务，进行压载舱检查，对重要设备进行维护，航运信息自动化报告等功能。

近年来，中国对智能船舶领域的研发在不断加快。2015 年底，38800 吨智能船建造合同签订，标志着我国首艘智能船舶进入设计建造阶段。该项目由上海船舶研究设计院牵头，中国船舶工业系统工程研究院、中船黄埔文冲船舶有限公司、中船动力研究院有限公司、沪东重机有限公司等单位参加。该船建成后将实现全船信息共享、自主评估与决策、船岸一体化、远程支持和服务等功能。2016 年，"智能船舶顶层设计及部分智能系统示范应用"被工业和信息化部批准立项，示范船为中国远洋海运集团有限公司的 13500TEU 集装箱船。2017 年 3 月，海航科技物流集团有限公司、中国船级社、中国船舶工业集团公司第七零八研究所、美国船级社、DNV GL 和中国船舶重工集团公司第七一一研究所共 6 家单位联合发起了"无人货物运输船开发联盟"筹建工作。

智能船舶的前景十分美好，不可否认，智能船舶是船舶发展的大趋势，而智能船舶大范围应用于远洋运输的关键是船舶智能运维与健康管理。本章 9.2 节介绍船舶智能运维与健康管理的系统架构，9.3 节介绍船舶智能运维与健康管理的关键技术，9.4 节介绍全球智慧船舶系统，旨在为读者提供船舶智能运维与健康管理的系统化知识，建立关于船舶智能运维与健康管理的若干基本认识。

9.2 船舶智能运维与健康管理系统架构

9.2.1 船舶智能运维与健康管理系统功能组成

智能船舶运行与维护系统（Smart-vessel Operation and Maintenance System，SOMS）具有

智能系统所必备的三大功能，即智能感知、智能分析、智能决策。

1. 智能感知：SOMS 拥有一个集成的信息平台

集成信息平台能够集成包括主机、电站、液仓遥测、压载水、电子海图显示与信息系统（Electronic Chart Display and Information System，ECDIS）、船载航行数据记录仪（Voyage Data Recorder，VDR）等全船已有航行、自动化监测、控制与报警信息，以及视情增加的燃油流量、轴功率、主机瞬时转速、轴振动等必要传感器，形成了 SOMS 信息运行平台，并在平台中统一数据标准，有效存储管理，提供开放接口，可实现信息共享（包括船上系统之间、船岸之间）。SOMS 集成信息平台如图 9-1 所示，平台的数据具有集中性，船舶自身、海洋环境、用户活动、物流/港口等方面的数据汇集，形成船舶"万物互联"的基础。采用双网络技术（Dual LAN）实现网络与雷达（RADAR）、电子海图显示与信息系统（ECDIS）等的信息交互。

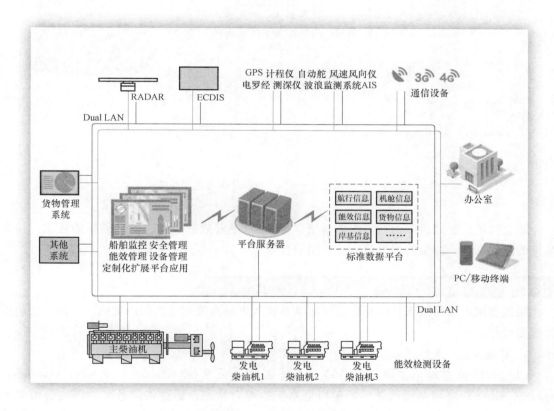

图 9-1　SOMS 集成信息平台

2. 智能分析：SOMS 平台上搭载专用数据分析模型库

SOMS 具备一定数量的智能数据分析模型，形成 SOMS 的每一个特色功能（如设备安全预警、燃油消耗优化、岸海传输压缩等），并且其数据分析模型具有自学习能力，可随船舶航行过程进行自动模型训练与优化。

系统的分析规模化，可通过数据驱动技术手段和机器自主学习能力，实现感知、分析、评估、预测、决策、管理、控制、远程支持等一体化的智能化体系。

3. 智能决策：一个集成平台+多个定制化应用的模式

由于 SOMS 的统一信息平台与专用模型库，SOMS 可像智能手机的"平台+APPs"模式一样，面向船舶用户活动的各类需求，重点解决价值分析与优化决策支持，以低成本、快速响应的形式提供从船端到岸端的多个定制化应用。SOMS 的产品模式如图 9-2 所示。

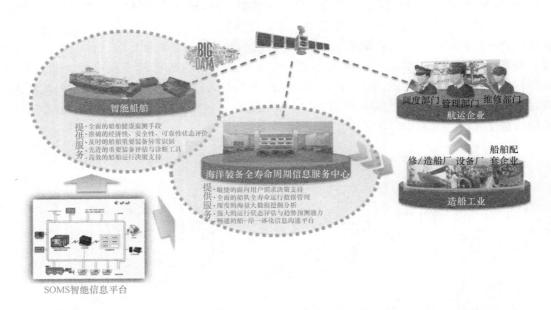

图 9-2　一个集成平台+多个定制化应用的产品模式

综上所述，智能船舶运行与维护系统（SOMS）本着数据驱动，融合创新的理念，旨在全维的数据感知、综合的数据分析、定制的信息服务。

9.2.2 岸基-船基智能船舶运行与维护系统架构

船舶智能运维与健康管理系统采用船基系统和岸基系统相互协调的架构，共同实现船舶的智能运行维护。

1. 船基系统

（1）智能装备评估系统（SEAS）　智能装备评估系统（Smart Equipment Assessment System，SEAS）可以全面地评估船舶机电系统的综合状态，通过将信息实时传达给相关人员，指导船舶维护管理人员合理进行船舶运维，让船舶及其核心重要设备更安全、高效地运行。同时，SEAS 可与岸基服务中心实现信息交互，让运营船舶得到岸基的决策支持。

（2）设备健康监测与综合故障诊断系统（HM&IDS）　设备健康监测与综合故障诊断系统（Health Monitoring & Integration Diagnostics System，HM&IDS）可以全面掌握船舶装备健康、性能与经济性状态，是识别装备早期异常及快速故障定位的工具，降低核心装备重大故障发生频率，通过合理地使用与维护提高装备性能，降低运行维护成本。该系统主要面向船舶核心机电设备，如船舶柴油主机等。

2．岸基功能

系统在岸基提供一体化的智能运行与维护服务，可为航运企业的使用、维修、调度、管理等提供辅助决策支持，航运企业可实时掌握船队动态，并进行有效的使用与维修调度管理决策，帮助运营用户以最小成本实现船队运营收益最大化的目标。

（1）SOMS-船队使用维修调度辅助决策功能　适用于维修调度相关决策部门，针对船基实时发送的状态与事件处理请求数据，结合岸基知识与数据分析，提供实时调度决策支持。

（2）SOMS-船队运营态势监测与分析功能　该功能面向使用、维修、管理等相关决策部门，针对船基定期发送的状态数据，提供运营数据挖掘与分析功能，为实时的调度决策提供基础，同时，通过日常评估报告等输出形式，帮助用户实现科学的运营管理与决策。

船载 PHM 系统可分解为信息采集、信号处理、状态监测、健康评估、故障预测、决策支持和集成控制七层，如图 9-3 所示。岸基 PHM 系统通过 PHM 信息管理系统实现视情维修和自主保障，通过维修决策支持库为维修保障中心提供重要的决策信息。

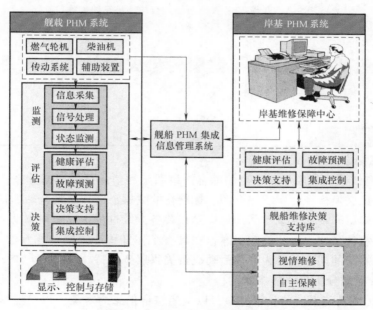

图 9-3　PHM 系统总体功能结构图

"大智号"轮的智能船舶运行与维护系统是按照 CPS 的设计要求，面向船舶运行与维护过程构建的一套具有机器自主学习能力的智能信息分析与决策支持系统。图 9-4 所示为智能船舶运行与维护系统的架构图。该系统通过集成船舶航行、GPS、船舶 VDR、机舱监测、燃油等全船信息，利用工业大数据分析技术进行数据分析与处理，从而全面、定量地了解船舶装备当前及未来的经济性、安全性状态，并面向运行、维护、管理活动需求，提供定制化的决策支持应用。从目前在散货船、集装箱船和 VLCC 超大型油船上的应用效果来看，该系统可以有效降低船舶使用难度、节省燃油消耗、减少意外事故发生，以及控制全寿命周期运营成本与能源消耗。

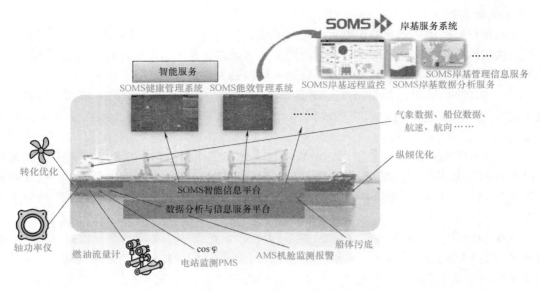

图 9-4　岸基-船基智能船舶运行与维护系统架构

9.3　船舶智能运维与健康管理关键技术及应用案例

9.3.1　关键技术

1. 船舶信息融合技术

SOMS 具有有线或无线船域网的全船综合网络系统和信息智能感知体系，规范的船舶信息描述标准和信息交换标准，实现综合的、标准化的数据汇集，达到全船的信息融合。与传统穷举与预置型知识库不同，该产品知识库是在装备运维过程中以数据驱动为手段自主形成的，且能够反映装备个性化特征的知识库，在具有个体知识库之间的相互学习、共享能力，在满足自身产品需求的同时，可为群体活动决策提供服务支持。

2. 船舶综合状态分析与评估技术

SOMS 打破传统功能系统的技术壁垒，以全船综合信息为对象，以机器学习等大数据分析手段为主，在综合统一的分析平台上，实现船舶的分析、评估、预测、决策优化等能力。通过自我学习分析进行有关安全性、经济性、可靠性等船舶设备状态的定量分析与评估，以各类用户的价值需求为目标，面向船舶全寿命周期，并连接船舶全产业链，对设备进行相应的决策活动辅助支持，可以为船东用户提供系列解决方案。

3. 决策与控制关联技术

SOMS 的数据和需求来自于实体的控制，也将反馈至实体的控制；系统将与控制相结合，不再使用传统的人在回路方式，目标是实现自主智能控制与无人化等更高的目标。因此，SOMS 以数据驱动为抓手，并满足 CPS 的体系。

4. 船岸一体化技术

SOMS 以高效的船岸数据通信技术为手段，具备船岸一体化信息平台，实现船岸信息与管理交互。是从传统的数据传到岸上，再由人开展分析决策的方式，向岸基智能管理与船基智能运行的协同方式的转变。

5. 设备维修决策支持技术

产品采用了模块化、构件化的软件架构，可根据不同用户的功能需求，配置相应的算法模块，形成定制化产品，满足船基与岸基不同用户关于设备评估与决策策略制定的软件需求。

9.3.2　船舶柴油机状态评估技术应用案例

由于柴油机的曲轴转动受到所有气缸、油路及活塞曲轴子系统运行情况的综合影响，曲轴转速的波动情况属于系统级的状态信息。因此，柴油机系统当前状态的快速评估及子系统故障的定位可通过监测转速波动信息的特征变化来实现。本案例使用的是一种基于瞬时转速波动的循环极坐标图评估方法，可实现系统级故障的在线识别及故障子系统的定位。由于油路子系统、活塞曲轴子系统的故障会最终影响气缸的做功状态，该评估方法的主要目的是识别气缸的整体健康程度，具体识别步骤如图 9-5 所示。

该评估方法使用转速信号中的特定谐波分量作为标尺，对柴油机转速波动曲线中各气缸（组）的主要做功范围进行划分；计算柴油机单个运转周期中各气缸（组）主要做功范围内的转速波动均值做为各气缸（组）的做功评价指标，按照柴油机的发火顺序，将连续运行中各气

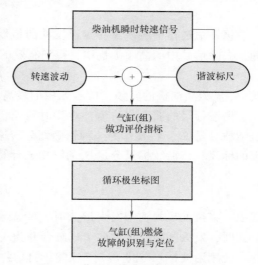

图 9-5　柴油机故障定位及程度识别

缸（组）做功评价指标的循环波动差值以极坐标的排列形式构成循环极坐标图；根据循环极坐标图的畸变程度和畸变位置对柴油机燃烧故障的程度和位置进行识别。

1. 基于谐波标尺法的气缸做功区域划分

在试验台（图 9-6）上测得的柴油机转速方波信号 S_o（图 9-7）中各个波形周期之间的微小时间间隔 Δt_i 求取瞬时转速信号 S_i，每个时间间隔内的平均转速的计算方法为：

$$\Delta \omega_i = \frac{60}{N_t \Delta t_i} \tag{9-1}$$

式中，N_t 为曲轴飞轮上的轮齿数。

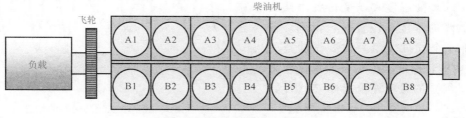

图 9-6　试验台结构示意图

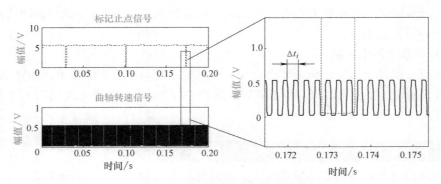

图 9-7　原始的柴油机转速方波信号

该评估过程中所涉及的转速波动曲线获取方法为：对瞬时转速信号 S_i 采用低通滤波处理，去除信号中的高频干扰项，得到有效的转速波动信号 S_f，其截止频率 f_p 的设置方式为：

$$f_p = v f_c \tag{9-2}$$

式中，f_c 为柴油机的转频，信号 S_f 中的最高简谐次数 $v \geqslant 24$。

谐波标尺的获取方法为：对瞬时转速信号 S_i 采用傅里叶带通滤波处理，提取其中的特定谐波分量 S_h，将其作为一种精确划分转速波动信号 S_f 中柴油机各气缸（组）主要做功范围的标尺，该谐波标尺分量 S_h 的频率 f_h 计算方式如下：

$$f_h = \frac{f_c N_c}{2} \tag{9-3}$$

式中，在柴油机为均匀发火形式时，N_c 表示柴油机气缸的数目；而当柴油机为非均匀发火形式时，发火间隔较近的两个气缸合并为一个气缸组，此时 N_c 表示气缸组的数目。

使用谐波标尺分量 S_h 对转速波动信号 S_f 进行划分如图 9-8 所示，得到每个气缸（组）主要做功范围 T_c 内的转速波动值集合如下：

$$V_i = [\Delta \omega_i(1), \Delta \omega_i(2), \Delta \omega_i(3), \cdots, \Delta \omega_i(n_h)]^T, i = 1, 2, \cdots N_c \tag{9-4}$$

式中，n_h 表示每个气缸（组）主要做功范围 T_c 内的数据点总量，计算方法为：

$$n_h = \frac{N_t}{N_c} \tag{9-5}$$

2. 基于转速波动均值的气缸做功评价方法

按照柴油机的发火顺序，将连续运行中各气缸（组）做功评价指标的循环波动差值以极坐标的排列形式构成循环极坐标图，根据循环极坐标图在实时运行状态中的畸变程度和畸变位置对柴油机燃烧故障的程度和位置进行识别。首先求取第 i 个气缸（组）主要做功范围 $T_c(i)$ 内的转速波动值集合的均值作为该气缸（组）的做功评价指标 C_i，计算方法：

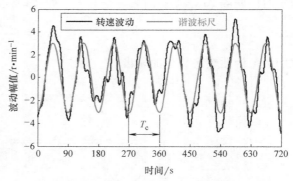

图 9-8　各气缸组做功区间的划分

$$C_i = (\sum_{n=1}^{n_h} \Delta\omega_i(n))/n_h, i = 1, 2, \cdots N_c \tag{9-6}$$

并构造单个柴油机运行周期内的做功评价指标趋势集合：

$$\boldsymbol{D}_d(i) = \boldsymbol{D}_p(i) - \min(\boldsymbol{D}_p), i = 1, 2, \cdots N_c \tag{9-7}$$

式（9-7）中 D_p 如下：

$$\boldsymbol{D}_p = (C_1\ C_2 \cdots C_{N_c})^T \tag{9-8}$$

获得单个柴油机运行周期内做功评价指标后，计算柴油机运行状态中做功评价指标趋势集合的循环波动差值集合：

$$\boldsymbol{D}_c(i) = \boldsymbol{D}_d^{\ j}(i) - \boldsymbol{D}_d^{\ k}(i), i = 1, 2, \cdots N_c \tag{9-9}$$

式中，j、k 分别表示两个不同的柴油机运转周期，它们之间可以连续也可以间断。

以柴油机的发火时序为顺序，将循环波动差值集合按照极坐标图的形式进行排列，从而得到循环极坐标图。可以根据运行过程中循环极坐标图的形状畸变特征来识别故障，形状的畸变起点用于故障气缸（组）的定位，其畸变程度用于判别燃烧故障的严重程度。图 9-9 所示为燃烧故障情况下的循环极坐标图。在正常状态下，循环极坐标图的各点值基本保持在 0 附近，表示柴油机各气缸工作时的整体动力平衡性能未发生明显变化，曲轴运转平稳性较好，各子系统运行良好。当柴油机某子系统出现故障（以 A5 单缸喷油故障为例）时，可见循环极坐标图的形状产生畸变，不再均匀分布在 0 刻度附近，在故障气缸组 B7A5 之后，循环极坐标图中的数据点距离 0 刻度的距离最小，之后按照发火顺序（顺时针排列）呈螺旋上升趋势，至故障气缸组 B7A5 缸之前，距离 0 刻度的距离最大。

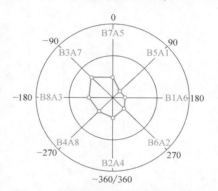

图 9-9　燃烧故障下的循环极坐标图

其中，畸变程度的大小代表故障的严重程度，其度量方式为：

$$E_d = \sum D_c(i), i = 1, 2, \cdots, N \tag{9-10}$$

为了验证基于循环极坐标图的柴油机系统在线健康评估方法的有效性，在不同工况下对柴油机开展了不同程度的故障模拟，模拟的典型故障见表 9-1。

表 9-1　典型故障模拟

典型工况	故障程度
25%负荷功率	正常、A5 气缸 25%失火和 100%失火
50%负荷功率	正常、A5 气缸 25%失火和 100%失火
75%负荷功率	正常、A5 气缸 25%失火和 100%失火

根据循环极坐标图法所得的三种典型工况下柴油机状态评估结果如图 9-10 所示。

柴油机系统的故障严重度评估量化结果见表 9-2，其与实际故障模拟试验相符。由此可见，该方法能够快速有效地识别柴油机系统故障的发生及故障的严重程度。

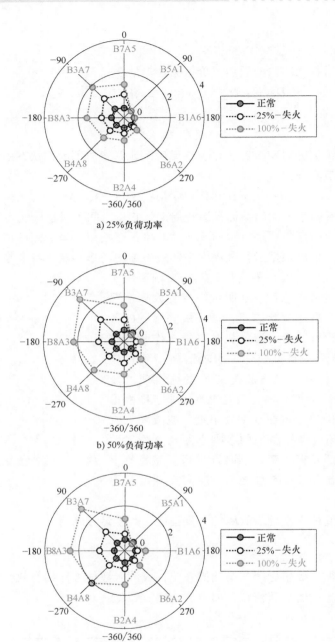

a) 25%负荷功率

b) 50%负荷功率

c) 75%负荷功率

图 9-10　不同工况及不同故障程度下的柴油机状态评估结果

表 9-2　不同工况下的柴油机系统故障严重度评估量化结果

典型工况		25%负荷功率		50%负荷功率		75%负荷功率	
归一化故障程度及等级	正常	0.05	Ⅰ	0.05	Ⅰ	0.05	Ⅰ
	25%失火	0.49	Ⅱ	0.41	Ⅱ	0.32	Ⅱ
	100%失火	0.98	Ⅲ	0.97	Ⅲ	0.98	Ⅲ

9.4 全球智慧船舶系统

9.4.1 船舶综合状态评估系统

船舶综合状态评估系统（Integrated Condition Assessment System，ICAS）是在 OSA-CBM 体系结构基础上发展而来的，已经在超过 100 艘舰船上装备。其采用网络式拓扑结构，有船上和岸上两部分，重点在于多艘舰船的协调管理。ICAS 系统的对外关系如图 9-11 所示。

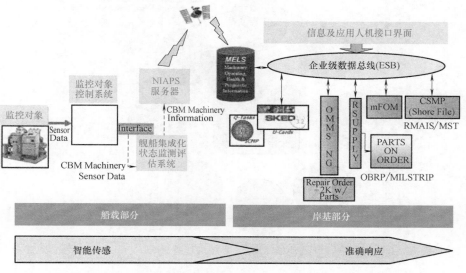

图 9-11 ICAS 系统与装备控制系统与船上其他系统间的关系

ICAS 系统的系统架构如图 9-12 所示，其总体上由传感数据输入、报警器、专家逻辑推

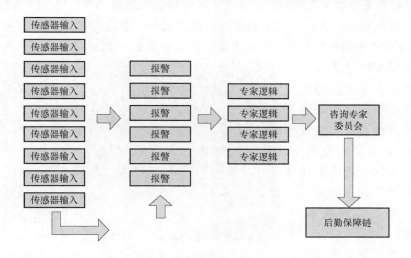

图 9-12 ICAS 系统的系统架构

理机和专家咨询及后勤保障链接等模块组成。

ICAS 系统的管理对象主要包括 LM2500（GTM）型燃气轮机、轴系、主减速齿轮、空气调节设备、螺旋桨推进器和电气设备等，涵盖了整个船舶的各个分系统。ICAS 系统的功能组成如图 9-13 所示，主要功能包括状态监测、健康评估、故障诊断等，实现了基于当前状态评估结果的视情维修，已经取得了一定的应用成效。但因为缺少故障预测功能，关于装备的状态信息尚未延拓到未来的时间范围内，使得维修决策的优化空间仅限于当前，因而做出的维修决策是当前的、局部的优化策略，因保障目标不定而难以做到自主保障，导致类似美国"贾森·杜汉"号驱逐舰事故所造成的紧急出动、千里驰援的保障事件仍有发生。

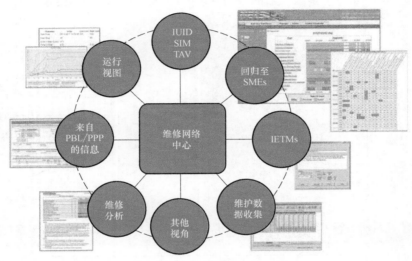

图 9-13　ICAS 系统的功能组成

9.4.2　船舶智能资产管理系统

罗·罗公司作为全球领先的致力于动力系统和推进系统的工程公司，在船舶技术研发领域成就卓越，享有盛誉。该公司是船舶设计、推进装置和整合动力系统及服务的领先提供商，为全球 4000 多家船舶客户提供解决方案，其设备装载在世界各地 3 万多艘船只上。罗·罗认为智慧船舶要真正实现人工智能，达到产业化应用还有很长的路要摸索，也需要整个船舶业界从商业模式、法规监管体系到服务的彻底变革。在这一愿景实现前，传统船舶仍然有巨大发展空间，需要不断提升效率、降低运营成本、减少环境影响。

2017 年，罗·罗公司首个智能船舶体验空间——智能资

图 9-14　罗·罗公司位于奥勒松的 IAM
体验空间维护操作演示系统

产管理（Intelligent Asset Management，IAM）系统在挪威奥勒松建成，该空间展示了智能船舶系统如何利用数据的力量来优化船队作业，降低运营成本，改进维护程序。IAM 空间让客户可在实时作业环境下验证 IAM 系统的使用优势，如图 9-14 所示。IAM 体验空间分为两个不同区域，智能分析中心和船队管理指挥中心，展示了罗·罗为帮助客户管理船队开发的一系列数字化产品。

智能分析中心本质上是一个数字化工厂，可将数据转化为洞察力，为更加智能的决策过程提供便利和支持。该中心能够实现数据可视化，可以与客户联合开发产品功能，以更好地利用这些数据，为客户船队的现有和潜在作业能力提供完整的数字化图像。

同时，船队管理指挥中心能够对未来产品进行概念验证，让船队经理随时掌握所有必要信息。指挥中心配备有直观的触摸式界面以及六米宽落地曲面屏幕，如图 9-15 所示，可显示罗·罗能效管理（Energy Management，EM）和设备健康管理（Equipment Health Management，EHM）门户等系统收集的船舶数据。

EM 显示能够让船队经理全面了解船队的能效足迹，为优化和调整作业参数提供所有必要信息，提高船队能效和环

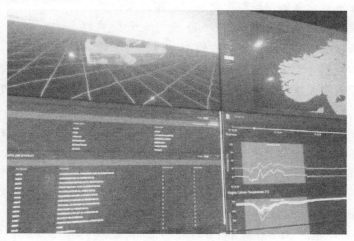

图 9-15　罗·罗公司位于奥勒松的 IAM 体验空间船舶航行信息显示系统

境效益。即将正式推出的 EMH 门户采用机器学习算法，可在现场实时作业环境下标记船上设备和系统的异常传感数据，并利用这些信息作出明智决策，采取更加有效的预防措施。例如船队经理可通过这些数据提前了解材料的老化情况或可能的部件故障，并在导致作业中断之前订购和更换相关部件，降低非计划维护事件的发生频率必然会获得应有回报，让船队始终保持最佳的商业和环境效益。奥勒松 IAM 体验空间为船队经理提供了至关重要的船舶性能优化信息。这些信息还可用于降低油耗和排放，延长设备检修间隔，提高系统可用性。IAM 体验空间准确展示了罗·罗智能船舶解决方案如何提升客户船队的总体性能和安全性。

此外，罗·罗公司还与芬兰 VTT 技术研发中心携手共同研发智能船舶。2016 年，罗·罗与芬兰 VTT 技术研发中心共同设计、测试和验证了第一代远程遥控自动化船舶，如图 9-16 所示。通过集中双方的专家和技术经验优势，将促成此类船舶的商业化实用。VTT 在技术研发过程中一直遵循了物理测试和数字化技术相结合的原则，全面运用

图 9-16　第一代远程遥控自动化船舶

了模型和水池试验、数据分析、计算机可视化等技术手段。罗·罗公司通过与客户、政府以

及分布在全球各地的科研网络进行密切协作，通过船、岸两条线实现未来船舶远程遥控和自动化运营的愿景。罗·罗岸基控制中心概念图如图 9-17 所示。

罗·罗公司与新加坡海工和船舶中心（TCOMS）合作研发了全球顶级的智能船舶基础性技术框架。例如智能传感技术、数字化模型技术以及集成建模技术等。这一系列技术对未来的船舶数据化解决方案研发至关重要。而这些研发成果还将进一步进行验证，从而确定具体的适用船型。通过对先进

图 9-17　罗·罗岸基控制中心概念图

传感器、数据分析和船舶物联网等技术的研发，着力提升船舶的可靠性和高效性。同时通过深入集成全球供应链，将极大降低研发和装备成本，提升投入产出比。

TCOMS 正在建造下一代深海大洋盆地模拟系统，其配备了当前最先进的海浪和洋流发生系统，能够全面模拟各种恶劣海况，包括超深海域海况等。该项目设施完工后将有效促进包括智能浮动平台和船舶自动化系统、船舶机器人以及水下系统等在内的各智能平台的创新性概念研发。

罗·罗在挪威投资了一系列研发项目，包括在奥勒松新建船队管理中心，对船队及船上设备进行远程监视、数据分析和优化运行等。该中心将极大扩展罗·罗的"Power by the Hour"概念在船舶领域的应用，而这一概念已经在航空领域取得了切实有效的成果。"Power by the Hour"是罗·罗船舶部门新近推出的一项服务，该服务采用大数据对船上设备进行监视、计划并执行维护和维修服务，如图 9-18 所示。今后罗·罗会继续在全球范围内寻求与各大组织间的合作发展机遇，力图为整个行业创造相关领域的技术支持和关键装备。

图 9-18　基于大数据对船上设备进行监视、计划并执行维护和维修服务

9.4.3　大智号轮智能运维与健康管理系统

大智号轮是基于 Green Dolphin 型 38800 吨散货船的智能升级船型，是中船集团智能船舶示范工程的创新产品，是全球第一艘申请英国劳氏船级社（LR）智能船符号 CYBER-SAFE、CYBER-PERFORM、CYBER-MAINTAIN 认证的船舶，也是第一艘按照中国船级社（CCS）智能船舶规范建造并申请 CCS 智能船符号 I-SHIP（NMEI）认证的船舶，技术性能达到世界领先水平。中国船级社在船舶智能航行、智能机舱、智能平台、智能能效四个功能上提出了规范要求，而英国劳氏船级社的复杂标志为网络安全方面的规范要求。如图 9-19 所示，大智轮总长 179 m、船宽 32 m、深 15 m，载重量 3.88 万吨，交付招商局集团中外运航运有限公司后，主要用于中澳、东南亚航线煤炭、盐的运输。该船突破了全船信息共享、自主评估与决策、船岸一体等方面关键技术，建立了自主研制与集成的 SOMS 等应用系统，实现了船舶自身和海洋环境等数据信息的自动感知，以及船岸一体的船舶智能化运行管理，实现了我国船舶工业全新的设计建造和运营理念，同时也开启了更加安全、经济、环保的航运时代。

图 9-19　安装有 SOMS 的大智号轮

SOMS 是一款面向运行与维护过程的智能信息分析与决策支持系统。该产品是工业大数据分析与物理信息系统（Cyber-Physical System，CPS）两大智能技术、以及工业互联网应用体系在船舶领域的应用实践。SOMS 集合全船的综合状态、环境与活动信息，以工业大数据分析为手段，构建了以机器自主学习能力形成为目标的船舶 CPS 应用体系。重点关注船舶运行的安全性、经济性、高效性，目的是保障船舶安全、提高船舶能效，减少设备自身或人为因素造成的安全事故和燃油消耗，提供基于本船自身数据分析的运维优化方案，降低运营成本，并通过岸海一体服务能力，向用户提供从集控室/驾驶室到公司总部实现无缝信息交流与协同管理的可能性。

大智号轮 SOMS 的现场应用如图 9-20 所示。该系统实现了对船舶关键系统和设备，包括对主机、辅机、锅炉和轴系等的健康状态评估、分析、预警，综合推进效率、设备状态、航行姿态、燃油成本、排放管理等因素的船舶能效管理与优化决策，以及基于岸基服务管理系统和船岸实时信息传输，如整体航行分析、航段分析、用户定制化需求等信息服务功能。该系统基于智能网络系统，综合船端传感器实时数据和岸端气象水文预报数据，通过船岸一体协同作业，实现了避台、避障、最短航行时间、最省燃油、最舒适和最低总成本等不同航行策略的航路、航速设计和优化。同时，基于船舶主机转速和油耗实时数据，该系统可对航路、航速优化结果进行更新。该系统通过对采集到集成平台的机舱内主要设备信息进行编程处理，输出设备运行健康状态及维护建议等，以实现机舱智能运维功能。

图 9-20　大智号轮 SOMS 的现场应用

SOMS 在充分利用已有船舶设备的监测信息及少量新增的专用传感器的基础上，利用多源监测、预诊断、趋势预测、性能优化、精确运行、自主保障、供应链管理等多领域专业知识，通过针对数据的挖掘与分析，对装备当前及未来的状态进行定量化评估，并结合了运营用户的决策活动需求，从而实现精确设备到精确信息的转变与应用，为不同层次用户的使用、维修、管理等活动提供科学的决策支持。

目前，SOMS 产品已实现健康管理应用、能效管理应用的定制化船基应用和岸海传输系统等应用。

1. 应用一：SOMS 健康管理系统——最大限度提高安全性

SOMS 平台集成了全船设备、环境、活动信息，调用涉及设备安全分析的专用模型库，对应运行工况、实时评价全船总体、主柴油机总体及各关键部件（含气缸、增压器、空冷器、冷却系统、滑油系统、燃油系统等）、发电柴油机组总体及各关键部件（含各组的滑油供给、增压器、冷却系统、发电动机等）、轴系、泵组（基于离线巡检）的安全状态（包括正常/健康、预警、报警三种状态）提供了非健康状态下的特色分析工具，用于处理发现的设备安全问题。同时，健康管理应用提供数值、列表、曲线等多种可视化形式，按设备、类型、事件等多种维度自动生成船舶健康报告，并支持本船数据回放，如图 9-21 所示。该系统能告诉用户各设备是否健康，提前发现潜在的安全隐患，给出高效的问题解决方案。

SOMS 健康管理系统主要特色如下：

1) 特有预警能力，让用户了解真实的设备安全状态、排除隐患。船舶运行的真实工况，设备的状态变化可能会导致安全隐患。SOMS 特有的预警状态评价与预警分析工具，通过实时对比设备的健康基准模型，结合趋势预测模型，一旦通过监测数据变化发现安全隐患（缓变型），则立即告诉用户、并直观地给出问题原因与关键变化参数，帮助用户高效排除安全隐患，并在未来期望达到"近零故障"的运行目标。

2) 特有报警后的分析能力，帮助用户快速找到报警原因、提高排查效率。一旦发生报警事件（突变型），SOMS 特有的报警分析工具可迅速筛选出真实报警信息，给出报警原因、并将报警参数与运行工况的所有相关变化参数相对应，提高船上用户的报警排查效率。

3) 特有主机平衡性与气缸压力分析，低成本实现 PMI ONLINE 的等效功能。通过

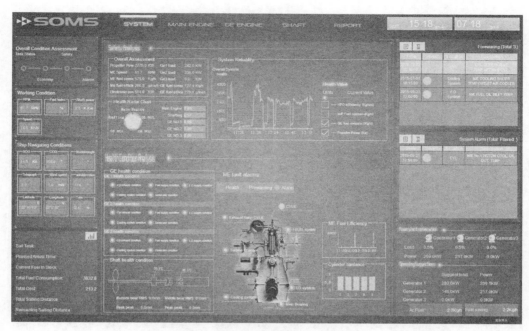

图 9-21 SOMS 健康管理系统主界面

SOMS 特有的主机气缸数据分析模型与低成本、高寿命的专用传感/数据处理设备，可实现对主机气缸状态的在线定性分析，进而通过 SOMS 专用便携式状态评估仪（PDT）与单个缸压传感器，可以对气缸进行离线定量分析，便于找到气缸异常原因，从而以低成本实现 PMI ONLINE 的等效功能。同时，专用 PDT 还可通过接入专用振动传感器实现泵组离线巡检功能。

4）提供可定制的健康管理报告，提高船员活动效率，便于船员管理。提供数值、列表、曲线等多种可视化形式，按设备、类型、事件等多种维度自动生成的船舶健康报告，可按照用户管理需要进行定制，并可发送岸基总部。同时，已实现本船事件回放，事件处理结果的案例库建立与调用，未来可实现船岸互通的船队事件案例共享。

2. 应用二：SOMS 能效管理系统——最大限度降低能耗

基于 SOMS 的信息平台通过调用涉及船舶能效分析的专用模型库，可实时分析评估船舶海上航行能源消耗状态，设备性能-能源效率状态，找到能源消耗去向，并提供船舶航行及设备使用的优化方案，旨在将全船的整体能源成本降到最低。

SOMS 能效管理系统主界面如图 9-22 所示。能效管理应用以特有的可视化方式，实时跟踪并直观显示船舶能耗状态，包括船舶燃油效率（g/kW·h）、船舶能耗（kg/N·m）、推进功率（kW）、电站功率（kW）、油耗（t）、滑失率（%）等关键能耗指标及对应各项的详细组成参数、趋势，实时了解当前能耗状态与能耗去向。同时，基于自身航行数据，建立能耗基准与优化目标，在航行过程中实时计算分析，提供可微调的能效优化工具（如转速优化工具等），指导船员尽可能降低船舶能耗，并可直观看到降耗效果。

SOMS 能效管理系统主要特色如下：

1）能耗状态的实时监控与影响评估，让每个船员意识到其行为对船舶能效的影响。以

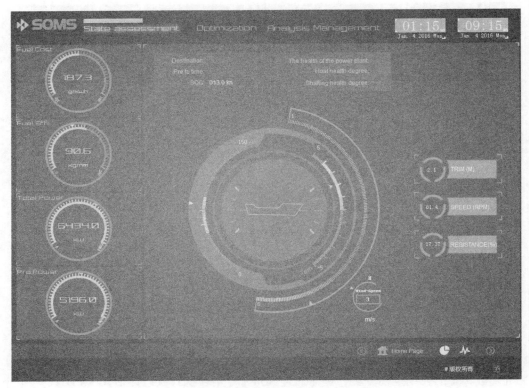

图 9-22　SOMS 能效管理系统主界面

SOMS 特有的可视化方式，实时跟踪并直观显示船舶能耗状态，跟踪各关键能耗指标及对应各项的详细组成参数、趋势，并实时评价包括设备健康、纵倾、转速、污底状态等各项因素在当前航行条件下对于能耗的影响程度是否在可接受的范围内，实时了解当前能耗状态与能耗去向。同时，可按照用户管理需要定制自动生成的能效统计报告，并可发送岸基总部，便于提升活动效率与船员管理。

2）提供 3 个先进的能耗优化工具，最大限度减少油耗。运用 SOMS 特有的能耗数据分析与优化模型，基于自身航行数据，建立能耗基准与优化目标，并在航行过程中实时计算分析。结合当前航速和姿态因素给出可供微调的纵倾优化范围（纵倾优化工具），结合当前转速、航行环境、燃油效率因素给出可供微调的转速优化范围（转速优化工具），结合当前电站运行状态、燃油效率因素给出可供调整的电站负载优化结果（电站负载优化工具），并在 3 个优化工具界面实时显示调整后的油耗指标，指导船员尽可能降低船舶能耗，并直观看到降耗效果。

3. 应用三：SOMS 岸海传输系统——传输量不超 3%，最大限度降低传输成本

基于 SOMS 的集成信息平台利用特有的大数据轻量化模型传输技术，可将岸海传输数据量压缩至原始数据的 1% ~ 3%。该系统使得每月花费仅十几兆卫通流量便实现了全船近千余个状态数据 7×24 h 监控，使总部远程船舶管理成为可能。

船舶行业涵盖现代工业 85% 的装备，因此以理论上讲，适应船舶装备的产品经过适当改进就可以快速移植到其他行业中。由于 SOMS 产品关注于挖掘与分析船舶运行与维护过程中产生的数据，通过对船舶状态变化和趋势的判断和分析，建立了基于数据的状态评估与活

动的决策关系。因此，其在关键技术上具有一定的普适性和可移植性，产品可适用于多类船舶设备与系统。目前，该产品的应用已涉及中速柴油机、低速柴油机、燃气轮机、蒸汽轮机、主传动齿轮箱、泵组、轴系、液压系统等船用设备对象，涵盖动力系统、电力系统、辅助系统等多个船用系统。所以，SOMS 智能船舶运行与维护系统在船舶与非船领域有着广泛的市场应用前景，其应用在将来能够被充分利用到其他的很多行业中去。

SOMS 智能船舶运行与维护系统在工业大数据背景下，具有以产品为核心创造附加增值服务的特点，依托 CPS 与工业大数据技术，能更好地盘活数据、产生价值，实现从数据到价值的转化。面向航运企业，其创值能力的核心体现在降低成本和提升安全性；面向制造业，其创值能力的核心体现在降低成本，提升品质。

本 章 小 结

本章介绍了国内外智慧船舶的发展现状，船舶智能维护与健康管理系统的功能组成及系统架构，智慧船舶的五大关键技术，以及包括美国 ICSA 系统、英国 IAM 系统和中国 SOMS 系统在内的船舶智能维护与健康管理系统，为广大读者提供了一个船舶智能维护与健康管理的发展概貌，为了解智慧船舶的运维管理提供了多个视角。本章涉及的相关系统和技术可作为读者进一步研究智慧船舶和进行延伸阅读的入口。

思考题与习题

9-1　了解德国曼（MAN）公司关于船舶智能运维与健康管理的相关系统。

9-2　请查阅资料并分析近海船舶与远洋船舶在智能运维与健康管理方面的差异。

9-3　请思考船舶智能运维与健康管理系统对船舶维修备件的保障带来的影响。

参 考 文 献

[1]　孙海亮. 关键设备故障定量诊断中的自适应多小波原理与应用 [D]. 西安：西安交通大学，2013.

[2]　廖宇飞，肖德伦. 新型战舰南海深处突发故障　远程会诊成功脱困 [R/OL]. (2012-09-27) [2018-06-10]. http: //mil. huanqiu. com/china/2012-09/3153306. html.

[3]　凤凰网. 美军新驱逐舰轮机故障海上趴窝　保障队千里驰援 [R/OL]. (2015-03-02) [2018-06-10]. http: //news. ifeng. com/coop/20150302/43248314_ 0. shtml#p = 1.

[4]　华征明. 美 1 艘濒海战斗舰刚服役出故障　将维修至明年 2 月 [R/OL]. (2015-12-25) [2018-06-10]. http: //mil. huanqiu. com/world/2015-12/8255505. html.

[5]　徐军. 美国最新战舰频频出故障　两艘被迫停驶靠岸修整 [R/OL]. (2016-01-26) [2018-06-10]. http: //world. huanqiu. com/exclusive/2016-01/8449659. html? qq-pf-to = pcqq. c2c.

[6]　马剑，吕琛，陶来发，等. 船舶主推进系统故障预测与健康管理设计 [J]. 南京航空航天大学学报，2011 (S1)：119-124.

[7]　邱伯华，蒋云鹏，魏慕恒，等. 知识经济与 CPS 在船舶工业中的应用实践 [J]. 信息技术与标准化，2016 (11)：17-21.

第 10 章

高铁故障预测与健康管理

10.1 高铁故障预测与健康管理概述

高速铁路动车组列车（下文简称"高铁"）是中国高端制造业崛起的重要标志以及"制造强国""一带一路"的一张靓丽名片。截止到 2017 年底，我国铁路营业里程达到 12.7 万公里，其中高速铁路 2.5 万公里，"四纵四横"网络已实现，完成"八纵八横"的规划图也指日可待。根据《中长期铁路网规划》，我国高速铁路未来建设目标：2020 年 3 万公里，覆盖 80%以上的大城市；2025 年 3.8 万公里；2030 年 4.5 万公里左右，高速铁路网基本连接省会城市和其他 50 万人口以上大中城市。目前，我国已建成了世界上最先进、最发达的铁路网络，成为名副其实的高铁大国，但还必须从高铁大国向高铁强国挺进，在核心技术上不断发展并持续领先。

高铁机车属于典型的复杂机电系统，以分布式、网络化方式集成了机、电、气、热等多个物理域的部件，部件之间以多种物理作用复杂交互，导致故障表现方式高度复杂化。由于缺乏有效技术装备和系统长期运行的经验积累，我国铁路部门普遍沿用不计成本保安全的劳动力密集型计划维修（即定期维修）体制。该体制是在针对传统机械装备的磨耗型故障模型上形成的，已经难以适应目前集成化机电装备的故障规律，造成维修量大、工作强度高、准确性不足的局面。根据统计，2015 年全路动车组平均检修率达 14.22%，上线率只有75%[1]。更为紧迫的是，我国高铁装备海外出口势头已经形成，但是由于技术装备输入国通常强制要求相关劳动力资源本土化，我国现有劳动力密集型维修体制无法在国外复制，难以满足高铁海外出口的维修保障需求。针对以上现状，铁路维修保障部门已经提出，未来维修方式应该在精确掌握列车状态的前提下，逐渐向状态维修体制过渡，从而保障运行安全、提高维修效率，满足国内和海外维修保障需求。

近年来开始蓬勃发展的大数据、机器学习以及云计算技术，为机械设备维修保障提供了全新的解决途径，以此为支撑的故障预测与健康管理（Prognostic and Health Management，PHM）技术逐渐成熟。国外轨道交通领域技术先行国家在故障预测健康管理方面已经进行了大量的研究和运用，如日本川崎重工的 MON 系统、美国 GE 的 RM&D 系统、加拿大庞巴迪的 MITRAC CC Remote 系统、法国阿尔斯通的 Health Hub 系统、德国西门子的 Railigent 系统等。日本的新干线在 2015 年 7 月，构建了可以连续对东海道新干线上高速列车进行监测，采集并分析车辆上各个重要部件与设备运行状态数据的系统，并在东京、大阪设置了专业分析车辆数据的机构"车辆数据分析中心"，使得维修人员配备减少 1/3，故障大幅下降[2]。美国通用电气公司的 RM&D 平台可以实现对高铁装备进行远程监控与诊断，其包括的功能有：实时监测、故障诊断、关键部件寿命预测，并且可以提供智能维修建议。该系统可以及时发现故障隐患并根据状态推断最佳维护和维修时机，还可以结合系统可靠性和成本等因素，提供维修和保障方案。1990 年投入使用至今，已经实现对全球 15000 台机车的监控和管理，每年可节省成本 10 亿美元左右。阿尔斯通的智能管理系统 Health Hub 利用信息物理系统（Cyber Physical System，CPS）技术框架，可以实现设备中数据的智能连接，云端建模，大数据分析，问题预测和决策等功能。现在的阿尔斯通已经有超过 35% 的收入、50% 的利润来源于对已经卖出设备的服务型管理。

《中国制造 2025》中轨道交通的示范项目明确提出：以绿色智能轨道交通车辆为"移动终端"，集成车载智能化状态监测、故障灾害监测系统等网络化、智能化技术，探索建立"基于物联网的轨道交通装备全寿命周期服务体系"[3]。中国工程院周济院长也在新一代智能制造报告中指出，中国应将高铁等装备的故障预测与健康管理作为率先突破口之一[4]。因此，基于列车运行状态、重要部件等实时参数和设计数据等非实时参数，对高铁故障早期特征，部件寿命预测展开研究，实现我国高铁高效、准确、低成本的运行维护是未来高铁技术的发展重点。

10.2　系统架构

一种典型的高铁 PHM 系统架构如图 10-1 所示，其包含三个主要子系统：车载 PHM 系统、车地数据传输系统、地面 PHM 系统。首先通过传感器采集列车在运行过程中各个关键部件和系统的运行数据，然后利用车载 PHM 系统对这些数据进行分析，并通过车地传输系统将数据与分析结果发送到地面 PHM 系统，进而，地面 PHM 系统通过对这些实时数据和非实时数据进行分析，实现对高速列车的故障诊断和健康管理，最后，根据需求将相应的结果发送给用户和主机厂/供应商。

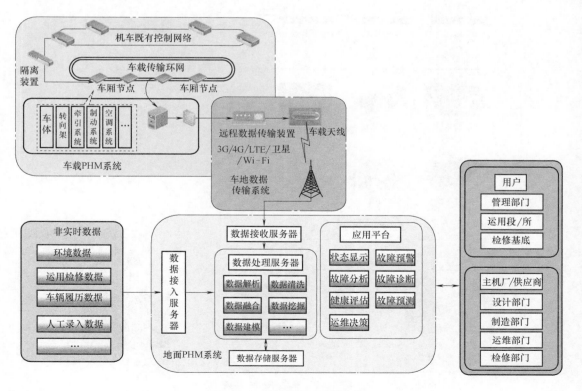

图 10-1　高铁 PHM 系统架构

10.2.1 车载 PHM 系统

车载 PHM 系统实现数据采集，并将数据通过车载传输网络传输到车载 PHM 单元，进行状态显示和故障预警，最终通过远程数据传输装置将数据传输到地面数据中心进行故障诊断和故障预测，车载 PHM 系统的架构如图 10-2 所示。车载 PHM 系统包括两大部分：车载传输网络和车载软硬件。车载传输网络主要利用工业互联网进行数据信息的传输，车载软硬件包括车载 PHM 单元、子系统 PHM 单元和远程数据传输装置。

车载 PHM 系统工作过程如下：子系统 PHM 单元运用多种传感器（温度传感器、速度传感器、压力传感器、加速度传感器等）实现对动车组关键零部件和子系统（车体、转向架、牵引系统、制动系统等）运行数据的采集。通过车载传输网络将每一节车厢的数据汇总到该车厢节点，车载 PHM 可以访问每一个车厢节点，并对这些数据进行分析，得到列车

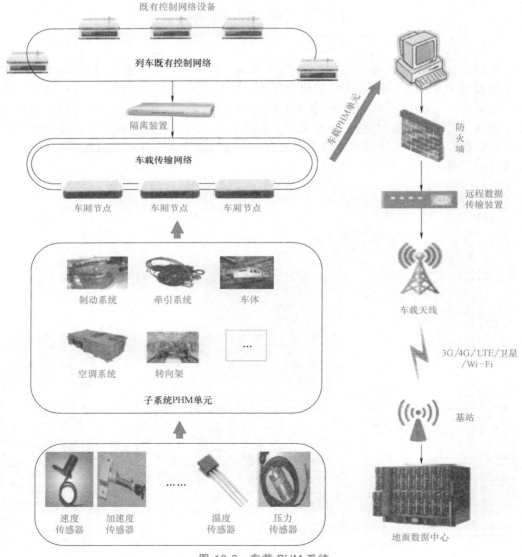

图 10-2　车载 PHM 系统

当前的运行状态，进行评估，同时将数据与分析结果通过远程数据传输装置传送到地面数据中心进行进一步的分析。

10.2.2　车-地数据传输系统

车-地数据传输系统根据环境限制和技术条件，采用包括卫星、3G/4G/LTE 移动通信网络、近场 Wi-Fi 在内的多种途径将车上数据传输到地面数据中心，如图 10-3 所示。

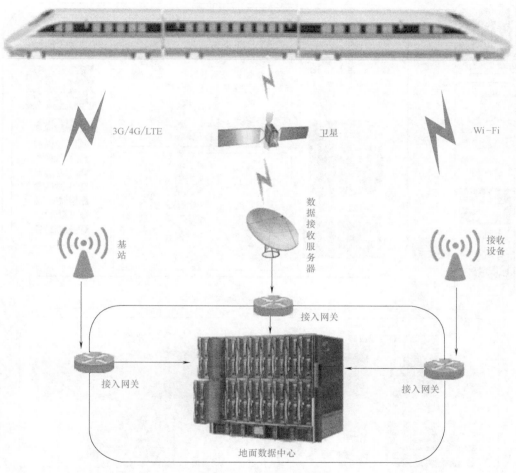

图 10-3　车-地数据传输系统

该系统有两种传输数据的方式：

（1）车-地之间信息实时传输　主要是通过 3G/4G/LTE/卫星传输状态信息和预警信息、故障信息和预测信息。

（2）车-地之间信息宽带传输　主要是通过 Wi-Fi，传输车载 PHM 单元数据和子系统 PHM 单元数据。

对于车-地数据传输系统来说，最重要的是安全性。安全性主要包括物理安全、主机安全、数据安全和应用安全。物理安全主要是指系统应具有防火、防雷措施，防盗窃、防破坏措施；主机安全主要是指系统服务器应具有严格身份鉴别、访问控制及安全审计等功能；数据安全主要是指系统数据应达到保密性和完整性要求，并具有备份和恢复能力；应用安全主要是指系统的通信传输应具有完整性、保密性等能力。

10.2.3 地面 PHM 系统

地面 PHM 系统接收车辆传输到地面的数据和接入设计数据、运维数据、地面监测系统数据，进行数据处理、存储和应用展示，如图 10-4 所示。

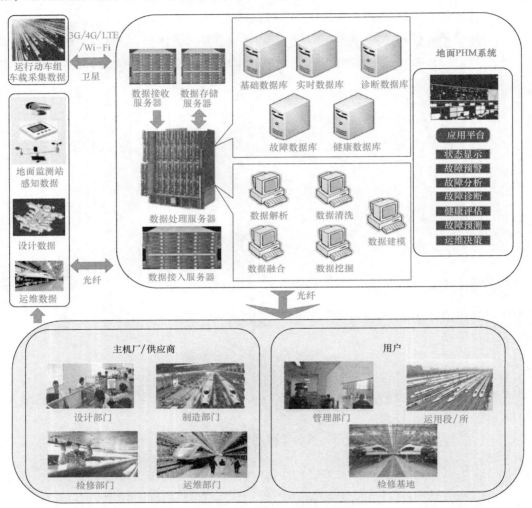

图 10-4 地面 PHM 系统

地面 PHM 利用其强大的数据解析、数据清洗、数据融合、数据挖掘和数据建模能力并结合基础数据库、实时数据库诊断数据库、故障数据库、健康评估库等多种数据库，可以对高速列车群数据、设计数据、运维数据、地面感知数据进行分析，并将分析结果发送到用户和主机厂/供应商。地面 PHM 可以实现以下的功能：

（1）状态显示　显示车组的当前位置、运行状态、远程故障、隐性故障及人工录入故障信息，及时掌握车组的状态信息和故障信息。

（2）故障预警　对车组参数进行监测，实现阈值预警、隐性故障预警、参数突变预警、参数趋势变化预警、模型预警。

（3）故障诊断 实现基于故障案例的故障诊断、基于专家系统的故障诊断、基于数据挖掘的故障诊断等功能，最终定位故障原因，给出推荐的排除故障方案。

（4）故障分析 实现历史故障查询，部件参数变化趋势分析、故障随时间及里程变化分析、故障按不同维度的统计分析等。

（5）健康评估 依据设备状态退化趋势、工作状况与负荷及历史维修数据等，对零部件的当前健康状况进行评估，为后续的故障预测和运维决策提供依据。

（6）故障预测 根据部件退化过程中的征兆信息（结构特性、功能参数、环境条件及历史运行情况），在判断当前故障严重程度的基础上，预测故障的演化趋势或估计剩余寿命。

（7）运维决策 根据部件退化过程中的征兆信息（结构特性、功能参数、环境条件及历史运行情况），在判断当前故障严重程度的基础上，预测故障的演化趋势或估计剩余寿命。

10.3 牵引电动机故障诊断与健康管理关键技术

牵引电动机是高铁机车的关键设备，对高铁安全至关重要，牵引电动机故障诊断与健康管理是高铁健康管理的重要子系统及子模块。牵引电动机大数据故障诊断预测与健康管理系统的整体方案如图 10-5 所示。

通过车载诊断硬件系统，检测牵引电动机的轴承振动信号和定子电流信号，进行数据采集、分析和保存。将适用于在线监测的核心算法集成于车载诊断软件，进行相关状态的监测、评估与预警。车载原始数据和状态数据存储于车载存储设备内，并在机务段通过 WLAN 无线局域网与地面系统进行通信和数据传送。机务段服务器通过专用网络将数据发送到大数据中心，大数据健康管理平台集成了大数据故障诊断和健康管理的核心算法，可对相关数据进行实时和离线的处理，并进行可视化的表达与诊断。

牵引电动机大数据故障诊断与健康管理系统的核心功能包括四个方面：

1）电气故障诊断及绝缘健康管理。

2）机械故障诊断及轴承健康管理。

3）车载硬件系统。

4）大数据健康管理平台。

10.3.1 电气故障诊断及绝缘健康管理

电气故障可采用定子电流信号进行诊断，诊断结果准确可靠。定子电流信号不同于振动信号，由于电流互感器原理与变压器原理相同，利用电磁感应来改变测量电流信号的大小，与外界环境无关，不受其他信息的干扰，所以提取的信号具有较好的信噪比。电气故障诊断及绝缘健康管理主要包含五个步骤：绝缘老化机理研究、试验方案设计、试验步骤规划、信号处理分析与健康管理模块设计。

1. 绝缘老化机理研究

绝缘系统是电动机结构中较薄弱的环节，老化、磨损、过热、受潮、污染、电晕都可以

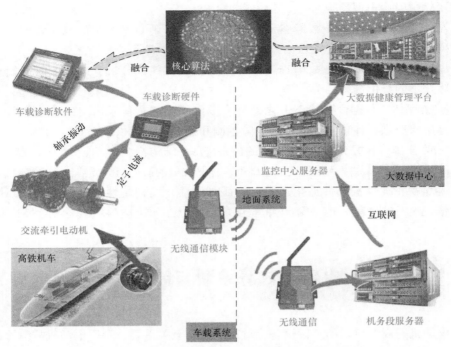

图 10-5　牵引电动机大数据故障诊断与健康管理系统整体方案

导致绝缘系统的电气性能降低，从而引发其他故障的发生。通常按老化机理和老化因子的不同，牵引电动机绝缘部件老化大致有以下几种类型：

（1）绝缘的热老化　电动机长年累月的连续运行，导致绕组及其连接线的绝缘层发生热老化，从而使得绝缘材料的绝缘强度降低或丧失。热老化的表象有：漆包线的绝缘漆膜出现较明显的硬脆裂纹和剥落，在槽衬出现变色脆化；而热塑性的成型绕组定子的绝缘会发生膨胀。

（2）局部烧损　由于轴承等机械零件发生故障，造成电动机定子和转子中心不对称，发生扫膛现象，铁心出现局部高温，导致主绝缘被破坏而接地。

（3）机械损伤　在电动机的绕组嵌线时主绝缘受到外伤，机械应力造成线圈在铁心槽内松动，绕组的端部固定不牢以及电动机的冷却介质当中细小而坚硬的固体颗粒物过多，使得牵引电动机在运行中产生线圈振动、互相摩擦挤压、局部位移导致绝缘损坏。

（4）铁磁损坏　由于在槽内或线圈上附有铁磁物质，这些铁磁物质会在交变磁通的作用下产生振动，导致绝缘磨损。假如铁磁物质较大，就会产生涡流，导致绝缘的局部热损坏。

（5）电老化　电老化是绝缘材料所独具的老化形式。它是高电压或高电场强度长期作用所引起的老化。在电老化中又有电晕放电、电弧放电、火花放电、电树枝化、电化学树枝化、电化学腐蚀等因素引起的不同电老化形式。

为了诊断绝缘引起的电气故障，最有效的方法是根据电流峰值或均方根值的大小对故障程度进行评定，并通过分解交流电动机故障信号中的各种频率成分来揭示动态波形中所反映的故障类型，详见表 10-1。其中 CF 表示中心频率（Center Frequency），RS 表示旋转速度

（Running Speed）。

表 10-1 不同故障对应的中心频率关系

典型故障	中心频率（CF）
定子机械问题（如线圈松动、铁心位移等）	$CF=RS×$定子槽数 线频边带
定子电气问题（短路）	$CF=RS×$定子槽数 线频边带伴随转频边带
转子故障	$CF=RS×$转子条数 线频边带
转子静态偏心	$CF=RS×$转子条数 线频和两倍线频边带
转子动态偏心	$CF=RS×$转子条数 线频和两倍线频边带，伴随转频边带
机械不平衡（和不对中）	$CF=RS×$转子条数线频边带，4倍线频间隔，2倍线频峰值

2. 绝缘试验方案设计

在绝缘实验中，可递进式地对绝缘材料、绝缘部件和整体电动机的真实情况进行模拟，了解绝缘材料、绝缘部件的老化性能，收集不同老化状态下的电流变化情况数据，为故障诊断做数据支持。绝缘试验需针对一种典型的牵引电动机绝缘部件，分别分析绝缘材料、绝缘部件和整机，通常需要预制 10 类故障（绝缘材料分层故障、绝缘部件分层故障、绝缘部件匝间短路、绝缘部件对地短路、绝缘部件端部泄漏、整机绝缘材料分层故障、整机匝间短路、整机对地短路、整机端部泄漏和整机断条），每类故障提供 5 个样本。针对绝缘材料和绝缘部件，分别开展 4 种环境下（热环境、强电环境、机械环境、耦合环境）的老化性能试验；针对整机，开展台架实验测试。分层故障分为横截面宽度的 20%以下分层、20%~50%分层以及 50%以上面积分层；整机端部泄漏按额定转速分低速、中速、高速（低速为额定转速 20%以下，时间占比 20%；中速为额定转速 20%~50%，时间占比 40%；高速为额定转速 50%以上，时间占比 40%）3 种工况测试；整机断条分为单根 20%以下深度断裂、20%~50%断裂以及 50%以上断裂 3 类工况，按低速、中速、高速 3 种转速运行测试，模拟真实的试验环境。

3. 绝缘实验步骤规划

（1）绝缘材料性能试验　为绝缘部件性能试验提供数据支持。

1）做绝缘材料在热环境中的分层老化故障试验。

2）做绝缘材料在强电环境中的分层老化故障试验。

3）做绝缘材料在机械动态环境中的分层老化故障试验。

4）做绝缘材料在热、电和机械耦合环境中的分层老化故障试验。

（2）绝缘部件性能试验　为牵引电动机整机绝缘性能试验提供数据支持。

1）做绝缘部件分层故障环境试验。

2）做绝缘部件匝间短路故障环境试验。

3）做绝缘部件对地短路故障环境试验。

4）做绝缘部件端部泄露故障环境试验。

（3）牵引电动机整机绝缘性能试验

1）做牵引电动机整机绝缘材料分层台架故障试验。

2）做牵引电动机整机绝缘匝间短路台架故障试验。

3）做牵引电动机整机绝缘对地短路台架故障试验。

4）做牵引电动机整机端部泄露台架故障试验。

5）做牵引电动机整机绝缘断条台架故障试验。

（4）全流程环境与故障试验　试验数据采集的方法是根据环境试验标准要求布置测点，台架试验采集母线电容耦合器的信号，一台电动机布置 6 个。

4. 信号处理分析

牵引电动机绝缘故障主要集中在定子上，故障形式以绕线匝间短路、绕线对地短路和绕线间相互短路为主。由于电动机发生绝缘故障时母线电容耦合器（电流互感器）信号会产生突变，因此结合相位信息、电流、电压信息可对常见的几类故障进行故障判别。

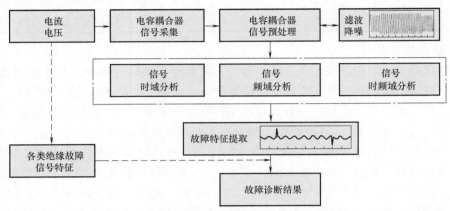

图 10-6　牵引电动机绝缘故障诊断流程图

通过母线电容耦合器信号进行绝缘故障诊断的流程如图 10-6 所示，其难点在于信号处理方法的构造、特征提取以及评价指标的建立。针对此问题，结合牵引电动机定子电流信号特点，分别展开信号预处理（降噪、去干扰等）、信号处理方法（时域、频域、时频域）、特征提取（时域、频域、时频域）以及评价指标的构造等方面的研究，从而实现绝缘故障的准确量化评估。

5. 健康管理模块设计

牵引电动机绝缘健康管理架构如图 10-7 所示。其中牵引电动机绝缘故障离线试验生成初始的故障样本库，可以作为大数据健康管理平台的初始知识库，并且这个知识库可通过在线监测数据不断积累完善。在线监测可以实时地采集牵引电动机定子电流、温度和电压等信号，并对信号做相应的信号处理和故障特征提取。健康管理模块主要包括两个部分。第一部分是状态监测，平台可以根据评价指标实时判断、显示牵引电动机运行状态是否正常，并且实时监测绝缘部件的老化状态，为牵引电动机的健康运行提供指导。第二部分是故障诊断预示，根据监测异常状态，调取故障样本库信息以及实施各类信号处理方法，实现故障的有效定位以及健康状态的量化评估。

10.3.2　牵引电动机机械故障诊断及轴承健康管理

采用振动信号特别适用于诊断电动机的机械故障。在牵引电动机中，机械故障主要包括转子及轴承故障，这两类故障属于典型的高发故障，在牵引电动机中作用重大而且损伤率高，可通过分析振动时域特征及频谱中相对应的特定频率来确认轴承具体位置的故障类型。机械故障诊断及轴承健康管理主要包含四个主要部分，分别为转子与轴承故障机理研究、故障模拟实验方案设计、试验步骤规划和转子与轴承健康管理模块设计。

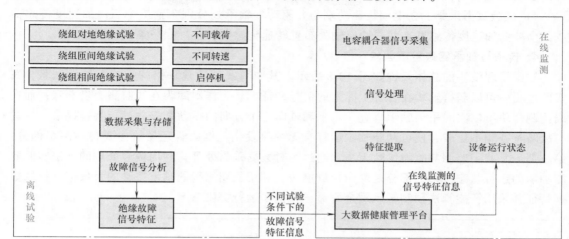

图 10-7　牵引电动机绝缘健康管理架构

1. 转子与轴承故障机理研究

转子故障主要包括不对中与不平衡，故障特征频率为转频及其倍频，而当轴承发生损伤类故障时，损伤点可能出现在内圈、外圈、保持架或是滚动体上，或同时出现在不同的元件上，损伤点越多振动信号就越复杂。

损伤点出现在某个元件上时可以根据轴承转速、轴承的结构特点及几何尺寸计算出故障特征频率的理论值。外圈故障、内圈故障、滚动体故障、保持架故障的故障特征频率理论值计算公式参照第八章表 8-6，对比轴承振动信号特征与各个故障特征频率便可对轴承的各类故障进行诊断。

2. 转子与轴承故障模拟实验方案设计

针对不同型号、不同损伤类型、不同故障类型与程度的轴承，在不同载荷环境下进行试验，了解不同轴承在各种条件下的运行特点，验证轴承动力学模型，收集不同的试验数据为故障诊断和寿命预测做数据支持。通常需要在牵引电动机的驱动端与非驱动端轴承上，为每个型号轴承预制 12 类故障（外圈微弱故障、外圈中度故障、外圈严重故障、内圈微弱故障、内圈中度故障、内圈严重故障、滚动体微弱故障、滚动体中度故障、滚动体严重故障、保持架微弱故障、保持架中度故障、保持架严重故障），每类故障轴承提供 8 个样本，并在模拟真实环境的轴承试验台上进行实验。

3. 试验步骤规划

1）轻载工况（额定载荷 20% 以下）条件下分别开展低速、中速、高速试验（低速为额定转速 20% 以下，时间占比 20%，中速为额定转速 20%~50%，时间占比 40%，高速为额定转速 50% 以上，时间占比 40%）。

2）中载工况（额定载荷 20%~50%）条件下分别开展低速、中速、高速试验（低速为额定转速 20% 以下，时间占比 20%，中速为额定转速 20%~50%，时间占比 40%，高速为额定转速 50% 以上，时间占比 40%）。

3）重载工况（额定载荷 50% 以上）条件下分别开展低速、中速、高速试验（低速为额定转速 20% 以下，时间占比 20%，中速为额定转速 20%~50%，时间占比 40%，高速为额定转速 50% 以上，时间占比 40%）。

4）试验数据采集，在电动机驱动端与非驱动端轴承处分别布置 1 个三向加速度传感器或 3 个单向加速度传感器，并在输出轴处布置转速传感器，全过程采集试验数据。

4. 转子与轴承健康管理模块

健康管理模块的总体架构如图 10-8 所示。其中离线试验模块指的是前期轴承试验，在实验过程中可以获得轴承在各种工况下的信号特征，作为样本库为在线监测提供参考；而在线监测模块可以实时采集轴承垂直、水平和轴向三个方向的振动数据并进行特征提取，通过与故障特征频率比较，便可判断轴承运行有无故障发生。健康管理模块主要包括两个部分：第一部分是状态监测与故障诊断模块，通过实时数据采集处理，利用信号处理的方法实时监测轴承的运行状态；第二部分是寿命预测模块，利用长期测得的轴承振动的大数据，提取数据特征并采用智能算法预测轴承剩余寿命，为机车运行提供参考。

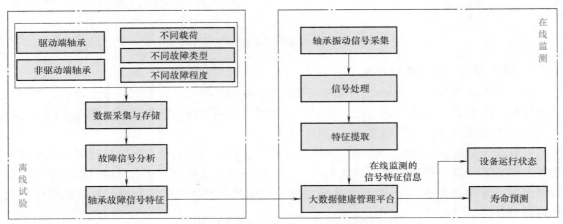

图 10-8　牵引电动机转子与轴承健康管理架构

10.3.3　车载硬件系统

车载监测诊断硬件系统的框架如图 10-9 所示，它通过 PXI 总线形式进行数据交互，便于多通道的信号采集的扩展。采集的信号类型包括轴承的振动信号和定子的电流信号，分别采用加速度传感器和电流传感器测量。采集的信号依次通过信号调理模块和数据采集模块，然后传输至总线，最后实现计算、显示和存储。车载显示和车载报警装置是硬件系统的输出外部设备，它们主要进行状态显示和预警播报。数据存储模块分为三个区域：固定长度缓存区、预警区间缓存区、状态数据缓存区。固定长度缓存区将始终存储最近的一段时间（如 1 小时）的原始数据，预警区间缓存区将缓存预警发生前后一段时间的原始数据（如半小时），状态数据缓存区将保存整个运行过程中运行状态和特征指标数据。缓存区的数据在机务段通过 WLAN 无线局域网传送到地面服务器，并进而通过互联网汇总到大数据中心。

10.3.4　大数据健康管理平台

牵引电动机大数据健康管理平台如图 10-10 所示。该平台引入新一代物联网、大数据、云计算以及移动化等信息技术，利用感知层设备获取对象属性信息和实时生产数据，将前述

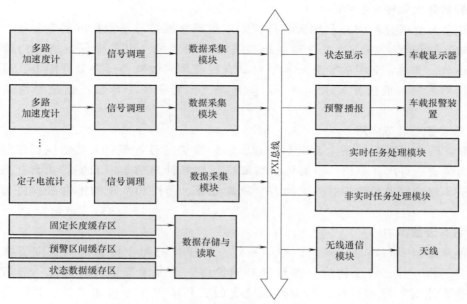

图 10-9　牵引电动机故障诊断预测与健康管理车载硬件系统框架

的故障诊断预示研究成果集成于大数据分析中心，实现运行设备的全面监测、诊断与状态预示，给面向物联网的机车检修信息系统中各个应用服务提供监控、分析和全面决策的支持，其包括如下五个关键组成部分：

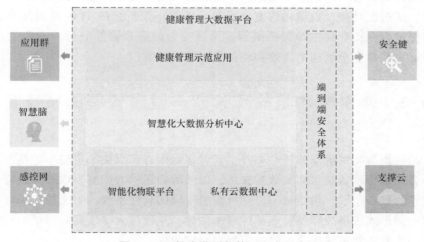

图 10-10　健康监测与管理平台架构

1. 智能化物联平台

构建机车健康传感数据物联网，集成多种类型的传感设备，从而实现：

（1）全面感知　利用机车车身传感器、信息抓取设备等随时随地获取机车监控相关信息（如振动数据、定子电流数据）。

（2）可靠传递　通过各种电信网络与互联网的融合，将机车的各类信息准确地传递出去。

2. 智慧化大数据分析中心

智慧化大数据分析中心利用大数据技术实现维修维护海量数据的精准分析，并在此基础上建立知识库，这是健康管理系统核心技术的集成，也是确保最终应用效果的核心支撑环节。实时、全面的智慧分析平台具有提前预判故障及预警处置能力，可根据关键设备传感数据，通过光、电、声、信多种快速预警手段，智慧送达报警信息和处置指令。

3. 健康管理示范应用

健康管理系统涵盖产品生命周期管理、维修维护过程管理、人员协同调度等，以数据分析为基础进行闭环分析，根据分析结果进行检修计划的制定和安排执行任务，从而在贯穿机车健康管理活动中对故障预警、故障处置、部件和系统的维修维护进行信息化保障。

4. 私有云数据中心

私有云数据中心是灵活高效、性能稳定、多样化的弹性资源池和数据资源基础设施，可多、快、好、省地构建高质量云基础设施。通过虚拟化物理资源，进行弹性资源池的合理计划和技术设计，配套性能稳定的云环境管理方法和工具，并基于动态资源选择合理的地理资源管理系统平台、方便快捷的移动终端设备、适合协同调度且兼具可视化监控管理的智能化大屏，实现从基础设施到数据设施和应用支撑平台设施的综合性支撑云平台。

5. 端到端安全体系

构建全局化的安全保障链条，重点保护传感器网络、数据内容、核心应用、用户身份和行为的安全，通过工具化、自动化的安全手段，应对不断扩张的 IT 基础设施和数据管理资源，将安全保护方案提升到主动保护级别，加强安全的综合监控分析，避免"只查不做"，通过安全指标来衡量安全治理的成效和相关安全建设绩效。

10.4　牵引电动机故障诊断与健康管理的系统实现

牵引电动机作为高铁机车的核心部件，其健康运维方式直接决定整车的性能及其维护水平。通过整合先进传感器技术和大数据技术，以领域知识作为依据，以故障预警、故障诊断和寿命预测作为核心手段，构建牵引电动机健康管理的软件系统，可支持自动化、智能化故障诊断，以预测形式提供故障预警和部件寿命估计，从而可大幅度提高车辆运行安全性和故障诊断效率，为复杂装备的优化运维决策提供关键依据。

本节中介绍的牵引电动机故障诊断与健康管理软件系统实现的主要功能为：电动机轴承的故障诊断与寿命预测。关键技术与总体方案如图 10-11 所示。

软件系统主要包含健康状态指标报警及健康预测两大功能，系统架构参照 10.2 节。其中车载 PHM 系统采集振动、温度、电流、油压等实测数据，以及 GPS、载荷谱、速度谱、轨道参数等工况数据；然后，车-地传输系统将状态指标与数据传输至地面分析系统；最后，地面分析系统实现阈值学习、深度学习分类与预测模型，从而通过大数据实现轴承的故障诊断及健康管理。

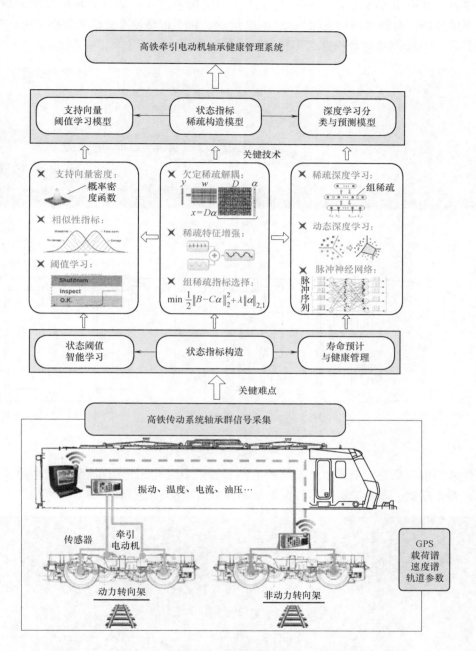

图 10-11　电动机故障诊断与健康管理平台关键技术与总体方案

10.4.1　牵引电动机轴承状态监测与故障诊断

　　本节所述的牵引电动机轴承状态监测系统不仅在电动机的驱动端轴承以及非驱动端轴承周围布置振动传感器，而且需要额外在牵引传动系统的轮对轴承上布置若干加速度传感器，因此需在动力转向架车厢（含有牵引电动机）及非动力转向架车厢（不含有牵引电动机）

布置传感器。其中动力转向架上至少布置 12 个加速度传感器。非动力转向架上至少布置 8 个加速度传感器。高铁机车示意图如图 10-12 所示，机车传感器布置位置如图 10-13 中的 1～20 标号所示，总传感器数目根据机车转向架的数目决定。

图 10-12　高铁机车示意图

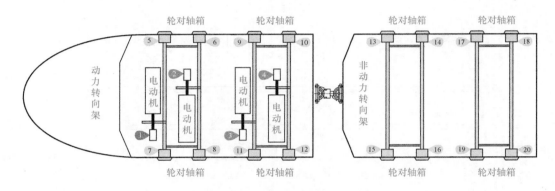

图 10-13　机车传感器布置位置

高铁牵引电动机在线监测软件系统的主界面如图 10-14 及图 10-15 所示，主要从列车运行区间、列车车次、车厢节次等多方面展示高铁牵引电动机的故障信息。

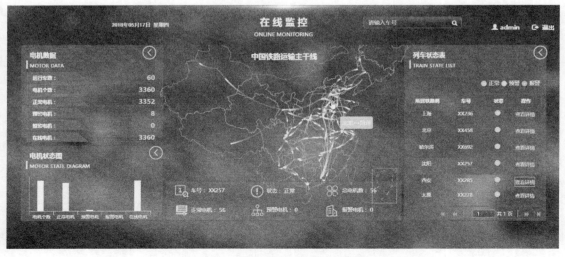

图 10-14　高铁牵引电动机在线监测系统

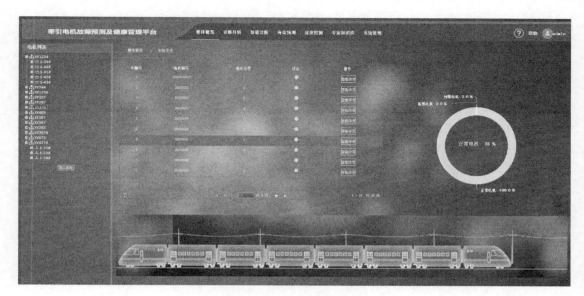

图 10-15 高铁牵引电动机状态预警

当在线 PHM 系统检测出电动机报警后,将故障数据传输至地面 PHM 系统,采用先进的时频域分析方法可对轴承故障类型进行判断。如图 10-16 所示,从某时刻牵引电动机驱动端轴承的振动时域信号中可看见明显的冲击波形,且频谱图中存在滚子的一倍频和二倍频的峰值,并且以保持架频率双边调制,这表明滚子或保持架存在故障,需要重点监测。

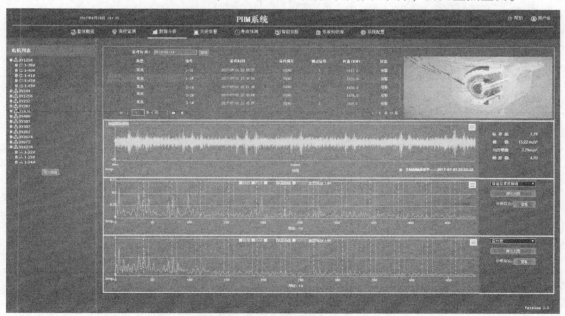

图 10-16 高铁牵引电动机故障诊断界面

10.4.2 牵引电动机故障数据库构建

对轴承进行故障诊断能够及时报警并避免出现安全问题,但是无法预测轴承能够运行的时间，因此无法进行轴承的健康评估与管理。目前，对积累的监测数据进行智能寿命预测，是难度最大、挑战性最强的关键技术，至今尚未有非常有效的方法，仍是当前国内外的热点研究领域。

在高铁牵引电动机健康管理系统中，典型故障样本的获取是一个至关重要的问题，也是一个非常棘手的难题。因此，借助实验制造故障数据是十分重要的。为了获取牵引电动机轴承的故障数据，在完善的健康管理系统搭建之前，必须借助实验构造各种故障类型的轴承故障数据库。

本节所述软件系统中，根据对某型号牵引电动机轴承的调研及讨论，确定的牵引电动机驱动端轴承和非驱动端轴承早期微弱的故障制备方法及尺寸参数分别见表 10-2 和表 10-3。

表 10-2 非驱动端承（球轴承）故障预制试验

实验对象	实验对象选取标准	制备方法	故障样本数
全新轴承	无故障	全新轴承	2
外圈	点蚀、划痕、裂纹故障（轴承厂商在零部件组装前采用激光预制故障或拆解已有轴承来用激光预制故障）	点蚀：深度 0.3mm，ϕ0.2mm	4
		宽度方向压划痕：深度 0.3mm，长度 0.4，宽度 0.2mm	4
内圈		点蚀：深度 0.3mm，ϕ0.2mm	4
		宽度方向压划痕：深度 0.3mm，长度 0.4mm，宽度 0.2mm	4
滚动体		点蚀：深度 0.3mm，ϕ0.2mm	8
保持架		保持架两侧圆顶部裂纹：深度 0.3mm，宽度 0.3mm，长度 0.3mm	8

表 10-3 驱动端轴承（圆柱滚子轴承）故障预制试验

实验对象	实验对象选取标准	制备方法	故障样本数
全新轴承	无故障	收集全新轴承	2
外圈	点蚀、划痕、裂纹故障（轴承厂商在零部件组装前采用激光预制故障或拆解已有轴承来用激光预制故障）	宽度方向压划痕：深度 0.3mm，长度 0.6，宽度 0.2mm	8
内圈		宽度方向压划痕：深度 0.3mm，长度 0.6，宽度 0.2mm	11
滚动体		长度方向压划痕：深度 0.3mm，长度 0.6，宽度 0.2mm	8
保持架		非铆钉面框体 R 角两个裂纹：深度 0.3mm，宽度 0.2mm，长度 0.5mm	8

轴承试验台的结构如图 10-17 所示。其中电动机非驱动端 A 处和电动机驱动端 B 处安装两个三向传感器，分别监测测试轴承 A 和 B 的三向振动情况。A 和 B 之间的两个轴承为陪试轴承，通过监测 A 和 B 轴承的振动信息，也可以诊断陪试轴承的故障情况。当进行大量试验时，一旦发现陪试轴承出现异常，就必须及时更换。

在轴承试验台上进行模拟实验，模拟高铁运行过程中的起动和制动，进行加减速试验；最后进行寿命试验。按照《GB/T 24607—2009 滚动轴承 寿命与可靠性试验及评定》的规定

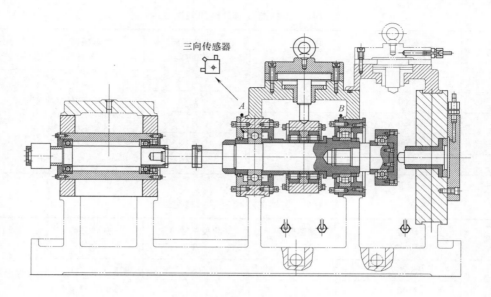

三向传感器

图 10-17　高铁轴承试验机的结构图

设定转速谱与载荷谱，研究高铁轴承的失效过程及寿命曲线，为健康预测算法的训练提供数据支持。

根据某牵引电动机的额定功率及转速设计的工况模拟参数（见表 10-4～表 10-9），按照所列转速、载荷进行试验，并对轴承样本的振动加速度信号及温度、转速等信号进行采集。

表 10-4　无轴向载荷轻载加减速试验

序号	转速 /r·min⁻¹	加减速时间 /min	阶段总时间 /min	加载载荷 /kN	温升 /℃
1	800	1/3	2	1）试验机施加的径向载荷为 5.4kN 2）轴向载荷为 0kN	≤80
2	2800	1/3	2		
3	4500	1/3	5		
4	2800	1/3	2		
5	800	1/3	2		

表 10-5　无轴向载荷中载加减速试验

序号	转速 /r·min⁻¹	加减速时间 /min	阶段总时间 /min	加载载荷 /kN	温升 /℃
1	800	1/3	2	1）试验机施加的径向载荷为 6kN 2）轴向载荷为 0kN	≤80
2	2800	1/3	2		
3	4500	1/3	5		
4	2800	1/3	2		
5	800	1/3	2		

表 10-6　无轴向载荷重载加减速试验

序号	转速 /r·min⁻¹	加减速时间 /min	阶段总时间 /min	加载载荷 /kN	温升 /℃
1	800	1/3	2		
2	2800	1/3	2	1）试验机施加的径向载荷为 7.2 kN 2）轴向载荷为 0 kN	
3	4500	1/3	5		≤80
4	2800	1/3	2		
5	800	1/3	2		

表 10-7　有轴向载荷轻载加减速试验

序号	转速 /r·min⁻¹	加减速时间 /min	阶段总时间 /min	加载载荷 /kN	温升 /℃
1	800	1/3	2		
2	2800	1/3	2	1）试验机施加的径向载荷为 5.4 kN 2）轴向载荷为 0.8 kN	
3	4500	1/3	5		≤80
4	2800	1/3	2		
5	800	1/3	2		

表 10-8　有轴向载荷中载加减速试验

序号	转速 /r·min⁻¹	加减速时间 /min	阶段总时间 /min	加载载荷 /kN	温升 /℃
1	800	1/3	2		
2	2800	1/3	2	1）试验机施加的径向载荷为 6 kN 2）轴向载荷为 1 kN	
3	4500	1/3	5		≤80
4	2800	1/3	2		
5	800	1/3	2		

表 10-9　有轴向载荷重载加减速试验

序号	转速 /r·min⁻¹	加减速时间 /min	阶段总时间 /min	加载载荷 /kN	温升 /℃
1	800	1/3	2		
2	2800	1/3	2	1）试验机施加的径向载荷为 7.2 kN 2）轴向载荷为 1.2 kN	
3	4500	1/3	5		≤80
4	2800	1/3	2		
5	800	1/3	2		

　　试验采集得到的转速、轴向载荷、径向载荷如图 10-18 所示。其中前 20 min 为试验机磨合阶段，后 40 min 为正式试验。实验积累的振动与温度等数据存储于数据库中，为地面 PHM 系统提供数据支撑。

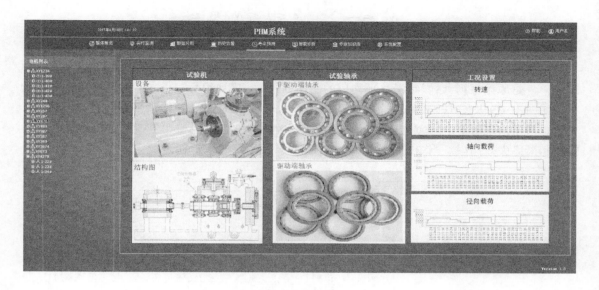

图 10-18　故障数据库查看界面

10.4.3　牵引电动机轴承寿命预测与健康管理

获取实验得到的故障数据及高铁实时运行采集的数据后，需要借助大数据分析方法对轴承健康状态进行评估与预测，在当前的此类软件中采用两种方法进行寿命预测。

1．基于相对均方根值的轴承寿命预测

轴承的性能退化是一个逐渐发展的过程。新轴承开始工作，首先经过一个很短的磨合期；然后进入长期的稳定正常工作期；随后出现轻微损伤，进入衰退期；随着故障发展，最终轴承失效。根据轴承的运行状态，轴承寿命可分为三个时期：正常期、衰退期、失效期。磨合期因时间较短，所以包含在正常期之中。

均方根值（Root Mean Square，RMS）指标法具有较好的稳定性，随着故障发展稳定增长，其公式如下：

$$x_{\mathrm{rms}} = \sqrt{\frac{1}{n}\sum_{i=1}^{n}x(i)^2} \tag{10-1}$$

式中，$x(i)$ 是信号序列，$i = 1$，2，$\cdots$，n 是点数。但是轴承个体差异对原始 RMS 的影响太大，因此需要对 RMS 进行标准化处理。具体流程如下：

首先选取正常期内一段趋势平稳的 RMS，将该段 RMS 平均数定为标准值。随后计算原始 RMS 与标准值之比，得到相对均方根值（Relative Root Mean Square，RRMS）。最后为减少振动特征随机性的影响，利用 7 点滑移平均处理 RRMS，得到平滑的 RRMS，结果如图 10-19 所示。7 点滑移平均按照如下公式计算：

$$y_k^{MA} = \frac{1}{k+3}\sum_{i=1}^{k+3}y_i, k \leqslant 3$$

$$y_k^{MA} = \frac{1}{7} \sum_{i=k-3}^{k+3} y_i, 4 \leqslant k \leqslant N-3$$

$$y_k^{MA} = \frac{1}{N-k+4} \sum_{i=k-3}^{N} y_i, N-2 \leqslant k \leqslant N \qquad (10\text{-}2)$$

式中　　y 是原始序列；y^{MA} 是滑移平均后的新序列；k 是序列编号，$k = 1$，2，$\cdots$，N。

如图 10-19 及图 10-20 所示，正常期内两个失效轴承的 RRMS 非常平稳，且差异很小。当初始损伤出现后 RRMS 就会迅速升高。定义 RRMS 值 "1.1" 和 "3" 为轴承衰退期起始门限和最终失效门限。当 RRMS 处于二者之间时，轴承处于衰退期。

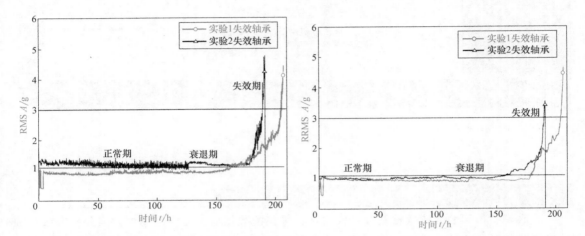

图 10-19　实验 1 和实验 2 失效轴承的 RMS 对比　　图 10-20　实验 1 和实验 2 失效轴承的 RRMS 对比

RRMS 作为轴承性能退化评估指标具有以下优点：

1）RRMS 对初始损伤敏感，且随着损伤发展，呈明显上升趋势。

2）与综合指标相比，RRMS 易于计算。

3）RRMS 消除了轴承个体差异的影响，通用性较好。

2. 多输出多变量支持向量机预测方法

支持向量机（Support Vector Machine，SVM）是一种解决小样本分类与预测问题的机器学习算法。该方法建立在统计学习理论的基础上，已成功应用于金融、电力等众多系统的预测中。然而，目前的 SVM 预测都是针对单变量时间序列的预测的。所谓的单变量时间序列是指某种现象的某一个统计指标在不同时间上的各个数值，按时间先后顺序排列而形成的序列。该指标是时间的函数，但其自身不是时间。而剩余寿命就是时间，因此无法形成单变量时间序列。现有的基于 SVM 寿命预测模型均是针对与寿命密切相关的某个指标进行单变量预测，并不能直接预测剩余使用时间。剩余寿命易受多种因素影响，需要预测其在多个变量共同作用下的变化趋势。单变量 SVM 单独提取一个变量进行研究，在预测过程中既不经济，也不准确，无法满足寿命预测需要。因此亟需研究一种可在小样本条件下利用多种信息综合预测寿命的方法。

多输出多变量支持向量机是单输出多变量支持向量的多维拓展，自变量为 $\{z_i, i=1$，2，$\cdots M\}$，因变量 L 是多变量形式，即 $L=\{l_k, k=1, 2, \cdots, K\}$，样本集表示为：

$$S = \{ (z_{1,j}, z_{2,j}, \cdots, z_{M,j}; l_{1,j}, l_{2,j}, \cdots, l_{K,j}) \mid_{j=1}^{N} \} \tag{10-3}$$

训练样本对的输入表示为：$\boldsymbol{X}_{\text{train}} = (\boldsymbol{x}_1 \quad \boldsymbol{x}_2 \quad \cdots \quad \boldsymbol{x}_n)^T$ 不变，输出 $\boldsymbol{Y}_{\text{train}}$ 表示为：

$$\boldsymbol{Y}_{\text{train}} = \begin{pmatrix} \boldsymbol{y}_1 \\ \boldsymbol{y}_2 \\ \vdots \\ \boldsymbol{y}_{n-m} \end{pmatrix} = \begin{pmatrix} l_{1,m} & l_{2,m} & \cdots & l_{K,m} \\ l_{1,m+1} & l_{2,m+1} & \cdots & l_{K,m+1} \\ \vdots & \vdots & \vdots & \vdots \\ l_{1,n} & l_{2,n} & \cdots & l_{K,n} \end{pmatrix} \tag{10-4}$$

多输出多变量支持向量机的优化问题可表示为：

$$\min \frac{1}{2} \sum_{k=1}^{K} \| \boldsymbol{w}^k \|^2 + C \sum_{k=1}^{K} \sum_{j=1}^{N} (\xi_j^k + \xi_j^{k*})$$

$$\text{s.t.} \begin{cases} y_j^k - (\boldsymbol{w}^k \cdot \boldsymbol{x}_j + b^k) \leqslant \varepsilon + \xi_j^k \\ (\boldsymbol{w}^k \cdot \boldsymbol{x}_j + b^k) - y_j^k \leqslant \varepsilon + \xi_j^{k*} & , j = 1, \cdots N; k = 1, \cdots, K \\ \xi_j^k, \xi_j^{k*} \geqslant 0 \end{cases} \tag{10-5}$$

其中，i、j、m、n、k、K、M 和 N 为正整数，$\boldsymbol{w}$ 表示原点至超平面的向量，b 表示偏置，ε 为不敏感损失因子，ξ 表示松弛因子，C 表示惩罚因子，$\min$ 表示求最小值的运算，$\| \quad \|^2$ 表示二范数，s.t. 是 subject to 的缩写，表示约束条件。引入拉格朗日乘子 α^k、α^{k*}、β^k 和 β^{k*}，将约束条件输入目标函数中，可得：

$$L(\boldsymbol{w}^k, \alpha^k, \alpha^{k*}, \beta^k, \beta^{k*}) = \frac{1}{2} \sum_{k=1}^{K} \| \boldsymbol{w}^k \|^2 + C \sum_{k=1}^{K} \sum_{j=1}^{N} (\xi_j^k + \xi_j^{k*}) - \alpha_j^k [y_j^k - (\boldsymbol{w}^k \cdot \boldsymbol{x}_j) - b^k -$$
$$\varepsilon - \xi_j^k] - \alpha_j^{k*} [(\boldsymbol{w}^k \cdot \boldsymbol{x}_j) + b^k - y_j^k - \varepsilon - \xi_j^{k*}] - \beta_j^k \xi_j^k - \beta_j^{k*} \xi_j^{k*} \tag{10-6}$$

拉格朗日函数在鞍点处 $\boldsymbol{w}^k$、b^k、ξ^k 和 ξ^{k*} 的梯度为零，对式（10-6）进行简化，并引入该函数，将优化问题转化为对偶二次优规划问题：

$$\max W(\alpha_j^k, \alpha_j^{k*}) = -\frac{1}{2} \sum_{k=1}^{K} \sum_{j,r=1}^{N} (\alpha_j^k - \alpha_j^{k*})(\alpha_j^k - \alpha_j^{k*}) K(\boldsymbol{x}_j, \boldsymbol{x}_r) -$$
$$\sum_{k=1}^{K} \sum_{j=1}^{N} (\alpha_j^k + \alpha_j^{k*}) \varepsilon + \sum_{k=1}^{K} \sum_{j=1}^{N} y_j^k (\alpha_j^k - \alpha_j^{k*})$$

$$\text{s.t.} \begin{cases} \sum_{k=1}^{K} \sum_{j=1}^{N} (\alpha_j^k - \alpha_j^{k*}) = 0, \\ 0 \leqslant \alpha_j^k \leqslant C, & k = 1, 2, \cdots, K; j = 1, 2, \cdots, N \\ 0 \leqslant \alpha_j^{k*} \leqslant C, \end{cases} \tag{10-7}$$

决策函数为：

$$f^k(x) = \sum_{j=1}^{N} (\alpha_j^k - \alpha_j^{k*}) K(\boldsymbol{x}_i, \boldsymbol{x}) + b^k, k = 1, 2, \cdots, K \tag{10-8}$$

多变量预测理论是利用可观测的多种信息和变量综合描述事物的发展规律，并预测其未来状态的理论方法，可以有效解决多种因素影响下的寿命预测问题。从状态监测的现状和预测的需求出发，将多变量预测理论和支持向量机方法相结合，构造多变量支持向量机方法处理小样本多变量的寿命预测问题。该方法可以有效克服单变量 SVM 结构简单、信息匮乏等缺点，利用各种有效信息综合评定设备状态，预测其剩余寿命。

　　牵引电动机轴承寿命预测与健康管理软件界面如图 10-21 和图 10-22 所示，通过将牵引电动机当前运行状态，数据与故障数据库进行综合比对与智能分析，可以实现故障识别及寿命预测。

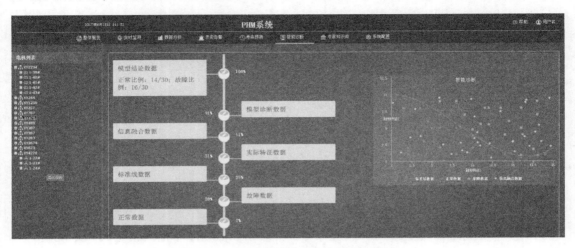

图 10-21　电动机轴承状态分类软件界面

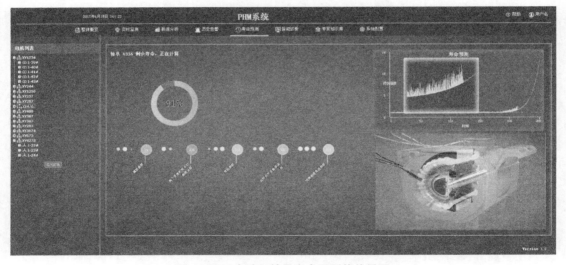

图 10-22　电动机轴承寿命预测软件界面

本 章 小 结

　　本章介绍了高铁故障预测与健康管理的必要性以及国内外在高铁 PHM 领域的发展现状，然后给出了高铁故障预测与健康管理的总体架构，对车载 PHM 系统、车地数据传输系统、地面 PHM 系统进行了介绍，同时以牵引电动机为例，介绍了其故障诊断及健康管理的关键技术及实施方案，最后给出了软件实施方案及案例，便于读者理解牵引电动机健康管理的内容，还为读者设计故障实验及研究新的寿命预测方法提供了参考。

思考题与习题

10-1 了解与掌握牵引电动机故障模式的种类。

10-2 高铁轴承发生故障之后有哪些表征方法?

10-3 为什么故障模拟试验对于牵引电动机健康管理至关重要?

参 考 文 献

［1］ 周斌, 谢名源, 吴克明. 动车组维修体制现状分析及展望 ［J］. 机车电传动, 2017 (1): 17-21.

［2］ 西村恭一, 彭惠民. 采用新干线车辆设备数据构建检修体制 ［J］. 国外机车车辆工艺, 2017 (6): 31-33.

［3］ 国务院. 国务院关于印发《中国制造 2025》的通知 ［R/OL］. 北京: 工业和信息化部, (2015-05-19) ［2018-06-10］. http: //www. miit. gov. cn/n 973401/n1234620/n1234622/c4409653/content. html.

［4］ 周济. 新一代智能制造——新一轮工业革命的核心驱动力 ［R］. (2018-01-12) ［2018-06-10］.

第11章

航天航空健康管理

11.1 航天航空健康管理概述

随着航空装备的不断发展，航空装备的安全性、可靠性以及维修保障性等面临越来越高的要求。统计数据显示，全世界过去十几年的飞行事故中，24%源于飞行器子系统和部件的故障，26%源于硬件和系统故障引起的飞行失控，而在商用飞机领域，飞机生命周期内95%的成本都是用于飞机维护和维修的[1]。为了提高装备的可靠性、安全性和保障性，减少使用和维修费用，将健康管理系统引入到航天航空领域有着重要意义。健康管理系统是先进航空发动机的重要标志，也是构建新型维修保障体制的核心技术之一。从飞行器的发展历史来看，航天航空健康管理系统在飞行安全和装备保障中发挥着越来越重要的作用，同时也在深刻地改变着先进航空装备的运行和维修保障模式。

航天航空健康管理系统一般由机上部分（机载系统）机下部分（地面系统）构成。机载系统通过传感器获得监测信息等各类数据，将信息发送到地面站系统处理，形成故障隔离任务。根据数据中所携带的诊断信息和寿命管理信息以及故障隔离处理结果，产生备件需求信息、发动机维修更换件信息等，并将其发送至车间优化检修系统以及供应链系统等，必要的条件下也发送至基地级大修系统。这便构成了以机载系统为基础和核心的航空发动机健康管理系统以及发动机维修模式。

根据不同的应用对象，健康管理系统也有着不同的发展方向。例如，有针对民用飞机的机载维护系统（Onboard Maintenance System，OMS），也有直升机健康与使用监控系统（HUMS 系统）以及战斗机的故障预测和健康管理系统（PHM 系统），工作环境更为恶劣的运载火箭等航天器同样也配备了先进的健康管理系统。

航天航空健康管理系统可用以确保飞行器的飞行安全，在飞行器飞行（具体到发动机运行）过程中，对关键部件的状态进行实时监测，对飞行过程中系统部件尤其是发动机的运行信息以及异常事件进行记录和存储，用于进行事后的诊断和维修；对飞行中危及飞行安全的危险故障进行早期监测并向飞行员以及地面基站提供报警信息，避免二次损伤和装备损失。

航天航空健康管理系统的最终目标是通过改变发动机的状态监测方法、维修方式以及维修保障，将飞行器发动机的作战或民用的可用率以及运行安全性最大化，将发动机的维修保障费用以及运行危险性最小化。该系统可以减小任务放弃率、空中停车率、提前换发率等指标，从而改善发动机的飞行安全性、完好率，并有效减少外场级维修的工作量，进而减少维修保障费用，提高维修效率。

纵观国内外各种先进机型，以及各种直升机、民用飞机甚至是运载火箭等，其先进性离不开健康管理系统的保障。例如，美国普拉特·惠特尼集团公司（Pratt & Whitney Group），简称普惠公司（P&W），为美国军方设计制造的 F119、F135 发动机，英国罗·罗公司（Rolls-Royce Ltd.）设计制造用于空客公司（Airbus）A380 飞机的 Trent 900 发动机和美国空天发动机等，都配备了完善先进的发动机健康管理系统。

作为美国未来五代战机重点发展的主力机型，F35 战机配备了 F135 发动机，代表了当今战机和战机发动机的最高水平。F135 发动机配备的 EHM 系统代表了当今航天航空健康管理 PHM 系统的最高发展水平。

PHM 系统帮助 F35 战斗机显著降低了飞机的再次出动时间，将平均修复时间降低 50%，将飞机的展开时间降低 36%～45%，维护人员减少 33%，备件减少 43%，支持设备减少 60%，使飞机寿命达到 8000h，显著保障了飞行安全，提高了任务成功率，降低了虚警率、误警率、故障不可复现率和重测合格率，减少了全寿命费用，充分发挥了 PHM 系统以及智能化飞机的优势[2]。

英国罗·罗公司设计制造的 Trent 900 发动机同样配备了先进的发动机健康管理系统（EHM 系统）。该系统是空客 A380 飞机整体的机载维护系统（OMS）的重要组成部分，从核心处保证了飞机的运行安全。该系统也是 PHM 系统应用于民用飞机的先进和典型代表，很好地保障了 A380 客机的运行安全、减少了维修费用，有效地提高了飞机的运行和维修效率。

波音公司也已将健康管理系统应用到民用航空领域，该系统被称为飞机状态管理系统（Aircraft Health Management，AHM），目前已经在法国航空公司、美国航空公司、日本航空公司和新加坡航空公司的波音 777、波音 747-400、空客 A320、空客 A330 和空客 A340 上得到大量采用，有效地提高了飞行安全和航班运营效率。2006 年起这套系统进一步扩大应用于泰国航空公司、阿联酋航空公司和新西兰航空公司等[3]。据波音公司初步估计，其 AHM 系统为全球 42% 以上的 777 飞机和 28% 以上的 747-400 飞机提供实时监控和决策支持服务。AHM 收集飞行中的数据，并通过 MyBoeingFleet.com 网站实时传送给地面维修人员，在飞机降落前准备好零备件和资料，可以更有效地提高航线维修效率[4]，使用 AHM 可使航空公司节省约 25% 的因航班延误和取消而导致的费用[3]。此外，AHM 通过帮助航空公司识别重复出现的故障和发展趋势，可支持机队实现长期的可靠性计划。

从总体上来说，航天航空健康管理系统正在航天航空领域扮演着重要的角色，深刻地影响着飞行器和航空发动机的发展方向和发展趋势。随着飞行器以及航空发动机的发展，航天航空健康管理系统将会发挥着越来越重要的作用，成为飞行器以及航空发动机的设计、制造、运行和维修过程中最基本而不可或缺的一部分。

11.2　空天发动机健康管理

液体火箭发动机是运载火箭最重要的组成部件，由于其系统结构复杂、系统耦合性强、运行工况恶劣（高温、高压、强腐蚀、高密度能量释放率），成为运载火箭故障的敏感多发部位。载人航天、空间站与深空探测技术的发展，对液体火箭发动机的安全性与可靠性提出了越来越高的要求。为了提高运载火箭整体的可靠性、安全性以及经济性，需要对发动机关键部件和整机运行情况进行严格的状态监测与故障诊断。

液体火箭发动机的健康管理与故障诊断技术主要是利用传感器集成、测量获得能够反映发动机当前运行状态的测点信号，通过各种故障诊断算法与智能模型监测、隔离、诊断（识别和定位）、预测发动机性能[5-8]，从而保证发动机系统安全。发动机健康管理已成为当前国内外研制新一代航天系统和实现自主式保障的核心技术手段，是提高复杂系统可靠性、维修性、保障性、安全性和测试性及降低寿命周期费用的一项极具前景的军民两用技术[9]。

发达国家对火箭发动机健康管理技术的关注与重视由来已久，并针对健康管理技术与系统研发开展了大量工作。液体火箭发动机健康管理技术与研究随着航天任务需求的发展应运而生并逐步完善，最开始是由于 1967 年美国阿波罗登月计划执行中出现的一系列严重设备故障引出的，随后在美国航空航天管理局（National Aeronautics and Space Administration，NASA）大力支持下，健康管理技术得到了长足发展[10]。尤其到 20 世纪 70 年代初期，美国的一种部分可重复使用的航天飞机主发动机（Space Shuttle Main Engine，SSME）研制成功。为了提高 SSME 等液体火箭发动机的安全性与可靠性，降低发动机故障，NASA 持续对健康监测与项目管理方面的项目投入经费并逐年增加预算，相继研制了多个发动机健康监控系统，并逐步经历了发动机的故障模式收集、信息特征获取、智能算法研究和典型系统的工程应用等阶段[11,12]。目前比较成熟的故障诊断系统已经在工程中得到广泛应用，并取得显著效果。20 世纪 80 年代，苏联/俄罗斯针对 RD-170 和 RD-120 等大型液体火箭发动机成功开发了技术诊断系统（Technology Diagnostic System，TDS）[13]、健康监测和寿命评估与预测系统，并实现了 RD-170 的地面试验和飞行后的技术状态评估[14]。20 世纪 90 年代，法国开发了用于阿里安 5 液体火箭发动机的监测系统[15]，能够在发动机严重故障时关闭发动机，同时，德国也研制了基于智能模式识别的液体火箭发动机专家系统[16]。另外，欧洲太空局在未来运载火箭技术方案研制计划中（Future Launcher Technology Project，FLTP），将火箭动力系统健康监测列为主要分系统[17]。在 H-2 运载火箭发射屡次失败后，日本对液体火箭发动机的健康监控与寿命评估预测研究日益重视，并提出了 H-2 运载火箭发动机的实时监测技术[11,18]。

美国先后提出了空间运载计划（Space Launch Initiative，SLI）[19]和集成空间运载计划（Integrated Space Transportation Plan，ISTP）[20]，进一步加强与提高液体火箭发动机的健康管理技术，并加大了运载器健康监控系统和长寿命运载火箭结构等关键技术领域的研究力度与经费投入，从而实现降低火箭发射成本与危险性的目的。当前，在 NASA 为替代航天飞机而开发的新一代载人火箭战神 I-X 健康管理系统的试验验证中，肯尼迪航天中心成功进行了其地面诊断原型演示，同时，NASA 的探测系统任务部将该研发系统技术确定为火星探测任务中系统设计的重要组成部分[21]。

11.2.1　美国液体火箭发动机健康管理系统

1. 航天飞机主发动机健康监测系统的发展历程

美国是最早关注并发起液体火箭发动机健康管理系统研制的国家之一，是目前全球开展相关研究最多、最全面及最成熟的国家，从其发展历程和现状就能清楚地看到发动机健康管理技术与研究的发展趋势与未来方向。以 SSME 作为对象，NASA 从 20 世纪 70 年代至今发展了多种类型的发动机健康监控系统，其发展经历可以分为以下三个阶段。

（1）第一阶段：具有实时性高、算法简单、实现功能单一的在线系统　20 世纪 70 年代初，美国研制成功基于 SSME 工作参数的红线阈值检测与报警系统[22]，可以对 SSME 高压涡轮泵的五个参数进行实时监控。系统采用固定阈值进行判断，计算量小，但对传感器要求较高，对缓变故障和早期故障难以及时检测，而且故障覆盖面有限、鲁棒性差、可靠性低[10,23]。

（2）第二阶段：实现具有复杂算法功能及模块化的工程应用系统研发　应用于实时健康监测的代表系统有：20 世纪 80 年代中期，开发的故障检测系统（System of Anomaly and Fault Detection，SAFD）[24]，进一步优化了红线阈值监控的检测能力，用于 SSME 地面试车中。通过涡轮泵系统的关键测量参数进行故障的门限检测，可监测 SSME 的 23 路参数。其特点是将算法软件部分独立于硬件以及相应的支撑软件，并能进行多种算法并行运算，采用冗余设计和表决报警技术，提高了故障检测可靠性。20 世纪 90 年代初，提出了实时振动监测系统（Real Time Vibration Monitoring System，RTVMS）[25]，可以同时处理 32 通道的振动信号，经过了 400 多次发动机试车考核验证，并在飞行环境下验证了系统的各项性能，具有很高可靠性。同时期，还有飞行加速度计安全关机系统（Flight Accelerometer Safety Cut-off System，FASCOS）[23]。应用于离线地面试车的系统有：事后分析的发动机数据解释系统（Engine Data Interpretation System，EDIS）[26,27]、试车后诊断系统（Post Test Diagnostic System，PTDS）[10]、推进系统自动数据检测系统（Automated Propulsion Data Screening，APDS）[23] 和自动数据约简/参数选取系统（Automated Data Reduction /Feature Extraction，ADR/FE）[25] 等。

（3）第三阶段：实现具有高度集成化、智能化及综合能力的健康管理系统研发　20 世纪 90 年代后期到现在，美国相继开展了多个具有先进健康监控或健康管理系统的研究和开发，包括健康监控系统（Health Monitoring System，HMS）[10]，系统集成传感器技术、SSME 性能模型和故障检测算法等，在此基础上，将多信息源关联，实现融合决策以减少误报警率。火箭发动机健康管理系统（Health Management System for Rocket Engine，HMSRE）[23] 有效集成了红线关机、FASCOS 和 SAFD 等系统，共同组成并行开放式结构，能对 SSME 的状态和故障进行更全面、更及时地检测。2005 年，NASA 马歇尔太空飞行中心与波音公司的洛克达因火箭实验室合作，针对 Block II 型 SSME 开发了先进健康管理系统（Advanced Health Management System，AHMS）[16]，系统通过箭载健康管理计算机（Health Management Computer，HMC）集成了实时振动监控 RTVMS、光学羽流异常检测（Optical Plume Anomaly Detection，OPAD）和基于线性发动机模型（Linear Engine Model，LEM）的三个实时故障检测子系统。研究表明，该系统可以有效降低航天飞机的发射故障，从而提高航天任务的成功概率[11,12]，并且在降低航天飞机升空损失概率方面的效果甚至优于型号本身改进的效果。

同时在研究的还包括，健康监控系统（Health Monitoring System，HMS）[10]、集成健康监控（Integrated Health Monitoring，IHM）[27]、智能控制系统（Intelligent Control System，ICS）[28]、智能集成飞行器管理系统（Intelligent Integrated Vehicle Management，IIVM）[29,30] 等多种系统框架或方案，以及包括美国 Gensym 公司多年来发展和不断持续改进的火箭发动机实时诊断系统开发平台 G2 等[31]。

2. 健康监控系统 HMS

20 世纪 90 年代，美国研制了一个具有代表性的 SSME 综合健康管理系统，即健康监控系统 HMS，其健康监控功能通过三个层次来实现，如图 11-1 所示。最低层是传感器信息处理层，采用多种故障检测算法对输入信号进行分析计算，在发动机起动和稳态过程综合运用递归结构辨识（Recursive Structural Identification，RESID）、时间序列分析算法和聚类分析方法等实现故障检测，在停机过程运用 RESID 算法完成故障检测。中间层用于对各种算法的结果进行交互验证，确定各个部件的参数正常/非正常条件，并综合评定发动机特定部件的健康情况。顶层则组合各部件的状态来确定发动机的整体健康状态，并作出是否停机的决策。这一系统将传感器技术、SSME 性能模型和故障检测算法结合起来考虑，并将多种信息源进行相互关联和交叉检查，即融合决策，以减少误报警率。

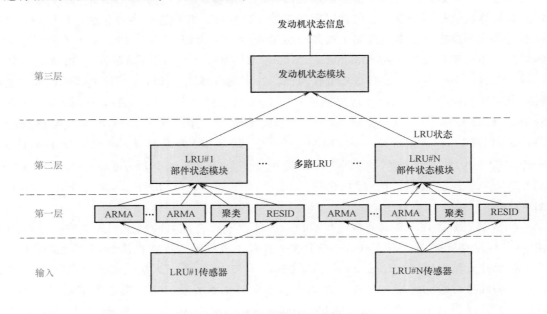

图 11-1　并行处理的多层级监测系统

SSME 地面测试的 HMS 系统框架图如图 11-2 所示。系统任务管理模块监督 HMS 的整个操作：根据当前 HMS 的配置和状态，提供用户输入/输出数据、系统资源管理和任务调度。任务管理模块的 5 个主要任务是：发动机健康监测、测试数据记录、离线数据分析、数据库管理和系统通信。发动机健康监测任务包含故障检测和决策的所有功能，是 HMS 系统中最关键的部分，其硬件架构部分需要专用硬件实时操作，必须实时运行，以提供发动机停机功能。发动机测试数据记录是另一项实时性较高的关键任务，因为它必须在测试期间提供所有所需传感器数据的实时存储，其目的是以规定格式向 HMS 提供本地数据，以用于离线数据分析和算法开发。

任务管理模块的离线数据分析，数据库管理和系统通信三个主要任务并不是实时性的，而是为 HMS 提供必要功能。离线数据分析任务将提供分析 SSME 地面测试数据，验证现有算法及新开发故障检测算法的能力，这对维护和更新系统的监测范围至关重要。数据库管理器为有序地组织和维护所有 HMS 系统数据提供工具支持。数据库还包含待下载到实时 HMS

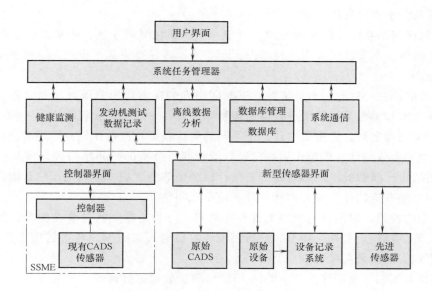

图 11-2 HMS 地面测试系统框架

健康监控功能模块的所有参数、模型和阈值。系统通信任务允许操作人员发送和接收信息，如 HMS 数据，并提供对系统的远程访问。

11.2.2 故障诊断案例

1. 基于 ARMA 分析的发动机主级工作阶段故障诊断

时间序列分析是数理统计学的一个专业分支。时间序列是指某一现象随着时间变化的特征数据序列。时间序列分析是对有序的记录（观测）数据（即时间序列）进行统计学意义上的处理与分析的一种数学方法，其本质是为寻找记录数据各个元素之间存在的统计关系进而进行预测的方法[32]。时间序列分析方法所需历史数据少、工作量小，但是它要求影响预测对象的各个因素不发生突变，因此，它适用于序列变化比较均匀的短期预测情况，预测步数越长精度越差[33]。自回归滑动平均模型（Auto-Regression and Moving Average，ARMA）是一种最常用的时间序列分析方法，主要利用单个传感器先前的信号评估当前的信号，建立 ARMA 信号结构模型以检测故障，主要特点是利用已建立的 ARMA 模型对系统将来时刻的状态进行外推预测。选择 ARMA 模型作为发动机系统的实时在线故障检测算法，主要是因为[10,34]：

1）SSME 主级运行阶段，重要的发动机监测参数表现出较好的平稳特性，单变量 ARMA 模型非常适合于表征在给定功率下的参数行为变化，如主燃烧室压力，燃料预燃室压力，涡轮泵入口和出口压力以及温度参数在给定功率情况下正常运行情况。

2）建立 ARMA 模型用于故障检测，通常只需要发动机正常工作时的数据。

3）基于时序分析的故障检测方法具有良好实时在线工作能力。

4）ARMA 模型算法理论发展成熟，并且在很多领域成功应用。

（1）ARMA 建模过程　ARMA 建模过程的流程图如图 11-3 所示。主要包括时间序列数据的采集和预处理，模型结构确定，模型参数估计，模型适用性检验以及利用建立的模型进行预测分析几个步骤，具体如下[35,36]：

1）时间序列的特性分析与预处理。对于一个非平稳时间序列，通常需要从时间序列的随机性、平稳性、季节性三方面进行考虑，若要建模首先要将其平稳化，这里主要应用差分法进行预处理。

2）模型的识别与建立。首先需要计算时间序列的样本自相关函数和偏自相关函数，利用自相关函数图和偏相关函数图进行模型识别和定阶。一般来说，仅使用这一种方法往往无法完成模型识别和定阶，还需要估计几个不同的确认模型，进行比较并最终确立模型。

3）模型的参数估计。模型识别和定阶只能判断所分析的时间序列大概服从何种的模型类型和模型结构，模型的最终形式还需要估计模型中的参数后才能确定。估计时间序列模型参数的常用方法有矩估计、极大似然估计和最小二乘估计。

4）模型的检验。时间序列模型的检验有两类：一类是模型的显著性检验，另一类是模型参数的显著性检验。另外，评价和分析模型还可以通过对时间序列进行历史模拟和预测、比较预测值和实测值来实现。

5）模型的预测。应用建立的 ARMA 模型对测量数据进行预测。

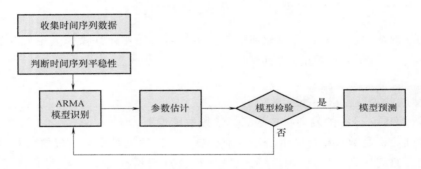

图 11-3　ARMA 建模过程流程图

（2）ARMA 诊断案例　单变量 ARMA 模型建立使用的参数组见表 11-1。案例中应用了 100 点（4s）的数据集进行模型训练，并根据以下步骤和准则确定不同参数的 ARMA 模型结构。

1）时间序列的相关性分析：通过其自相关函数（Autocorrelation Function，ACF）和偏相关函数（Partial Autocorrelation Function，PACF）判断。

2）模型定阶方法：FPE（Final Predict Error，FPE）准则。

残差分析检验：对所建立的 ARMA 模型的残差和其自相关函数进行检验，以保证所建立的模型残差自相关函数属于一定的统计置信区间（如99%）。

3）频率响应检验：由模型计算得到的频谱与实际测量数据频谱进行比较，两者良好的匹配表明所建立的模型是适用的。

4）零极点检验：零极点评价检验 ARMA 模型的极点及零点以保证模型的稳定性和适用性。在零点和极点相消或接近相消的情况下，表明更低阶的 ARMA 模型是合适的。

需要注意的是，发动机在主级稳态工作期间建立的 ARMA 模型的计算残差应为白噪声，其相关函数落在给定统计置信区间内；否则，计算残差不再是白噪声，自相关函数将超出置信区间。

表 11-1 ARMA 模型建立使用的参数组

序号	参数名称	序号	参数名称
1	低压氢涡轮出口压力	10	高压氧涡轮入口温度
2	高压氢泵入口压力	11	低压氢泵转速
3	低压氧泵出口压力	12	低压氧泵转速
4	高压氢涡轮泵出口压力	13	预压泵出口压力
5	高压氢泵出口压力	14	主燃烧室氢入口压力
6	高压氧泵出口压力	15	两个调节阀位置
7	预烧室压力	16	高压氢泵入口温度
8	主燃烧室冷却出口压力	17	高压氢泵转速
9	主燃烧室压力	18	高压氧涡轮转速

图 11-4 所示是 75% 额定功率情况下测试低压燃油涡轮泵出口压力 (LPFT DS PR) 99% 置信区间残差内的自相关函数。通过选取 100 点 (4 s) 的训练数据集，建立了单变量 ARMA 模型。可以看出，与残差宽度相关的置信区间随着用于模型估计数据点数量的增加而减小，因此设计时必须在更少的训练集数目与更宽的置信区间之间权衡考虑。

在故障发生时，模型输出将会偏离测量值，相关函数残差位于置信区间外，如图 11-5 所示。图 11-6 所示是整个测试期间内残差的自相关函数。从图中可以看出相关函数峰值表现异常。

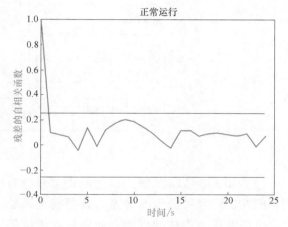

图 11-4 低压燃油涡轮泵出口压力相关函数

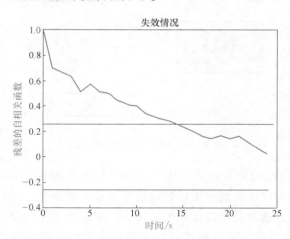

图 11-5 数据偏离 ARMA 模型预测时低压燃油涡轮泵出口压力残差相关函数

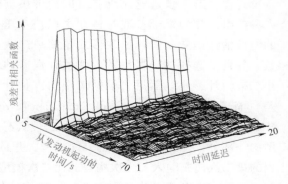

图 11-6 应用 ARMA 模型对测试 901~110 故障检测

283

2. 基于 RESID 的发动机起动阶段故障诊断

（1）RESID 算法流程　　RESID 算法是一种基于自适应学习网络的非线性回归方法，通过简单二次型函数建立不同模式特征间的复杂非线性关系[11]。其基本思想是：利用不同传感器监测参数之间的相互关系，建立发动机非线性辨识模型；利用该模型估计发动机在工作时关键监测参数的期望值，通过对实际测量值与期望值之间的误差进行检验而做出故障决策。可见，建立发动机非线性辨识模型是解决问题的核心。该方法通过把实际系统（过程）分解为多个子模型的线性组合来逼近原系统（过程）的静态或准静态特性，最终将辨识问题转化为参数估计问题，所要估计的参数便是各个子模型的组合系数。在选择系统模型拟合函数过程中需要注意的是：必须对系统中的各个变量做相关分析，删除次要量和影响较小量，从而选取合适的项数及相关高阶交叉项作为拟合函数。算法受到经验知识累积影响及复杂性影响，其函数项不能取得过多。能够实现系统模型建立的算法流程如图 11-7[18] 所示。

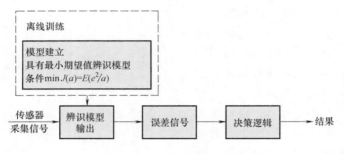

图 11-7　RESID 算法故障识别流程图

（2）RESID 诊断案例　　以主燃烧室压力为例，RESID 模型根据传感器输入数据间关系建立主燃烧室压力的估计模型，如果输入测量值包含故障，则主燃烧室压力测量值和正常状态下的预测值间会产生偏离。RESID 故障诊断就是通过设定主燃烧室压力测量值与估计值间的误差阈值来完成。图 11-8 所示是 RESID 算法的建模过程：第一步是建立所有可能的传感器输入参数组，并为每个参数对建立主燃烧室压力的构件估计函数。估计函数形式是简单二次函数，并且要选择估计器系数，使估计误差的最小二乘估计最小。然后，根据最小均方估计误差（Minimum Mean Squared Estimation Error,

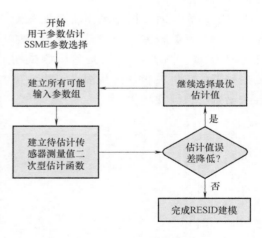

图 11-8　RESID 算法建模过程

MMSE）对二元模型进行评估和排序，使具有最小 MMSE 固定项数的二次模型成为 RESID 模型的一部分，抛弃其余所有的二元模型，并且将所选模型的主燃烧室估算值作为模型建立过程的第二次递归输入，再次构建二元二次模型，选择其中最优的模型作为后续递归优化的限制，即其 MMSE 必须小于它们上一轮的估计值。第二轮得到的新估计值将作为第三轮的输入，并依此类推，直到仅剩唯一的估算值符合判定条件，或者所有估算值都不符合条件，则结束递归过程，完成 RESID 模型。当仅有唯一估计值时，RESID 模型的参数估计值就选取该值；当所有估计值都不符合递归条件时，就选取前一轮的最佳估计模型值作为 RESID 模型结构的最终二次型函数。

上述建模过程依赖于建立和验证的训练数据，因此训练数据的选择对模型建立至关重要，选取的测试数据要覆盖所有主要传感器测量的变化范围，然后对这些测试数据随机采样，用于 RESID 模型的建模过程。本案例是应用 RESID 算法预测主燃烧室压力值，由于主燃烧室压力值是推进剂阀位置以及推进剂流速的函数，因此应用这两个传感器测量值对压力值进行估计。图 11-9a 所示是起动阶段通过推进剂体积流量计算主燃烧室压力的预测值。同样地，图 11-9b 所示是起动阶段由推进剂阀位置计算主燃烧室压力预测值。图 11-10 a、b 所示是通过同样方法计算的停机阶段主燃烧室压力预测值。

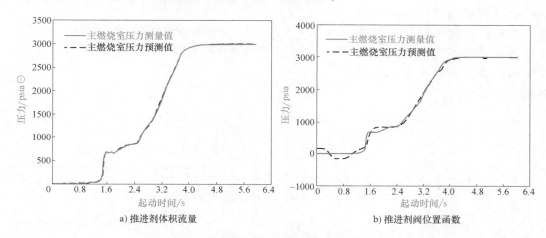

图 11-9 起动阶段主燃烧室压力的测量值及预测值

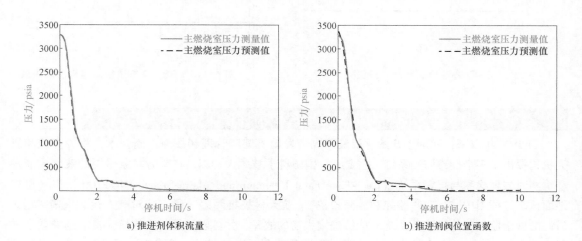

图 11-10 停机阶段主燃烧室压力的测量值及预测值

⊖ 1 psia = 1 bf/in² = 6894.757 Pa。

利用 RESID 算法进行故障检测时首先需要使用正常运行数据，得到起动阶段主燃烧室压力测量值与预测值（标准误差信号）之间的差值，如图 11-11 所示，然后计算误差信号。如果误差信号超过了标准误差信号标准偏差的 3 倍阈值（图 11-12 和图 11-13），则说明在发动机测试的起动阶段或停机阶段检测到故障。结果表明，在起动阶段或停机阶段的三种测试情况下发生故障，该算法都能成功地检测到起动故障和关闭故障。

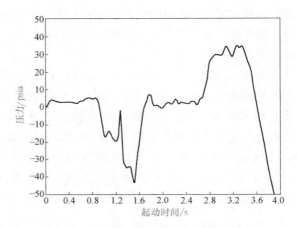

图 11-11　RESID 检测发动机起动阶段主燃烧室压力预测值与测量值间误差

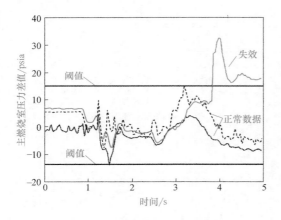

图 11-12　RESID 方法检测起动阶段失效

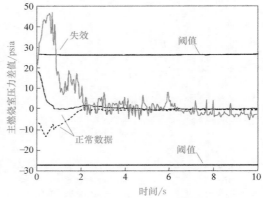

图 11-13　RESID 方法检测停机阶段失效

11.2.3　我国液体火箭发动机健康监控技术存在问题与发展方向

自 1990 年以来，我国也开始重视液体火箭发动机健康管理和故障诊断技术，相关高校和研究机构提出了多个健康监测系统，主要有：国防科学技术大学以 YF75 为对象研制的液体火箭发动机实时故障检测与报警系统（Real-Time Fault Detection and Alarm System，RTFDAS）[36]（可在地面试车过程当中进行实时监控和故障检测）、航天科技集团第一研究院对载人运载火箭 CZ-2F 研制的健康监控与故障诊断系统（能够确定火箭的故障，并可以对是否实施航天员的逃逸救生进行自主决策）[37,38]、北京航空航天大学与中国航天科技集团第十一研究所（北京）联合研制的 YF75 发动机的状态监测与故障诊断工程应用系统（Engineering Application System for Condition Monitoring and Fault Diagnosis，CMFDS）[39]、西北工业大学研制的火箭发动机涡轮泵状态监测与故障诊断系统（Condition Monitoring and Fault Diagnosing System of Liquid Propellant Rocket Engine Turbopump，TCMD2000）[40]（通过 1 次热试车实验考核）、航天科技集团第六研究院 165 所研制的液氧煤油发动机地面试车红线监控系统[41]。

然而,由于相关研究和应用历史较短,经验不足,目前大多研究尚处于地面试验测试、数值仿真验证等阶段,对发动机健康监测系统研究的工程应用处于起步阶段,尤其难以满足液体火箭发动机对系统可靠性、安全性、大量发射以及可重复使用的需求。目前,我国液体火箭发动机健康管理与故障诊断技术面临的重要挑战与发展方向如下:

(1) 实时准确的发动机在线监控技术 发动机的实时在线健康监控的目的是实时监控发动机增压系统和发动机的工作状态,然而,目前液体火箭发动机运行监测主要依赖遥测数据在地面实施,并且由于传感器个数有限,造成飞行数据延时的问题非常突出,缺少能够适应于飞行健康的在线监控技术。因此,需要研发能够发现运行过程的异常或故障,以便采取相应的措施,如紧急停机、起动发动机余度管理等。

(2) 高效智能预测技术与健康评估方法 目前的系统大部分针对某一种被测参数,对多个被测参数以及整个系统的状态评估还极少涉及,同时对系统的健康评估及预测研究也不足。需要通过数据挖掘、信息融合等智能方法,以及多样化的故障预测和寿命估计方法(基于模型、数据和混合性方法)的研究进一步推动。

(3) 集成化与智能化的综合发动机健康管理与决策系统开发 现有发动机健康监控系统存在标准化、模块化程度低,难以移植与推广应用等诸多问题。由于发动机健康管理系统面临的任务不同,需针对不同阶段监测需求进行扩展和集成,实现模块化的功能设计,并建立系统模块化标准体系,实现发动机全系统、全寿命的综合健康管理与决策。

(4) 先进的新型传感器创成与工程应用技术 目前传感器的应用技术还不能完全满足工程应用需要,一方面要进一步研究与发展,包括微型嵌入式传感器、智能传感器等新型传感器的制造与使用;另一方面,对传感器本身的可靠性、稳定性与准确性研究也需要进一步加强,保证数据的精确与可靠,避免由于传感器错误数据发生的任务终止或失败。

11.3 直升机健康管理

11.3.1 概述

直升机以其可垂直起降、能空中悬停及沿任意方向飞行等优点,极大地拓展了飞行器的机动性,是 20 世纪航空技术极具特色的创造之一。美国《航空研究与发展国家计划(2008~2020)》、欧盟《欧洲航空 2020 愿景》和《中国制造 2025》均将先进直升机作为重点发展装备。

然而,直升机复杂的动力传动结构、极端的服役环境使其事故率远高于固定翼飞机。美国国家运输安全委员会统计表明,1975 年至 2005 年间,直升机事故率比固定翼飞机事故率高出 48%[42],如图 11-14 所示。因此,研究直升机健康管理系统显得尤为重要。

对于直升机来说,合理的检查、维护和修理是保障其顺利完成任务的必要环节。传统的实现方式主要是通过定期检查、延寿以及对其进行大修保障直升机的健康。这种定期的维护和修理方式,一方面导致直升机部分构件在未检查期间处在没有监护的状态,影响着直升机的安全性;另一方面,在维修时存在着无故障的修理,将导致大量的浪费。针对于此,直升

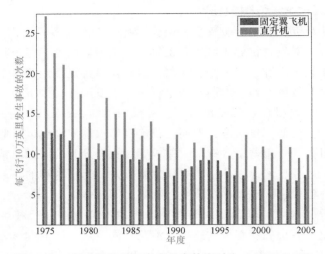

图 11-14　固定翼飞机与直升机事故率对比（1975~2005）

机健康与使用监控系统（Health and Usage Monitoring System，HUMS）应运而生。

根据欧洲航空安全组织和国际民用航空组织的定义，HUMS 是通过记录和分析直升机关键系统和部件的状态，对其早期故障进行即时监测以保障直升机安全运行的系统。HUMS 在保障直升机飞行安全的同时，还具有其他一些功能，包括减少任务终止、降低维修成本、改善飞机性能等。健康监测是指所选择的能够确定早期故障或退化的手段；使用监测是指确定所选择的服务历史方面的手段。因此，HUMS 是包含健康监测与使用监测的软硬件系统。

20 世纪 80 年代中期直升机传动系统振动监测的概念已被提出。1991 年 7 月，应用在西科斯基 S-61 上的完整的 IHUMS 系统获得了 CAA 适航证，成为第一个获得适航证的 HUMS 产品[43]。该系统具备一个地面工作站以及其他的一些特征，如机群飞行数据的监测、参数趋势的分析等。自此之后，HUMS 技术得到了持续的发展，HUMS 产品广泛应用于军、民用直升机。随后，英国 CAA 认可了 HUMS 系统在直升机安全方面的作用。1999 年 6 月 1 日，CAA 颁布了额外耐飞性指南 ADD 001—05—99，规定在英国注册的，9 座以上的运营直升机必须安装 VHM 系统（即 HUMS 系统）[44,45]。美国古德里奇公司研制了的第二代 HUMS 系统，它将机械诊断和状态管理（Integrated Mechanical Diagnostics，IMD）应用在直升机上，如美国海军的 CH-60 和 SH-60，海军陆战队的 UH-1Y 和 AH-1Z，西科斯基的 S-76 和 S-92，空军的 UH-60 等。HUMS 系统的应用一方面能够在直升飞机飞行时及时地进行故障诊断；另一方面当飞行任务完成时可以将飞行数据传到地面的数据分析部门进行分析，从而更好地制定其维修计划。2006 年，英国 CAA 发布了直升机振动健康监测指南（CAP753），该指南从 HUMS 系统安装、HUMS 系统能力、地面站系统能力、交付系统性能修改与确认、系统服务支持和使用五个方面对 HUMS 系统的设计和使用进行了规定，并在 2012 年再次进行了修改，完善了 HUMS 的设计和使用标准[44]。目前主要的几家 HUMS 公司及其部分装机型号见表 11-2。

11.3.2　直升机 HUMS 系统架构

直升机 HUMS 系统由传感器、机载数据采集与处理系统和地面站分析系统构成，其系统架构如图 11-15 所示。

表 11-2　主要 HUMS 公司及其部分装机型号

HUMS 公司	BF Goodrich（古德里奇）	Honeywell（霍尼韦尔）	GE Aviation Systems（通用航空）	Eurocopter（欧直）	Meggitt（美捷特）
直升机型号	UH-60 Blackhawk Chinook S-92（R） S-76（R）	AH-64 Apache OH-58D Bell 206L MH-53	CH-47 ERA Helicopters AS532 Cougar V22-Osprey	EC-225 EC-155	AS332

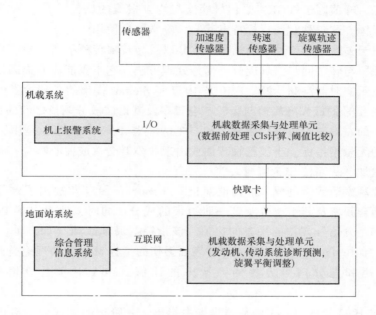

图 11-15　直升机 HUMS 系统架构

具体运行的逻辑如下：

①通过在直升机关键部件处安装加速度传感器、转速传感器、轨迹传感器等，捕捉能够反映直升机状态的关键信息；②机载系统将预处理后的数据完整地记录保存下来；③经地面站系统计算各状态指标是否超限，并进行详细的振动数据分析，判断飞机能否继续飞行，是否需要维修；④最终将数据存储至数据库。

11.3.3　直升机 HUMS 系统关键技术

直升机 HUMS 系统是一个复杂系统，其中包含许多技术难点，但最核心的莫过于数据分析处理的核心算法。HUMS 主要通过量化的状态指标（CI）对直升机三大运动部件（发动机、传动系统、旋翼）进行有效的状态监测，其关键技术具体如下。

1. 传动系统及发动机状态指标（CI）

状态指标（CI）是对振动数据进行处理后能够量化部件故障状态的统计参数。与完好状态相比，部件在故障状态下 CI 值会出现变化，当 CI 值超过预先设置的阈值时，则表示对应的部件可能发生故障。这使得非专业的用户能够更方便简洁地使用 HUMS 来判断传动系统是否出现了故障，是否需要停机检查。CI 是目前直升机 HUMS 中最基础、最核心的诊断手段。常用的 CI 大致分为五类，包括基于原始振动信号的时域指标、基于时域同步平均（TSA）信号的指标、基于差分信号的指标、基于残余信号的指标以及齿轮参数指标。其主要指标详见表 11-3。

最简单的基于原始振动信号的时域指标是表示信号能量的通用性指标均方根值（RMS），由于计算简单，常常用于机载振动监测。当齿轮、轴或轴承出现严重故障时，该指标会增大，对早期故障不敏感，但是稳定性良好。峭度指标（K，无量纲指标）是峭度（有量纲指标）与信号方差平方的比值，峭度指标对大幅值的信号非常敏感，有利于监测信号中的脉冲信息。峰值因子（CF）是信号峰值与均方根值的比值，是一种简单地监测信号中脉冲成分的指标。这三种时域指标特点互补，经常配合使用[45]。

TSA 方法用于去除振动信号中随机噪声成分以及与转轴转频不同步的信号成分，是一种有效的去噪并保留与转轴同步信号成分的信号处理方法。它不仅能有效提高信噪比，而且计算过程简单，适于实时监测和诊断。FM0 是 1977 年 Stewart 提出的一种检测齿轮啮合故障的指标，它是 TSA 信号的最大峰峰值与齿轮啮合频率及其谐波成分幅值之和的比值。SLF 是一阶齿轮啮合频率的左右一阶边频带幅值之和与 TSA 信号 RMS 的比值，是用于检测单齿损伤或齿轮轴损伤的无量纲指标。当齿轮轴弯曲或出现故障时会造成偏心啮合，直接反映在一阶边频带幅值的增加，从而使 SLF 值增大[46]。

为了更好地观察边频调制成分的幅值变化，Stewart 于 1977 年提出了差分信号，去除了 TSA 信号中的啮合频率及其谐波以及其一阶边带的成分。同时，他提出了 FM4 指标，即差分信号的峭度和差分信号方差的平方的比值，该指标对局部故障（如点蚀、裂纹等）较为敏感[47]。1989 年由 Martin 提出的反应部件表面损伤的指标 M6A，其理论类似于 FM4，是差分信号的六阶矩和差分信号方差的三次方的比值，M6A 对于差分信号中的峰值更敏感[47,49]。

Zakrajsek 在 1993 年的 NASA 的科技报告中指出，一阶边频带成分不应该被去除，由此提出了残余信号的概念。同时，他提出能够反应故障持续增长的指标 NA4[48]。1994 年，Handschuh 和 Zakrajsek 对 NA4 进行改进，提出 NA4*，NA4* 将 NA4 的分母进行修改为齿轮正常状态方差的平方，具有更好的故障趋势反映能力[49]。

OM1、OM2、OMx 和 OM2x 是直接反映轴和齿轮故障特征的指标。当齿轮和轴存在制造误差或安装偏心，以及使用过程中发生转轴弯曲时，其一阶转频有效值 OM1 增大。OM2 常用来反映轴的装配过程中是否存在不对中的情况。当某一齿轮发生故障时，其啮合频率幅值会增大，可以通过一阶啮合频率 OMx 定位发生故障的齿轮轴系。当装配时两齿轮轴轴线平行度误差和同轴度误差不能严格控制时，二阶啮合频率 OM2x 为主要故障特征频率。

此处只列举了部分 CI，实际 HUMS 中有更多的 CI。直升机传动系统中的部件（齿轮、轴、轴承）总共有上百个，并且每个部件会有不止一个 CI，对于一个 CI 的误报警率可能很低，而上百个 CI 中有一个出现误报警的概率则急剧上升。为了解决此问题，2006 年 Goodrich 公司的 Bechhoefer 等提出了健康指标（HI）的概念，它是将每个部件的 CI 融合成一个指标 HI，在简化使用的同时又减小了误报警率。HI 已应用于 IMD-HUMS 中，西科斯基 S92 直升机即采用该 HUMS 系统，HI 指标的简单直观广受用户好评[50]。

表 11-3　传动系统及发动机 CIs

	均方根值（RMS）	$RMS_x = \sqrt{\dfrac{1}{N}\sum\limits_{n=1}^{N} x^2(n)}$
基于原始振动 信号的时域指标	峭度指标（K）	$K = \dfrac{N\sum\limits_{i=1}^{N}\left[x(n)-\bar{x}\right]^4}{\left\{\sum\limits_{i=1}^{N}\left[x(n)-\bar{x}\right]^2\right\}^2}$
	峰值因子（CF）	$CF = \dfrac{X_{max}}{RMS_x}$
基于时域同步平均 （TSA）信号的指标	FM0	$FM0 = \dfrac{PP_x}{\sum\limits_{n=1}^{H} P_n}$
	SLF	$SLF = \dfrac{R_{I,-1}^{esb}(x)+R_{I,+1}^{esb}(x)}{RMS_x}$
基于差分信号的指标	FM4	$FM4 = \dfrac{N\sum\limits_{i=1}^{N}(d_i-\bar{d})^4}{\left[\sum\limits_{i=1}^{N}(d_i-\bar{d})^2\right]^2}$
	M6A	$M6A = \dfrac{N^2\sum\limits_{i=1}^{N}(d_i-\bar{d})^6}{\left[\sum\limits_{i=1}^{N}(d_i-\bar{d})^2\right]^3}$
基于残余信号的指标	NA4	$NA4(M) = \dfrac{N\sum\limits_{i=1}^{N}(r_{iM}-\bar{r}_M)^4}{\left\{\dfrac{1}{M}\sum\limits_{j=1}^{M}\left[\sum\limits_{i=1}^{N}(r_{ij}-\bar{r}_j)^2\right]\right\}^2}$
	NA4*	$NA4^*(M) = \dfrac{N\sum\limits_{i=1}^{N}(r_{iM}-\bar{r}_M)^4}{\left\{\dfrac{1}{L}\sum\limits_{j=1}^{L}\left[\sum\limits_{i=1}^{N}(r_{ij}-\bar{r}_j)^2\right]\right\}^2}$
齿轮参数指标	OM1	齿轮轴一阶旋转频率
	OM2	齿轮轴二阶旋转频率
	OMx	齿轮一阶啮合频率
	OM2x	齿轮二阶啮合频率

2. 旋翼锥体动平衡

旋翼是造成直升机机身振动的最主要来源，直接关系着直升机的飞行稳定性与飞行员的驾驶舒适性，影响直升机寿命，危及飞行安全。旋翼锥体动平衡调整也是直升机一项重要的常规视情检查项目。

目前，我国常用的直升机旋翼锥体动平衡调整方法为先进行旋翼锥体调整，再进行旋翼动平衡调整。锥体调整方法有标杆法、频闪仪法和通用轨迹测量仪（UTD）法。标杆法需要多人操作，有很大的安全隐患，只能在地面进行测量，且测量精度低，误差约为 6mm。

频闪仪法需要操作者对旋翼共锥度进行肉眼估算，测量结果受主观因素影响较大。通用轨迹测量仪法则可以完全自动测量，测量精度高，误差约为 1mm，是目前国内外普遍采用的方法。

但这种先调整锥体后调整平衡的策略存在操作复杂、精度不足、需要进行多次飞行调整的问题，这就导致飞行成本与安全隐患大幅增加。国外工程师从旋翼调整的本质出发，只考虑旋翼振动水平，提出了基于振动数据的旋翼动平衡方法，在实际使用中只需一次飞行即可给出精准的旋翼调整建议。

该方法通过多次试飞采集旋翼振动数据，然后构造数学模型得到振动变化量与旋翼调整量之间关系，在实际使用时只需测出旋翼振动变化量，输入数学模型即可得到具体的旋翼调整建议。传统的方法为简单起见采用线性模型，新的技术则采用神经网络学习给出具体的影响系数，以得到更准确的结果。该方法已实现产品化，广泛应用于国外先进直升机中。典型的如 Vibrometer 公司 2000 年提出的 ROTABS 技术，Eurocopter 的 SteadyControl 技术，而国内对该技术的研究尚处于起步阶段。

11.3.4 直升机 HUMS 系统诊断案例

下面以两个案例来说明 HUMS 在实际使用中的作用[51]。

1. AH-64（阿帕奇）端部齿轮箱齿轮故障识别

故障描述：2009 年 1 月，一架阿帕奇直升机 HUMS 振动状态指标超限，出现红色报警。该阿帕奇直升机安装了 Honeywell 提供的现代信号处理单元（MSPU），在端部齿轮箱分别安装了滑油颗粒检测器、温度传感器和加速度传感器。通过拆解发现减速器输入小齿轮与输出斜齿轮均有严重损伤，如图 11-16 所示。而滑油颗粒检测器、温度传感器均未反映出该故障。

（1）采用方法　仅通过振动状态指标便成功地识别出了该齿轮故障，如图 11-17 所示，并未采取其他精细的分析。

图 11-16　齿轮故障

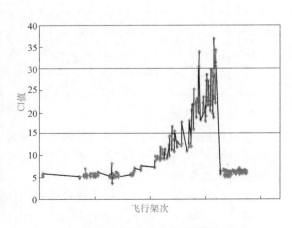

图 11-17　状态指标趋势图

（2）分析结果　该案例的意义在于，无论是滑油颗粒探测器还是温度传感器都没有检测到该严重故障，而 HUMS 的振动信号分析功能准确地识别出了故障，避免了更严重事故的发生。

2. UH-60L（黑鹰）附件驱动齿轮轴承故障识别

故障描述：UH-60L 安装了 Goodrich 综合飞行器健康管理系统（IVHMS）。该系统检测出该直升机附件齿轮箱轴承出现剥落，如图 11-18 所示。

（1）采用方法　为了改进诊断方法并得到附件齿轮箱更精确的 CI 阈值，HUMS 分析师采用了如下分析步骤：

1）物理机理和故障模式分析。

2）算法性能检测。

3）故障数据挖掘与分析。

4）故障验证。

5）拆解分析。

6）嵌入式诊断。

该方法能预测出轴承剥落，并能对正常轴承和即将出现剥落的轴承进行分类，极大地提高了飞行安全性。三次拆解验证了该直升机附件齿轮箱轴承出现的故障，且状态指标反映出了该故障。最后根据拆解分析结果和 UH-60L 机队数据挖掘设置了新的阈值。

（2）分析结果　通过更新阈值，立即识别出了该附件轴承故障，状态指标分布如图 11-19 所示。该直升机被部署在阿富汗作战基地，由美国陆军状态维修工作组提供技术支持。拆卸该齿轮箱后，在润滑油中检测出了金属碎屑，阻止了严重故障的发生。

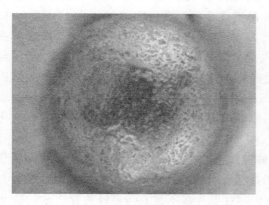

图 11-18　轴承滚子剥落

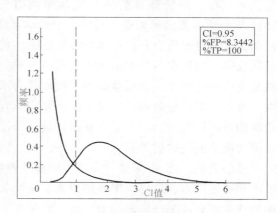

图 11-19　状态指标分布图

11.3.5　直升机 HUMS 系统完善

目前，HUMS 对直升机发动机与旋翼的诊断已日渐成熟，但是对于传动系统的诊断仍存在诸多不足，具体如下。

1. 故障模式与 CI 对应关系研究不足

直升机传动系统中包含三大典型的旋转部件：齿轮、轴和轴承。各部件均有不同的故障模式，如齿轮常出现局部故障（齿根裂纹、断齿、齿面剥落等）和分布式故障（齿面磨损等），轴有不对中、不平衡、弯曲等故障，轴承有内圈、外圈、滚动体剥落等故障。不同的故障模式对应不同的故障特征，如何利用 CI 对这些故障特征进行区分是提升传动系统故障模式识别能力的关键。针对齿轮、轴、轴承不同故障模式的故障机理研究已较为成熟，开展大量可靠的不同故障类型实验的研究并应用各 CI 进行故障诊断，是研究传动系统故障模式与 CI 对应关系的有效途径。

2. 传动系统多元信号解耦研究不足

直升机传动系统结构复杂，部件繁多，振动信号严重耦合，而信号混叠易淹没部件的故障信息。传统的 TSA 能够有效提取不同轴频和齿轮啮合频率，但对频率相同的部件所产生的混叠信号的分离能力不足。对于以冲击衰减信号为表征的故障类型，TSA 对信号中瞬态成分的多次平均易造成诊断误差，因此，TSA 更适用于齿轮等与轴同步谐波信号的提取，而对轴承剥落等冲击类故障的诊断效果较差。综上，如何对传动系统中不同部件信号成分进行分离解耦（尤其是轴承）是直升机传动系统故障诊断的关键基础。

除了研究先进的多元信号解耦方法，还需进行大量的试验及工程验证。国外重要研究部门（如 NASA、马里兰大学、Cranfield 大学、佐治亚理工大学、澳大利亚国防科技组等）均有完整的直升机传动系统故障模拟试验台，并进行了大量故障植入试验，获取了丰富的实验数据与经验积累。我国科研机构在此方面非常薄弱，急需开展完整直升机传动系统的故障植入试验研究，以支撑先进的故障诊断方法。

3. 微弱故障特征增强研究不足

直升机传动系统故障诊断的一个重要目的是"防患于未然"，在部件故障初期即发出警告以避免重大灾难事故的发生。然而，国外 HUMS 已研究了近 30 年，传动系统故障诊断率仍只有 70%。即使是目前最先进的军用直升机阿帕奇，也多次出现传动系统故障问题。2013 年台湾购买的阿帕奇直升机由于传动系统故障造成全面停飞。2016 年 4 月 29 日，一架 EC225 超级美洲豹直升机在挪威海域坠毁，机上 13 人全部遇难，事故原因为传动系统与主旋翼故障，导致空客公司最大的直升机，同时也是全世界最先进的商用直升机 EC225 在全球范围内全面停飞。微弱故障特征提取能力不足是影响直升机传动系统故障诊断率的关键所在。有效的微弱故障特征增强方法和强噪声背景下故障特征提取方法是直升机传动系统故障诊断的重要研究方向。为了保证微弱故障特征提取的准确性和有效性，还需要研究故障演化过程与征兆间的映射关系。

总的来说，近 30 年来，全球科研和工程领域工作者在直升机传动系统监测诊断领域开展了积极的探索，取得了丰硕的成果。统计状态指标、时频特征提取、智能决策与诊断等方面的许多研究成果已集成于 HUMS，但现有方法仍存在着许多不足，需要针对存在的问题与挑战继续深入地研究，以提高传动系统故障诊断率，最终实现状态维修以保障直升机飞行的安全性与经济性。

11.4 民用客机故障预测与健康管理系统

11.4.1 概述

民用客机故障预测与健康管理系统（PHM）总体目标是适应和支撑民用客机 C-Care、

航空公司数字化解决方案等领先的客户服务业务模式定位，实现大型客机数字化、实时化和智能化的运营支持服务。利用空、天、地一体化的数据通信技术、以机载系统为监控对象和信息来源，在收集飞机故障数据、运行数据、状态数据的基础上，实现飞机运行状态实时监控、故障诊断、故障预测、维修决策等健康管理功能，最终提高飞机利用率和飞行安全，降低飞机的延误和取消，降低飞机的运营成本和服务成本。

1. 航空公司和 MRO 公司

航空公司与飞机维护、修理和翻修（Maintenace，Repair & Overhaul，MRO）公司通过互联网络访问故障预测与健康管理系统获得系统的服务，并将飞机的数据传输至飞机主制造商，为 PHM 系统提供数据支撑。

故障预测与健康管理系统的应用服务涵盖航空公司机务、运行等，主要集中在如下几个方面：

（1）航线维修应用　通过系统获取飞机故障信息、案例信息、维修建议信息等，支持航线维修工作。

（2）机务工程应用　通过系统获取实时故障信息及维护建议，编制工程指令（Engineering Order，EO），安排维修任务；通过系统获取健康趋势数据及健康趋势维护建议，提前安排维护工作，减少飞机的非计划停场。

（3）可靠性应用　通过系统获取故障信息统计等信息，进行可靠性管理。

（4）飞行安全应用　通过系统获取飞机运行安全相关的报告及建议。

（5）飞行计划应用　通过系统获取飞机飞行计划相关的报告及建议。

2. 主制造商用户

故障预测与健康管理系统作为维修决策支持的核心，与主制造商其他运营支持系统融合成一个有机的整体，形成如下两条主线应用：

（1）快速响应　在飞机出现突发事件时（如故障、超限、损伤等），系统将信息顺畅地传递给健康管理工程师，并在第一时间做出响应，在短时间内出具权威性的解决方案，并为维修计划、航材供应、航材库存优化等提供输入和决策建议。

（2）全寿命健康管理　PHM 系统具备对飞机全寿命周期内的健康管理能力，针对每一架飞机的运行数据及运行状况进行全寿命周期内的管理，并及时为客户提供系统退化趋势、维护建议、维护效果评估、系统健康状态保障信息等，同时为设计提供航线飞机的故障信息，为设计改进提供依据。

11.4.2 民用客机 PHM 系统

1. 总体架构

国际领先的民用飞机 PHM 系统普遍采用 OSA-CBM 体系架构标准进行总体设计，这是一种基于逻辑分层、面向服务、开放的系统架构，可实现从数据采集到具体维修建议等一系列功能，包括传感器数据获取、数据处理和特征提取、产生警告、失效或故障诊断和状态评估、预诊断（预测未来健康状态和剩余寿命）、辅助决策/维修建议、管理和控制数据流动、对历史数据存储和存取管理、系统配置管理、人机系统界面等。

从逻辑层次上，PHM 系统分为传感器（数据获取）层、数据处理层、状态监测层、健康评估层、故障预测层、决策支持层和表示层共七个层次。系统不同的功能层组成单元都要参照相关标准，都可作为相对独立的系统功能模块进行设计开发，以保证系统的开放性。

从物理实现结构上，PHM 由机载系统、空地数据通信传输系统、地面系统构成，图 11-20所示是 PHM 体系架构中功能的逻辑层次、飞机健康管理对象与 PHM 机载/地面系统功能的映射关系。其中：最底层的 3 层功能主要由 PHM 机载系统实现，6、7 层功能由 PHM 地面系统实现，4、5 层的工作由机载系统和地面系统共同完成。

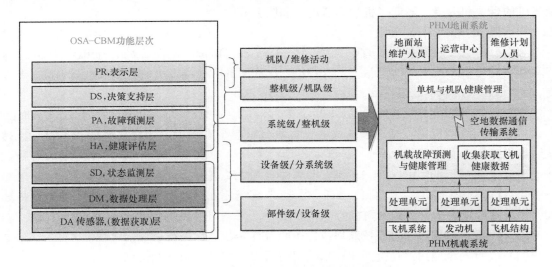

图 11-20　PHM 系统参考体系架构与功能映射关系

民用客机 PHM 系统的核心业务功能主要是通过地面系统与飞机之间的接口，空地双向数据链路以及地面数据传输网络，进行数据信息的交联，对整个航程中飞机的飞行状态进行全程监控。

故障预测与健康管理系统的核心业务场景为：当飞机在飞行中检测到异常时，异常信息实时通过 ACARS 报文或者其他通信链路发送到地面 PHM 系统，实现飞机机载系统信息数据与地面系统信息数据的双向传输，对整个航程中飞机的飞行状态进行全程监控；同时根据故障信息，按照一定的处理逻辑，综合应用维修手册、维修案例等信息，实现对飞机故障的快速诊断，并给出合适的排故方案；通过对航后数据的收集、整理与分析，得出飞机相关参数的变化趋势，并结合典型系统的趋势预测、故障预测模型等，对飞机的健康状况进行综合管理，并对维修决策提供合理建议。在一定时间内，由系统和相关技术人员决定此异常是否需要处理，将最终的处理结果反馈给本系统，作为后续案例的应用支撑。

PHM 系统总体功能架构定义了民用客机健康管理系统的核心子系统以及其主要功能——系统功能架构，以及这些核心子系统的部署模式和集成交互模式。PHM 地面系统与飞机之间的接口主要是通过空地和地面数据传输网络进行数据信息的交联，这些数据主要用于为地面系统相关功能的运行提供必要的数据输入。PHM 地面系统将与机载系统以及其他客服运营支持系统深度整合，为航空公司客户提供综合的飞机状态监控与健康管理服务。

目前，中国已经为民用客机研制了故障预测与健康管理系统（CAPHM），完成了系统功能需求定义、软硬件架构设计与实现。民用客机健康管理系统总体架构与应用模式如图 11-21 所示。

民用客机故障预测与健康管理（PHM）系统的功能实现依赖于三方面系统的相互协调配合，这三方面的系统分别是机载 PHM 系统、数据传输系统、地面 PHM 系统。根据

ATA2200 中对飞机各个机载系统的功能定位，PHM 机载部分涉及的机载系统主要包括机载维护系统（OMS），信息系统（IS），飞行管理系统（FMS）以及机载通信系统（COMM）等，飞机数十个成员系统既是健康管理的对象，又是健康状态信息的源头。目前各机载系统之间的数据通信大部分都是通过机载航电核心处理系统（ACPS）提供的数据总线间接完成的，剩余很少部分的数据通信可以通过机载系统之间连接的线路进行数据交换。而各机载系统所采集和处理后的数据则主要存储在机载维护系统和信息系统内部存储器中；飞机与地面之间的数据通信主要通过通信系统和信息系统的部分功能来实现。

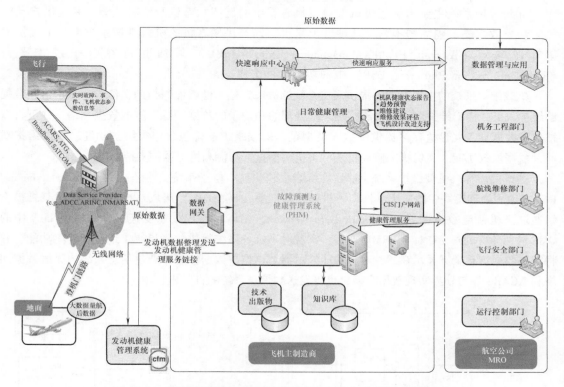

图 11-21　故障预测与健康管理系统总体架构与应用模式示意图

现代大型客机 PHM 地面系统以机载维护系统（OMS）作为核心数据源，OMS 作为飞机级故障诊断与状态监控功能的机载信息系统平台，主要由中央维护功能（Central Maintenance Computing Function，CMCF）和飞机状态监控功能（Aircraft Condition Monitoring Function，ACMF）组成。飞机状态监控功能（ACMF）用于获取、处理和记录飞机成员系统的参数，提供探测事件能力。PHM 地面系统监测参数，包括来自中央维护计算系统（Central Maintena ce Computing System，CMCS）的故障数据、飞机构型数据，飞机状态监控系统（Aircraft Condition Monitoring System，ACMS）的飞机状态数据和预测数据，以及电子飞行记录本（Eletronic Log Book，ELB）机组故障报告等。

下面从 PHM 系统功能定义和分工的角度，对 PHM 机载系统、PHM 空地传输系统、PHM 地面系统三个主要系统的相关功能设计进行阐述。

2. PHM 机载系统

机载维护系统（OMS）作为飞机级故障诊断与健康管理的机载信息系统平台

（图 11-22），采用了两级分布式处理架构，第一级为总控级，即中央维护计算系统（CMCS）；第二级为子系统级，为飞机子系统的机内自测试（Built in Test，BIT）或机内自测试设备（Built in Test Equipment，BITE）。CMCS 收集、整合与处理各飞机子系统的 BITE/BIT 故障信息与状态参数数据，通过一套复杂的、基于故障逻辑方程的诊断，确定故障发生的根源，并将故障与相应的驾驶舱效应（如发动机指示和机组警告系统）相关联。CMCS 可以剔除无效的 BITE/BIT 数据、抑制级联故障，将重复故障合并，实现飞机级故障隔离、飞机状态监控。

机载维护系统主要用于在飞机上对飞机各系统的健康状态进行实时监测，并提供自动的故障和失效探测、隔离与报告。从硬件上来说，国产民用客机的机载维护系统由一个飞机健康管理单元（Aircraft Health Management Unit，AHMU）外加驻留在电子系统平台（Electronic System Platform，ESP）中的功能软件组成。

机载维护系统的主要功能是提供飞机系统的故障定位和健康诊断帮助，传输、显示这些数据给维护人员并提出维护建议。机载维护系统处理的和记录的数据来源于航电数据网络，并可将以往航段数据写入大容量存储器供维护人员浏览。机载维护系统包含中央维护功能、数据维护功能、数据加载功能、飞机状态监控功能、飞机构型报告功能和机上维护支持功能。

国产民用客机机载维护系统由驻留在综合模块化航空电子系统（Integrated Modular Avionics，IMA）通用处理模块中的应用软件和飞机健康管理单元（AHMU）组成（图 11-22）。机载维护系统通过飞机航电数据网络（Avionics Data Network，ADN）与成员系统连接，驻留在 IMA 中的 OMS 驻留软件通过 ADN 与 AHMU 通信，实现对飞机各系统提供故障检测、定位和隔离功能，并将维护数据信息全屏显示在驾驶舱多功能显示器上。维护数据信息可通过信息系统的无线数据网络和 ACARS 等与外界实现数据交换，也可发送到信息系统的打印机打印。

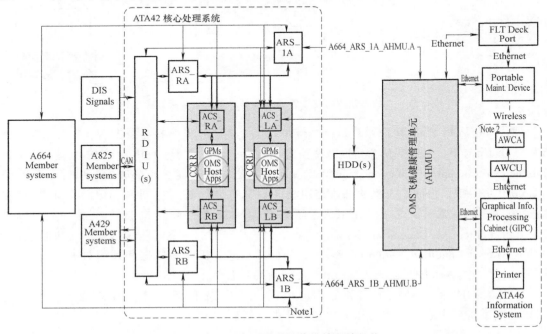

图 11-22　国产民用客机载维护系统架构

（1）中央维护功能 中央维护功能从成员系统中收集故障和参数数据，结合故障逻辑，分析数据、隔离故障到单个LRU。中央维护功能可以把维护消息与驾驶舱效应（Flight Deck Effect，FDE）关联，把维护信息链接到故障隔离手册，方便维护人员维护飞机。通过中央维护功能，维护人员可以支持成员系统执行初始化测试或从成员系统处获取故障历史和生命周期数据。中央维护功能还提供飞机状态信息，帮助成员系统记录故障发生时的飞机状态。

中央维护功能包含两个子功能：中央维护故障诊断功能（CMCF）（即从成员系统收集故障和融合故障逻辑，形成一个故障报告）和中央维护飞机健康监控（CM—AHM）功能，（包含系统级的隔离与定位故障到单个航线可更换单元（Line Replaceable Unit，LRU）目标的额外故障与参数数据处理）。中央维护功能主要用于飞机的日常维护和检测、检修。相关功能主要驻留在飞机航电ESP中，并与在IEMS[⊖]和航电ESP中各个健康管理功能有接口，与每个连接到网络上的有BITE的LRU有接口，提供基本故障探测。

CMCF能直接访问驾驶舱效应，因此AHM功能通过整合CMCF数据和飞行数据效应提供维护操作。由CM-AHM产生的维护消息还可以与相关的LRU或次系统，ATA章节、时间、日期和飞行航段等信息相关联。

为了支持飞机故障信息和状态数据的长期分析，CM-AHM记录飞机构型状态和LRU的数据加载情况，并能够关联到健康管理地面系统中的维护信息，这个功能可以识别LRU被交换到不同飞机上重复出现的故障。维护消息与构型信息关联，能够在健康管理地面系统中跨机队识别多个LRU的潜在公共失效。健康管理地面系统提供的跨机队优势，降低了客户在进入飞机交付和投入运行服务（Entry Into Service，EIS）中的综合风险，支持了飞机设计改进。

驾驶舱效应信息和维护消息都可通过驾驶舱显示系统和PMD访问。

（2）飞机状态监控功能 OMS的飞机状态监控功能（ACMF）驻留在AHTMU中。AHTMU是一个数据捕获和处理组件，主要记录和处理来自航电系统的数据，用于收集、存储和向飞机传送或接收先确定的参数。其功能与其他飞机系统有所区别，对安全没有负面的影响。加载到AHTMU里的软件和数据库对于每种机型都是特定的。

飞机状态监控功能是完全可配置的。它从航电数据网络中收集数据和执行客户化分析运算，可以按照预定义逻辑生成状态监控报告，通过飞机数据链进行实时传输或在飞机落地后由维护人员进行下载。它捕获和存储全机主要部件的超限和快照数据。构型数据经地面服务网络和PMD被加载到OMS，同时允许航空公司将特殊的数据捕获需求加入ACMF。使用驾驶舱显示系统或PMD可以访问ACMF超限和快照数据。

ACMF海量数据（即QAR）经Wi-Fi/地面服务通信自动连接下载。还可用PMD下载或使用AHTMU中可移动的存储卡进行下载到地面系统，使用网络接口进行浏览。通过一个加载的配置文件，ACMF能被扩展，并支持航空公司特别的ACMF构型。ACMF构型包括参数构型、捕获规则和参数计算规则的修改。

飞机状态监控系统为飞机系统运行的数据提供单点监控、极限处理、存储和访问。ACMF支持捕获和处理操作数据监控（ODM）的数据，通过ARINC664网络构造有能力访问所有相关飞机参数和事件。ODM功能可配置，即允许修改参数构型、捕获规则、参数计算

⊖ 指飞机机电综合控制系统（Intergrated Electro-Mechanical System，IEMS）是共享航电核心系统的软硬件平台。

规则，以适用于航空公司特别的需求。ODM 数据被保留在 OMS 数据存储器中，着陆后经 AHTMU 和数据链自动下载到地面系统。地面系统中包含数据转发功能，如果被航空公司允许将 ODM 数据库自动转发给第三方，ODM 数据同样也能经 PMD 或存储卡下载。

OMS 能够存储和访问电子维护手册。如果发生故障，电子维护手册作为故障和服务消息的参考，可以立即通过驾驶舱显示系统或 PMD 提供给维护人员。OMS 中的故障方程是可配置的，通过地面系统自动或手动通过 PMD 管理和更新方程构型。OMS 通过驾驶舱或 PMD 维护页面可以对 LRU 进行初始化测试，这些测试适用于与 ESP 连接的 LRU，测试功能通过软件控制启动，并提供一个正确的系统操作检查，确认维护工作成功。

（3）数据加载功能　数据加载功能提供在机上为成员系统加载软件的能力。对于 ARINC664 或 ARINC825 连接的系统，可使用与 ARINC615A 相连的 LRU 加载软件和更新数据库。对于 ARINC429 连接的系统，可使用 ARINC615-4 和 ARINC615-3 加载协议。

当 OMS 连接到地面系统后，数据加载文件经过 AHMU 数据链被自动传送到 OMS 并存储在 OMS 数据存储器中。如果地面系统自动连接不能使用，也可用 PMD 传输加载数据。一旦数据加载到 OMS 数据库，数据加载程序可通过驾驶舱显示器上的维护系统页面自行启动，实现选择、开始、确认等功能。

地面系统为航空公司和客户提供集中的数据存储和加载管理，简化了分配更新文件的程序，并能适应多个飞机或特殊的机型。地面系统为每架飞机提供数据构型和数据加载状态，允许航空公司或客户管理者跟踪每架飞机每次数据加载的状态。

（4）构型管理功能　飞机构型管理功能驻留在 ESP 中，它可以提供所有可报告的 LRU 和 ESP 中驻留功能的当前状态，通过监控成员系统的硬件、软件信息为维护人员提供构型数据。

OMS 记录所有报告的 LRU 构型状态，并通过驾驶舱显示系统和 PMD 显示飞机中所有报告 LRU 硬件和软件的构型标识数据，被显示的构型标识数据包含 LRU 部件号码，属于 LRU 修改状态的序列号码和软件构型。另外，通过网络接口，构型状态可以下载到地面系统供用户和航空公司使用。

（5）数据维护功能　数据维护功能是指机载维护系统和终端用户之间进行数据交互的能力。通过该功能，机载维护系统可以实现维护数据的显示、打印、存储、下载和远程访问。数据维护功能包含五个子功能：

1）驾驶舱显示应用功能。在国产民用客机的显示系统上提供一个 ARINC661 接口，用于显示维护数据并传输数据到打印机，支持维护人员与 OMS 在维护模式时互动。

2）维护通信管理应用功能。下载时区分空中和地面两种 OMS 数据，并将故障和 ACMF 事件数据发送到地面。

3）PMD 显示应用功能。提供基于 HTML 的 OMS web 页面，给维护机组使用 PMD 时提供人机接口。

4）数据访问管理应用功能。控制访问 OMS 数据库。

5）参数获取应用功能。从飞行中的数据网络捕获飞机参数和传输参数到 AHMU 用于记录与处理。

3. PHM 空地传输系统

PHM 空地数据传输系统主要用于提供机载系统与地面系统之间的数据传输通道。目前主流机型已经成熟并应用的数据链传输通道主要有 ACARS 数据链和航后无线（Wi-Fi，3g，4g 等）数据链两种。同时，为了满足旅客客舱娱乐以及飞行完全实时监测的需要，能够完全实时传输海量数据的空地宽带技术正从实验研究阶段过渡到商业运营和应用阶段。本小节将简要介绍不同的数据传输系统的组成、传输策略和传输方法，以满足现有飞机运行和维护的需要。

PHM 空地数据传输由空地数据链和地面通信链路两部分组成，分别满足飞行中的实时数据下传和回到地面后的数据传输。当飞机在空中飞行时，飞机和地面 PHM 系统之间以空地 ACARS 数据链为主进行数据交联，同时也可以通过未来的空地宽带实现海量数据的空地实时传输。当飞机落地后，飞机和地面 PHM 系统之间的数据交互连接方式是以无线数据传输方式（航后 ACARS 报文、Wi-Fi 或 3G）为主，同时还可以通过人工手动下载的方式进行有线数据的传输。

（1）ACARS 数据链

1）ACARS 数据链的组成。ACARS 是飞机通信寻址与报告系统（Aircraft Communication Addressing and Reporting System）的英文简称，是一种飞机和地面系统之间进行数据通信的数字化的数据链系统。ACARS 数据链协议诞生于 20 世纪 70 年代，在数据链系统出现之前，地面人员和飞行人员之间的所有交流只能通过语音进行。该系统的成功运行，需要飞机机载系统，数据服务供应商以及地面系统用户的共同参与，如图 11-23 所示。到目前为止，ACARS 系统的应用基本覆盖国内所有的航空公司几乎所有的主流机型。在业务方面，ACARS 系统基本覆盖包括航空公司运行控制，机务维修，地面服务，旅客服务等各个方面。

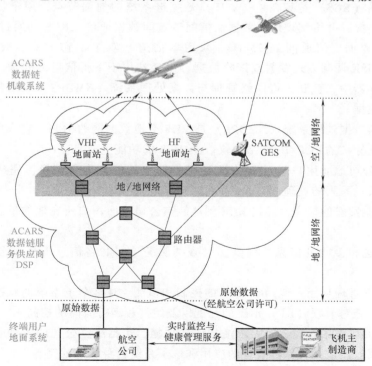

图 11-23　基于 ACARS 系统的空地传输系统示意图

  VHF 空地数据通信系统（又称 VHF 空地数据链）由机载航空电子设备、遥控地面站（Remote Ground Station，RGS）、地面数据通信网、网络管理与数据处理系统（NMDPS）和各用户子系统构成。

  机载航空电子设备是甚高频（VHF）数据通信系统的空中节点，其主要功能是将机载系统采集的各种飞行参数信息通过空地数据链路发到地面的遥控地面站（RGS），并接收地面网中通过 RGS 站转发来的信息。ACARS 系统的相关功能主要驻留在通信系统内部，涉及其内部主要部件如下：

  ① 通信管理组件（CMU）。该组件是 ACARS 系统的核心，主要实现以下几方面功能：

  • 从各个接口系统收集数据并按照下行 ACARS 报文的格式进行打包。

  • 根据内部设置以及 VHF，HF 以及 SATCOM 的工作状态，选择合适的数据下传方式。

  • 接收并处理来自地面的上行 ACARS 报文，并根据需要路由至其他机载系统，或提醒飞行员介入。

  • 记录飞机的滑出（Out），起飞（Off），着陆（On）以及滑入（In）等事件，自动产生并下传相应的 ACARS 报文。

  ② 显示控制组件（CDU）。该组件是机组与 ACARS 系统进行沟通的接口，机组可以通过 CDU 输入串行数据，并形成手动下传的 ACARS 报文，或者对上行 ACARS 报文的询问给予答复。如飞机起飞前的初始化、气象请求、系统状态检查以及链路测试等。

  ③ 发送数据终端——无线电收发机以及天线。主要包括 VHF、HF、SATCOM 的收发机和对应的天线，用于提供数据收发通道并发送相应的下行/上行链信息。

  遥控地面站（RGS）是甚高频（VHF）数据链系统的地面节点，用于提供飞机与地面数据通信网的连接，并可实现地面数据通信网节点间数据通信。RGS 站通过 VHF 接收机接收来自飞机的数据，信道间隔 25kHz，采用单信道半双工工作方式。数据传输速率为 2400bit/s。用 MSK 调制方式发射或接收数据。RGS 站用于下行信息的处理，解调出来的数据将存储在缓存器中，直到获得网络管理与数据处理系统（NMDPS）取消数据的命令，才释放存储器的数据。

  网络管理与数据处理系统（NMDPS）是 VHF 空地数据网的中心，它采用互联网的拓扑结构，使用工业标准的 TCP/IP 网络协议。NMDPS 的功能主要是：

  ① 对航空公司地面用户经过 RGS 到达飞行器上的信息进行交换，完成数据信息的寻址、路由选择及一系列的处理。

  ② 对飞行器发射的报文，经过 RGS 到达航空公司地面用户所在地的信息进行交换寻址和传输。

  ③ 记录发送和接收的信息，提供实时查阅服务，同时将信息下载到公告栏里以供分析等。

  ④ 提供系统管理功能，包括状 RGS 的控制和监测，对整个子系统的状态进行监控、配置、管理，并实施对射频（RF）信道的分配以及组件和运行时间的控制。

  ⑤ 可以灵活地根据管理者的需求增加许多功能，包括航空公司的各种管理应用、空中交通管理的应用、航空运行保障管理的应用和该子系统自身管理的完善。

  ⑥ 用户子系统可按应用对象分为面向航空公司的飞行管理系统、面向空管部门的空管信息系统和面向管理部门的管理信息系统。通过用户子系统的终端，空管中心的地面管制

员、航空公司的签派员可以直接看到与之相关的飞机数据报文，包括飞机识别信息、航班号、飞机四维信息（经度、纬度、高度和时间）以及起飞和降落报告等。

机载设备作为数据链系统的空中节点，能生成各种与飞行参数有关的报文，并且能将机载系统采集的各种飞行参数信息通过空地数据链发到遥控地面站（RGS），同时可以接收地面网中通过 RGS 转发来的信息。RGS 在接收到飞机下发的数据之后，通过地面通信网络将这些数据传送到网络管理与数据处理系统（NMDPS），NMDPS 的网关对数据进行处理后根据数据中的地址信息和自己的路由将报文通过地面通信网络再路由给目标用户，实现 CPDLC 和自动相关监视（ADS）等管制业务，以及为航空公司和民航行政管理部门提供服务。

地面通信网络作为 VHF 空地数据链的地面数据传输网络，为其提供地面通信线路，可准确、快速地实现网络上任意两点之间报文数据的传输与交换。目前，中国民航的 VHF 空地数据链地面数据传输网络采用民航的 X.25 分组交换网。该子网与外部网络连接，并与全国范围的 RGS 和应用系统子网互联构成一个计算机广域网（WAN）。

对于数据服务供应商来说，其主要利用覆盖大部分陆地的无线电数据通信网络，接收来自全球各机队的 ACARS 数据信息，并通过内部网络，分发至地面用户。目前，该网络主要由美国 ARINC，欧洲 SITA，泰国的 AEROTHAI 以及中国 ADCC 提供。根据飞机所选择的不同数据链通信通道，ACARS 系统可以选择通过甚高频数据链、卫星数据链以及高频数据链中的某一个进行数据传输。甚高频数据链（VDL）是目前 ACARS 最主要的数据通信方式，ADCC 则是中国境内提供该类服务的供应商。对于飞入中国境内或者国内飞机跨越国境执行飞行任务来说，全球多家民航空地数据通信服务供应商组成了 GLOBELINK 服务联盟，实现飞机 ACARS 数据的共享。

除了甚高频数据链以外，飞机还可以选择高频数据链和卫星数据链下传相应的 ACARS 信息。航空移动卫星服务（AMSS）是目前主要的飞机卫星数据通信手段，该服务主要通过国际海事卫星通信组织（Inmarsat）的静止轨道卫星以及对应的地面站实现越洋飞行中的通信，覆盖中低纬度地区。现阶段，卫星数据链作为甚高频数据链的次级手段，弥补了 VHF 数据链的不足，满足飞行运行过程中无间隙通信需求。

高频数据链是对以上两种数据链通信方式的有效补充，它可以有效覆盖其中的通信死角，实现在全球范围内飞机与地面之间真正的无缝通信连接。由于高频通信地面站的覆盖半径非常大，因此在地面仅需建设有限的几个地面站即可实现全球范围内的无缝覆盖。

数据服务供应商在接收飞机下传的各种数据后，会根据航空公司的授权将数据分发至不同的用户。通常来说，数据链用户包括航空公司（AOC，ATC 以及维护支持部门），飞机主制造商，发动机主制造商以及其他用户。

2）ACARS 数据的传输策略。ACARS 数据通常是以字符串形成的报文的形式进行传输，报文可以通过甚高频，通信卫星以及高频网络发送至地面。三种数据链网络的技术参数对比见表 11-4。

从表 11-4 可以看出，虽然 ACARS 数据链在民用航空领域应用非常广泛，但是其传输的带宽是非常有限的，最高带宽仅为 31.5kB/s。因此，ACARS 数据链虽然实现了数据的实时传输，但是只能获取报告式的数据，仅适用于每次传输很少量数据的场合。通常来说，一个 ACARS 报文的字节数量限制为 3200 个左右。

表 11-4　三种数据链网络技术参数对比表

链路类型	频段/MHz	带宽/kB·s⁻¹	覆盖范围	成本	特点
甚高频	131~137	2.4~31.5	视距限制	适中	传输延时小,信道稳定,误码率较低
卫星	上行 1545~1555 下行 1646.5~1656.5	0.6~21	覆盖范围大,不能覆盖高纬度(75度以上)	高	通信延时长,误码率较低
高频	2.8~22	0.15~1.2	覆盖范围广	低	带宽低、延时长、信道不稳定

对于不同的链路类型来说,航空公司出于经济性和实用性的考虑,通常会对不同种类的机载数据所使用的链路类型优先级进行排序。对于实时监测机载系统所采集的数据来说,由于 ACARS 数据链路带宽的限制,仅有以下几种类型的数据能够通过 ACARS 数据链进行传输。

① 机载维护系统:警告、故障以及失效信息,ACMF 事件信息,构型信息。

② 机载信息系统:ELB 信息,客舱<核心>系统(CCS)的维护相关信息。

③ 通信系统:OOOI 报,二次开舱门报。

④ 飞行管理系统:位置报(POS)。

对于不同种类的数据,在机载通信系统通信管理组件中,对其使用的数据链优先级进行排序,见表 11-5。在飞机交付航空公司客户之后,该功能还支持航空公司进行客户化修改,从而满足各航空公司的客户化需求。

表 11-5　数据链路优先级排序

数据类型	第 1 选择	第 2 选择	第 3 选择
警告,故障以及失效	VHF	HF	SATCOM
ACMF 事件信息	VHF	HF	SATCOM
构型信息	VHF	HF	SATCOM
ELB 信息	VHF	HF	SATCOM
CCS 维护相关信息	VHF	HF	SATCOM
OOOI+二次开舱门	VHF	HF	SATCOM
FMS-POS	VHF	SATCOM	HF

(2)航后无线数据链　航后无线数据链是指将目前手机上应用的无线数据通信技术(Wi-Fi,GSM,3G 等)应用到飞机航后的数据传输上,使得飞机在落地以后能够自动下传连续记录的海量数据。

航后无线数据通信技术起源于无线 QAR 技术,即通过在飞机上加装相应的无线数据传输组件或者无线 QAR 组件的方式,实现飞机落地后自动连接机场的无线 Wi-Fi,GSM,3G 等通用无线网络,自动下传 QAR 中所记录的海量连续记录参数信息。

航后无线数据链在飞机上的成功应用,需要飞机机载系统,数据服务供应商以及地面系统用户的共同参与才能实现。其中,在国内,数据服务供应商主要是指中国移动,中国联通、中国电信等手机网络服务商。

对飞机机载系统来说,航后无线数据链相关功能的实现有以下两种方式:

1)加装独立的无线 QAR 组件即 WQAR。将之前通信系统以及指示记录系统合用的

QAR 替换为具有无线数据传输功能的 WQAR，从而实现 QAR 数据的自动无线下传功能。这种方式在已经投入运营的主流机型上应用比较多。

2）加装独立的无线数据传输组件。不对飞机原有的 QAR 进行改动，而是在某机载系统上增加独立的无线数据传输组件以及对应的天线，用于下传各个机载系统所记录的海量数据；目前这种方式在在研机型以及刚刚投入运营的先进机型上应用比较广泛。

相对于 ACARS 数据链，航后无线数据链在数据传输费用上可以忽略不计。因此，越来越多的飞机尤其是先进机型选择通过航后无线数据链下传更多的数据。无线 QAR 技术是航后无线数据链应用的一个典型例子，在各种先进机型上，机载系统记录的海量数据包括音频，视频，连续记录参数和 ACARS 报文等都可以在飞机落地后，自动通过无线数据链下传至地面系统，从而极大地降低飞机的运营和维护成本，提高效率。

国产民用客机航后无线数据传输功能可通过机载信息系统的机场无线通信功能来实现，主要是通过加装机场无线通信单元（AWCU）以及对应的天线，与覆盖机场的 3g 网络或者无线 Wi-Fi 信号建立连接，实现下传海量存储数据的功能。

（3）空地宽带数据链 空地宽带数据链是将现有地面宽带通信技术应用于飞机运行所衍生出来的概念。相比 ACARS 数据链，其带宽可以达到十几兆甚至近百兆；相比航后无线数据链，其实时性具有无可比拟的优势。从技术上，目前空地宽带数据链的解决方案主要有两种。一种是基于卫星的空地宽带接入技术，另一种是基于地面基站的空地宽带接入技术。两种技术各有优缺点，正在被不同的公司所采用。

目前，空地宽带技术在发达国家相对比较成熟，并得到广泛地推广应用。在国外，空地宽带技术和服务已经获得飞机主制造商、系统供应商、航空公司、空中互联网服务商的大力推进和应用，在美国已有三分之一的干线航班使用了类似的服务，将其作为未来航空电信网络和数据服务业务的重要核心技术。对于数据链供应商来说，目前使用通信卫星提供互联网服务，包括 L 波段海事通信卫星（即 Inmarsat 卫星）和 Ku 波段通信卫星传输信号进行空地互联。Ku 波段通信卫星可提供的数据带宽较大，理论速度可达 50MB/s，是目前国际上主流的卫星宽带数据链形式。

国内通信系统的架构随着空地数据链路模式的转变也处于一个转型期。目前空地数据宽带正式引入，民机通信系统的架构也相应地进入了一个规划期，但还没有成体系的通信架构。2016 年 8 月 6 日天通一号 01 星是一颗 L 波段大容量地球同步轨道移动通信卫星，标志着我国首个高通量宽带卫星通信系统启动建设。该系统可以为车辆、飞机、船舶和个人等移动用户提供语音、数据等通信服务。2017 年 4 月 12 日我国首颗高通量卫星 Ka 波段中星 16 号发射成功，可支持更大容量的宽带卫星通信。

在国内，相关的空地宽带技术刚刚通过大规模的测试和验证，正在逐步推广使用。例如，中国国际航空公司在 2013 年就在部分航班上提供了基于卫星的空地宽带服务，又在 2014 年开始推广使用基于 4G 地面站形式的空地宽带服务。东方航空公司和南方航空公司也于 2014 年分别在其各自的京沪和京广航线上推广应用基于卫星的空地宽带服务。

基于地面站形式的空地宽带技术即 ATG 在技术上相对复杂，该种数据通信方式与目前手机通信以及 ACARS 数据链非常相似，即采用宏蜂窝网络结构，通过沿飞行航路或特定空域架设地面基站对高空进行网络覆盖，利用这些地面基站与飞机直接进行信息传输。

与基于卫星的空地宽带相比，其技术特点非常明显，带宽容易提高、价格相对比较便宜，但由于地面基站覆盖有限，而海上又无法建设基站，因此 ATG 无法覆盖跨洋航班。ATG 技术在飞机上的成功应用，不仅需要对机载系统进行改装，增加相应的机载设备，而且需要建设相应的地面基站以及数据传输网络。

国内数据链供应商主要推广应用的是基于 4G-LTE 技术的 ATG 服务网络。例如，华为目前正在推广的 eWBB LTE 地空无线宽带系统就是利用现有 LTE 技术，采用极高的频谱效率，下行理论峰值速率可达 100 MB/s，上行理论峰值速率可达 50 MB/s，并且可实现对空超远覆盖，最远覆盖可达 150 km 以上。中兴公司正在推广的空地宽带技术也与之类似，其可向不同高度层航线的飞机提供最高 100 MB/s 以上的无线数据宽带。

可以看出，空地宽带数据链有效地综合了 ACARS 数据链的"实时性"和航后无线数据链的带宽优势，具备实现飞机机载海量数据的完全"实时下传"功能的能力。以目前最新的基于 4G 技术的 ATG 数据链来说，其带宽完全可以支持将飞机所有采集和存储的数据实时下传至地面。

国产民用客机空地宽带数据链的传输功能作为选装功能通过其机载信息系统实现。

4. PHM 地面系统

目前我国民用客机 PHM 系统已完成了系统功能需求定义、软硬件架构设计与实现。民用客机健康管理系统功能架构定义、总体业务流程和数据流向如图 11-24 所示。PHM 系统的验证贯穿了整个系统开发的全过程，已完成主要技术指标与功能性能验证，基本满足民用客机 PHM 系统运行服务要求。

根据对故障预测与健康管理地面系统业务需求与构架的分析，可知该系统具备了飞机实时监控、故障诊断等基本功能，主要是以下 3 个方面。

1）地面运行系统。进行机载系统数据的接收、存储与处理，通过调用诊断案例、维修手册、评估方法等知识库内容，实现飞机关键参数、运行状态的实时监控功能；实现系统级故障诊断定位功能；扩展实现健康评估、预测以及健康管理等功能。因此，地面运行系统应主要包含以下几部分功能。

① 数据收发与处理子系统。

② 实时监控子系统。

③ 故障诊断子系统。

④ 航后数据监控子系统。

⑤ 维修控制决策子系统。融合故障诊断的结论、故障预测的结论、健康评估的结论和可靠性分析的结论，依据维修决策与支持用户需求和功能需求，完成系统功能的开发和完善。

⑥ 健康状态评估子系统。开发部件级健康状态评估、分系统健康状态评估、机队级健康状态评估功能，完善整机级健康评估功能。

⑦ 故障预测子系统。包括勤务信息预警功能、系统状态趋势预测功能。

2）扩展配置系统。为保障整个地面运行系统的扩展性，地面运行系统的功能逻辑及应用的知识库和算法需要具有配置扩展开发的功能，能够完成知识库内容的更新、编辑、加载等功能。因此，扩展配置系统应主要包含以下几部分功能。

① 监控参数配置。

② 故障诊断知识配置。

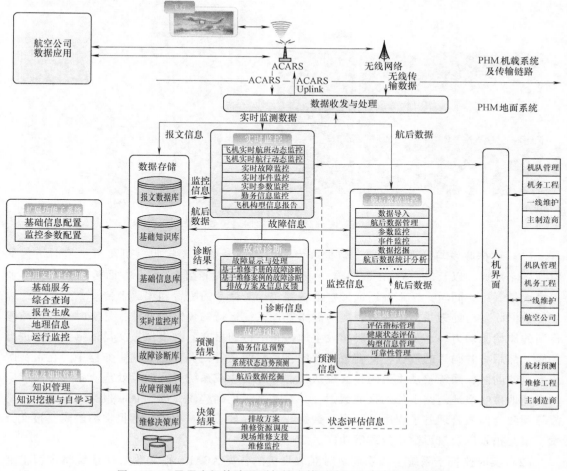

图 11-24 民用客机故障预测与健康管理地面系统功能架构简图

③ 知识挖掘与自学习。

④ 系统基础信息配置。

⑤ 构型信息管理。

3）应用支撑系统。该系统需要为上层的业务系统提供基础的软件服务，包括基础服务，数据综合查询、统计、导出服务，报告生成与处理服务，地理信息服务和运行安全监控。因此，应用支撑系统应主要包含以下几部分功能。

① 基础服务。

② 数据综合查询、统计、导出服务。

③ 报告生成与处理服务。

④ 地理信息服务。

⑤ 运行安全监控。

地面系统是 PHM 系统的核心部分，本小节将重点对国产民用客机 PHM 地面系统中得到业务应用与验证的数据收发与处理子系统、实时监控子系统和故障诊断子系统的功能做进一步介绍。国产民用客机实时监控的监控大厅与系统界面如图 11-25 所示。

a) 监控大厅

b) 系统界面

图 11-25　国产民用客机实时监控健康管理

（1）数据收发与处理子系统　数据收发与处理子系统主要接收飞机飞行中实时下传的空地链路数据，以及航后 QAR 数据等。一方面实时解析和存储，另一方面传输至系统各业务模块供调用。同时，该系统还通过空地链路实现对命令的配置和编码上传。

数据收发与处理是整个故障预测与健康管理系统运行的关键和基础，是实时监控和故障诊断的原始驱动力。系统需要实时接收空地链路下传的报文，并根据报文具体格式定义进行解码，然后将解码后的数据存储在数据库中，报文源文件则保存在文档服务器中。在报文解码完成的同时，系统自动将解码报文发送给需要的模块或系统进行后续处理。系统必须能实时准确地接收空地链路下传的报文数据，并对其进行正确解码，准确获取报文内信息，驱动故障预测与健康管理各子程序的应用。数据收发与处理子系统主要包括报文编解码、报文分发、报文拍发以及航后数据处理等功能。

（2）实时监控子系统　该功能实时获取飞机的各类 ACARS 报文数据（系统将预留扩展源数据接口，在未来出现新类型的实时源数据时进行扩展，如 VDL 模式 2 数据、空地宽带源数据），并将解码后的数据以友好、直接的形式，及时、准确地展示飞机的技术状态，获取相关故障信息并及时做出维修决策。

实时监控通过处理来自空地数据链的实时数据，获得每架飞机的信息，实现实时航行动态监控、实时故障监控、实时飞机状态参数监控等应用功能。

实时监控系统主要包括实时航行动态监控、实时故障监控、事件监控、实时参数监控等功能。系统一方面实时解析空地链路下行的航行动态数据，对飞机的航行动态进行实时解析并监控飞机飞行状态；另一方面，将下传的实时故障信息进行解析，并实时显示转入下一步综合处理；此外，系统还对重要超限信息、参数快照信息进行处理和显示，并可上传命令数据，实现与机上系统的"对话"。

实时监控子系统主要包括飞机实时航班动态监控、飞机实时航行动态监控、实时故障监控、实时事件监控、实时参数监控、勤务信息监控及飞机构型信息报告等。通过飞机状态监控功能，使地面维护人员与飞行中的飞机建立双向的即时通信。实时将机载设备（CMC，ACMS 等）系统监控的数据传递至地面，也可以从地面向飞行中的飞机传送数据，如向机组发送空中紧急故障排除措施等。

（3）故障诊断子系统　故障诊断子系统根据故障现象，通过一定的算法逻辑，综合应用维修类手册、维修历史案例等信息，实现对飞机故障的快速诊断，并给出合适的排故方案。

对于飞机各个分系统，提供一个针对其特定故障模式的诊断算法和模型的扩展平台，允许从外部以算法组件的形式加入 PHM 中，满足部分子系统、设备和关键部件的特殊诊断需求。

该系统的故障诊断方式主要有两种：基于 FIM 手册的故障诊断和基于维修案例的故障诊断。此外，为帮助维护和放行人员快速做出维修及放行决策，系统需要根据 MEL 自动给出是否允许放行的提示。

1）故障显示与处理。故障显示模块能够列出所有的故障信息以及信息来源，并基于 MEL、FMECA 等信息对故障按重要程度、紧急程度进行排序显示，并以不同颜色、不同形状的图标对故障信息进行标识。系统通过对报文的实时接收和解码识别，将所有发生的故障及超限进行集中监控，并以表格形式显示当前所有进入故障诊断流程的故障。

故障显示的主要内容包括：机号、航班号、章节、故障类型、故障描述、航段、消息时间（报文产生时间）、故障等级（低、中、高：L、M、H）、状态（OPEN、IMPLEMENT、CLOSE）、重复性故障标识、历史发生频率等。此外，故障列表也是故障诊断的入口之一（单击"故障描述"可以进入故障诊断功能）。

用户可在筛选区域设置数据过滤条件，系统支持多种参数设定过滤规则，包括机型、机号、航班号、故障类型、故障关键字、故障发生时间（段）、状态、ATA 章节等。系统支持过滤参数关联特性，即具有一定逻辑关系的参数之间建立联系。例如，当用户设定某个机型参数时，系统自动将机号搜索范围限制在该机型下的飞机。

2）基于维修手册的故障诊断。基于维修类手册的故障诊断是通过报文中的某些关键词（机型、FDE 代码/维护消息代码、ATA）自动将交互式出版物系统的维修类手册（主要是 FIM 手册）中的相关内容进行关联显示，进而达到支持快速排故的目的。具体功能如下。

① 故障诊断。在故障信息列表中单击"当前故障"（FDE 代码、维护消息代码或故障描述），系统将根据机型、FDE 代码或维护消息代码、章节等关键信息搜索 FIM 手册，然后抓取交互式手册中的排故方案片断内容，集成显示在故障诊断详情页面中（需交互式手册系统支持），标明手册中的任务号，并提供该部分手册的超链接。同时，系统根据 MEL 自动判断是否允许放行。如果当前故障有多种可能原因，则系统能统计每种排故措施的成功率（按着世界范围内的机队数据进行计算）。

② 关键词辅助诊断。如果系统自动诊断的结果不够精确（可能系统诊断结果过多），那么可以通过输入关键词来缩小诊断范围，关键词最多可以输入三组。系统将在自动诊断结果的基础上再结合关键词来缩小排故措施的选择范围。

3）基于维修案例的故障诊断。基于维修案例的诊断方法是故障诊断的另一种重要方式，其应用原理主要是根据故障关键要素的相似度（机型、ATA 章节、故障代码、故障描述的关键词等），检索曾经发生过的类似故障及其排故方案。检索结果可能存在多条类似故障的排故方案，系统将按照故障排除成功率从高到低对结果进行排序显示，集成显示在故障诊断详情页面中。

此外，在此处可以根据故障关键信息，如机型、章节、故障代码或故障关键词等，查询相关维修手册（FIM、AMM、MEL 等，针对这三类手册，系统只提供链接，不提供检索功能，检索功能在交互式出版物系统中实现），辅助机务人员编制排故方案。

4）基于模型的故障诊断。增强型诊断模块针对电子手册资源中不存在相应的故障信息，根据当前的故障信息、异常事件、状态超限等飞行实时信息，运用故障模型分析方法，实现飞机级、系统级的故障诊断。

5）排故处理方案及信息反馈。用户可参考故障关联信息、手册信息、案例信息等制订针对当前故障的排故方案。本系统支持用户在系统中编写排故方案，并填写排故结果反馈信息。主要信息包括：排故方案、EO、工卡、排故实际执行情况及相应结果等。

本 章 小 结

航空航天健康管理系统是保障飞行安全、控制维修成本的关键技术。本章先概述了国外航空航天健康管理系统的发展与典型应用，然后分别介绍了 SSME 空天发动机、直升机 HUMS、以及国产民用客机的健康管理系统、关键技术与典型案例，并给出了我国相应领域健康管理存在的问题与发展方向。希望读者在了解航空航天健康管理系统研究现状的同时，也能积极投身该领域并对现存问题不断完善。

思考题与习题

11-1 请谈谈你对 HUMS 系统的理解，与 PHM 系统有何异同？

11-2 请构想一种未来飞机智能运维系统的构成。

参 考 文 献

［1］ 李兴旺，汪慧云，沈勇，等．飞机综合健康管理系统的应用与发展［J］．计算机测量与控制，2015，23（4）：1069-1072.

［2］ 尉询楷．航空发动机预测与健康管理［M］．北京：国防工业出版社，2014.

［3］ 苗学问，蔡光耀，何田．航空器预测与健康管理［M］．北京：北京航空航天大学出版社，2015.

［4］ 曹全新，杨融，刘子尧．民用飞机健康管理技术研究［J］．航空电子技术，2014，45（4）：15-19.

［5］ PALADE V，JAIN L，DANUT B B. Computational Intelligence in Fault Diagnosis［M］. London：Springer，2006.

［6］ ISERMANN R. Fault Diagnosis Systems：An Introduction from Fault Detection to Fault Tolerance［M］. Berlin：Springer，2006.

［7］ KORBICZ J，KOSCIELNY J M，KOWALCZUK Z，et al . Fault Diagnosis：Models，Artificial Intelligence，Applications［M］. Berlin：Springer，2004.

［8］ 张育林，吴建军，朱恒伟，等．液体火箭发动机健康监控技术［M］．长沙：国防科技大学出版社，1998.

［9］ 周磊，朱子环，耿卫国，等．美国液体火箭发动机试验中健康管理技术研究进展［J］．导弹与航天运载技术，2013（5）：20-25.

［10］ HAWMAN M W，GALINAITIS W S，TULPULE S，et al. Framework for a space shuttle main engine health monitoring system［R］. USA：NASA，1990.

［11］ JUE F，KUCK F. Space Shuttle Main Engine（SSME）Options for the Future Shuttle［C］// 38th Joint Propulsion Conference & Exhibit, 2002: 3758.

［12］ DAVIDSON M, STEPHENS J. Advanced Health Management System for the Space Shuttle Main Engine ［C］//40th Joint Propulsion Conference and Exhibit, 2004: 3912.

［13］ VENNERI S. NASA's Space Launch Initiative ［R］. Space and Aeronautics Committee on Science, 2002.

［14］ KATORGIN B, CHELKIS F, LIMERICK C. The RD-170, a different approach to launch vehicle propulsion ［C］//29th Joint Propulsion Conference and Exhibit, 1993: 2415.

［15］ GUO T H, MERRILL W, DUYAR A. Real-time diagnostics for a reusable rocket engine ［R］. USA: NASA, 1992.

［16］ PETTIT C, BARKHOUDARIAN S, DAUMANN A Jr, et al. Reusable rocket engine Advanced Health Management System: Architecture and technology evaluation-Summary ［C］//35th Joint Propulsion Conference and Exhibit, 1999: 2527.

［17］ BONNAL C, CAPORICCI M. Future reusable launch vehicles in europe: the FLTP (Future Launchers Technologies Programme) ［J］. Acta Astronautica, 2000, 47 (2): 113-118.

［18］ KATO K, KANMURI A, KISARA K. Data analysis for rocket engine health monitoring system ［C］//31st Joint Propulsion Conference and Exhibit, 1995: 2348.

［19］ COOK S, DUMBACHER D. NASA's Integrated Space Transportation Plan ［J］ Acta Astronautica, 2000, 48 (5): 869-883.

［20］ ERICKSON T J, SUE J J, ZAKRAJSEK J F, et al. Post-test diagnostic system feature extraction applied to Martin Marietta Atlas/Centaur data ［C］//30th Joint Propulsion Conference and Exhibit, 1994.

［21］ SCHWABACHER M. Human Spaceflight ISHM Technology Development ［R］. USA: NASA, 2012.

［22］ BINDER M, MILLIS M. A candidate architecture for monitoring and control in chemical transfer propulsion systems ［C］//6th Joint Propulsion Conference, 1990: 1882.

［23］ NEMETH E. Health Management System for Rocket Engines ［R］. USA: NASA, 1990.

［24］ OREILLY D. System for Anomaly and Failure Detection (SAFD) System Development ［R］. USA: NASA, 1993.

［25］ FIORUCCI T, LAKIN II D, REYNOLDS T. Advanced engine health management applications of the SSME Real-Time Vibration Monitoring System ［C］//36th AIAA/ASME/SAE/ASEE Joint Propulsion Conference and Exhibit, 2000: 3622.

［26］ HOFMANN M O. Enhancements to the engine data interpretation system (EDIS) ［R］. USA: NASA, 1993.

［27］ JOHNSON J. Integrated health monitoring approaches and concepts for expendable and reusable space launch vehicles ［C］//26th Joint Propulsion Conference, 1990: 2697.

［28］ DILL K, BYRD T, BALLARD R, et al. Development status of the NASA MC-1 engine ［C］//37th Joint Propulsion Conference and Exhibit, 2001: 3555.

［29］ PARIS D, WATSON M, TREVINO L. An Intelligent Integration Framework for In-Space Propulsion Technologies for Integrated Vehicle Health Management ［C］//41th AIAA/ASME/SAE/ASEE Joint Propulsion Conference and Exhibit, 2005: 3723.

［30］ KATHERINE P V, DOUGLAS P B. Space Shuttle Main Engine - The Relentless Pursuit of Improvement ［R］. USA: NASA, 2011.

［31］ Gensym Corporation. G2-Enterprise Applications ［EB/OL］ (2015-3-10) ［2018-6-10］. http: //www. gensym. com/solutions/g2-enterprise-applications/.

［32］ 钟秉林, 黄仁. 机械故障诊断学 ［M］. 北京: 机械工业出版社, 2007.

［33］ KJOLLE G H, GJERDE O, HJARTSJO B T, et al. Protection System Faults -- a Comparative Review of

Fault Statistics ［C］//2006 International Conference on Probabilistic Methods Applied to Power Systems，2006：1-7.

［34］ 吴建军. 液体火箭发动机故障检测与诊断研究 ［D］. 长沙：国防科学技术大学，1995.

［35］ WILSON G T. Time Series Analysis：Forecasting and Control ［M］. Sst ed. Hoboken，New Jersey：John Wiley& Sons Inc，2015.

［36］ 刘洪刚，谢廷峰，丁伟程，等. 液体火箭发动机实时故障检测与报警原型系统的设计与实现 ［J］. 火箭推进，2005（04）：21-25.

［37］ 谢廷峰. 液体火箭发动机分布式健康监控系统分析与设计 ［D］. 长沙：国防科技大学，2003.

［38］ 李大鹏. 液体火箭发动机起动过程故障检测研究 ［D］. 北京：航天科技集团一院一部，2004.

［39］ 杨尔辅，张振鹏，刘国球，等. YF—75 发动机状态监控与故障诊断工程应用系统的研制 ［J］. 推进技术，1997（01）：65-72.

［40］ 于潇，廖明夫，赵冲冲. 液体火箭发动机涡轮泵状态监测与故障诊断系统研究 ［J］. 导弹与航天运载技术，2002（04）：54-58.

［41］ 马红宇，刘站国，徐浩海，等. 液氧煤油发动机地面试车故障监控系统研制 ［J］. 火箭推进，2008（01）：45-48，58.

［42］ ADRIAN A H. Fault Detection on a Full-Scale OH-58 A/C Helicopter Transmission ［D］. College Park：University of Maryland，2010.

［43］ WIIG J. Optimization of fault diagnosis in helicopter health and usage monitoring systems ［J］. Paris，EN-SAM，2006.

［44］ 朱桂芳. 直升机振动健康监测指南-CAP753 ［J］. 直升机技术，2015（2）：63-66.

［45］ 何正嘉，訾艳阳，张西宁. 现代信号处理及工程应用 ［M］. 西安：西安交通大学出版社，2007.

［46］ STEWART R M. Some Useful Data Analysis Techniques for Gearbox Diagnostics ［J］. Institute of Sound & Vibration Research，1977，93（2）：135-142.

［47］ MARTIN H R. Statistical Moment Analysis as a Means of Surface Damage Detection ［C］//Proceeding of the 7th international modal analysis conference. Las Vegas，Society for Experimental Mechanics，1989：1016–1021.

［48］ ZAKRAJSEK J J，TOWNSEND D P，DECKER H. J. An analysis of gear fault detection methods as applied to pitting fatigue failure data ［J］. Vibration Institute，1993：199.

［49］ DECKER H J，HANDSCHUH R F，ZAKRAJSEK J J. An enhancement to the NA4 gear vibration diagnostic parameter ［C］//18th Annual Meeting of NASA Lewis Research Center，1994.

［50］ BECHHOEFER E，MAYHEW E. Mechanical Diagnostics System Engineering in IMD HUMS ［C］：2006 IEEE Aerospace Conference，2006：1-8.

［51］ LAU S，BRISBOIS F，GREGOIRE J，et al. Health and usage monitoring systems toolkit ［J］. International Helicopter Safety Team，2013.